21 世纪普通高等院校规划教材——信息技术类

多媒体通信技术

主　编　王履程　王　静　谭筠梅

西南交通大学出版社
成　都

内 容 简 介

本书对多媒体通信的基本概念、信息处理和传输等主要技术以及典型应用作了全面的论述。内容主要包括多媒体通信技术概述、多媒体信息处理基础、音频信息处理技术、图像信息处理技术、多媒体同步技术、多媒体通信网络技术、多媒体通信用户接入技术、流媒体技术及实时通信协议、多媒体通信终端技术、多媒体通信的应用等，每章后面附有练习与思考题，适合教学和自学。

本书可作为高等院校通信与信息系统、电子与信息工程、信号与信息处理、计算机科学等学科高年级本科生专业基础课的教材，也可供从事多媒体通信、多媒体信息处理等领域的科研工作人员和工程技术人员参考。

图书在版编目（CIP）数据

多媒体通信技术 / 王履程，王静，谭筠梅主编. —成都：西南交通大学出版社，2010.12

21 世纪普通高等院校规划教材. 信息技术类

ISBN 978-7-5643-0989-3

Ⅰ. ①多… Ⅱ. ①王…②王… ③谭… Ⅲ. ①多媒体－计算机通信－通信技术－高等学校－教材 Ⅳ. ①TN919.85

中国版本图书馆 CIP 数据核字（2010）第 251523 号

21 世纪普通高等院校规划教材——信息技术类

多媒体通信技术

主编 王履程 王 静 谭筠梅

*

责任编辑 黄淑文

特邀编辑 黄庆斌

封面设计 本格设计

成都西南交大出版社有限公司（简称 西南交通大学出版社）出版发行

成都二环路北一段 111 号 邮政编码：610031 发行部电话：028-87600564

http: //press.swjtu.edu.cn

四川森林印务有限责任公司印刷

*

成品尺寸：185 mm×260 mm 印张：20

字数：498 千字

2010 年 12 月第 1 版 2010 年 12 月第 1 次印刷

ISBN 978-7-5643-0989-3

定价：43.00 元

图书如有印装质量问题 本社负责退换

版权所有 盗版必究 举报电话：028-87600562

前　　言

多媒体通信是多媒体计算机技术、通信技术和电视技术相结合的产物，在计算机的控制下，对多媒体信息进行采集、处理、表示、存储和传输。多媒体通信系统的出现，大大缩短了计算机、通信和电视之间的距离，将多媒体的复合性、计算机的交互性、通信的分布性和电视的真实性完美地结合在一起，向人们提供了全新的信息服务。它的出现有力地推动了 IP 电话、视频会议、高清晰度电视、视频点播等领域的发展，推动了电信网、计算机网络、有线电视网络相互融合的进程，反过来，相关领域的应用和三网融合进一步促进了多媒体通信技术的发展。

本书重点论述了多媒体信息处理和通信网络技术，并介绍了多媒体通信技术的应用。全书共分为 10 章，从信息处理和传输的观点出发，介绍了多媒体通信的大部分关键技术。其中，第 1 章论述了多媒体通信技术的基本概念；第 2 章到第 4 章为多媒体信息处理技术，第 2 章论述了多媒体信息处理的理论基础，第 3 章论述了音频信息处理技术，第 4 章论述了图像信息处理技术；第 5 章到第 9 章为多媒体信息传输技术，第 5 章论述了多媒体同步技术，第 6 章论述了多媒体通信网络技术，第 7 章论述了多媒体通信用户接入技术，第 8 章论述了流媒体技术及实时通信协议，第 9 章论述了多媒体通信终端技术；第 10 章为多媒体通信技术的应用，分别介绍了 IP 电话系统、多媒体会议系统、视频点播系统及远程图像通信系统等几种典型的多媒体通信的应用系统。

本书由王履程、王静、谭筠梅共同编写完成。其中，王履程编写了第 1、2、3、9、10 章，王静编写了第 4、7、8 章，谭筠梅编写了第 5、6 章，全书由王履程统稿。

在本书的编写中，参考和引用了国内外同类教材及有关文献，主要的出处在书后的参考文献中列出，作者对这些文献的著作者表示衷心的感谢。由于多媒体通信技术是一个新兴发展的学科，新知识、新技术、新概念层出不穷，限于编者水平有限，书中难免有疏漏之处，希望广大读者批评指正，及时把发现的问题和相关的建议告诉我们，以求在今后加以改进。

编者
2010 年 10 月

目　　录

第 1 章　绪　　论 1

1.1　概　述 1
1.2　多媒体通信技术 7
1.3　多媒体通信的体系结构 8
1.4　多媒体通信的特征 8
1.5　多媒体通信的关键技术 13
练习与思考 15

第 2 章　多媒体信息处理基础 16

2.1　多媒体信息处理的必要性和可行性 16
2.2　数据压缩的理论依据 21
练习与思考 28

第 3 章　音频信息处理技术 29

3.1　基本概念 29
3.2　音频信号的数字化 31
3.3　音频信号压缩编码 32
3.4　语音压缩编码标准 47
练习与思考 62

第 4 章　图像信息处理技术 63

4.1　图像信号概述 63
4.2　数字图像压缩方法的分类 67
4.3　无失真编码 68
4.4　预测编码 74
4.5　变换编码 83
4.6　形状和纹理编码 88
4.7　新型图像编码技术 92
4.8　静止图像压缩标准 96
4.9　动态图像压缩编码标准 113
练习与思考题 141

第 5 章　多媒体同步 143

5.1　基本概念 143
5.2　多媒体同步的参考模型 146
5.3　同步描述 148
5.4　分布式多媒体系统中的同步 153
5.5　连续媒体内部的同步 156
5.6　媒体流之间的同步 160
5.7　接收与发送时钟的同步 163
5.8　同步算法小结 166
练习与思考题 167

第 6 章　多媒体通信网络技术 168

6.1　多媒体通信对通信网的要求 168
6.2　网络类别 173
6.3　现有网络对多媒体通信的支撑情况 176
6.4　ATM 网对多媒体信息传输的支持 179
6.5　基于 IP 的宽带通信网络对多媒体信息传输的支持 183
6.6　蜂窝移动通信网对多媒体信息传输的支持 196
6.7　下一代网络 200
练习与思考题 203

第 7 章　多媒体通信用户接入技术 204

7.1　接入网基础 204
7.2　铜线接入技术 207
7.3　光纤接入技术 216
7.4　ISDN 用户接入环路 220
7.5　HFC 接入技术 228
7.6　有线电视网络 230
7.7　宽带无线接入 233
练习与思考题 236

第 8 章　流媒体技术及实时通信协议 237

8.1　流媒体 237
8.2　实时通信协议 244
练习与思考题 252

第 9 章　多媒体通信终端技术 253

9.1　多媒体通信终端的构成 253
9.2　多媒体通信终端相关标准 255

9.3 基于 N-ISDN 网的多媒体通信终端 262
9.4 基于 IP 网络的多媒体通信终端 264
9.5 其他多媒体通信终端 268
9.6 基于不同网络的多媒体通信终端的互通 271
9.7 基于计算机的多媒体通信终端 273
9.8 会话发起协议 SIP 274
练习与思考题 281

第 10 章 多媒体通信的应用 282

10.1 概述 282
10.2 IP 电话系统 284
10.3 多媒体会议系统 296
10.4 视频点播（VOD）系统 304
10.5 远程图像通信系统 307
练习与思考题 310

参 考 文 献 311

第 1 章　绪　　论

在信息技术发展史上，计算机、通信和广播电视一直是三个相互独立的技术领域，各自有着互不相同的技术特征和服务范围。但是，近几十年来，随着数字技术的发展，这三个领域相互渗透、相互融合，形成了一门崭新的技术——多媒体技术。

1.1　概　　述

多媒体技术的最初体现的是配之以声卡、显卡的多媒体计算机。它一出现，立即在世界范围内的家庭教育和娱乐方面得到了广泛的应用，由此激发了小型激光视盘（VCD、DVD）的迅速发展，促进了数字电视和高清晰度电视（HDTV）的迅速发展。多媒体技术的应用与发展，又反过来进一步加速了这三个领域的融合，使多媒体通信成为通信技术今后发展的主要方向之一。

由于通信、计算机与彩色电视本来都是技术面宽而复杂的技术，因此它们融合在一起而产生的多媒体技术，其技术覆盖面自然就更宽，技术的交叉就更为复杂。这就使得多媒体不能像其他诸如电话、电影、电视、汽车等事物那样一目了然。另外，为了经济上或商业上的利益，某些商家把本来不属于多媒体的技术说成是多媒体技术，人为地造成了概念上的混乱。此外，新闻报道中某些不准确的用词也产生了概念上的误导。鉴于上述情况，本章将使读者对多媒体技术和多媒体通信技术建立起一个比较完整、比较全面的概念。在本章所涉及的具体技术问题，将分别在后面的有关章节中深入讨论。

1.1.1　多媒体技术

1．多媒体

1984 年，美国的 RCA 公司（Radio Corporation of America）在普林斯顿 David Sarnoff 实验室，组织了包括计算机、广播电视和信号处理三方面的 40 余名专家，综合前人已经取得的科研成果。他们经过 4 年的研究，于 1987 年 3 月在第二届国际 CD-ROM 年会上展出了世界上第一台多媒体计算机。这项技术后来定名为 DVI（Digital Video Interactive），它便是多媒体技术的雏形。

从字面上来看，多媒体就是多种媒体，它区别于单一媒体。这里的“媒体”是指信息传递和存取的最基本的技术和手段，由此可知，在谈到多媒体技术中的“媒体”一词时，往往不是指媒体本身，而是指处理和应用它的一套技术。例如，我们日常使用的语音、音乐、报纸、电视、书籍、文件、电话、邮件等都是媒体。

根据国际电信联盟（简称国际电联）（ITU-T）的定义，媒体共有五类：

（1）感觉媒体（Perception Medium）：由人类的感觉器官直接感知的一类媒体。这类媒体有声音、图形、动画、运动图像和文本等。

（2）表示媒体（Representation Medium）：为了能更有效地加工、处理和传输感觉媒体而人为构造出来的一种媒体，或者说是用于数据交换的编码，如图像编码、文本编码和声音编码等。

（3）显示媒体（Presentation Medium）：进行信息输入和输出的媒体，如键盘、鼠标器、扫描仪、触摸屏等输入媒体和显示屏、打印机、扬声器等输出媒体。

（4）存储媒体（Storage Medium）：进行信息存储的媒体，如硬盘、光盘、软盘、磁带、ROM 和 RAM 等。

（5）传输媒体（Transmission Medium）：用于承载信息，将信息进行传输的媒体。这类媒体有同轴电缆、双绞线、光缆和无线电链路等。

多媒体本身不是一个名词，而是一个形容词，它只能用作定语。因此，单独说多媒体是没有意义的，只有将它与名词相联系（如多媒体终端、多媒体系统）才是正确的说法。根据多媒体服务的定义，特指能处理多种表示媒体的服务。多媒体系统和多种媒体系统是不同的，多媒体系统中的媒体相互之间是有关联的，是以时空同步的方式存在的；而多种媒体系统中媒体与媒体之间可以是毫无关系的。两者的重要区别在于媒体间的同步性。

2．多媒体技术

多媒体技术所涉及的媒体特指表示媒体，而且主要是指数字表示媒体。因此，也可以说多媒体就是多样化的数字表示媒体。和多媒体概念相对应的是单媒体，以往的信息技术基本上都是以单媒体的方式进行的，如音乐、广播、电视等媒体技术大多都是如此。单媒体方式难以满足人们对信息交流和处理的要求，而多媒体方式能和人们的自然交流及处理信息的方式达到最好的匹配。

当然，多媒体技术并非简单地将几个单媒体技术加在一起，也不是它们的总称，而是多种技术的有机集成而形成的一个新的多媒体系统，在很大程度上它是把现有的多个领域的信息技术进行重组、优化和革新，增强它们的系统性和层次感。它是一个涉及多门学科和多种技术领域的系统工程，主要涉及计算机技术、电子技术、通信技术、广播电视技术以及其他若干技术。

多媒体技术对人类的作用和影响不只是改善人机之间的界面，更深远的意义在于它使人与信息、人与系统、信息与系统之间交互的方式改变了原有的信息理论以及各种技术基础，迫使人们研究新的理论和技术基础，使信息系统的体系和结构发生变革。

多媒体技术不仅使计算机应用更加有效，更接近人类习惯的信息交流方式，而且将开拓前所未有的应用领域，使信息空间走向多元化，使人们思想的表达不再局限于顺序的、单调的、狭窄的一个个很小的范围，而有了一个充分自由的空间，多媒体技术为这种自由提供了多维化空间的交互能力。总之，多媒体技术将引起信息社会一场划时代的革命。

1.1.2　多媒体技术产生的技术背景

一种新技术的产生与发展往往是与其特定的技术背景相联系的，是以其他相关技术的发展作为基础的。实际上，多媒体技术之所以能够在 20 世纪 80 年代末期出现，主要得益于以下几个方面的技术成果。

1. 信号压缩编码技术的成熟

在通信领域中，人人都知道数字通信具有模拟信号通信所无法比拟的优越性。模拟信号在传输过程中会产生失真或者混进噪声，在接收端难以使其恢复原形。数字信号则不同，因为发出的脉冲信号形状是已知的，如果在传输中产生失真或叠加上噪声，在接收端经过放大、幅度切割等整形处理，失真和噪声会被消除，信号又恢复成原来的形状。

数字通信的缺点是将模拟信号变为数字信号以后，对信道带宽的要求大幅度增加。以电话为例，一个模拟话路只需要 3.4 kHz 的带宽。变成数字信号时，采样频率取 8 kHz（根据采样定理，采样频率不得低于被采样信号最高频率的 2 倍），每个采样点采用 8 bit，一路数字电话的数据率则为 64 Kb/s。当用二进制码传输时，每赫兹带宽最高只能传输 2 bit/s（根据奈奎斯特定理，$C = 2W\log_2 M$，采用多进制码传输时，这个数字可以高一些）。可见一路电话从模拟传输改为数字传输，对信道带宽的要求提高了很多。彩色电视所遇到的情况则更为困难。按照国际标准，一路按分量进行编码的彩色电视信号（不包括伴音），编码后的数据率为 216 Mb/s，而一路模拟彩色电视信号的带宽只有 6 MHz。正是由于这个原因，虽然早在 1937 年 A.H.Reeves 就发明了 PCM（脉冲编码调制），但数字通信得到广泛的应用还是在 20 世纪 70 年代之后。

要以数字方式传输电视信号，必须解决数据率的压缩问题。人们通过对信源压缩编码进行的几十年深入研究，到了 20 世纪 80 年代，这项技术已经趋于成熟，能够将数字电视数据率实时地压缩到 34 Mb/s 左右。这里所讲的技术的成熟是指压缩方法，实时是指压缩与解压缩的速度跟得上 25 帧/秒或 30 帧/秒的视频显示要求。处理速度的高低取决于用以实现压缩和解压缩的电子电路的集成化水平。集成化程度高，则允许以复杂的电路实现复杂的压缩方法，从而进一步提高压缩比。

人们研究数字电视信号的压缩编码问题的最初出发点，是要解决电视信号在长距离传输中的抗干扰（失真、噪声）问题，而不是解决电视信号的数字化问题。也就是说，人们的意图是将电视台要发出的信号数字化，然后压缩编码以求用较低的数据率传输。传到目的地以后（如从北京传到上海），数字信号经过切割整形，再还原为模拟信号，送到发射机发射出去。因此在多媒体出现之前的几十年中，电视信号的压缩编码一直是针对通信领域中的应用。

将图像压缩编码的研究成果应用到计算机领域则导致了新技术的产生。DVI 技术面市时，它已经能够将图像信号和伴音信号压缩至原来的 1/100 以下（包括适当地将电视信号的图像分辨率降低），其速率为 1.2～1.4 Mb/s，这使得运动图像数据能够在当时的计算机总线上传输，从而成为计算机可以处理的数据类型之一。同时也使得 1 张 CD-ROM 能记录 74 min 的电视节目（如果数字电视信号没有经过压缩，1 张 CD –ROM 上只能记录 30 s 的电视节目）。

2. 大规模集成电路技术的发展

反映大规模集成电路技术水平的主要参数之一是制作在芯片上的线的宽度。线宽做得越窄，一块芯片上能容纳的元件就越多，集成度也就越高。至 20 世纪 80 年代末，已经能在芯片上制作线宽小于 0.5 μm 的线了。在多媒体技术发展初期，CPU（如 80 286）的处理能力还比较低，那时数据的压缩和解压缩运算都要靠专用的芯片来完成。在 Intel 公司的 DVI 技术中，图像的压缩、解压缩是用 2 个芯片来完成的，其中每个芯片包含有 26 万多个晶体管。这个数字清楚地表明，电路的集成度不高，是无法实时地将彩色电视信号的数据率压缩到几个 Mb/s 以下的。

让我们看一下这几个数字，286 CPU 只集成了 13.4 万只晶体管，386 CPU 则有 27.5 万只，发展到 486、586（P5）和 686（P6）时，CPU 内集成的晶体管数分别为 120 万只、300 万只和 350 万只。这些数字充分地说明了大规模集成电路技术发展之迅速，从而也为多媒体技术的发展提供了良好的条件。要使多媒体终端的成本降低到普通家庭的购买力能接受的水平，使之能像现在电话机这样普及，在很大程度上也要取决于大规模集成电路技术的发展。

3．大容量数字存储技术的发展

激光视盘（LVD，后称 LD）是 20 世纪 70 年代研究成功的，能够在 1 张直径 12 英寸的大盘上记录大约 30 min 的电视节目。LVD 的出现最初并没有引起太大的重视，人们的注意力还集中在探讨究竟光盘机与磁带录像机哪一种技术更有发展前途。光盘记录技术于 1982 年被用来记录音乐、流行歌曲，1 张 5 英寸直径的 CD（Compact Disc）能够记录超过 70 min 的数字化、高质量的音乐节目。CD 的出现与迅速发展提醒了人们用它来记录计算机程序与数据。

用来记录计算机数据的光盘与记录音乐的光盘有着不同的技术要求。首先，音乐的播放通常是顺序进行的，即从头至尾地播放；当需要从这个曲子跳到另一个时，跳跃的间隔也比较大。计算机数据的读取则不相同，它要求可以从光盘的任一点读取数据，即随机访问（Random Access）。其次，个别数据发生错误将降低音乐播放的质量，但是 CD 的误码率在不高于 10^{-8} 时，人们并不容易察觉到播放质量的降低。而对于计算机数据而言，这个错误率是不能容忍的。

随着光盘技术的发展，随机访问问题的解决，并且能够将误码率降低至 10^{-12}，在 1984 年出现了记录计算机数据的 CD-ROM。这里，CD 是小型光盘的意思，ROM（Read Only Memery）表示数据存入以后就只能读出、不能再写入的存储体，即 CD-ROM 是采用小型光盘作存储设备的只读不写的存储器。最初的 1 张 CD-ROM 的存储容量为 660～1 080 MB，读取速率是 150 KB/s，寻道时间（即找到文件的起始位置的时间）为几百毫秒。至此，光盘的容量已经满足存储一个电影节目（1 小时左右）的要求，而读出速率已经足够满足实时地提取已压缩的运动图像数据流的需要（1.2 Mb/s），这就为多媒体技术的诞生提供了另一个必要条件。

与 CD-ROM 迅速得到广泛的应用的同时，只写一次光盘（Write Once）研究成功。这种 12 英寸的光盘最初的容量为 1 GB，后来也迅速扩展到了 5 GB、10 GB。

在多媒体计算机刚出现时，计算机硬盘的最大容量是 40 MB，之后迅速提到 500 MB、1 GB 直至现在的几百 GB。光盘的读取速率从 150 KB/s 迅速提高到 2 倍速（即 300 KB/s）、4 倍速，以及更高的速率等。与此相适应地还先后出现了磁盘阵列柜、光盘阵列柜和带机器人手臂并能保持恒温的大型数据磁带柜等，这就为多媒体技术的实际应用和全面发展提供了充分的条件。

1.1.3 多媒体技术的发展历史和现状

几十年前，人们曾经把几张幻灯片配上同步的声音，称为多媒体系统。而今天，随着微电子技术、计算机技术和通信技术的发展，多媒体技术被赋予了新的内容，多媒体系统也发生了质的变化。

1．启蒙发展阶段（1984—1990 年）

1984 年美国 Apple 公司在 Macintosh 上为了改善人机之间的接口，引入了位映射（Bitmap）的概念对图进行处理，并使用了窗口（Window）和图符（Icon）作为用户接口。该公司最早采用图形用户接口（GUI）取代了字符用户接口（CUI），用鼠标和菜单取代了键盘操作。

美国 Commodore 个人计算机公司于 1985 年率先推出了世界上第一台多媒体计算机 Amiga，经过后来不断地完善，形成了一个完整的多媒体计算机系列。该公司的 Amiga 系列分别配置了 Motorola 公司生产的 M68000 微处理器系列，并采用了自己研制的三个专用芯片 Agnus（8370）、Paula（8364）和 Denise（8362）。为了适应各类不同用户对多媒体技术的需要，Commodore 公司还提供了一个多任务 Amiga 操作系统，它具有下拉菜单、多窗口、图符显示等功能。

1986 年，荷兰 Philips 公司和日本 Sony 公司联合研制并推出了交互式紧凑光盘系统 CD-I（Compact Disc Interactive），同时还公布了 CD-ROM 文件格式，该格式得到了同行的认可并成为 ISO 国际标准。该系统把高质量的声音、文字、图形、图像都进行了数字化，并将其放在 650 MB 的只读光盘上，用户可以连到电视机上显示。后来，CD-I 随着 Motorola 公司微处理器的发展不断改进，并广泛地应用于教育、培训和娱乐领域。

早在 1983 年，美国无线电公司 RCA 的戴维·沙诺夫研究中心（David Sanaoff Research Center in Princeton，New Jersey）就开始研究和开发相关系统设备。它以计算机技术为基础，用标准光盘来存储和检索静止图像、运动图像、声音和其他数据。后来，RCA 把推出的交互式数字视频系统（DVI）卖给了美国通用电气公司。1987 年，Intel 公司收购了 DVI，并经过进一步地研究和改善后，于 1989 年初把 DVI 技术开发成为一种可以普及的商品。此后，Intel 和 IBM 合作，在 Comdex/Fall'89 展示会上展出了 Action Media 750 多媒体开发平台。当时 Action Media 750 的硬件由三块专用插板组成，即音频板、视频板和多功能板。

1991 年，Intel 公司和 IBM 公司又推出多媒体改进技术 Action Media Ⅱ，它可作为微通道和 ISA 总线的选件。它由两块板（采集板和用户板）组成。DVI 软件开发出了多媒体的音频和视频内核（Audio Video Kernel，AVK），同时还开发出了在 Windows 3.0 和 OS/21. 3 下运行的 AVK。AVK 提供低层编程接口 Beta DV-MCI，后来又扩展到 Windows 和 OS/2 上。世界上先后有几百家公司为其开发软件，在美国曾经广泛使用。

2．标准化和应用阶段（20 世纪 90 年代以来）

20 世纪 90 年代以来，多媒体技术逐渐成熟，从以研究开发为重心转移到了以应用为重心。多媒体应用也得到了迅猛发展，应用范围包括培训、教育、商业和产品展示、产品和事务咨询、信息出版、销售演示、家庭教育和个人娱乐等众多领域。由于多媒体技术是一项综合性技术，其产品的应用目标既涉及研究人员也会面向普通消费者，因此标准化问题是多媒体技术实用化的关键。标准的出现推动了相关产业产值的大幅度增长，产品成本和价格大幅度降低，并大大改善了多媒体产品之间的兼容性，导致产品应用的迅速增长。

1990 年 10 月，在微软公司多媒体开发工作者会议上提出了多媒体 PC 机标准 MPC 1.0，后来 MPC 理事会重新精练了多媒体 PC 机的定义，去掉了 80286 处理器，认为最低要用主频为 20 MHz 的 386SX。1993 年，多媒体计算机市场委员会（MPMC）发布了多媒体个人计算机的性能标准 MPC 2.0。1995 年 6 月，MPMC 又宣布了新的多媒体个人计算机技术规范 MPC 3.0。事实上，随着应用要求的提高和多媒体技术的不断改进，多媒体功能已成为新型个人计算机的基本功能。这样，就没有必要继续发布 MPC 的新标准了。

多媒体技术应用的关键问题是对多媒体数据进行压缩编码和解码。国际标准化组织（International Organization for Standardization，ISO）和国际电报电话咨询委员会（CCITT）成立了联合图像专家组（Joint Photographic Experts Group，JPEG），于 1991 年制定了第一个图像标准 ISO/IEC 10918，即“多灰度静止图像的数字压缩编码”，称为 JPEG 标准，这里的 IEC 是指国际电工技术委员会（International Electro technical Commission）。JPEG 专家组于 1999 年制定的第二个标准是 JPEG-LS（ISO/IEC 14495），用于静止图像无损编码，并于 2000 年底制定了最新的静止图像压缩标准 JPEG 2000（ISO/IEC15444）。

ISO 和 IEC 的共同委员会中的运动图像专家组（Moving Picture Experts Group，MPEG）于 1992 年制定的 MPEG-1（ISO/IEC 11172）标准，是为传输速率为 1.5 Mb/s 的数字声像信息的存储而制定的。MPEG-2（ISO/IEC 13818）是由运动图像专家组和 CCITT 于 1992 年改组的国际电信联盟电报电话部（International Telecommunications Union for Telegraphs and Telephones' Sector，ITU-T）的第 15 研究组于 1994 年共同制定的。MPEG-2 是一个通用的标准，它克服并解决了 MPEG-1 不能满足日益增长的多媒体技术、数字电视技术、多媒体分辨率和传输率等方面的技术要求上的缺陷，能在很宽范围内对不同分辨率和不同输出比特率的图像信号进行有效地编码，编码速率为 4～100 Mb/s。运动图像专家组于 1999 年 2 月正式公布了 MPEG-4 V1.0 版本，同年 12 月又公布了 MPEG-4 V2.0 版本。MPEG-4 标准主要针对可视电话、视频电子邮件和电子新闻等应用，其传输码率要求较低，为 4 800～6 400 b/s。MPEG 系列的其他标准还有 MPEG-7 和 MPEG-21。

H.261 是 ITU-T 第 15 研究组于 1984—1989 年制定的针对可视电话和视频会议等业务的视频压缩标准，目的是在窄带综合业务数字网（N-ISDN）上实现速率为 $p\times64$ Kb/s 的双向声像业务，其中 p=1～30。因此，H.261 又称为 $p\times64$ 标准。ITU-T 于 1995 年制定的甚低比特率视频压缩编码标准 H.263，其传输码率可以低于 64 Kb/s，该标准特别适用于无线网络、PSTN 和因特网等环境下的视频传输，所有的应用都要求视频编码器输出的码流在网络上进行实时传输。为了提高编码效率，增强编码功能，ITU-T 对 H.263 进行了多次补充，补充修订的版本有 1998 年制定的 H.263+及 2000 年制定的 H.263++。H.264 标准是由 ITU-T 的视频编码专家组（VCEG）和 ISO/IEC 的运动图像专家组共同成立的联合视频小组（Joint Video Team，JVT）于 2003 年 3 月发布的，也称为 MPEG4 的第 10 部分，即高级视频编码（Advanced Video Coding，AVC）。H.264 继承了以往标准的优点，并进一步提高了编码算法的压缩效率和图像播放质量。

除了国外制定的以上视频编码标准外，我国首次自主制定、具有自主知识产权的数字音/视频编/解码标准 AVS（Audio Video coding Standard），是数字电视、IPTV 等音/视频系统的基础性标准。AVS 标准第 2 部分即视频部分属于高效的第二代视频编/解码技术，与 MPEG-2 相比，其编码效率提高 2～3 倍，且实现方案简洁。同时，AVS 标准具有专利许可方式简洁、相关标准配套的优势，这将为我国的 IPTV、数字电视广播等重大信息产业应用及民族 IT 产业发展起到积极的推动作用。

对于音频压缩，MPEG-1、MPEG-2、MPEG-4 和 AVS 等标准中都含有相应的音频压缩部分，而且 ITU 还制定了一系列的音频压缩标准，如 G.711、G.721、G.722、G.723. 1、G.728 和 G.729 等。

多媒体技术应用的水平取决于市场的需求和多媒体技术的成功与否，多媒体产品是否普及取决于其性价比的高低和能否开拓更为广泛的应用领域。多媒体技术的典型应用包括：教育和培训、销售和演示、娱乐和游戏、管理信息系统、多媒体服务器、视频会议和计算机支持协同工作等。

1.2 多媒体通信技术

多媒体通信技术是多媒体技术与通信技术相结合的产物。它兼具计算机的交互性、多媒体的复合性、通信网的分布性以及广播电视的真实性等优点并把它们融为一体，向人们提供了综合的信息服务。从另一个角度来看，多媒体通信技术是多媒体技术与通信技术发展到一定程度的必然产物：首先因为多媒体技术的主要目标之一就是满足人们对多种信息的处理和交流的需求，没有信息的交流，多媒体技术也不会有如此迅速的发展，因此，以信息交流为主要任务的多媒体通信是多媒体技术发展的必然趋势；其次，人们在获取、处理和交流信息时，最自然的形态是以多媒体方式进行的，因此，通信技术的发展趋势是在不断地满足人们的这种需求，向多媒体方式发展。

根据 ITU（国际电信联盟）的定义，多媒体通信中的媒体特指表示媒体，也就是多媒体通信系统中要有存储、传输、处理、显示多种表示媒体信息（即多种编码的信息）的功能。在多媒体通信过程中所传输和交换的信息类型不只是一种，而是两种以上的媒体信息，是一个既有声音，又有图像，也可能还有文字、符号等多种信息类型的综合体，而且这些不同的媒体信息是相互联系、相互协调的。由于通信发展的多媒体趋势，因此，终端设备要处理不同的信号，如图像、声音、文本等，同时信息传输有时必须是实时的，有时可以是非实时的，担任将信息传输到目的地的传输和交换设备也必须能承载和处理多种信号，以适应多种媒体的要求。

现在的社会已进入信息时代，各种信息以极快的速度出现，人们对信息的需求也在日趋增加，这个增加不仅表现为数量的剧增，同时还表现在信息类型的不断增加。一方面，这个巨大的社会需求（或者说是市场需求）就是多媒体通信技术发展的内在动力；另一方面，电子技术、计算机技术、电视技术及半导体集成技术的飞速发展也为多媒体通信技术的发展提供了切实的外部保证。由于这两个方面的因素，多媒体通信技术在短短的几年时间里得到了迅速的发展。归纳起来，多媒体通信的迅速发展主要得力于下列五项技术的发展：

（1）随着信息高速公路的兴起和发展，传统的单一媒体（如数据）通信已难以适应当今多元化信息的发展需求，用户希望从传输的消息中获取更加生动丰富的信息，即图、文、声并茂的信息。虽然这不算技术因素，但它是非常重要的市场需求的原动力。

（2）高速设备、大容量存储装置、高性能计算机、多媒体工作站等为多媒体通信技术的发展奠定了良好的物质基础。

（3）广域网（WAN）、城域网（MAN）、局域网（LAN）、宽带综合业务数字网（B-ISDN）、分布式光纤数字接口（FDDI）和异步转移模式（ATM）的开发和应用已取得不少成功经验。

（4）通信技术，如个人通信、光纤通信、移动通信等已取得了长足的进步。这些都为多媒体通信提供了物理环境。

（5）语音识别与处理，文字语音合成，声音数据压缩，图像识别与处理，文字、数据、声音和图像在通信全过程中的同步、实时性要求和协同操作等信息处理方面的研究也取得不少有益的经验和成果。这些都为多媒体通信的兴起和发展奠定了良好的理论和实践基础。

1.3 多媒体通信的体系结构

图 1.1 为国际电联 I.211 建议为 B-ISDN 提出的一种适用于多媒体通信的体系结构模式。该体系结构模式主要包括下列五个方面的内容：

（1）传输网络：它是多媒体通信体系结构的最底层，包括 LAN（局域网）、WAN（广域网）、MAN（城域网）、ISDN、B-ISDN（ATM）、FDDI（光纤分布数据接口）等高速数据网络。该层为多媒体通信的实现提供了最基本的物理环境。在选用多媒体通信网络时应视具体应用环境或系统开发目标而定，可选择该层中的某一种网络，也可组合使用不同的网络。

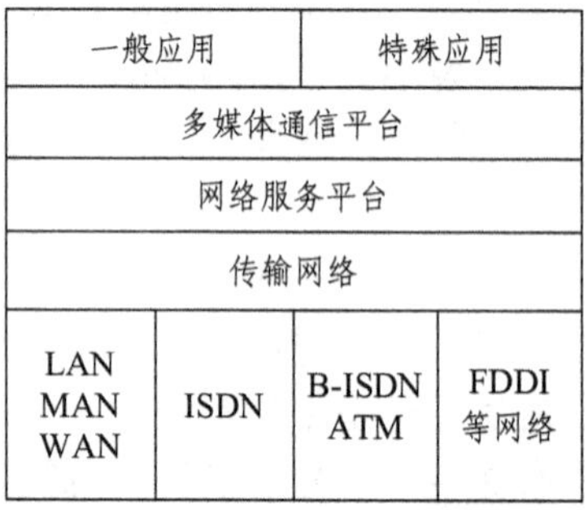

<table>
<tr><td colspan="2">一般应用</td><td colspan="2">特殊应用</td></tr>
<tr><td colspan="4">多媒体通信平台</td></tr>
<tr><td colspan="4">网络服务平台</td></tr>
<tr><td colspan="4">传输网络</td></tr>
<tr><td>LAN
MAN
WAN</td><td>ISDN</td><td>B-ISDN
ATM</td><td>FDDI
等网络</td></tr>
</table>

图 1.1 多媒体通信体系结构模式

（2）网络服务平台：该层主要提供各类网络服务，使用户能直接使用这些服务内容，而无需知道底层传输网络是如何提供这些服务的，即网络服务平台的创建使传输网络对用户来说是透明的。

（3）多媒体通信平台：该层主要以不同媒体（文本、图形、图像、语音等）的信息结构为基础，提供其通信支援（如多媒体文本信息处理），并支持各类多媒体应用。

（4）一般应用：该应用层指人们常见的一些多媒体应用，如多媒体文本检索、宽带单向传输、联合编辑以及各种形式的远程协同工作等。

（5）特殊应用：该应用层所支持的应用是指业务性较强的某些多媒体应用，如电子邮购、远程培训、远程维护、远程医疗等。

就其组成而言，典型的多媒体通信系统和现有的通信系统大体上类似，仍然可以分为两个主要部分：一部分是终端设备，另一部分是传输和交换设备。多媒体终端设备通常承担多种媒体的输入和输出、多媒体信息的处理、多媒体之间的同步等任务。传输和交换设备则主要承担多种媒体信息传输的网络连接、对网上传输信息的分配与管理等任务。

1.4 多媒体通信的特征

多媒体通信系统具有以下三种特征：集成性、交互性和同步性。

集成性是指多媒体通信系统能够对至少两种媒体数据进行处理，并且可以输出至少两种媒体数据。

交互性是指多媒体通信系统中用户与系统之间的相互控制能力。

同步性是指多媒体通信终端在显示多媒体数据时，必须以同步方式进行，这样就将构成的一个完整的信息显示在用户面前。

1.4.1 集成性

多媒体通信系统中的集成性是指能对下述四类信息进行存储、传输、处理和显现的能力。

1. 内容数据（Content Data）信息

在多媒体通信系统中，信息是以某一结构的形式存在的。典型的结构有两种，一种是客体结构，其中可处理的最小单元为客体；另一种是文件结构，其中可处理的最小单元为文件。

在这些结构化的信息中，信息由结构框架和结构内容两部分组成。可以形象地将结构化信息看做是装有东西的一个容器，结构框架为容器本身，结构内容为容器中装有的东西。其内容部分是真正要传输的实质所在，我们称内容部分的信息为“内容数据信息”。内容数据信息是用单一媒体的编码标准来表示的信息，它包括文本、二维和三维图形、静止图像（连续色调）、二值图像、声音（语音、音乐、噪声）和运动图像（动画片、视频）等。

（1）文本。

文本含有三方面的内容，即符号、符号的字型和字体、在数据传输和操作管理中的符号编码。

（2）图形。

图形编码一般有四种方法，即镶嵌图形法、动态再定义图形法、几何图形法及增量法。镶嵌图形法是一种最简单，但又极其高效的图形编码，用它组合出来的图形很像室内装潢中的马赛克拼图；动态再定义图形法是一种很特殊的构图技术，它是一种点阵组图法，可以组成质量相当不错的图形，只是它的编码效率不太高；几何图形法是用点、直线、矩形、多边形、圆弧等几何元素来表示图形的，是一种很高效的编码方法，其局限性在于不是所有图形都可以用几何图形来表示的；增量法基本上是以折线来代替曲线的，当变化区间变得很小时，折线中的直线段即称为增量。

（3）静止图像与二值图像。

静止图像是与时间无关的图像，是颜色、色饱和度、强度连续变化的二维图像。对于一种典型的静止图像，每幅图像的编码比特数为 640×480×24 bit≈7.4 Mbit。二值图像是一种特殊的静止图像，对每个像素只有两种状态（1 或 0），因而无色调和灰度变化。一幅典型的二值图像的比特数为 640×480×1 bit≈307.2 Kbit。由于多灰度的静止图像可以看成是多平面二值图像的组合，因而在编码技术的研究中可以把二值图像认为是静止图像的特例。

（4）声音。

声音是指人们在听觉范围内的语言、音乐、噪声等音频信息。普通应用的话音（0～3.4 kHz）的抽样频率为 8 kHz，每个样值用 8 bit 量化，这样不压缩的语音码率为 64 Kb/s，对立体声要用 44.1 KHz 抽样，每个样值用 16 bit 量化，这样未压缩数码率为 705.6 Kb/s。

2. 多媒体和超媒体信息

多媒体和超媒体信息与单媒体信息不一样，它是结构化的信息，由结构框架和内容数据两部分组成。多媒体和超媒体信息的最小表达形式有两类，一类称为客体，另一类称为文件。围绕这两类表达形式，产生了两类国际标准。多媒体信息和超媒体信息的标准必须具有以下特点：

（1）客体（或文件）之间可以有不同的时间同步算法（绝对时间关系同步、相对时间关系同步、链接同步、循环同步和条件同步）表示；

（2）具有表示客体（或文件）间空间复合的能力和机制；

（3）用超级链去引用外部的表示信息；

（4）定义用户的不同输入请求；

（5）定义客体（或文件）间的链接，如事件和反应的链接；

（6）描述与客体相联系的项目信息，详细说明它是如何在用户面前显现的；

（7）提供一种可以引用内容或将这些内容包含在 MH（多媒体和超媒体）客体之中的机制。

3．脚本（Script）信息

脚本信息是一组特定的用语意关系联系起来的结构化的多媒体和超媒体信息（MHI）。它需要提供表示这一组多媒体信息的运作过程和与外部处理模块间的关系。脚本信息至少需具备下列特点：

（1）控制结构的操作；

（2）宣布全局控制事件；

（3）复杂的定时操作；

（4）MHI 客体的表示；

（5）外部处理机的调用；

（6）库函数的调用；

（7）定义校核点及从校核点的恢复能力。

4．特定的应用信息

上面所述的信息是三类低层信息，可以由标准来定义和表示。“特定的应用信息”是高层信息，它是与应用密切相关的，并随应用场合的不同而有很大的不同。它不像前三类信息那样有一般性的表示方法，其表示方法是基于上述三类的基础之上的。

一个常用的典型的例子是目录信息，基于目录信息可以检索到所需的多媒体或超媒体信息，因而目录信息是按照信息类别的不同（文档、客体、文件、文本、数据包等）来分类的，并用内在的关系相互联系起来的。这样，用户就可以在检索所需信息前，先利用目录信息来得到所需信息的位置。目录信息就是典型的特定的应用信息。

1.4.2 交互性

在多媒体通信系统中，交互性有两方面的内容：其一是人机接口，也就是人在使用系统的终端时，用户终端向用户提供的操作界面；其二是用户终端与系统之间的应用层通信协议。

人机接口是系统向用户提供的操作界面。目前最好的能用于多媒体通信系统的人机界面为基于视窗（Windows）的人机接口界面。视窗人机接口是一种基于图符的接口方式，它可以提供菜单、按钮、选择框、列表项、输入域、对话框、敏感区、敏感字段等多种复杂的人机接口，以满足多媒体通信系统复杂的交互操作的需要。应该指出，在多媒体通信系统中基于视窗的人机接口界面与PC机的视窗区别是很大的。

PC机视窗的全部操作是本机操作，而多媒体通信系统的基于视窗的人机接口则完全不是本机操作，而是本地终端与远地主机的交互操作，它的每一个动作，如给出一张菜单、给出一个列表项等则全部受到远地主机的控制，因而是一个十分复杂的通信过程。

除了人机接口之外，多媒体通信系统中交互性的另一个方面则是用户终端与系统之间的应用层通信协议。在多媒体通信系统中可以存储、传输、处理、显示多种表示媒体，而这些表示媒体之间又存在着复杂的同步关系，不同的表示媒体可能以串行的形式传输给用户，也可以以并行的形式传输给用户，以便让用户终端能按照同步关系来重现多媒体信息。

显然，在多媒体通信系统中，单信道的通信协议就不够用了，需要能支持多信道同时工作的多信道通信协议。在多信道通信协议中，除了要建立一条主信道来支持系统的核心交互工作之外，还要建立起若干条辅助信道来提供并发信息的传输，从而实现完善的多媒体通信的交互过程。

多媒体通信终端的用户对通信的全过程具有完备的交互控制能力，这是多媒体通信系统的一个主要特征，也是区别多媒体通信系统和非多媒体通信系统的一个主要准则。例如，数字彩色电视机可以对多种表示媒体（图像编码、声音编码）进行处理，也能进行多种感觉媒体（声、文、图）的显现，但用户除了能进行频道切换来选择节目外，不能对它的全过程进行有效的选择控制，因此，彩色电视系统不是多媒体系统。视频点播 VOD（Video On Demand）就不一样了，它可以对其全过程进行有效的控制，想看就看，想停就停，因此，VOD 系统是多媒体通信系统。

1.4.3 同步性

同步性指的是在多媒体通信终端上显现的图像、声音和文字是以同步方式工作的。例如，用户要检索一个重要的历史事件的片段，该事件的运动图像（或静止图像）存放在图像数据库中，其文字叙述和语言说明则放在其他数据库中，多媒体通信终端通过不同传输途径将所需要的信息从不同的数据库中提取出来，并将这些声音、图像、文字同步起来，构成一个整体的信息呈现在用户面前，使声音、图像、文字实现同步，并将同步的信息送给用户。

多媒体通信系统中的同步性是多媒体通信系统中最主要的特征之一，可以这样说，信息的同步与否，决定了是多媒体系统还是多种媒体系统。

多媒体通信系统中，同步可以在三个层面上实现。这三个层面是：链路层级同步、表示层级同步和应用层级同步。

1. 链路层级同步

链路层级同步是通过信息流帧结构的特殊设计来实现的。信息流的帧结构按照不同的应用场合分为两类：第一类是用于会话型（会议型）点与点之间的实时通信的，为满足会话的要求，应尽量减少时延，因而采用了比特交织的帧结构；第二类是用于存储读出系统的，其应用场合有点播电视、运动图像检索、数字录像机等，这种应用场合可以允许一个较大的固有时延而不会造成信息质量的下降，因而采用块交织的帧结构。

2．表示层级同步（复合客体和超级链）

表示层级同步是通过在客体（或文件）复合过程中引入同步机制和在超文本组合过程中引入同步机制来实现的。在多媒体通信系统中，客体（或文件）是可以处理的最小信息单元。一段文字可以是一个客体，一段语音或音乐可以是一个客体，同样，一幅画面或一段运动图像片断也可以是一个客体，这种没有复杂结构的客体称为简单客体。

另一类客体在多媒体通信系统中也可以当做一个信息单元来处理，但它是有结构的，是由若干客体按某种规律组合而成的，这类客体称为复合客体。在将不同表示媒体的客体复合成一个复合客体的过程中引入同步机制，构成多媒体复合客体；或者用超级链在将不同表示媒体的客体链接过程中引入同步机制，构成超媒体。上述两个过程均在表示层级完成，故称为表示层级同步。表示层级同步有五种类型：绝对时间同步、相对时间同步、链式同步、循环同步及条件同步。

（1）绝对时间同步：在复合客体的复合过程中或者超媒体由超级链的链接过程中，确定各客体间的时间同步关系是以初始客体的时间为基准的。

（2）相对时间同步：在复合客体的复合过程中或者超媒体由超级链的链接过程中，确定各客体间的时间同步关系是以相对于前一客体的时间为基准的。

（3）链式同步：在复合客体的复合过程中或者超媒体由超级链的链接过程中，许多客体构成一个链，客体一个接着一个出现，这就是链式同步。

（4）循环同步：在复合客体的复合过程中或者超媒体由超级链的链接过程中，一个客体或某子客体按预定要求出现两次或多次，这种同步称为循环同步。

（5）条件同步：在复合客体的复合过程中或者超媒体由超级链的链接过程中，只有当某个条件满足时，才能引发一个客体的出现，这种同步方式称为条件同步。

3．应用层级同步（脚本同步）

多媒体通信系统中，最高一级的同步是应用层级的同步。它所采用的技术为脚本同步技术。在多媒体通信系统中，信息存储、处理的最基本单元是客体或文件，当然，这里的客体包含简单客体和复合客体（简单文件或复合文件）。一般来说，用了复合客体后，简单的多媒体通信已能进行，但要实现复杂的功能齐全的多媒体通信还远远不够，必须引入应用层级同步即脚本同步。

脚本是一种特殊的文本，它用语意关系将多媒体或超媒体的运作过程和外部处理模块联系起来构成脚本信息，从而实现完善的多媒体通信。以电影为例，在一部电影里有许多演员，每个演员有许多不同的台词片断和各种各样的场景镜头，如果这些东西零零星星地放着，显然什么也不是，要把它们变成一部电影，还要有一个电影脚本将它们有序地联系起来。

在多媒体通信系统中，情况就非常类似，电影中的演员、台词片断和场景镜头，在多媒体通信系统中就像一个个客体（包括复合客体和简单客体），要将一个个客体组成完整的多媒体信息，就要用脚本将它们联系起来。在多媒体通信系统中，脚本同步是最高一层的同步，也是十分重要的一级同步。

多媒体通信系统中的同步可以在以上三个层面上实现，这并不是说，一个多媒体通信系统必须同时具有这三个层面的同步，但它必须至少用到其中一种同步方式。当然，同步方式用得越多，系统的性能就越完善。对多媒体通信系统来说，集成性、交互性和同步性三个特征必须是并存的，是缺一不可的，缺少其中之一，就不能称其为多媒体通信系统。

这里，我们用多媒体通信的一个应用——远程教学系统来说明多媒体通信的含义及其特征。远程教学系统如图 1.2 所示：教师不仅讲课，还可以提问；学生不仅听课，还可以向教师提问。这种远程教学的交互性，在一般的广播电视教学中是不可能的。在这个过程中，相互之间交流的信息内容也是十分丰富的，有语音、图像、文字、还可有计算机辅助教学（Computer Aided Instruction，CAI）的应用软件，这体现了多媒体通信的集成性。

在教学过程中，教和学双方通过对方的图像、声音以及表述的文字等信息同步的表现才能达到和谐的交流，这体现了多媒体通信的同步性。可以想象，这种远程教学的效果是令人满意的，因为它生动、直观、交互性强，因此能充分调动学生的学习积极性。

这三个特征是构成多媒体通信系统的基础，是缺一不可的，如果不能同时具备这些特征，特别是交互性和同步性，就不能称其为多媒体通信系统。在多媒体通信终端的用户对通信的全过程有着完备的交互控制能力。交互式是多媒体通信系统的一个主要特征，是区别多媒体通信系统和非多媒体通信系统的一个主要准则。同步性是多媒体通信系统最主要的特征之一，信息的同步与否可以决定系统是多媒体系统还是多种媒体系统；同时，同步性也是多媒体通信系统中最为困难的技术问题之一，这是因为多媒体通信系统是一个资源受限的系统，它的通信速率和终端内存都受到限制。

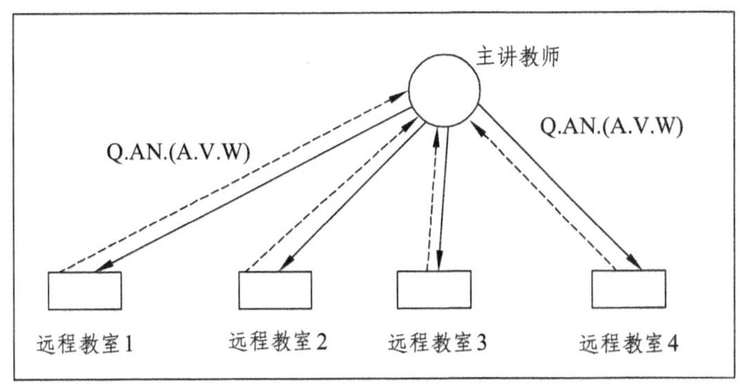

图中：Q. 提问　　AN. 回答　　A. 语音　　V. 图像　　W. 文字

图 1.2　远程教学系统

1.5　多媒体通信的关键技术

1. 多媒体信息处理技术

目前，在多媒体信息处理技术中最为关键的就是音/视频压缩编码技术。一般来说，多媒体信息的信息量大，特别是视频信息，在不压缩的条件下，其传输速率可在 140 Mb/s 左右，至于高清晰度电视（HDTV）可高达 1 000 Mb/s 。为了节约带宽，让更多的多媒体信息在网络上传输，必须对视频信息进行高效的压缩。

经过了 20 多年的努力，视频压缩技术逐渐成熟，出现了 H.261、H.263、MPEG-1、MPEG-2 、MPEG-4、MPEG-7 等一系列视频压缩的国际标准。即使是 HDTV，经过压缩后的速率只需 20 Mb/s。至于可视电话，在 PSTN 上传输时，可压缩为 20 Kb/s 左右。语音信号的压缩技术也得到了重大发展，一路语音信息如不压缩需要 64 Kb/s 的速率，经过压缩可以降到 32 Kb/s、16 Kb/s、8 Kb/s，甚至 5～6 Kb/s。为了提高信道利用率，视频与音频压缩编码是首先必须解决的多媒体信源编码技术。

2．多媒体通信的网络技术

多媒体通信的网络技术包括宽带网络技术以及接入网技术。在多媒体通信系统中，网络上传输的是多种媒体综合而成的一种复杂的数据流，它不但要求网络对信息具有高速传输能力，还要求网络具有对各种信息的高效综合能力。在目前看来，以 ATM 技术为核心的 B-ISDN 是多媒体通信的理想网络，但从网络的发展趋势来看，在 IP 网络上实现多媒体通信是世界各国的主要目标，然而 IP 网络的带宽不易控制、时延不能保障、QoS 不能保证等特点又不利于多媒体通信业务的开展，因此必须解决这些相关问题。

另外，接入网是目前通信网中的一个瓶颈，虽然全光网、无源光网络（PON）、光纤入户（FTTH）被认为是理想的接入网，但光终端设备价格偏高、无源光网络的稳定性和实用性等问题还没有完善地解决。而现阶段大量的窄带双绞铜线因为价格低廉而得到广泛的应用，因此，目前首先必须把重点放在如何充分挖掘现有铜线的潜力，将其改造为宽带接入网络，比较成功的就是高速数字用户线（HDSL）、不对称数字用户线（ADSL）、甚高速数字用户线（VDSL）等技术；其次可以充分利用 CATV 网络的带宽资源，使其适应多媒体通信业务的传输，目前比较看好的技术有混合光纤同轴系统（HFC）、交换型数字视频系统（SDV）、交互型数字视频系统（IDV）等。

3．多媒体通信的终端技术

多媒体通信终端是能集成多种媒体信息，能对多种媒体信息实现同步，并具有交互功能的通信终端。它必须完成信息的采集、处理、同步、显现等多种功能，而这些功能又涉及信号的处理与识别技术、信源编码的相关技术（当然包括前面提到的压缩技术）以及为了实现有效传输的信道编码技术（包括基带传输技术、频带传输技术、纠错技术等）等。

还必须指出，为了实现多媒体信息的可靠传输和多媒体通信技术的普及，必须将多媒体通信终端设备做成小型、可靠、低价的产品，因此，VLSI（大规模集成电路）和 EDA（电子设计自动化）技术也是必不可少的。无疑，这些问题的解决将会推动多媒体通信终端技术的迅速发展。

4．移动多媒体通信的信息传输技术

由于移动多媒体通信需要无线传输技术的支持，其关键技术除了上面介绍的三个方面外，还包括以下三个方面的移动多媒体信息传输技术：

（1）射频技术。从射频技术的角度来看，它的发展不是很明显，但新频段的开发和应用却是日新月异，第三代移动通信系统规定使用 2 GHz 频段，因此移动接入系统使用的频段要做相应地调整。有些提议建议移动多媒体通信系统使用 2.5 GHz 频段和 5 GHz 频段，但这些频段传播特性不是很好。现在很多机构都在研发 17 GHz、19 GHz、30 GHz、40 GHz、60 GHz 频段的应用。

（2）多址方式。CDMA 是第三代移动通信的代表性多址方式，数据传输速率达到 2 Mb/s，能够实现多媒体通信。应当说多址方式可以作为移动多媒体通信的接入方式。

（3）调制方式。要实现移动多媒体通信，就现有的各种调制技术而言，正交频分多路（OFDM）技术是最优的选择。这种技术方式不需要特别高的宽带线性功率，也不必担心高功率信号对常规信号功率的影响。OFDM 的数字信号处理比工作在相应速率的均衡技术简单，

由于载波频率正交，OFDM 有较好的多路干扰抑制能力。

必须提到的是为适应无线信号传输的高速信号处理技术：在对无线信号进行发射和接收的过程中，由于无线信道的传输环境比较恶劣，因此要有高效的纠错编解码技术，这就要求通信设备具有很强的信号处理功能；另外，由于多媒体信息中实时业务需要较高的信息速率，这就要求高速 DSP 器件，从这个角度来讲，实时高速信号处理技术也是实现移动多媒体通信的关键因素之一。

5. 多媒体数据库技术

数据库是指与某实体相关的一个可控制的数据集合，而数据库管理系统（DBMS）则是由相关数据和一组访问数据库的软件组合而成的，它负责数据库的定义、生成、存储、存取、管理、查询和数据库中信息的表现（Presentation）等。

传统的 DBMS 处理的数据类型主要是字符和数字。传统的数据库管理系统在处理结构化数据、文字和数值信息等方面是很成功的。但是，随着技术的发展，各种非结构化数据（如图形、图像和声音等）的大量出现，传统的数据库管理系统就难以胜任了，因此需要研究和建立能处理非结构化数据的新型数据库——多媒体数据库。多媒体数据库管理系统（MM-DBMS）不但要对传统数据库管理系统的功能加以改进，还要增加一些新的功能。

多媒体数据库的基本技术主要包括：多媒体数据的建模、数据的压缩/还原技术、存取管理和存取方法、用户界面技术和分布式技术等。为了适应技术的发展和应用的变化，MM-DBMS 应该具有开放的体系结构和一定的伸缩性，同时 MM-DBMS 还需要满足如下要求：具备传统数据库管理系统的能力；具备超大容量存储管理能力；有利于多媒体信息的查询和检索；便于媒体的集成和编辑；具备多媒体的接口和交互功能；能够提供统一的性能管理机制以保证其服务性能等。

练习与思考

1. 多媒体与多媒体通信的区别和联系是什么？
2. 简述多媒体通信的体系结构。
3. 举例说明多媒体通信的三个基本特征。
4. 结合某种多媒体通信的应用（如多媒体电视会议系统、VOD 系统等）来理解多媒体通信的关键技术。

第2章　多媒体信息处理基础

随着信息技术的发展，通信技术由模拟时代全面转向数字时代，而将模拟信号数字化后，数据量相当庞大，如果不进行一定的处理，通信将无法进行。此外，信息的表示方式、输入、输出的要求也随着应用场合的不同而不同，因此，在多媒体通信中，为了使多种媒体能协调有效地工作，就必须对这些数据进行有效地表达和适当地处理，这就是通常所说的多媒体信息处理（尤其是图像和声音的处理）技术。

2.1　多媒体信息处理的必要性和可行性

2.1.1　多媒体信息处理的必要性

1．多媒体信息的特点

多媒体信息处理技术既包括常规的信号采集、数字化、滤波、重建等过程，也包括那些对多媒体通信具有特别意义的信息压缩、编码、存储等处理。要对多媒体信息进行处理就必须了解多媒体信息的基本特征。多媒体信息主要有以下三个特征：

（1）数据量庞大。和文本信息相比，语音、图像的数据量就显得十分庞大。例如，用生动的语音表达和文本文字相同的一段内容，语音所需要的数据量要比文本大10倍以上。若要用图像来大体表示同样的意思，则图像所需要的数据量又要大很多倍。

（2）码率可变、突发性强。代表多媒体信息的数据流，其码率是随着不同的信息内容和所处的不同时间而不断变化的。人们讲话时的停顿、所传场景图像中物体的运动等都会形成码流速率的波动，而且这种波动往往呈现出极强的突发性，再加上采用了各种信息压缩编码的方法，更加剧了这种变化。

（3）复合性信息多，同步性、实时性要求高。多媒体通信系统中传输的往往是两种或两种以上媒体的复合信息，各类信息之间存在着很强的关联，因此，对信息传输的同步性及实时性的要求也相当高。

2．信息压缩的必要性

多媒体信息的压缩技术是多媒体通信领域中的关键技术之一，不能对多媒体数据进行有效地压缩，就难以保证通信的顺利进行。

以一般彩色电视信号为例，设代表光强、色彩和饱和度的YIQ空间中各分量的带宽分别为4 MHz、1.3 MHz和0.5 MHz。根据采样定理，仅当采样频率大于或等于2倍的原始信号的频率时，才能保证采样后的信号可无失真地恢复为原始信号。如假设各采样点均被数字化为8 bit，从而1 s的电视信号的数据量为：（4 M＋1.3 M＋0.5 M）×2×8 bit = 92.8 Mbit。因而一张 640 MB 容量的 CD-ROM 能够存放的原始电视数据（每字节附有 2 位校验位）为：640×8/［92.8×（1+0.25)］= 44 s。也就是说，一张普通光盘只能存放 44 s 的原始电视数据。

很显然，电视信号数字化后直接保存的方法是令人难以接受的，因而必须采取某些措施进行保存，例如，对图像数据进行压缩后再保存。

我们再来看看语音信号的数据量，人在正常说话时的音频一般在 200 Hz～3.4 KHz，即人类语音的带宽为 3.4 KHz。依据采样定理，并设数字化精度为 8 bit，则每秒的数据量为：

$$3.4\ \text{KHz}\times 2\times 8=54.4\ \text{Kbit}$$

表 2.1 列出了支持语音、图像、视频等多媒体信号高质量存储和传输所必需的未压缩速率以及信号特性。

从以上两个例子以及表 2.1 可以看出：未进行任何形式编码和压缩的窄带语音信号需要 128 Kb/s 的速率，即两倍于普通电话的速率。信号未被压缩的宽带话音需要 256 Kb/s 的速率，未压缩的双声道立体声 CD 音频需要 1.41 Mb/s 的速率。在保持原始信号质量的前提下，窄带语音可以压缩到 4 Kb/s（30∶1 的压缩比），宽带话音可以压缩到约 16 Kb/s（15∶1 的压缩比），CD 音频可以压缩到 64 Kb/s（22∶1 的压缩比）。

显然，对于多媒体处理系统所要求的语音与音频、图像、视频、文本、数据的结合，其信号进行有效地存储和传输之前，必须进行处理，而最关键的处理方法是进行数据压缩。多媒体信息压缩技术的对象主要是视频、音频和文本信息这三大类。例如，现代数字压缩技术可以对多数图像实现大于 100∶1 的压缩比，而质量没有重大损失。

表 2.1　各种信号的特性和未压缩速率

<table>
<tr><td>语音/音调</td><td colspan="2">频率范围</td><td>抽样比</td><td>比特/抽样</td><td>未压缩速率</td></tr>
<tr><td>窄带话音</td><td colspan="2">200～3 200 Hz</td><td>8 kHz</td><td>16</td><td>128 Kb/s</td></tr>
<tr><td>宽带话音</td><td colspan="2">50～7 000 Hz</td><td>16 kHz</td><td>16</td><td>256 Kb/s</td></tr>
<tr><td>CD 音频</td><td colspan="2">20～20 000 Hz</td><td>44.1 kHz</td><td>16×2 信道</td><td>1.41 Mb/s</td></tr>
<tr><td>图像</td><td colspan="3">像素/帧</td><td>比特/像素</td><td>未压缩信号大小</td></tr>
<tr><td>传真</td><td colspan="3">1 700×2 200</td><td>1</td><td>3.74 Mb</td></tr>
<tr><td>VGA</td><td colspan="3">640×480</td><td>8</td><td>2.46 Mb</td></tr>
<tr><td>XVGA</td><td colspan="3">1 024×768</td><td>24</td><td>18.8 Mb</td></tr>
<tr><td>视频</td><td>像素/帧</td><td>画面比</td><td>帧/秒</td><td>比特/像素</td><td>未压缩速率</td></tr>
<tr><td>NTSC</td><td>480×488</td><td>4∶3</td><td>29.97</td><td>16</td><td>111.2 Mb/s</td></tr>
<tr><td>PAL</td><td>576×576</td><td>4∶3</td><td>25</td><td>16</td><td>132.7 Mb/s</td></tr>
<tr><td>CIF</td><td>352×288</td><td>4∶3</td><td>14.98</td><td>12</td><td>18.2 Mb/s</td></tr>
<tr><td>QCIF</td><td>176×144</td><td>4∶3</td><td>9.99</td><td>12</td><td>3.0 Mb/s</td></tr>
<tr><td>HDTV</td><td>1 280×720</td><td>16∶9</td><td>59.94</td><td>12</td><td>622.9 Mb/s</td></tr>
<tr><td>HDTV</td><td>1 920×1 080</td><td>16∶9</td><td>29.97</td><td>12</td><td>745.7 Mb/s</td></tr>
</table>

2.1.2　信息压缩的可行性

数据中通常包含很大的冗余，数据的大小与所携带的信息量的关系由下式给出：

$$I = D - r \tag{2.1}$$

其中，I、D、r 分别为信息量、数据量与冗余量。以存储一本 200 万字的中文百科全书为例，每个汉字以 2 字节计算，该书的数据量为 4 MB。只要使用后面介绍的 Huffman 算法，就可简单地将大约 2 MB 的冗余数据寻找出来并压缩掉，这样就可以节省出 2 MB 的存储空间。

1．空间冗余

空间冗余是在图像数据中经常存在的一种冗余。在任何一幅图像中，均有许多灰度或颜色都相同的邻近像素组成的局部区域，它们形成了一个性质相同的集合块，即它们之间具有空间（或空域）上的强相关性，在图像中就表现为空间冗余。例如，图 2.1 是一张俯视图，图中央的黑色是一块表面均匀的积木块，在图中，黑色区域所有的点的光强和色彩以及饱和度都是相同的，因而黑色区域的数据表达有很大的冗余。对空间冗余的压缩方法就是把这种集合块当做一个整体，用极少的数据量来表示它，从而节省存储空间。这种压缩方法叫空间压缩或帧内压缩，它的基本点就在于减少邻近像素之间的空间（或空域）相关性。

图 2.1　空间冗余

2．时间冗余

时间冗余是运动图像和语音数据中经常包含的冗余。运动图像中两幅相邻的图像有较大的相关性，这反映为时间冗余。同理，在语音中，由于人在说话时发出的音频是连续和渐变的，而不是完全独立的，因而存在时间冗余。例如，图 2.2 中 F1 图中有一辆汽车和一个路标 P，在经过时间 T 后的图像 F2 仍包含以上两个物体，只是小车向前行驶了一段路程。此时，F1 和 F2 是时间相关的，后一幅图像 F2 在参照图像 F1 的基础上只需很少数据量即可表示出来，从而可以减少存储空间，实现数据压缩。这种压缩对运动图像往往能得到很高的压缩比，这也称为时间压缩或帧间压缩。

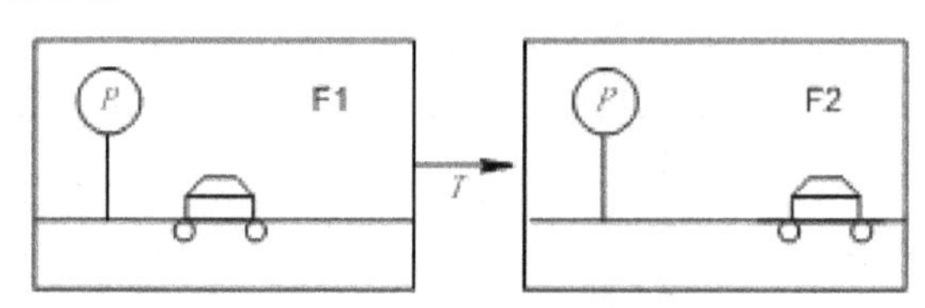

图 2.2　时间冗余

3．信息熵冗余（编码冗余）

所谓信息熵，就是指数据所带的信息量。信息量是指从 N 个可能事件中选出一个事件所需要的信息度量或含量。将信源所有可能事件的信息量进行平均，就得到信息的“熵”（Entropy）。熵就是平均信息量。通常，信息熵的数学表达式为：

$$H=-\sum_{i=0}^{k-1}P_i\log_2 P_i \tag{2.2}$$

式中，P_i 为任意一个数 y_i 的概率，k 为数据类数或码元的个数。设单位数据量 d 为：

$$d = \sum_{i=0}^{k-1} P_i b(y_i) \tag{2.3}$$

式中，$b(y_i)$ 为分配给码元类 y_i 的比特数，要使 d 接近或等于 H，理论上应取 $b(y_i) = -\log_2 P_i$（P_i 为 y_i 的发生概率）。实际上，很难预估 $\{P_0, \cdots, P_{k-1}\}$，因此，一般总是取 $b(y_0) = b(y_1) = \cdots = b(y_{k-1})$。例如，英文字母的编码码元长为 7 bit，即 $b(y_0) = b(y_1) = \cdots = b(y_{25}) = 7$，这样 d 必定大于 H，由此带来的冗余称为信息熵冗余或编码冗余。简单地说，人们用于表达某一信息所需要的“比特数”总比理论上表示该信息所需要的最少“比特数”大，它们之间的差距就是信息熵冗余。

4．结构冗余

有些图像从整体上来看存在着非常强的纹理结构，例如，图 2.3 所示的草席图像，我们称它在结构上存在冗余。

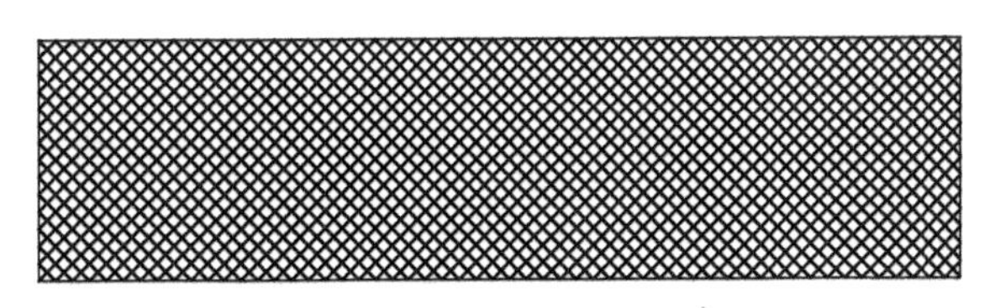

图 2.3　结构冗余示意图

5．知识冗余

人们通过认识世界而得到某些先验知识和背景知识，由此带来的冗余称为知识冗余。例如，人脸的图像有固定的结构，嘴的上方有鼻子，鼻子的上方有眼睛，鼻子位于正脸图像的中线上等。这类规律的结构可由先验知识和背景知识得到，因此这类信息对一般人来说是冗余信息。

6．视觉冗余

在多媒体技术的应用领域中，人的眼睛是图像信息的接收端。而人类的视觉系统并不能对图像画面的任何变化都能感觉到，视觉系统对于图像场的注意是非均匀和非线性的，即注意主要部分质量，同时取画面的整体效果，不拘泥每一个细节。例如，人的视觉对于图像边缘的急剧变化不敏感，对图像的亮度信息敏感，对颜色的分辨率较弱等。因此，如果图像经压缩或量化发生的变化（或称引入了噪声）不能被视觉所感觉，则认为图像质量是完好的或是够好的，即图像压缩并恢复后仍有满意的主观图像质量。

7．其他冗余

多媒体数据除了具有上面所说的各种冗余外，还存在一些其他的冗余类型。例如，图像的空间非定常特性所带来的冗余等。

空间冗余和时间冗余是将信号看作为随机信号时所反映出的统计特征，因此有时把这两种冗余称为统计冗余。它们也是多媒体图像数据处理中两种最主要的数据冗余。

在数字图像或语音信息中普遍存在着不同程度的冗余度，在保证一定质量的前提下，尽可能地去除这些冗余度，这就是信息压缩技术的目的。例如，在可视电话中将原本为 36 Mb/s 的视频和音频信号压缩到 64 Kb/s 以下，使它能在一个数字话路上传输。

按照压缩前后信息量的变化来分，压缩技术可分为信息保持型压缩和信息非保持型压缩两大类。信息保持型压缩编码（又称为无失真编码）是指解码以后的信息量和原信息量严格相同；而信息非保持型压缩的方法则会给解码信息带来一定的失真，但一般来说压缩比要远远大于保持型压缩的压缩比。

2.1.3 数据压缩技术的性能指标

1．压缩比

压缩性能常用压缩比来定义，也就是压缩过程中输入数据量和输出数据量之比。压缩比越大，说明数据压缩的程度越高。在实际应用中，压缩比可以定义为比特流中每个样点所需要的比特数。

2．重现质量

重现质量是指比较重现时的图像、声音信号与原始图像、声音之间有多少失真，这与压缩的方法有关。压缩方法可以分为无损压缩和有损压缩。无损压缩是指压缩和解压缩过程中没有损失原始图像或声音的信息，因此对无损系统不必担心重现质量。有损压缩虽然可获得较大的压缩比，但压缩比过高，还原后的图像、声音质量就可能降低。

图像和声音质量的评估常采用客观评估和主观评估两种方法。以图像信息压缩为例，图像的主观评价采用 5 分制，其分值在 1～5 分情况下的主观评价表见表 2.2。

表 2.2　图像主观评价性能表

主观评价分	质量尺度	妨碍观看尺度
5	非常好	丝毫看不出图像质量变坏
4	好	能看出图像质量变化，但不妨碍观看
3	一般	清楚地看出图像质量变坏，对观看稍有妨碍
2	差	对观看有妨碍
1	非常差	非常严重地妨碍观看

而客观评估通常有以下几种：

均方误差
$$E_n = \frac{1}{n}\sum_i (x(i) - \hat{x}(i))^2 \tag{2.4}$$

信噪比
$$\mathrm{SNR} = 10\lg\frac{\sigma_x^2}{\sigma_r^2} \tag{2.5}$$

峰值信噪比
$$\mathrm{PSNR} = 10\lg\frac{x_{\max}^2}{\sigma_r^2} \tag{2.6}$$

其中，$x(i)$ 为信号序列，$\hat{x}(i)$ 为重建信号，$x_{\max}(i)$ 为 $x(i)$ 的峰值，$\sigma_x^2 = E\left[x^2(i)\right]$，$\sigma_r^2 = E\left\{\left[x(\hat{i}) - x(i)\right]^2\right\}$。

3．压缩和解压缩的速度

压缩与解压缩的速度是两项单独的性能度量。有些应用中，压缩与解压缩都需要实时进行，这称为对称压缩，如电视会议的图像传输；在有些应用中，压缩可以用非实时压缩，而只要解压缩是实时的，这种压缩称为非对称压缩，如多媒体 CD-ROM 的节目制作。从目前开发的压缩技术来看，一般压缩的计算量比解压缩要大。在静止图像中，压缩速度没有解压缩速度要求严格。

但对于动态视频的压缩与解压缩，速度问题是至关重要的。动态视频为保证帧间动作变化的连贯要求必须有较高的帧速。对于大多数情况来说，动态视频至少为 15 帧/秒，而全动态视频则要求有 25 帧/秒或 30 帧/秒。因此，压缩和解压缩速度的快慢直接影响实时图像通信的完成。

此外，还要考虑软件和硬件的开销。有些数据的压缩和解压缩可以在标准的 PC 硬件上用软件实现，有些则因为算法太复杂或者质量要求太高而必须采用专门的硬件。这就需要在占用 PC 上的计算资源或者使用专门硬件的问题上做出选择。

2.2 数据压缩的理论依据

在讨论数据压缩的时候，需要涉及现代科学领域中的一个重要分支——信息论。香农所创立的信息论对数据压缩有着极其重要的指导意义。它一方面给出了数据压缩的理论极限，另一方面又指明了数据压缩的技术途径。本节将分别对无信息损失条件下和限定失真条件下数据压缩的理论极限作一简要的介绍。

2.2.1 离散信源的信息熵

在日常生活中，当我们收到书信、电话或看到图像时，则说得到了消息，在这些消息中包含着对我们有用的信息。通常，消息是由一个有次序的符号（如状态、字母、数字、电平等）序列构成。一个符号所携带的信息量则用它所出现的概率 p 按如下关系定义：

$$I = \log(1/p) = -\log p \tag{2.7}$$

当（2.7）式中的对数以 2 为底时，它的单位是比特。从后面的讨论中将会看到，表示信息量的比特其含义与二进制符号中的比特并不完全相同。

若信息源所产生的符号取自某一离散集合，则该信源称为离散信源。离散信源 X 可以用下式来描述：

$$X = \begin{Bmatrix} s_1 & s_2 & \cdots & s_n \\ p(s_1) & p(s_2) & \cdots & p(s_n) \end{Bmatrix}, \sum_{i=1}^{n} p(s_i) = 1 \tag{2.8}$$

式中，$p(s_i)$ 为符号集中的符号 s_i 发生（或出现）的概率。由于信源产生的符号 s_i 是一个随机变量（在符号产生之前，我们不知道信源 X 将发出符号集中的哪个符号），而信息量 I 是 s_i 的函数，因此 I 也是一个随机变量。对于一个随机变量，研究它的统计特性更有意义。考虑 I 的统计平均值：

$$H(X) = \langle I[p(s_i)] \rangle = -\sum_{i} p(s_i) \log_2 [p(s_i)] \quad \text{bit/symbol} \tag{2.9}$$

式中，<>表示数学期望。借用热力学的名词，把 H 叫做熵。在符号出现之前，熵表示符号集合中符号出现的平均不肯定性；在符号出现之后，熵代表接收一个符号所获得的平均信息量。因此，熵是在平均意义上表征信源总体特性的一个物理量。

2.2.2 信源的概率分布与熵的关系

由（2.9）式可以看出，熵的大小与信源的概率模型有着密切的关系。如果符号集中任一符号出现的概率为 1，则其他符号出现的概率必然为零，信源的平均信息量（熵）则为零。如果所有符号出现的概率都小于 1，则熵为某一正值。这说明，各符号出现的概率分布不同，信源的熵也不同。下面我们来求证，当信源中各事件服从什么样的分布时熵具有极大值，即求解：

最大化 $$H(X)=-\sum_{i=1}^{n}p(s_i)\log[p(s_i)]$$

从属于 $$\sum_{i=1}^{n}p(s_i)=1 \tag{2.10}$$

根据求条件极值的拉格朗日乘数法，有

$$\frac{\partial\left[H(X)+\lambda(\sum_{i=1}^{n}p(s_i)-1)\right]}{\partial p_i}=0\quad(i=1,2,\cdots,n) \tag{2.11}$$

式中，λ 为拉格朗日常数。解（2.11）式方程组，得

$$p(s_1)=p(s_2)=\cdots=p(s_n)=\frac{1}{n} \tag{2.12}$$

此时，信源具有最大熵

$$H_{\max}(X)=\log_2 n \tag{2.13}$$

这是一个重要结论，有时称为最大离散熵定理。

以 n=2 为例，熵随符号“1”的概率 p 的变化曲线如图 2.4 所示。p=0 或 1 时，$H(X)$=0。当 p=1/2 时，$H(X)$ = 1 bit/符号。p 为其他值时，0<$H(X)$<1。从物理意义上讲，通常存储或传输 1 位的二进制数码（1 或 0），其所含的信息量总低于 1 bit；只有当字符 0 和 1 出现的概率均为 1/2 时，不肯定性最大，1 位二进数码才含有习惯上所说的 1 bit 的信息量。

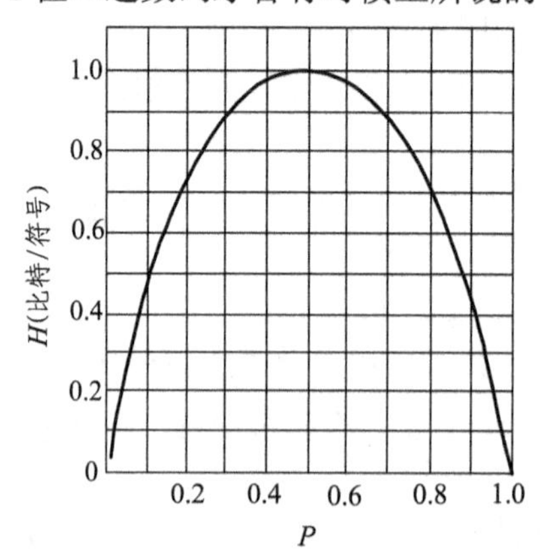

图 2.4　二进制信源的熵与概率 p 之间的关系

2.2.3 信源的相关性与序列熵的关系

上面讨论的离散信源所能输出的信息量，是针对一个信源符号而言的。实际上，离散信源输出的不只是一个符号，而是一个随机符号序列（离散型随机过程）。若序列中各符号具有相同的概率分布，该序列（过程）是平稳的。若序列中各符号间是统计独立的，即前一个符号的出现不影响以后任何一个符号出现的概率，则该序列是无记忆的。

假设离散无记忆信源产生的随机序列包括 2 个符号 X 和 Y（即序列长度等于 2），且 X 取值于（2.8）式所表示的集合，而 Y 取值于

$$Y=\begin{Bmatrix} t_1 & t_2 & \dots & t_n \\ q(t_1) & q(t_2) & \dots & q(t_n) \end{Bmatrix}, \sum_{i=1}^{n} q(t_i)=1 \tag{2.14}$$

那么接收到该序列后所获得的平均信息量称为联合熵，定义为

$$H(X \bullet Y)=-\sum_i \sum_j r_{ij} \log_2 r_{ij} \tag{2.15}$$

式中，r_{ij} 为符号 s_i 和 t_j 同时发生时的联合概率。由于 X 和 Y 相互独立，$r_{ij}=p(s_i)q(t_j)$，则（2.15）式变为

$$H(X \bullet Y)=H(X)+H(Y) \tag{2.16}$$

将上面的结果推广到多个符号的情况，可以得到如下结论：离散无记忆信源所产生的符号序列的熵等于各符号熵之和。要知道收到其中一个符号所得到的平均信息量（即序列的平均符号熵）可以用序列熵除以序列的长度求得。显然，当序列是平稳的，任一符号的熵就是序列的平均符号熵。

假设离散信源是有记忆的，而且为了简单起见，只考虑相邻两个符号（X 和 Y）相关的情况。由于其相关性，联合概率 $r_{ij}=p(s_i)P_{ji}=q(t_j)P_{ij}$，其中 $P_{ji}=P(t_j/s_i)$ 和 $P_{ij}=P(s_i/t_j)$ 为条件概率。

在给定 X 的条件下，Y 所具有的熵称为条件熵，即

$$H(Y/X)=\left\langle -\log_2 P_{ji} \right\rangle=-\sum_{i=1}^{n}\sum_{j=1}^{m} r_{ij} \log_2[r_{ij}/p(s_i)] \tag{2.17}$$

上式中，在对 $-\log_2 P_{ji}$ 进行统计平均时，由于要对 s_i 和 t_j 进行两次平均，所以用的是联合概率 r_{ij}。利用（2.15）式和（2.17）式以及联合概率与条件概率之间的关系，不难证明联合熵与条件熵之间存在下述关系：

$$H(X \bullet Y)=H(X)+H(Y/X)=H(Y)+H(X/Y) \tag{2.18}$$

上式表明，如果 X 和 Y 之间存在着一定的关联，那么当 X 发生，在解除 X 的不肯定性的同时，也解除了一部分 Y 的不肯定性。但此时 Y 还残剩有部分的不肯定性，这就是（2.18）式中 $H(Y/X)$ 的含义。把无条件熵和条件熵之差定义为互信息，即

$$I(X;Y)=H(Y)-H(Y/X) \tag{2.19}$$

$$I(Y;X)=H(X)-H(X/Y) \tag{2.20}$$

显然，$I(X;Y)=I(Y;X)\geqslant 0$。

两个事件的相关性越小，互信息越小，残剩的不肯定性便越大。当两事件相互独立时，X 的出现，丝毫不能解除 Y 的不肯定性。在这种情况下，联合熵变为 2 个独立熵之和[见（2.16）式]，从而达到它的最大值。图 2.5 给出了无条件熵、条件熵和互信息之间关系的示意。

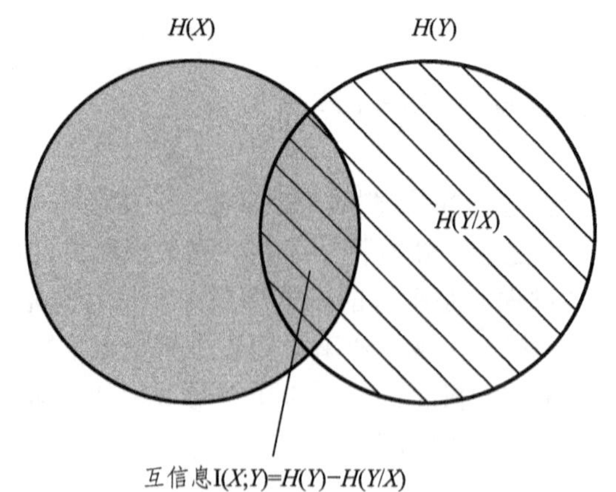

图 2.5　无条件熵、条件熵和互信息之间的关系

由（2.16）式和（2.18）式，可以得到

$$H(X \cdot Y) = H(X) + H(Y/X) \leqslant H(X) + H(Y) \tag{2.21}$$

对于信源输出序列中有多个符号相关的情况，也可以得到类似的结果。序列熵与其可能达到的最大值之间的差值反映了该信源所含有的冗余度。信源的冗余度越小，即每个符号独立携带的信息量越大，那么传输相同的信息量所需要的序列长度越短，或符号数越少。因此数据压缩的一个基本途径是去除信源产生的符号之间的相关性，尽可能地使序列成为无记忆的。而对于无记忆信源而言，如在等概率情况下，离散平稳无记忆信源单个符号的熵（平均信息量）具有极大值。因此，在无信息损失的情况下，数据压缩的另一基本途径是改变离散无记忆信源的概率分布，使其尽可能地达到等概率分布的目的。

2.2.4　信息率失真理论

本小节将从信息论的角度，对在有信息损失情况下数据压缩的理论极限作较为严谨地讨论。有信息损失情况下的数据压缩，就是将信源输出的数据转化为简化的或压缩的版本，而它的逼真度的损失不超出某一容限，它属于信源编码的范畴。

1．通信系统的一般模型

图 2.6 为常见的通信系统模型。我们将信道编码器、译码器归入信道，因此信道可以看成是无噪声的。

设信源产生离散随机过程$\{U_r\}$，$r=-\infty$，…，-2，-1，0，1，2，…，∞，即随机变量序列。u 是信源符号 U 的样，$u \in A$，A 是信源符号集。信源的特征可以用信源符号集 A 以及相应的概率分布表示。A 可以是实数集、有限集、波形集、二维空间的亮度分布集等。概率特征可记为 p，它是一族 N 维概率密度或分布函数。对信源还可能有平稳、遍历、独立、限功率等制约。

设信源为恒速率信源，它每 T_s 秒产生 A 的一个符号，即信源符号率 R_s 为 $1/T_s$。信源编码器将每个长度为 N 的信源符号组编为 K 个编码符号组成的码字，编码符号取自于符号集 E，我们将该码字姑且称为编码码字。若 E 中包含 a 个符号，则可能构成的编码码字数 $M=a^K$。设信道为恒速率数字信道，它的传输率为 $R_c=1/T_c$，即每 T_c 秒传输一个编码符号。信源译码器将信道输出还原为长度为 N 的、其形式可以为信宿接收的符号组，该符号组称为还原码字。由于编码码字数为 M，还原码字数也为 M。还原码字串成随机过程$\{V_r\}$，v 是 V 的样，$v \in B$。B 可以等于 A，也可以不同于 A。为了使全系统有协同的符号流量，须使 $NT_s = KT_c \triangleq T$，即在信源产生 N 个符号的期间，信道传输 K 个符号，同时译码器输出 N 个符号。这将保证$\{V_r\}$与$\{U_r\}$有相同的符号率，只不过通常二者之间存在延迟而已。

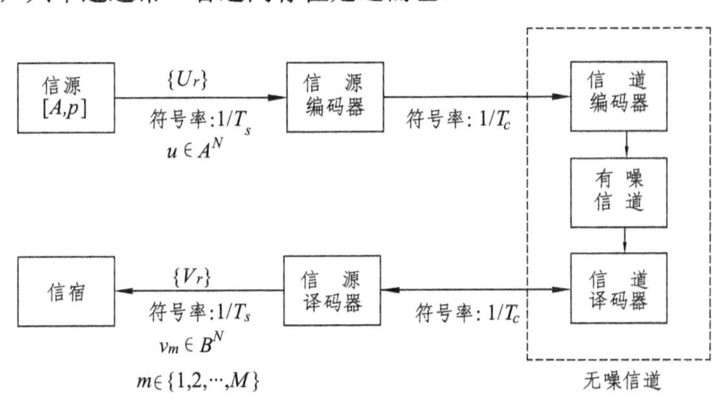

图 2.6　通信系统模型

如果编码器是数据压缩设备，则定义压缩率（或称码的符号压缩率）$\overline{d}_N$，即每个信源符号平均所需的编码符号数。

前面已说明，信道可以是无噪声的，因此可以认为信源序列$\{U_r\}$直接由编、译码器映射为信宿序列$\{V_r\}$。假设 A 中有 l 个符号，则可能出现的信源符号组 u 有 l^N 种。如前所述，不论 B 是否与 A 相等，构成信宿序列的还原码字 v_m 只有 M 种。为了达到压缩的目的，需要 $M<l^N$。显然，用 M 种码字代表 l^N 种信源符号组（二者长度均为 N）有可能损失信息。

从信息论的观点，逼真度的损失可以用失真来度量。定量地表征失真的函数称为失真函数 $d(u,v)$，它是一个二元函数，它确定在信宿用 v 代替信源输出 u 时失真的大小。因此，$d(u,v)$ 常为非负的实数集内的一个数值。由于 u 和 v 都是随机量，$d(u,v)$ 也是随机量，因此通常须定义平均失真 $\overline{d}$：

$$\overline{d} = \langle d(u,v) \rangle \tag{2.22}$$

这里<　>是在 $u \in A$ 和 $v \in B$ 上的数学期望。再考虑到信源输出和信宿输入均为随机序列，可定义长度为 N 的符号组的平均失真为

$$\overline{d}_N = \frac{1}{N}\sum_{r=1}^{N}\langle d_r(u_r,v_r) \rangle \qquad 1 \leqslant N < \infty \tag{2.23}$$

对于不同的 r，$d_r(\bullet)$ 可以相同，也可以不同。我们将这种以单符号失真来衡量逼真度的准则记为 F_d。

数据压缩的最基本问题是，在给定的一类编码器 G_E 和一类译码器 G_D 情况下，可能达到的最佳性能，或最小平均失真有多大。最小平均失真由下式计算：

$$D^{(N)}(G_E,G_D) = \inf_{(G_E,G_D)} \langle \overline{d}_N \rangle \tag{2.24}$$

其中，下确界 inf 是在给定类的所有编码器、译码器上确定的。因为编码器、译码器的构造受到实际的限制，所以没有采用极小值，而取下确界。所谓某一类编码器、译码器是以它们的复杂性或压缩要求，或其他约束条件来划分的。例如，可以指所有的 M 级的量化器、所

有的长度一定和符号集大小一定的分组码，或给定形式且输出熵受约束的所有的时不变滤波器等。

上述基本问题也可以逆向提出，即在给定一定的逼真度，或平均失真不超出规定值 D 的条件下，所需传输的最低信息率（按每信源符号计）有多大，从而再据此设计编、译码器。

2．信息率失真函数

信息率失真理论，简称率失真理论，是信息论的一个分支，它研究信源的熵超过信道容量时出现的问题。香农在 1948 年的《通信的数学理论》中开始涉及这一问题，而 Berger 在 1971 年所著的《信息率失真理论》给读者提供了这方面的系统知识。

设信源输出被分割成长度为 N 的符号组。我们希望每一个符号组（或向量）$u \in A^N$ 通过编码、译码被变换为一个在 $\overline{d}_N$ 意义下最佳的 $v \in B^N$（即使 $\overline{d}_N$ 为最小），其中 u 表示（u_1，…，u_N），v 表示（v_1，…，v_N）。

对于给定的信源，$p(u)$，$u \in A^N$ 是确定的。对于每个指定的条件概率分布 $P(v/u)$，$u \in A^N$，$v \in B^N$，可以得到信宿的概率分布为

$$q(v) = \sum_{u \in A} p(u)P(v/u) \qquad v \in B \tag{2.25}$$

而 U^N 和 V^N 间的互信息为

$$I(U^N;V^N) = H(V^N) - H(V^N/U^N) = \sum_{u \in A^N} p(u) \sum_{v \in B^N} P(v/u) \log_2 \frac{P(v/u)}{q(v)} \tag{2.26}$$

因为 $p(u)$ 是给定的，互信息量将随 $P(v/u)$ 而改变。现在可以提出这样一个问题，如果将平均失真度 $\overline{d}_N$ 限制在一个规定值 D 以下，$I(U^N;V^N)$ 至少要多大？也就是说，还原码字中至少要包含信源符号组的多少信息？为了回答这一问题，需要定义信源[A，p]相对于 F_d 的率失真函数 $R(D)$，即

$$R(D) = \frac{1}{N} \min_{p(v/u)D} I(U^N;V^N) \tag{2.27}$$

其中 P_D 是满足 $\overline{d}_N \leqslant D$ 的所有条件概率分布 $P(v/u)$ 的集合，即

$$P_D = \left\{ P(v/u) \mid \overline{d}_N = \sum_{v \in B^N} \sum_{u \in A^N} p(u)P(v/u)d_N(u,v) \leqslant D \right\} \tag{2.28}$$

当信源为平稳、无记忆时，（2.27）式可以简化为

$$R(D) = \min_{P(v/u)_D} I(U;V) \tag{2.29}$$

其中

$$I(U;V) = \sum_{u \in A} p(u) \sum_{v \in B} P(v/u) \log_2 \frac{P(v/u)}{q(v)} \tag{2.30}$$

$$P_D = \left\{ P(v/u) \mid \overline{d}_N = \sum_{u \in A} \sum_{v \in B} p(u)P(v/u)d(u,v) \leqslant D \right\} \tag{2.31}$$

这就是说，为了使失真度不大于 D，信源序列传输给信宿的最小平均信息率是 $R(D)$。这个函数既依赖于信源的统计特性，也依赖于失真的度量，同时与编码、译码器的类型（互信息）有关。$R(D)$ 是在失真不大于 0 的情况下，对信源信息率压缩的理论极限。

可以证明，尽管在（2.27）式用 min，而不用 inf，$R(D)$ 是存在的；同时，$R(D)$ 在定义域内是单调递减的下凸函数。对于离散信源，$R(D)$ 如图 2.27 所示，其中 $H(p)$ 为熵函数。

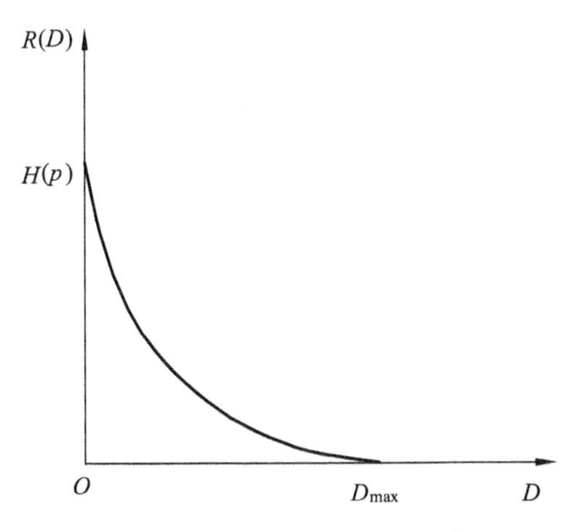

图 2.7　离散信源的率失真函数

3．限失真信源编码定理

在实际通信系统中，用来传输信源信息的信息率远大于 $R(D)$ 函数所规定的值。那么，这个极限值是否能够达到或接近呢？下面介绍的编码定理将回答这个问题。

用 G 表示解码还原的字集 $G=\{v_1, v_2, \cdots, v_M\}$，称 G 为长度 N、字数为 M 的还原码，G 的元素称为（还原）码字。现在用 G 对信源$[A, p]$的输出进行编码、译码，即每个长度为 N 的信源符号组被映射为某一码字 $v\in G$，以使 $d_N(u,v)$ 为最小，记此最小值为

$$d_N(u\,|\,G)=\min_{v\in G}\{d_N(u,v)\} \tag{2.32}$$

G 的平均失真为

$$d(G)=\langle d_N(U\,|\,G)\rangle_p=\sum_{u\in A^N}p(u)d_N(u\,|\,G) \tag{2.33}$$

式中，$\langle\ \rangle_p$ 中表示在 $p(u)$ 上的平均。因此，$d(G)$ 是随机产生的信源符号组 $u=(u_1, \cdots, u_N)$ 以 G 中最近码字为近似时所产生的失真的统计平均值。

字数为 M、长为 N 的还原码 G 的信息率通常定义为

$$R=\frac{1}{N}\log_2 M \quad \text{（bit/信源符号）} \tag{2.34}$$

这是显而易见的，因为还原码字 v 只有 M 种可能值，其最大可能信息率为 $\log_2 M$（bit/码字）。如果 $d(G)\leqslant D$，称 G 是 D 容许的。将字数最少的 D 容许码记为 $M(N,D)$。

下面给出信源编码定理和它的逆定理。

正定理　对于给定平稳离散无记忆信源$[A, p]$和单符号逼真度准则 F_d，设相对于 F_d 的$[A, p]$的率失真函数为 $R(\cdot)$。那么，给定任意 $\varepsilon>0$ 和 $D\geqslant 0$，可以找到正整数 N，以使一个长度为 N 的（$D+\varepsilon$）容许码存在，且其信息率 $R\leqslant R(D)+\varepsilon$。也就是说，在 N 充分大时，以下不等式成立：

$$\frac{1}{N}\log_2 M(N,D+\varepsilon)<R(D)+\varepsilon \tag{2.35}$$

换句话说，失真接近于 D、而信息率任意接近于 $R(D)$ 的码是存在的。

逆定理　不存在信息率小于 $R(D)$ 的任何 D 容许码，即对于所有的 N，则下式成立：

$$\frac{1}{N}\log_2 M(N,D)\geqslant R(D) \tag{2.36}$$

简单地说，当失真为 D 时，信息率不能小于 $R(D)$。

现在考虑信源编码正、逆定理如何用于图 2.6 所示的系统。假设对这个系统的要求是信宿相对于 F_d 以失真度 $D+\varepsilon$ 还原平稳离散无记忆信源[A，p]。编码器可以用（$D+\varepsilon$）容许码，将每个长度为 N 的信源输出序列 u 映射为一个码字 v，以使 $d_N(u,v)$ 为最小。因为正定理保证 $R<R(D)+\varepsilon$，所以只要信道容量（以每信源符号计）满足：

$$C>R(D)+\varepsilon \tag{2.37}$$

编码器的输出就可以在译码器中以任意小的差错概率还原。图 2.6 中信道（可能包含信道编码器、译码器）输入、输出的符号则是无关紧要的，因为经过传输所增加的失真度为任意小，因此全系统仍以失真度 $D+\varepsilon$ 工作。另外，每个信源序列 u 映射为码字 v 是确定性的，所以信源译码器放在信道输出对上述结果并不产生影响。由此，可得下面的信息传输定理：

正定理　对于 $\varepsilon>0$，前述离散无记忆信源可以在容量 $C>R(D)+\varepsilon$ 的任何离散无记忆信道的输出端还原，而失真度为 $D+\varepsilon$。

逆定理　前述离散无记忆信源不可能在信道容量 $C<R(D)$ 的任何离散无记忆信道的输出以失真度 D 还原。

这两个定理表明，信源和信宿间在限失真 D 下的通信，要求信道容量为 $R(D)$ 既是必要的，也是充分的。$R(D)$ 还可以作为广义熵率来理解，即在所要求的逼真度下，通过容量为 $C>R(D)$ 的信道传输是可能的；但是，如果 $C<R(D)$，则是不可能的。因此，若一个系统在信道容量 $C=R(D)$ 时可使平均失真等于 D，则这个系统是理想的。这个理想系统还说明，信源编码和信道编码可以完全分开处理。信源编码在给定的信源和逼真度准则下谋求最佳码，而不管信道结构，只要容量相等，任何信道都可以应用。信源编码器的输出的熵在码字充分长时趋近于信道容量。根据信源的渐近等分性（AEP），在信源序列长度无限增大时，所有典型序列的概率和趋近于 1，且每个序列的概率接近于相等，因此编码器输出的码字也是接近于等概率的（可以舍弃那些总概率接近于零的非典型序列）。当然，这里已经应用了遍历性，通常我们假设所讨论的信源是遍历的。这样，就允许信道编码器针对这些典型序列工作，而不管信源的细节；它只需建立信源码字和信道码字之间的一一对应关系。简单地说，信源编码器从信源输出的长序列消除其冗余度，仅保留由逼真度准则所决定的最重要的信息。然后，信道编码器再插入有规律的冗余度，以增加传输途中的抗干扰能力。

以上的讨论只涉及平稳离散无记忆信源。对于其他信源的率失真理论，有兴趣的读者可以参阅其他文献。

练习与思考

1．结合某种多媒体通信的应用来说明多媒体信息的特点。

2．以数字电视信号为例来说明压缩的必要性和可行性。

3．多媒体数据存在哪些类型的冗余？去掉这些冗余的方法所对应的技术有哪些？

4．如何衡量一种压缩算法的好坏？举例说明。

5．设离散信源输出 2 个符号的序列，这 2 个符号从符号集 A={0，1}中随机地选取，并且 $P(1)=0.8$，$P(0)=0.2$，（1）若这 2 个符号的条件概率为 $P(0/1)=0.1$ 和 $P(1/0)=0.4$，求该信源的序列熵；（2）若该信源是无记忆的，求该信源的序列熵，并与（1）的结果进行比较。

第3章　音频信息处理技术

3.1　基本概念

众所周知，声音是通过空气传播的一种连续的波，叫声波。声音的强弱体现在声波压力的大小上，音调的高低体现在声波的频率上。声音用电表示时，声音信号在时间和幅度上都是连续的模拟信号。统计表明，语音的过程是一个近似的短时平稳随机过程。所谓短时，是指在 10～30 ms 的范围。由于语音信号具有这个性质，则有可能将语音信号划分为一帧一帧的进行处理。在实用中，一般一帧的宽度为 20 ms。那么要具体研究语音的各种特征、压缩方法、传输方法等，就要先了解语音的一些基本类型和参数。

3.1.1　声音的类型

现实世界中存在三种不同类型的声音：语音（Speech）、音乐（Music）和音响效果（Sound Effects）。

语音是人话语的一种波形声音。它包含了丰富的语言内涵。现在有数字化语音和合成语音，它们可用于多媒体开发。数字化语音可以提供高质量的自然语音，但对于磁盘空间要求很大。合成语音虽然需要的存储容量较小，但却不如人类语音那样自然，即便是使用改进的技术来合成语音，也不可能像人们期望的那样经常把它引入多媒体节目。语音作为人类交流的一个重要方面，具有两个优点：一个是人类语音的说服力；第二个优点是语音可以消除在屏幕上显示大量文本的需要。

音乐是符号化了的声音。与语音一样，也是人类交流的一个重要成分。但是，与语音不同是，音乐并不包含基本的或指示性的信息。音乐通常是被用来设置基调和心情，为节目提供转接，增加兴趣或刺激，并唤起情绪。尤其是当音乐与语音和音响效果相结合时，会使得屏幕上表达的文本和图像更加富有感染力。

音响效果则是用来增强或扩大信息表达效果的。自然音响和合成音响是目前两种典型的音响效果。自然音响是发生在周围的未加渲染的平常音响，而合成音响是用电子方式或人为方式产生的音响。此外，还有两类普通的音响效果，即环境音响效果和特殊音响效果。前者是把场景或地点的氛围传播给听众的背景音响或气氛音响；后者是可以被单独区别的音响，例如敲门声或电话铃声。这种音响可以作为解说词的补充。在多媒体应用中，音响效果可以向用户提供有用的信息，影响他们的态度感情和并引导他们集中注意力。

3.1.2　声音的质量

声音的质量主要体现在音调、音强、音色等几个方面。

音调与声音的频率有关：频率快则声音听起来比较尖；反之，则声音显得低沉。声音的质量与其频率范围紧密相关。一般来讲，频率范围越宽，声音的质量就越高。相对于语音来讲，常用可懂度、清晰度、自然度来衡量；保真度、空间感和音响效果都是衡量音调的标准。

音强即声音音量（又称响度），与波形振动的幅度有关，反映了声音的大小和强弱，振幅越大音量越大。

音色即声音的质量，体现了声音在听觉上的优美程度。以振幅与周期为常数的声音成为纯音。但语音、乐声、自然界中的大部分声音一般都不是纯音，大多是由不同频率和不同振幅的声波组合出来的一种复音。在复音中的最低频率称为该复音的基音（基频）。基音和谐音组合起来，决定了特定声音的音色。

3.1.3 声音信号的基本参数

声音信号最基本的两个参数是频率和幅度。信号的频率是指信号每秒钟变化的次数，用Hz 表示。例如，大气压的变化周期很长，以小时或天数计算，一般人不容易感到这种气压信号的变化，更听不到这种变化。对于频率为几 Hz 到 20 Hz 的空气压力信号，人们也听不到。如果它的强度足够大，也许可以感觉到。人们把频率小于 20 Hz 的信号称为亚音信号，或称为次音信号（Sub-sonic）；频率范围为 20 Hz～20 kHz 的信号称为音频（audio）信号；虽然人的发音器官发出的声音频率大约是 80～3 400 Hz，但人说话的信号频率通常为 300～3 000 Hz，人们把在这种频率范围的信号称为话音（Speech）信号；高于 20 kHz 的信号称为超音频信号，或称超声波（Ultra-sonic）信号。超音频信号具有很强的方向性，而且可以形成波束，在工业上得到了广泛的应用，如超声波探测仪、超声波焊接设备等就是利用这种信号。在多媒体技术中，处理的信号主要是音频信号，包括音乐、话音、风声、雨声、鸟声、机器声等。

3.1.4 话音基础

当肺部中的受压空气沿着声道通过声门发出时就产生了话音。普通男人的声道从声门到嘴的平均长度约为 170 mm。这个事实反映在声音信号中就相当于在 1 ms 数量级内的数据具有相关性。这种相关称为短期相关（Short-term Correlation）。声道也被认为是一个滤波器。这个滤波器有许多共振峰。这些共振峰的频率受随时间变化的声道形状所控制，例如舌的移动就会改变声道的形状，许多话音编码器用一个短期滤波器（Short Term Filter）来模拟声道。但由于声道形状的变化比较慢，模拟滤波器的传递函数的修改不需要那么频繁，典型值在 20 ms 左右。

压缩空气通过声门激励声道滤波器，根据激励方式的不同，发出的话音分为三种类型：浊音（Voiced Sounds）、清音（Unvoiced Sounds）和爆破音（Plosive Sounds）。

1. 浊　音

浊音是在声门打开，然后关闭时中断肺部到声道的气流所产生的脉冲，是一种称为准周期脉冲（Quasi-periodic Pulses）激励所发出的音。声门要打开和关闭的速率呈现为音节（Pitch）的大小。它的速率可以通过改变声道的形状和空气的压力来调整。浊音表现出在音节上有高度的周期性，其值在 2～20 ms 之间，这个周期性称为长期周期性（Long-term Periodicity）。

2．清　音

清音是由不稳定气流激励所产生的，这种气流是声门在打开状态下强制空气在声道里高速收缩所产生的。

3．爆破音

爆破音是在声道关闭之后产生的压缩空气，然后突然打开声道所发出的音。

还有一些声音不能归属于上述三种中的任何一种，例如，在声门振动和声道收缩同时出现的情况下产生的摩擦音，这种音称为混合音。

虽然各种各样的话音都有可能产生，但声道的形状和激励方式的变化相对比较慢，因此话音在短时间周期（20 ms 的数量级）里可以被认为是准定态（Quasi-stationary）的，也就是说基本不变的。话音信号具有高度的周期性，这是由于声门的准周期性的振动和声道的谐振所引起的。而音频编码压缩方法就是利用了这种周期性，来减小数据率，而又尽可能不牺牲声音的质量。

语音生成机构模型由 3 部分组成：

（1）声源。声源共有 3 类：元音、摩擦音、爆破音。

（2）共鸣机构（声道）。它由鼻腔、口腔与舌头组成。

（3）放射机构。由嘴唇和鼻孔组成，其功能是发出声音并传播出去。

与此语音生成机构模型对应的声源由基音周期参数描述，声道由共振峰参数描述，放射机构则由语音谱和声强描述。这样，如果能够得到每一帧的语音基本参数，就不再需要保留该帧的波形编码，而只要记录和传输这些参数，就可以实现数据的压缩。

3.2　音频信号的数字化

音频信息处理技术主要包括音频信号的数字化和音频信息的压缩两大技术，图 3.1 为音频信息处理结构框图。音频信息的压缩是音频信息处理的关键技术，而音频信号的数字化是为音频信息的压缩做准备的。音频信号的数字化过程就是将模拟音频信号转换成有限个数字表示的离散序列（数字音频序列）的过程，在这一处理过程中涉及模拟音频信号的采样、量化和编码。对同一音频信号采用不同的采样、量化和编码方式就可形成多种形式的数字化音频。

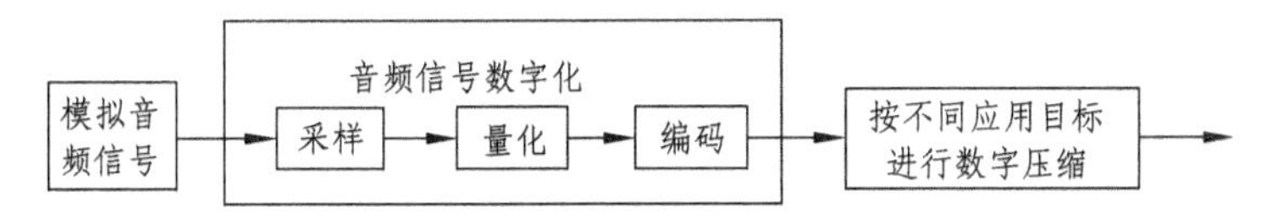

图 3.1　音频信息处理结构框图

（1）采样过程：模拟音频信号是一个在时间上和幅值上都连续的信号。采样过程就是在时间上将连续信号离散化的过程，采样一般是按均匀的时间间隔进行的。目前常见的音频信号的频率范围如图 3.2 所示，由图可见：电话信号的频带为 200 Hz～3.4 kHz，调幅广播（AM）信号的频带为 50 Hz～7 kHz，调频广播（FM）信号的频带为 20 Hz～15 kHz，高保真音频信号的频带为 10 Hz～20 kHz。根据不同的音频信源和应用目标，可采用不同的采样频率，如 8 kHz、11.025 kHz、22.05 kHz、16 kHz、37.8 kHz、44.1 kHz 或 48 kHz 等都是典型的采样频率值。

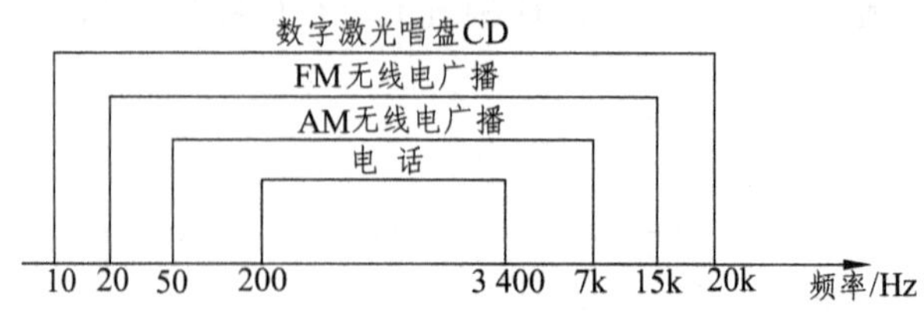

图 3.2　常见音频应用带宽示意图

（2）量化过程：指将每个采样值在幅度上再进行离散化处理。量化可分为均匀量化（量化值的分布是均匀的或者说每个量化阶距是相同的）和非均匀量化。量化会引入失真，并且量化失真是一种不可逆失真，这就是通常所说的量化噪声。

（3）编码过程：指用二进制数来表示每个采样的量化值。如果量化是均匀的，又采用自然二进制数表示，这种编码方法就是脉冲编码调制（Pulse Code Modulation，PCM），这是一种最简单、最方便的编码方法。

3.3 音频信号压缩编码

从 20 世纪 30 年代提出 PCM 原理以及声码器的概念以来，音频信息压缩编码主要技术如图 3.3 所示。

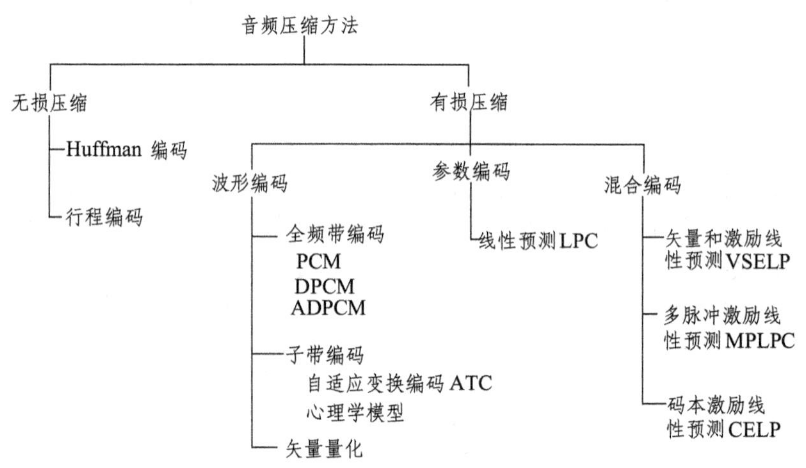

图 3.3　音频压缩编码技术

1．波形编码

波形编码利用抽样和量化过程，表示音频信号的波形，使编码后的音频信号与原始信号的波形尽可能匹配。它主要根据人耳的听觉特性进行量化，以达到压缩数据的目的。波形编码的特点是适应性强，音频质量好，在较高码率的条件下可以获得高质量的音频信号，既适合于高质量的音频信号，也适合于高保真语音和音乐信号，但波形编码压缩比不大。常用的波形编码技术有增量调制（DM）、自适应差分脉冲编码调制（ADPCM）、子带编码（SBC）

和矢量量化编码（VQ）等。

2．**参数编码**

参数编码把音频信号表示成某种模型的输出，利用特征提取的方法抽取必要的模型参数和激励信号的信息，且对这些信息编码，最后在输出端合成原始信号。其目的是重建音频，保持原始音频的特性。常用的音频参数有线性预测系数、滤波器组等。参数编码压缩率很大，但计算量大，保真度不高，适合于语音信号的编码。最常用的参数编码法为线性预测编码（LPC）。

3．**混合编码**

这种方法克服了原有波形编码与参数编码的弱点，并且结合了波形编码的高质量和参数编码的低数据率，取得了比较好的效果。混合编码是指同时使用两种或两种以上的编码方法进行编码的过程。由于每种编码方法都有自己的优势和不足，若是用两种，甚至两种以上的编码方法进行编码，可以优势互补，克服各自的不足，从而达到高效数据压缩的目的。无论是在音频信号的数据压缩中，还是后面章节将要描述的图像信号的数据压缩中，混合编码均被广泛采用。最常用的混合编码法为码本激励线性预测编码（CELP）、多脉冲激励线性预测预测编码（MPLPC）等。

3.3.1 增量调制

1．**一般增量调制**

增量调制（DM）是一种比较简单且有数据压缩功能的波形编码方法。增量调制的系统结构框图如图 3.4 所示。在编码端，由前一个输入信号的编码值经译码器解码可得到下一个信号的预测值。输入的模拟音频信号与预测值在比较器上相减，从而得到差值。差值的极性可以是正的也可以是负的。若为正，则编码输出为 1；若为负，则编码输出为 0。这样，在增量调制的输出端可以得到一串 1 位编码的 DM 码。增量调制编码过程示意图如图 3.5 所示。

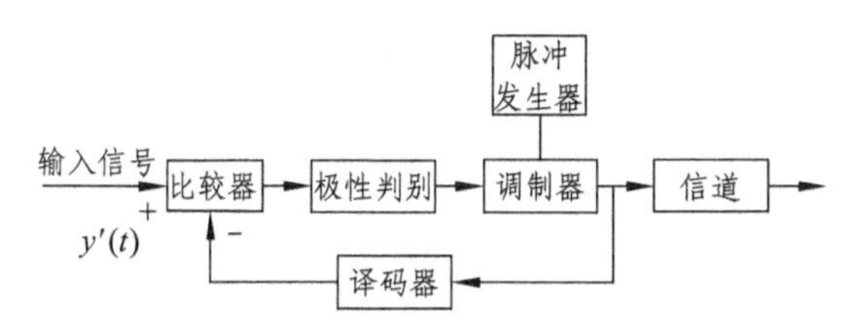

图 3.4　增量调制的系统结构框图

在图 3.5 中，纵坐标表示输入的模拟电压，横坐标表示随时间增加而顺序产生的 DM 码。图中虚线表示输入的音频模拟信号。从图 3.5 可以看到，当输入信号变化比较快时，编码器的输出无法跟上信号的变化，从而会使重建的模拟信号发生畸变，这就是所谓的“斜率过载”。可以看出，当输入模拟信号的变化速度超过了经解码器输出的预测信号的最大变化速度时，就会发生斜率过载。增加采样速度，可以避免斜率过载的发生。但采样速度的增加又会使数据的压缩效率降低。

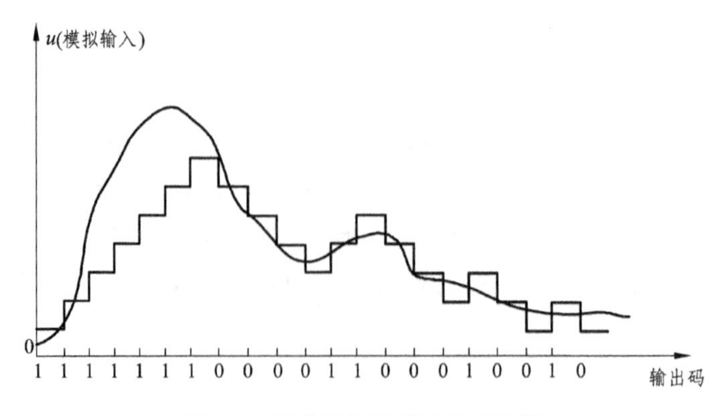

图 3.5　增量调制编码过程示意图

从图 3.5 中还能发现另一个问题：当输入信号没有变化时，预测信号和输入信号的差会十分接近，这时，编码器的输出是 0 和 1 交替出现的，这种现象就叫做增量调制的“散粒噪声”。为了减少散粒噪声，就希望使输出编码 1 位所表示的模拟电压 Δ（量化阶距）小一些，但是，减少量化阶距 Δ 会使在固定采样速度下产生更严重的斜率过载。为了解决这些矛盾，促使人们研究出了自适应增量调制（ADM）方法。

2．**自适应增量调制**（ADM）

从前面分析可以看出，为减少斜率过载，希望增加阶距；为减少散粒噪声，又希望减少阶距。于是人们就想，能使 DM 的量化阶距 Δ 适应信号变化的要求，必须是既降低了斜率过载又减少了散粒噪声的影响。也就是说，当发现信号变化快时，增加阶距；当发现信号变化缓慢时，减小阶距。这就是自适应增量调制的基本出发点。

在 ADM 中，常用的规则有两种：

一种是控制可变因子 M，使量化阶距在一定范围内变化。对于每一个新的采样，其量化阶距为其前面数值的 M 倍。而 M 的值则由输入信号的变化率来决定。如果出现连续相同的编码，则说明有发生过载的危险，这时就要加大 M。当 0，1 信号交替出现时，说明信号变化很慢，会产生散粒噪声，这时就要减少 M 值。其典型的规则为

$$M=\begin{cases}2 & y(k)=y(k-1)\\ 1/2 & y(k)\neq y(k-1)\end{cases} \tag{3.1}$$

另一种使用较多的自适应增量调制称为连续可变斜率增量（CVSD）调制。其工作原理如下：如果调制器（CVSD）连续输出三个相同的码，则量化阶距加上一个大的增量，也就是说，因为三个连续相同的码表示有过载发生。反之，则量化阶距增加一个小的增量。CVSD 的自适应规则为

$$\Delta(k)=\begin{cases}\beta\Delta(k-1)+P & y(k)=y(k-1)=y(k-2)\\ \beta\Delta(k-1)+Q & \text{其他}\end{cases} \tag{3.2}$$

式中，β 可在 0～1 之间取值。可以看到，β 的大小可以通过调节增量调制来适应输入信号变化所需的时间的长短。P 和 Q 为增量，而且 P 要大于等于 Q。

3.3.2 自适应差分脉冲编码调制

1．**非均匀 PCM（μ 律压扩方法）**

若输入的音频信号是话音信号，使用 8 kHz 采样频率进行均匀采样，然后再将每个样本编码为 8 位二进制数字信号，则我们就可以得到数据率为 64 Kb/s 的 PCM 信号，这就是典型的脉冲编码调制。这种编码方式对输入的音频信号进行均匀量化，不管输入的信号是大还是小，均采用同样的量化间隔。但是，对音频信号而言，大多数情况下信号幅度都很小，出现大幅度信号的概率很小。

然而，为了适应这种很少出现的大信号，在均匀量化时不得不增加二进制码位。对大量的小信号来说，这样多的码位是一种浪费。因此，均匀量化 PCM 效率不高，有必要进行改进。

采用非均匀量化编码的实质在于减少表示采样的位数，从而达到数据压缩的目的。其基本思路是，当输入信号幅度小时，采用较小的量化间隔；当输入信号幅度大时，采用较大的量化间隔。这样就可以做到在一定的精度下，用更少的二进制码位来表示采样值。这种对小信号扩展、大信号压缩的特性可用下式表示：

$$y=\operatorname{sgn}(x)\frac{\ln(1+\mu|x|)}{\ln(1+\mu)} \tag{3.3}$$

式中，x 为输入电压与 A/D 变换器满刻度电压之比，其取值范围为-1～$+1$；$\operatorname{sgn}(x)$ 为 x 的极性；μ 为压扩参数，其取值范围为 100～500，μ 越大，压扩越厉害。

该压扩特性如图 3.6 所示，通常将此曲线叫做 μ 律压扩特性。

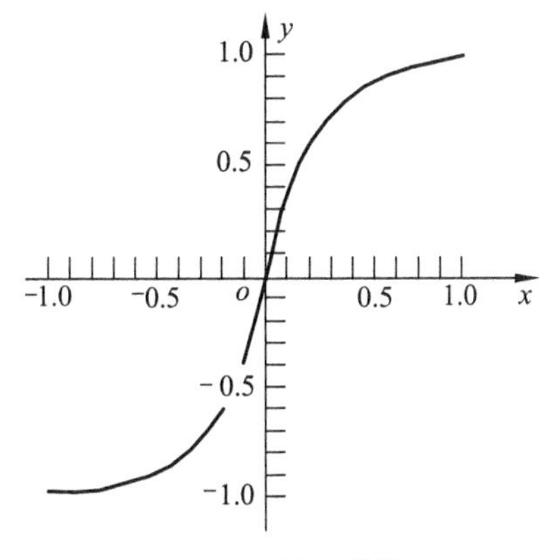

图 3.6　μ 律压扩特性

在实际应用中，规定某个 μ 值，采用数段折线来逼近图 3.6 所示的压扩特性。这样就大大地简化了计算并保证了一定的精度。例如，当选择 $\mu=255$ 时，压扩特性用 8 段折线来代替。当用 8 位二进制表示一个采样时，可以得到无压扩的 13 位二进制数码的音频质量。这 8 位二进制数中，最高位表示符号位，其后 3 位用来表示折线编号，最后 4 位用来表示数据位。μ 律压扩数据格式如图 3.7 所示。

在解码恢复数据时，根据符号和折线即可通过预先做好的表恢复原始数据。

另外一种常用的压扩特性为 A 律 13 折线，它实际上是将 μ 律压扩特性曲线以 13 段直线代替而成的。我国和欧洲采用的是 A 律 13 折线压扩法，美国和日本采用的是 μ 律。对于 A 律

13 折线，一个信号样值的编码由两部分构成：段落码（信号属于 13 折线哪一段）和段内码。

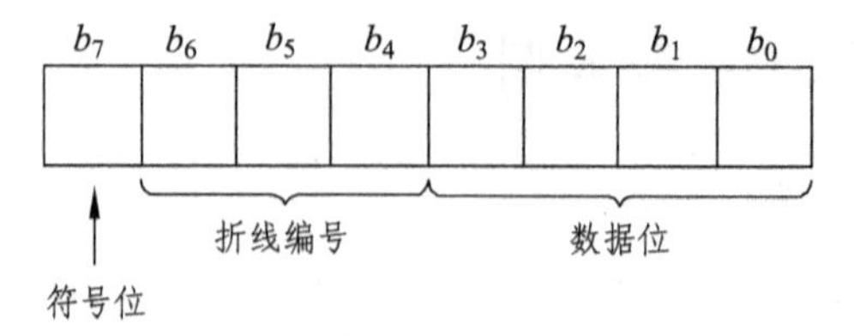

图 3.7　μ 律压扩数据格式

在非均匀 PCM 编码中，存在着大量的冗余信息。这是因为音频信号邻近样本间的相关性很强。若采用某种措施，便可以去掉那些冗余的信息，差分脉冲编码调制（DPCM）就是常用的一种方法。

2．差分脉冲编码调制（DPCM）

差分脉冲编码调制的中心思想是对信号的差值而不是对信号本身进行编码。这个差值是指信号值与预测值的差值。

预测值可以由过去的采样值进行预测，其计算公式如下所示：

$$\hat{y}_0 = a_1 y_1 + a_2 y_2 + \cdots + a_N y_N = \sum_{i=1}^{N} a_i y_i \tag{3.4}$$

式中，a_i 为预测系数。因此，利用若干个前面的采样值可以预测当前值。当前值与预测值的差为

$$e_0 = y_0 - \hat{y}_0 \tag{3.5}$$

差分脉冲编码调制就是将上述每个样点的差值量化编码，而后用于存储或传输。由于相邻采样点有较大的相关性，预测值常接近真实值，故差值一般都比较小，从而可以用较少的数据位来表示，这样就减少了数据量。

在接收端或数据还原时，可用类似的过程重建原始数据。差分脉冲调制系统的方框图如图 3.8 所示。

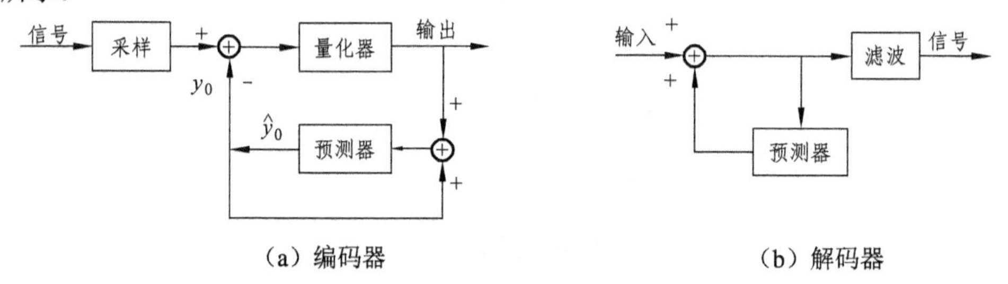

（a）编码器　　（b）解码器

图 3.8　差分脉冲调制系统的方框图

由图 3.8 可见，只要求出预测值 $\hat{y}_0$，则实现这种方法就不困难了，而要想得到 $\hat{y}_0$，关键的问题是确定预测系数 a_i。如何求 a_i 呢？我们定义 a_i 就是使估值的均方差最小的 a_i。估值的均方差可由下式确定：

$$E\{(y_0 - \hat{y}_0)^2\} = E\{[y_0 - (a_1 y_1 + a_2 y_2 + \cdots + a_N y_N)]^2\} \tag{3.6}$$

为了求得均方差最小，就需对式（3.6）中各个 a_i 求导数并使方程等于 0，最后解联立方程就可以求出 a_i。预测系数与输入信号特性有关，也就是说，采样点同其前面采样点的相关

性有关。只要预测系数确定，问题便可迎刃而解了。通常一阶预测系数 a_i 的取值范围为 0.8～1。

3．自适应差分脉冲编码调制（ADPCM）

为了进一步提高编码的性能，人们将自适应量化器和自适应预测器结合在一起用于 DPCM 之中，从而实现了自适应差分脉冲编码调制（ADPCM）。其简化的框图如图 3.9 所示。

自适应量化器首先检测差分信号的变化率和差分信号的幅度大小，而后决定量化器的量化阶距。自适应预测器能够更好地跟踪语音信号的变化。因此，将两种技术组合起来使用，从而可以提高系统性能。从图 3.9 中可以看出，在图 3.9（a）编码器框图中，实际上也包含着图 3.9（b）的解码器框图，两者的算法是一样的。

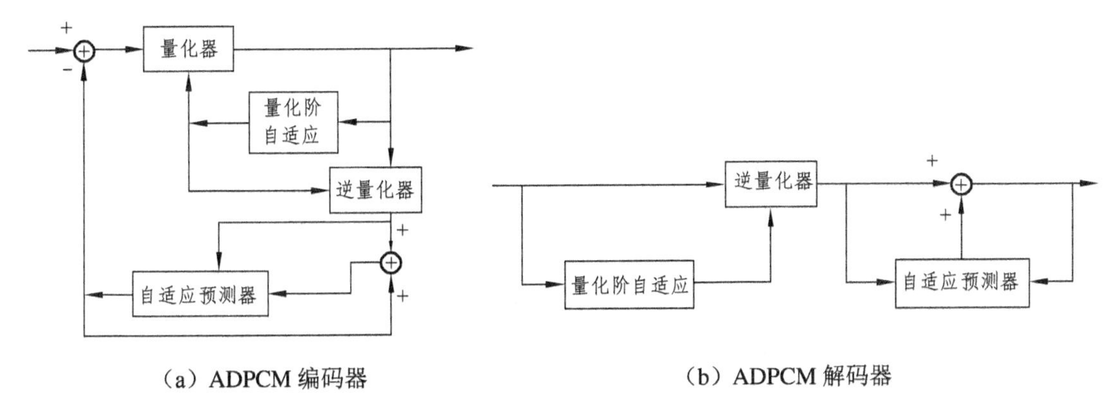

（a）ADPCM 编码器　　（b）ADPCM 解码器

图 3.9　ADPCM 编解码框图

3.3.3　子带编码

声音信号对人耳的听觉贡献与信号频率有关，比如人耳对 1 kHz 附近频率成分尤其敏感。再比如实验发现，如果讲话人发出无意义的音节，则听话人在保留 400 Hz～6 kHz 频率范围的语音情况下，就可听清此音节；而上限频率降低至 1.7 kHz 时可听清约一半；如果讲话人发出的是连续有意义的句子，那么只保留频率范围为 400 Hz～3 kHz 的语音就可完全听懂了。与人耳听觉特性在频率上分布不均匀相对应，人所发出的语音信号的频谱也不是平坦的。事实上，多数人的语音信号能量主要集中在频率为 500 Hz～1 kHz 范围内，并随着频率的升高很快衰减。

根据上述特点，可以设想将输入信号用某种方法划分成不同频段上的子信号，然后区别对待，根据各子信号的特性，分别编码。比如，对语音信号中能量较大，对听觉有重要影响的部分（如 500～800 Hz 频段内的信号）分配较多的码字，对次要信号（如话带中大于 3 kHz 的信号）则分配较少的码字。各子信号分别编码后的码字在接收方被分别解码，最后再合成出解码语音。于是就产生了子带编码 SBC（Sub Band Coding）。概括起来，子带编码的基本思想是：使用一组带通滤波器 BPF（Band-Pass Filter）把输入的音频信号分成若干个连续的频段，并将这些频段称为子带。与音源特定编码法不同，SBC 的编码对象不局限于话音数据，也不局限于哪一种声源。这种方法是首先把时域中的声音数据变换到频域，对频域内的子带分别进行量化和编码，根据心理声学模型确定样本的精度，从而达到压缩数据量的目的。在信道上传输时，将每个子带的代码复合起来。在接收端译码时，将每个子带的代码单独译码，然后把它们组合起来，还原成原来的音频信号。子带编码的原理框图如图 3.10 所示。图 3.10 中的编码/译码器，可以采用 ADPCM、APCM、PCM 等。

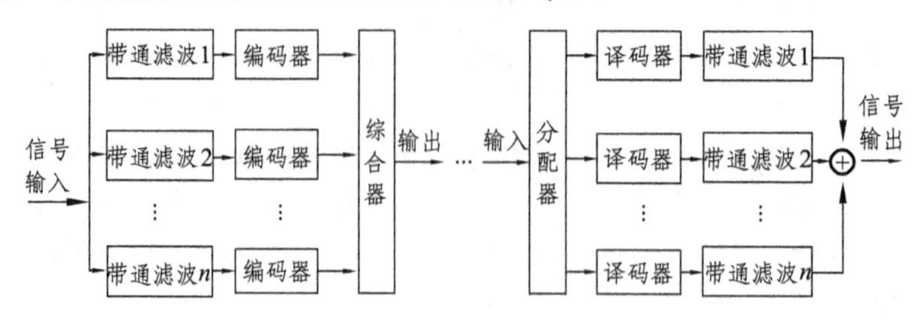

图 3.10　子带编码的原理框图

采用对每个子带分别编码的好处有两个：第一，对每个子带信号分别进行自适应控制，量化阶（Quantization Step）的大小可以按照每个子带的能量电平加以调节。具有较高能量电平的子带用大的量化阶去量化，以减少总的量化噪声。第二，可根据每个子带信号在感觉上的重要性，对每个子带分配不同的位数，用来表示每个样本值。例如，在低频子带中，为了保护音调和共振峰的结构，就要求用较小的量化阶、较多的量化级数，即分配较多的位数来表示样本值，而话音中的摩擦音和类似噪声的声音，通常出现在高频子带中，对它分配较少的位数。

音频频带的分割可以用树型结构的式样进行划分。首先把整个音频信号带宽分成两个相等带宽的子带：高频子带和低频子带。然后对这两个子带用同样的方法划分，形成 4 个子带。这个过程可按需要重复下去，以产生 2^k 个子带，k 为分割的次数。用这种办法可以产生等带宽的子带，也可以生成不等带宽的子带。例如，对带宽为 4 000 Hz 的音频信号当 k=3 时，可分为 8 个相等带宽的子带，每个子带的带宽为 500 Hz，也可生成 5 个不等带宽的子带，分别为[0，500]，[500，1 000]，[1 000，2 000]，[2 000，3 000]和[3 000，4 000]。

把音频信号分割成相邻的子带分量之后，用 2 倍于子带带宽的采样频率对子带信号进行采样，就可以用它的样本值重构出原来的子带信号。例如，把 4 000 Hz 带宽分成 4 个等带宽子带时，子带带宽为 1 000 Hz，采样频率可用 2 000 Hz，它的总采样率仍然是 8 000 Hz。

子带编码器 SBC 愈来愈受到重视。在中等速率的编码系统中，SBC 的动态范围宽，音质高，成本低。使用子带编码技术的编译码器已开始用于话音存储转发（Voice Store-and-forward）和话音邮件，采用两个子带和 ADPCM 的编码系统也已由 CCITT 作为 G.722 标准向全世界推荐使用。MPEG-1 的音频标准也使用子带编码来达到既压缩声音数据，又尽可能保留声音质量的目的。

3.3.4　矢量量化

矢量量化 VQ（Vector Quantization）是一种有损的编码方案，其主要思想是将输入的语音信号按一定方式分组，把这些分组数据看成一个矢量，对它进行量化。这就区别于直接对一个个数据作量化的标量量化方法。矢量量化编码及解码的原理框图如图 3.11 所示。

假定将语音数据分组，每组有 k 个数据。这样，一组就是一个 k 维的矢量。把每一个组形成的矢量看成一个元素，又叫码字，那么，语音所分成的组就形成了各自的码字。这些码字排列起来，就构成了一个表，人们将此表叫做码本或码书。形象一点说，码书就类似于汉字的电报号码本，电报号码本里面是复杂的汉字，而在这里是一组原始的语音数据；电报号码本里每个汉字旁边标有只用 4 位阿拉伯数字表示的号码，而在矢量量化方法里就是每组数据所对应的下标。

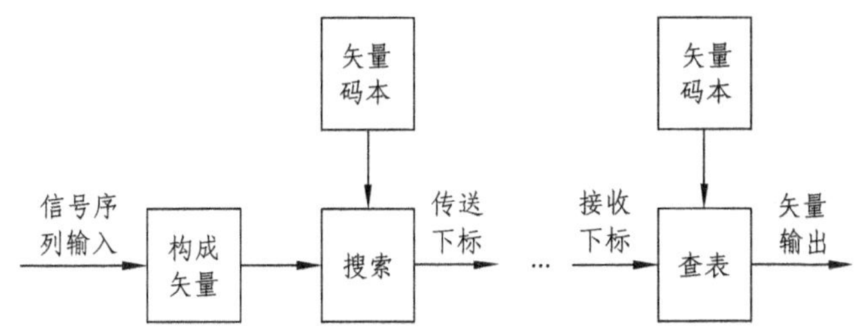

图 3.11 矢量量化编码及解码原理框图

矢量编码的工作原理为：先将待编码的序列划分成一个个等长的段，每段含有若干个样点，这一段样点就构成一个个矢量。编码对象可以是直接的语音输入序列，也可以是参数编码中语音模型对应的激励序列，或者是准平稳期内的语音经线性预测分析产生的一组自回归（AR）模型参数等。每一个矢量与已预先训练（是指按某种算法计算）好的一个矢量码本（Codebook）中的每一个码字（Codeword，它与输入矢量一样，也是同维数的矢量）按某种失真准则进行比较，求出误差。码本中每一个码字都与输入矢量产生一个相应的误差，其中误差最小的矢量可用来代替输入矢量，即输入的最佳量化值。只需对码本中每一个码字的位置进行编码即可，即传输的不是码本中对应的码字本身（这对数据压缩毫无意义），而是它的下标。传输下标所用的数据量比传输原始的 k 维数据要小得多，从而达到了数据压缩的目的。在接收端，也有同样的码本，当接收到对方传来的矢量下标时，即可根据此下标，在码本中查出相应的码字作为重建的语音数据。如果码本的长度为 N，则下标可用 lb$N$ 二进制位来表示，而 k 个数据构成一个码字。所以，矢量量化编码的比特压缩量可达到 $1/k\,\mathrm{lb}N$。

综上所述，可知矢量量化具有以下特点：

（1）压缩能力强，且压缩比可以精确预知。

（2）一定产生失真，但失真量容易控制（码字的分类越细，失真就越小）。这意味着码书中的码字越多，失真就越小。只要适当地选择码字数量，就能控制失真量不超过某一给定值，因此码书的设计是关系到 VQ 成败的一项关键技术。

（3）编码器每输入一个矢量，都要将其码书中的码字逐一比较，看与哪一个更相似。由于输入矢量和码书中的码字均为 k 维矢量，故搜索是矢量运算，工作量很大，这是 VQ 的一个重要缺点。为此不得不设法减小 k，但这又会影响压缩能力；因此，快速搜索便成为 VQ 实用化的第二个关键技术。不过值得指出的是，VQ 在接收端只需查表，计算特别简单，适于数据库应用中要求检索快的场合。

（4）VQ 是定长码，对于通信尤为可贵。通常码书中的码字长度相等，这就较变长码容易处理，也有利于减小传输误码的影响。

矢量量化编码的关键技术有两方面：

一方面，在于设计一个优良的码本，即矢量码本的构造问题。一般可通过反复迭代、不断修正的方法来完成，目前最常用的是一种称为 LBG 的算法。这个算法是由三位学者 Y.Linde、A.Buzo 和 R.M.Gray 共同提出的，故以他们的名字来命名。采用 LGB 算法的步骤为：

（1）采集用于构造码本的训练数据。数据越多，采集对象越广泛，则训练出的码本就越好。当然，数据越多，训练时间也相应越长，因此必须在性能和训练代价之间寻求一个折中。

（2）构造初始码本。它有许多方法，例如，常用的随机码本、白噪声码本等。

（3）训练数据对已有的码本进行矢量量化编码，对每个码字形成数据聚类。

（4）根据量化得到的聚类结果修正码字，即寻找每一类的新的代表性码字。

（5）判断（3）中量化编码误差是否小于规定数值，或者迭代次数是否超过规定值，若是，训练结束。否则转（3）继续。

另一个方面，是量化编码准则问题，这与被编码对象的特性有关。举例来说，若直接对输入语音波形进行矢量量化，则多用最小均方误差 MSE（Mean-Squared-Error）准则：

$$d(S,Y_i)=\sum_{j=1}^{m}\omega_j[s(j)-y_{ij}]^2 \tag{3.7}$$

其中，Y_i 是码本中第 i 个码字，每个码字有 m 维；ω_j 是权函数；d 是误差值。若矢量量化编码的对象是语音模型参数，则 MSE（最小均方误差）准则就不合适了。因为模型参数反映的是语音的频谱特性，参数量化误差最小，代表语音频谱量化误差最小（除非参数间无误差），所以在这种场合，将多数由参数来表示的语音频谱失真作为误差准则。最常用的是 I-S（Itakura-Saito）准则：

$$d(X,Y_i)=\frac{1}{2\pi}\int_{-\pi}^{\pi}\left[\ln\left(\left|\frac{X(\mathrm{e}^{\mathrm{j}\omega})}{Y_i(\mathrm{e}^{\mathrm{j}\omega})}\right|^2\right)+\left|\frac{X(\mathrm{e}^{\mathrm{j}\omega})}{Y_i(\mathrm{e}^{\mathrm{j}\omega})}\right|^2-1\right]\mathrm{d}\omega \tag{3.8}$$

矢量量化编码不一定是对语音样值进行处理，也可以对语音的其他特征进行编码，比如 G.723.1 标准中，合成滤波器系数转化为线谱对（Linear Spectrum Pair，LSP）系数后采用的就是矢量编码法。因此，矢量量化的用途是很广泛的。

3.3.5 线性预测编码

线性预测编码（Linear Predictive Coding，LPC）的原理就是通过分析时间信号波形，提取出其中重要的音频特征，然后将这些特征量化并传输。在接收端用这些特征值重新合成出声音，其质量可以接近于原始信号。LPC 属于参数编码，它不考虑重建信号的波形是否与原始语音信号的波形相同，而只是尽量使重建语音信号在主观感觉上与原始输入信号一致。

由于线性预测编码器不必传输残差信号本身，而只是传输代表语音信号特征的一些参数，因此线性预测编码算法可以获得很高的压缩比。4.8 Kb/s 就可以实现高质量的语音编码，甚至可以在更低速率（2.4 Kb/s 或者 2 Kb/s）传输较低质量的语音。其缺点则在于人耳可以直接感觉到再生的声音是合成的。因此 LPC 编码器，解码器主要应用于窄带信道的语音通信和军事领域，因为在这里降低带宽是最重要的。

如何提取听觉特征值是线性预测编码算法的核心。根据语音信号的特点，音调、周期和响度这 3 个特征值可以决定一个语音信号所产生的声音。另外，声音中的浊音和清音也是重要的参数。一旦从声音波形中获得这些参数，就能够利用合适的声道模型再生原始的语音信号。LPC 编码器、解码器的基本原理如图 3.12 所示。

首先将输入信号划分为帧（帧长的典型值为 20 ms），然后对每帧信号的采样值进行分析，提取其中的听觉参数，并将结果编码、传输。编码器的输出是一个帧序列，每个分段对应一帧，每帧都包含相应的字段，用以表示音调和响度、周期（由采样频率决定）、信号是清音还是浊音的标志以及一组新计算出来的模型系数值。在接收端，由声道模型逐帧再生出语音信号。

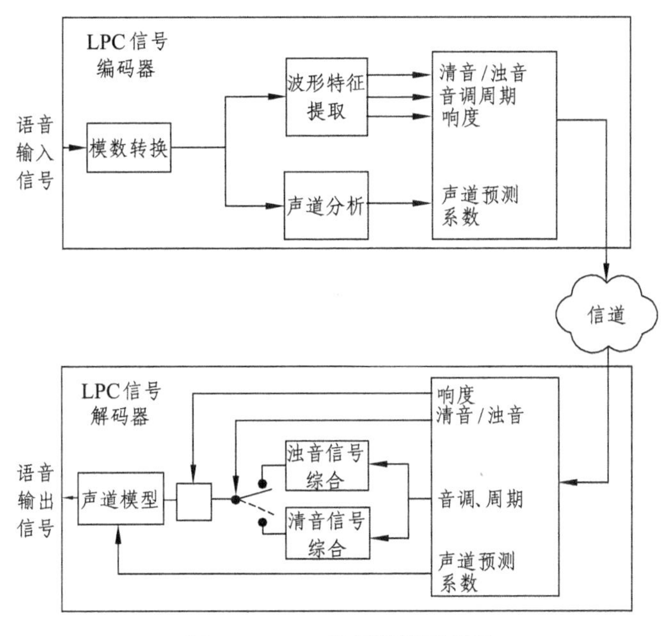

图 3.12　LPC 编解码器原理图

3.3.6　码激励线性预测编码

语音混合编码是在线性预测编码技术的语音参数编码的基础上，通过采用许多改进措施，并引入波形编码原理，使用合成分析法而形成的一种新的编码技术。混合编码克服了参数编码激励形式过于简单的缺点，成功地将波形编码和参数编码两者的优点结合起来，即利用了语音产生模型，通过对模型参数编码，减少了被编码对象的数据量，又使编码过程产生接近原始语音波形的合成语音，以保留说话人的各种自然特征，提高了语音质量。

码激励线性预测编码（Code Excited Linear Prediction，CELP）属于混合编码，它是以语音线性预测模型为基础，对残量信号采用矢量量化，利用合成分析法（Analysis-By-Synthesis，ABS）搜索最佳激励码矢量，并采用感知加权均方误差最小判决准则，获得了高质量的合成语音和优良的抗噪声性能，在 4.8～16 Kb/s 的速率上获得了广泛地应用。ITU-T 的 G.728、G.729、G.729（A）和 G. 723.1 四个标准都采用这一方法来保证低数据速率下较好的声音质量。

1．感知加权滤波器

感知加权滤波器（Perceptually Weighted Filter）利用了人耳听觉的掩蔽效应，通过将噪声功率在不同频率上重新分配来减小主观噪声。在语音频谱中能量较高的频段（共振峰附近）的噪声相对于能量较低的频段的噪声而言，不易被人耳所感知。因此在度量原始输入语音与重建语音（合成语音）之间的误差时，可以充分利用这一现象：在语音能量较高的频段，允许两者的误差大一些；反之则小一些。

感知加权滤波器的传递函数为：

$$W(z)=\frac{A(z)}{A(z/\gamma)}=\frac{1-\sum_{i=1}^{p}a_i z^{-i}}{1-\sum_{i=1}^{p}a_i\gamma^i z^{-i}}\qquad 0<\gamma<1 \tag{3.9}$$

式中，a_i 为线性预测系数，γ 是感知加权因子。γ 值决定了滤波器 $W(z)$ 的频率响应，恰当地调整 γ 值可以得到理想的加权效果，最合适的 γ 值一般由主观听觉测试决定，对于 8 kHz 的采样频率，γ 的取值范围通常介于 0.8～0.9。

图 3.13 所示为一段原始输入语音的频谱经过感知加权滤波器加权后的误差信号频谱以及感知加权滤波器的频率响应。

由图 3.13 可见，感知加权滤波器的频率响应的峰值、谷值恰好与原始输入语音频率的峰值、谷值相反。这样就使误差度量的优化过程与人耳感觉的掩蔽效应相吻合，产生良好的主观听觉效果。

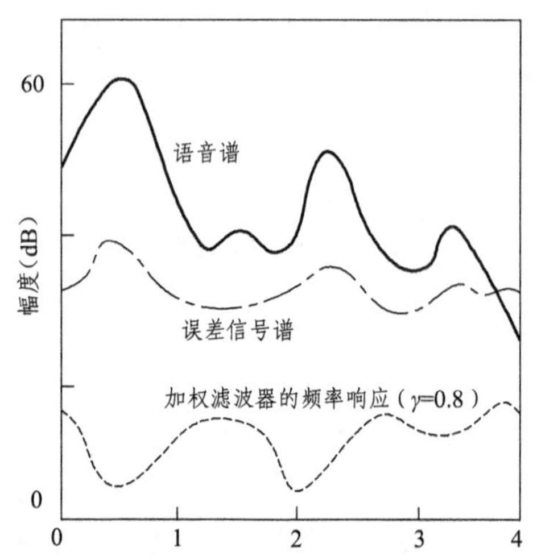

图 3.13　原始语音信号谱，加权后误差信号谱及感知加权 $W(f)$

2．合成分析法

合成分析法将综合滤波器引入到编码器中，使其与感知加权滤波器相结合，在编码器中产生与解码器端完全一致的合成语音，将此合成语音与原始输入语音相比较，根据一定的误差准则，调整、计算各相关参数，使得两者之间的误差达到最小。

合成分析法的原理如图 3.14 所示。与 LPC 信号编码器相比，在编码器端增加了 LP 综合滤波器和感知加权滤波器。输入的原始语音信号一方面送到 LP 分析滤波器产生预测系数 $\{a_i\}$，另一方面与 LP 综合滤波器输出的本地合成语音信号相减，再通过感知加权滤波器，调整激励信号源等相关参数，使原始语音信号与本地合成的语音信号之间误差的感知加权均方值最小，然后将相应的分析参数 $\{a_i\}$ 和激励信号参数进行编码、传输。在解码器端，将信号解码获得 $\{a_i\}$ 及激励信号参数，用这些参数控制调整相应的综合滤波器及激励信号发生器，产生合成语音。

在合成分析法中，由于在编码器端加入了综合滤波器和感知加权滤波器，并使原始的语音信号和合成语音信号之间的误差在感知加权均方误差准则下最小，这样提高了输出重建语音信号的质量。

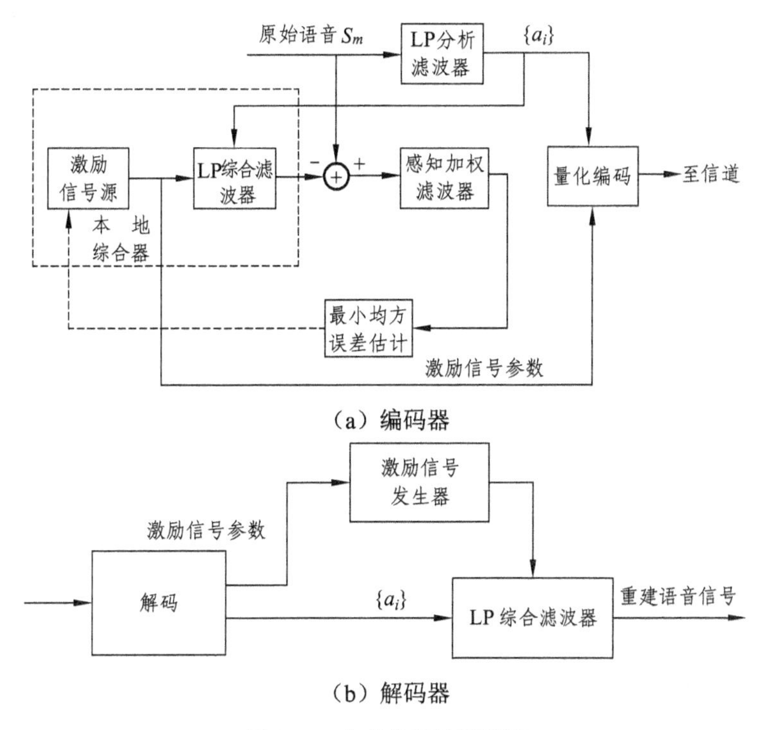

（a）编码器

（b）解码器

图 3.14　合成分析法原理图

3．CELP 编解码原理

CELP 是典型的基于合成分析法的编码器，包括基于合成分析法的搜索过程、感知加权、矢量量化和线性预测技术。它从码本中搜索出最佳码矢量，乘以最佳增益，代替线性预测的残差信号作为激励信号源。CELP 采用分帧技术进行编码，帧长一般为 20～30 ms，并将每一语音帧分为 2～5 个子帧，在每个子帧内搜索最佳的码矢量作为激励信号。

CELP 的编码原理如图 3.15 所示。图中虚线框内是 CELP 的激励信号源和合成滤波器部分。

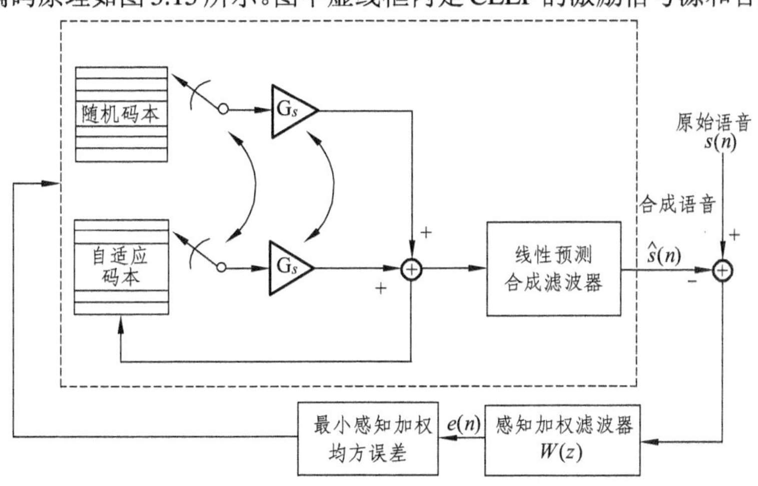

图 3.15　CELP 编码器示意图

CELP 通常用一个自适应码本中的码字来逼近语音的长时周期性（基音）结构，用一个固定码本中的码字来逼近语音经过短时和长时预测后的差值信号。从两个码本中搜索出来的最佳码字。乘以各自的最佳增益后再相加，其和作为 CELP 的激励信号源。将此激励信号输入到 P 阶合成滤波器 $\frac{1}{A(z)}$，得到合成语音信号 $\hat{s}(n)$，$\hat{s}(n)$ 与原始语音信号 $s(n)$ 之间的误差经过感知加权滤波器 $W(z)$，得到感知加权误差 $e(n)$。通过用感知加权最小均方误差准则，选择均方值最小的码字作为最佳的码字。

CELP 编码器的计算量主要取决于码本中最佳码字的搜索，而计算复杂度和合成语音质量则与码本的大小有关。

CELP 的解码器示意图如图 3.16 所示。解码器一般由两个主要的部分组成：合成滤波器和后置滤波器。合成滤波器生成的合成语音一般要经过后置滤波器滤波，以达到去除噪声的目的。解码的操作也是按子帧进行的。首先对编码中的索引值执行查表操作，从激励码本中选择对应的码矢量，通过相应的增益控制单元和合成滤波器生成合成语音。由于这样得到的重构语言信号往往仍包含可闻噪声，在低码率编码的情况下尤其如此。为了降低噪声，同时又不降低语音质量，一般在解码器中要加入后置滤波器，它能够在听觉不敏感的频域对噪声进行选择性抑制。

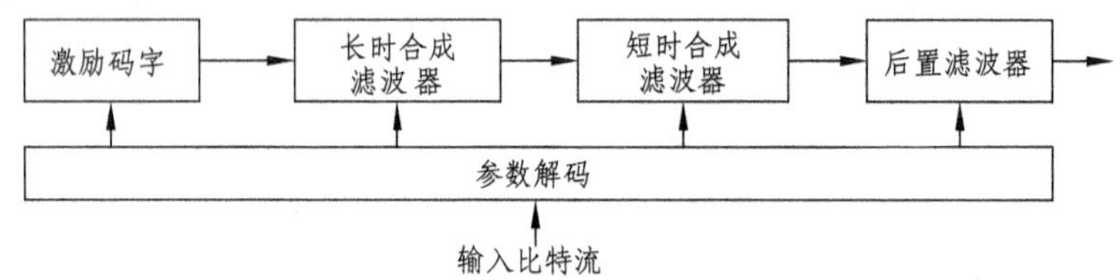

图 3.16　CELP 解码器示意图

3.3.7　感知编码

感知编码（Perceptual Coding）的原理是利用人耳的听觉特性及心理声学模型，通过剔除人耳不能接收的信息来完成对音频信号的压缩。

感知编码器首先对输入信号的频率和幅度进行分析，然后将其与人的听觉感知模型进行比较，并利用这个模型来去除音频信号中的不相干和统计冗余部分。感知编码器可以将信道的比特率从 768 Kb/s 降至 128 Kb/s，将字长从 16 比特/样值减少至平均 2.67 比特/样值，数据量减少了约 83%。尽管这种编码的方法是有损的，但人耳却感觉不到编码信号质量的下降。

感知编码基本框图如图 3.17 所示。

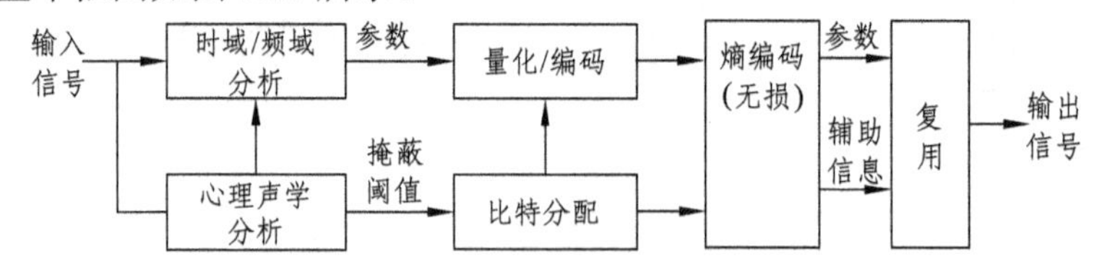

图 3.17　感知编码基本框图

感知编码器中采用了自适应的量化方法，根据可听度来分配所使用的字长。重要的声音就分配多一些比特数来确保可听的完整性，而对于不重要的声音的编码位数就会少一些，不可听的声音就根本不进行编码，从而降低了比特率。感知编码中常见的压缩率是 4∶1、6∶1 或 12∶1。

感知编码采用前向自适应分配和后向自适应分配两种比特分配方案。在前向自适应分配方案中，所有的分配都在编码器中进行，编码信息也包含在比特流中。它的优点是在编码器中采用了心理声学模型，仅仅利用编码数据来完全地重建信号。当改进了编码器中的心理声学模型时，可以利用现有的解码器来重建信号。缺点是需要占用一些比特位来传递分配信息。在后向自适应分配方案中，比特分配信息可以直接从编码的音频信号中推导出来，不需要编码器中详细的分配信息，分配信息也不占用比特位。由于解码器中的比特分配信息是根据有限的信息推导出来的，精度必然会降低。另外解码器相应也比较复杂，而且不能轻易地改变编码器中的心理声学模型。

3.3.8 变换域编码

变换编码是有失真编码的一种重要的编码类型。在变换编码中，原始数据从初始空间或者时间域进行数学变换，使得信号中最重要的部分（如包含最大能量的最重要的系数）在变换域中易于识别，并且集中出现，可以重点处理；相反使能量较少的部分较分散，可以进行粗处理。例如，将时域信号变换到频域，因为声音、图像大部分信息都是低频信号，在频域中比较集中，再进行采样编码可以压缩数据。该变换过程是可逆过程，使用反变换可以恢复原始数据。

变换编码系统中压缩数据有变换、变换域采样和量化三个步骤。变换是可逆的，本身并不进行数据压缩。它只把信号映射到另一个域，使信号在变换域里容易进行压缩，变换后的样值更独立、有序。在变换编码系统中，用于量化一组变换样值的比特总数是固定的，它总是小于对所有变换样值用固定长度均匀量化进行编码所需的总数。因此，量化使数据得到压缩，是变换编码中不可缺少的一步。为了取得满意的结果，某些重要系数的编码位数比其他的要多，某些系数干脆就被忽略了。在对量化后的变换样值进行比特分配时，要考虑使整个量化失真最小。因此，该过程就为有损压缩。

数学家们已经改造多种数学变换，如离散傅里叶变换 DFT、离散余弦变换 DCT、Walsh-Hadamard 变换、Karhunen-Loeve 变换（KLT）等。这些变换可用矩阵表示，且通常为正交变换。因为正交变换的逆矩阵和转置矩阵相同，在解压时只需将转置矩阵和已压缩的数据相乘，即可恢复原始数据。

1．最佳变换（K-L 变换）

数据压缩主要去除信源的相关性。若考虑到信号存在于无限区间上，而变换区域又是有限的，那么表征相关性的统计特性就是协方差矩阵。协方差矩阵主对角线上的各元素就是变量的方差，其余元素就是变量的协方差，且为一个对称矩阵。

当协方差矩阵中除对角线上元素之外的各元素统统为零时，就等效于相关性为零。为了有效地进行数据压缩，常常希望变换后的协方差矩阵为一对角矩阵，同时希望主对角线上各元素随 i ，j 的增加很快衰减。因此，变换编码的关键在于：在已知 X 的条件下，根据它的协方差矩阵去寻找一种正交变换 T ，使变换后的协方差矩阵满足或接近为一个对角矩阵。

当经过正交变换后的协方差矩阵为一对角矩阵，且具有最小均方误差时，该变换称为最佳变换，也称 Karhunen-Loeve 变换。可以证明，以矢量信号的协方差矩阵的归一化正交特征向量所构成的正交矩阵，对该矢量信号所做的正交变换能使变换后的协方差矩阵达到对角矩阵。

K-L 变换虽然具有均方误差意义下的最佳性能，但需要预先知道原始数据的协方差矩阵，再求出其特征值。求特征值与特征向量并非易事，在维数较高时甚至求不出来。即使能够借助计算机求解，也很难满足实时处理的要求，而且从编码应用来看还需要将这些信息传输给解码端。这是 K-L 变换不能在工程上广泛应用的原因。人们一方面继续寻求特征值与特征向量的快速算法，另一方面则寻找一些虽不是最佳，但也有较好的去相关性与能量集中性能，而实现却要容易得多的一些变换方法，而把 K-L 变换作为对其他变换性能的评价标准。

2. 离散余弦（DCT）变换

如果变换后的协方差矩阵接近对角矩阵，该类变换称为准最佳变换，典型的有 DCT，DFT，WHT 等。其中，最常用的变换是离散余弦变换 DCT。DCT 是从 DFT 引出的。DFT 可以得到近似于最佳变换的性能，是用于数据压缩的一种常用而又有效的方法。但 DFT 的运算次数太多，虽然有快速傅里叶变换 FFT 大大减少运算次数，但它需要复数运算，使用起来仍不方便。因此，期望有一种在此基础上进行改进，但又保持 FFT 的运算好处的算法，DCT 就是实现这一目标的算法。它从 DFT 中取实部，并且可用快速余弦变换算法，因此大大加快了运算，同时其压缩性能十分逼近最佳变换的压缩性能。根据对 DCT 的定义，对于一维的 DCT 变换，可表示成：

$$C(u)=\left(\frac{2}{N}\right)^{1/2}E(u)\sum_{x=0}^{N-1}f(x)\cos\frac{(2x+1)u\pi}{2N}\qquad (u=0,1,\cdots,N-1) \tag{3.10}$$

一维离散余弦逆变换 IDCT 为：

$$f(x)=\left(\frac{2}{N}\right)^{1/2}E(u)\sum_{u=0}^{N-1}C(u)\cos\frac{(2x+1)u\pi}{2N}\qquad (x=0,1,\cdots,N-1) \tag{3.11}$$

式中，$f(x)$ 为信号样值，$E(u)$ 为变换系数，且

$$E(u)=\begin{cases}\dfrac{1}{\sqrt{2}} & u=0\\ 1 & u\neq 0\end{cases} \tag{3.12}$$

由一维的 DCT 可以直接扩展到二维，即

$$C(u,v)=\frac{4}{MN}E(u)E(v)\sum_{x=0}^{M-1}\sum_{y=0}^{N-1}f(x,y)\left[\cos\frac{(2x+1)}{2M}u\pi\right]\left[\cos\frac{(2y+1)}{2N}v\pi\right] \tag{3.13}$$

$$(u=0,1,\cdots,M-1;\quad v=0,1,\cdots,N-1)$$

二维离散余弦逆变换 IDCT 为：

$$f(x,y)=\sum_{u=0}^{M-1}\sum_{v=0}^{N-1}C(u,v)E(u)E(v)\left[\cos\frac{(2x+1)}{2M}u\pi\right]\left[\cos\frac{(2y+1)}{2N}v\pi\right] \tag{3.14}$$

$$(x=0,1,\cdots,M-1;\quad y=0,1,\cdots,N-1)$$

其中

$$E(u)=\begin{cases}\dfrac{1}{\sqrt{2}} & u=0\\ 1 & u\neq 0\end{cases}$$

$$E(v)=\begin{cases}\dfrac{1}{\sqrt{2}} & v=0\\ 1 & v\neq 0\end{cases} \tag{3.15}$$

可以看出，DCT 由 DFT 取实部。和 FFT 算法一样，可以相应地得到快速余弦变换算法；而且，对于平稳过程的信源来说，DCT 的性能十分逼近 KLT。

除了直接对语音进行变换、量化外，变换域编码也可以使用其他语音压缩编码技术，充分发挥各种技术的优点，使综合效果达到更高的水平。

3.4 语音压缩编码标准

经过近二三十年的努力，人们已在语音信号压缩编码方面取得了很大的进展，开发出了许多压缩方法，其中的一些已成为了国际或地区的编码标准，按波形编码、参数编码和混合编码三类编码方法分类的具有代表性的标准见表 3.1。

表 3.1 数字音频编码算法、标准简表

	算法	名称	码率/(Kb/s)	标准	制定组织	制定时间	应用领域	质量
波形编码	PCM（A/μ）	压扩法	64	G.711	ITU	1972	PSTN ISDN	4.3
	ADPCM	自适应差值量比	32	G.721	ITU	1984		4.1
	SB ADPCM	子带 ADPCM	64/56/48	G.722	ITU	1988		4.5
参数编码	LPC	线性预测编码	2.4		NSA	1982	保密语音	2.5
混合编码	CELPC	码激励 LPC	4.8		NSA	1989		3.2
	VSELPC	矢量和激励 LPC	8	GIA	CTIA	1989	移动通信	3.8
	RPE-LTP	长时预测规则码激励	13.2	GSM	GSM	1983	语音信箱	3.8
	LD-CELP	低延时码激励 LPC	16	G.728	ITU	1992	ISDN	4.1
	MPEG	多子带感知编码	128	MPEG	ISO	1992	CD	5.0

3.4.1 常见音频编码标准

1．G.711 标准

G.711 标准是国际电联 1972 年制定的电话质量的 PCM 语音压缩标准，采样频率为 8 kHz，每个样值采用 8 位二进制编码，因此其速率为 64 Kb/s。推荐使用 A 律或 μ 律的非线性压扩技术，将 13 位的 *PCM* 按 A 律，14 位的 PCM 按 μ 律转换成 8 位编码，其质量相当于 12 比特线形量化。标准规定选用不同解码规则的国家之间，数据通路传输按 A 律解码的信号。使用 μ 律的国家应进行转换，标准给出了 μ-A 编码的对应表。标准还规定，在物理介质上连续传输时，符号位在前，最低有效位在后。本标准广泛用于数字语音编码。

2．G.721 标准

G.721 标准是 ITU-T 于 1984 年制定的，主要目的是用于 64 Kb/s 的 A 律和 μ 律 PCM 与 32 Kb/s 的 ADPCM 之间的转换。它基于 ADPCM 技术，采样频率为 8 kHz，每个样值与预测值的差值用 4 位编码，其编码速率为 32 Kb/s，ADPCM 是一种对中等质量音频信号进行高效编码的有效算法之一，它不仅适用于语音压缩，而且也适用于调幅广播质量的音频压缩和 CD-I 音频压缩等应用。

3．G.722 标准

G.722 标准旨在提供比 G.711 或 G.721 标准压缩技术更高的音质，G.722 编码采用了高低两个子带内的 ADPCM 方案，即使用子带 ADPCM（SB-ADPCM）编码方案。高低子带的划分以 4 kHz 为界，然后再对每个子带内采用类似 G.721 标准的 ADPCM 编码。它是 1988 年 ITU-T 为调幅广播质量的音频信号压缩制定的标准。G.722 能将 224 Kb/s 的调幅广播质量的音频信号压缩为 64 Kb/s，主要用于视听多媒体和会议电视等。G.722 压缩信号的带宽范围为 50 Hz～7 kHz，比特率为 48 Kb/s、56 Kb/s、64 Kb/s。在标准模式下，采样频率为 16 kHz，幅度深度为 14 bit。

4．G.728 标准

G.728 建议的技术基础是美国 AT&T 公司贝尔实验室提出的 LD-CELP（低时延-码激励线性预测）算法。该算法考虑了听觉特性，其特点是：

（1）以块为单位的后向自适应高阶预测；

（2）后向自适应型增益量化；

（3）以矢量为单位的激励信号量化。

G.728 标准是一个追求低比特率的标准，其速率为 16 Kb/s，其质量与 32 Kb/s 的 G.721 标准相当。语音输入为 5 个采样值，附加上激励信号的波形与增益表达信息 10 bit，编码时延在 2 ms 以内。这一点与每一帧取 160 个样值，附加有除激励信号和波形与增益表达信息外，还包括线性预测系数、音调预测系数、音调增益辅助信息等信息，这些信息的基本 CELP 结构不同。另外，G.721 方案是对每个采样值进行预测并自适应量化，而 G.728 则是对所有采样值以矢量为单位处理，并且应用了线性预测和增益自适应的最新理论与成果。编码时将事先准备好的激励矢量的所有组合合成语音，然后将其结果与被编码的输入信号相比较，选出听觉加权后距离最小的码元作为信息传递。而合成器则将发送端编码传输所制定的激励矢量、3 比特增益码和自身合成过的语音波形一起合成为语音。ITU-T G.728 标准的 LD-CELP 编码原理框图如图 3.18 所示。

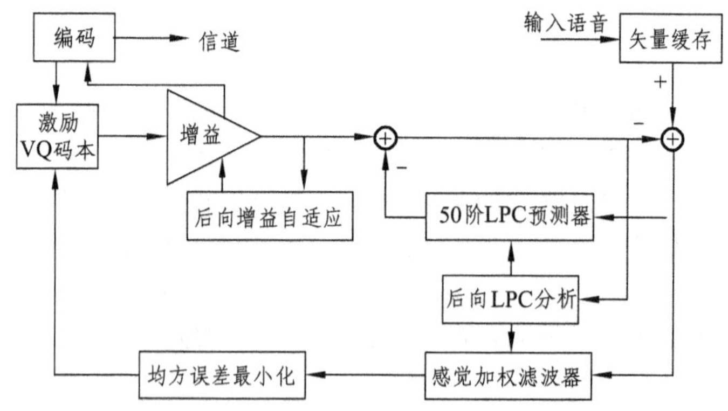

图 3.18　G.728 标准的 LD-CELP 编码原理框图

G.728 是低速率（56～128 Kb/s）ISDN 可视电话的推荐语音编码器，它具有反向自适应特性，可实现低时延，但是复杂度较高。由于具有自适应反向滤波器，因而G.728具有帧或包丢失隐藏措施，对随机比特差错有相当强的承受力，超出任何其他语音编码器。并且，一个码字中的全部10个比特对比特差错的敏感度基本相同。为了保证各种反馈适应规律的鲁棒性，采用激励向量的伪格雷编码来减少误码的影响。

5．G.729标准

G.729标准是ITU-T为低码率应用设计而制定的语音压缩标准，其码率为8 Kb/s，算法相对比较复杂，采用CELP技术，同时为了提高合成语音质量，采取了一些措施，具体的算法要比CELP复杂一些，通常称为共轭结构代数码激励线性预测（Conjugate Structure Algebraic Code Excited Linear Prediction ，CS-ACELP）。G.729标准语音编码系统的原理框图如图3.19所示。编码器分析出的参数有线性预测系数（LPC）、基音延迟、基音增益、固定码本激励码字的索引和增益。在解码器中，自适应码本与固定码本的向量分别乘上各自的增益，相加后得到激励信号。将激励信号输入合成滤波器来重建语音信号，合成滤波器采用10阶线性预测。

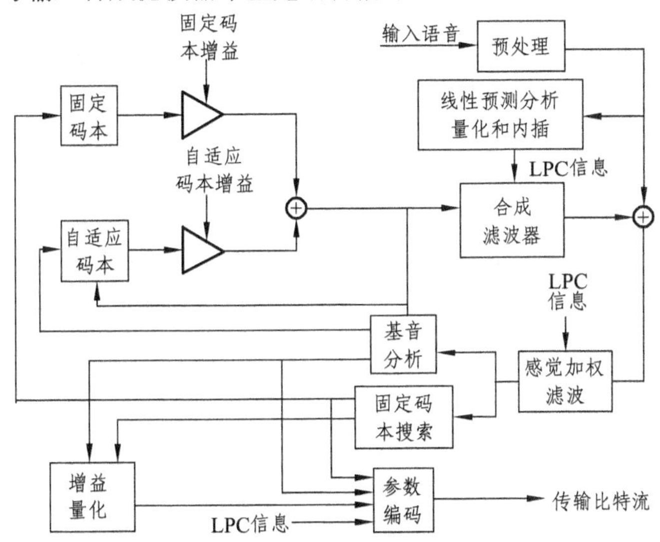

图3.19　G.729标准语音编码系统的原理框图

下面我们把G.729编码器、解码器的主要部分作一简单介绍，详细情况请参阅相关标准。

（1）线性预测与量化。

G.729编码器首先对输入的8 kHz采样的16 bit PCM信号进行预处理，然后对每帧（10 ms）语音进行线性预测分析，得到LPC系数，并将其转换为LSP参数，接着对LSP参数进行二级矢量量化。

编码器中的预处理模块完成以下两个工作：① 缩减信号幅度：将输入信号幅度除以2，使得在对信号定点运算时，降低溢出机率；② 高通滤波器：使用截止频率为140 Hz的二阶极点/零点滤波器，滤掉不需要的低频成分。

（2）基音分析。

基音分析是为了获得语音信号的基音时延。为了降低搜索过程的复杂性，整个过程采用开环基音搜索和闭环基音搜索相结合的方法。首先对每帧（10 ms）语音信号作开环基音搜索，得到最佳时延T的一个候选T_{op}，然后根据T_{op}在每一个子帧（5 ms）内进行闭环搜索，得到各自的最佳基音时延参数。

（3）固定码本结构和搜索。

G.729 中规定的固定码本采用了代数结构，因此算法简单，码本不需要存储，其码矢量为 40 维，其中有 4 个非零脉冲，每个脉冲的幅度是+1 或者–1，它们出现的位置如表 3.2 所列。

表 3.2　固定码本结构

脉　冲	符　号	位　置
i_0	S_0：S_0±1	m_0：0,5,10,15,20,25,30,35
i_1	S_1：S_0±1	m_1：1,6,11,16,21,26,31,36
i_2	S_2：S_0±1	m_2：2,7,12,17,22,27,32,37
i_3	S_3：S_0±1	m_3：3,8,13,23,28,33,38 4,9,14,19,24,29,34,39

固定码本搜索的目的就是要找到 4 个非零脉冲的位置和幅度，还需要对自适应码本增益和固定码本增益进行量化。除了 LSP 参数每帧更新外，其他编码参数每一子帧更新一次。

固定码本搜索是 G.729 编码器中最耗时的一步，因此有很多相关的研究致力于简化此部分的计算量。在 G.729 中使用了焦点搜索法（Focused Search），仍然占据很大的计算量，因此一种精简版的 G.729A 使用最深树状搜索法（Depth-First Tree Search），有效地降低了计算量。

（4）解码器。

在 G.729 的解码器端，通过对接收到的各种参数标志进行解码得到相应的 10 ms 语音帧编码器的参数，解码器在每一子帧内，对 LSP 系数进行内插，并将其变换为 LP 滤波器的系数，然后依次进行激励生成，语音合成和后置处理工作。

G.729 编码器、解码器的合成语音质量较好，实现复杂度较低，可在现有 DSP 上实现。这种编码、解码的方案主要用于个人移动通信、低轨道卫星通信系统和无线通信等领域。

6．G.723.1 标准

ITU-T 颁布的语音压缩标准中码率最低的 G.723.1 标准主要是用于各种网络环境中的多媒体通信的。它的编码的流程图如图 3.20 所示。尽管图 3.20 中流程看起来很复杂，但它仍是基于分析/合成（A/S）编码原理的。它与 G.729 标准的主要不同在于：

（1）分析帧长是 30 ms，且分成 4 个子帧。每个子帧分别进行 LPC 分析，但仅仅最后一个子帧的 LPC 系数量化编码；基音估计每两个子帧进行一次。G.729 中分析帧长为 10 ms，分成两个子帧。所以，G.723.1 编码、解码时延更大。

（2）自适应码书和固定码书增益量化是分别进行的，前者采用矢量量化，后者用标量量化，两个增益都采用共轭结构码书。

（3）激励有两种，分别为多脉冲激励（高速率时）和代数码激励（低速率时），而 G.729 只有代数码激励。因此 G.723.1 可以有多速率选择，能适应网络资源情况变化。

G.723.1 编码过程的具体步骤如下：

（1）输入为 16 bit 线性 PCM 信号。

（2）编码器每次处理一帧 240 个语音样点，在抽样频率为 8 kHz 时等于 30 ms 时长。

（3）每帧语音首先高通滤波，然后被分成 4 个等长子帧，每子帧含 60 个样值。

（4）每个子帧用 Levinson-Durbin 法，求取 10 阶 LPC 滤波器系数。

（5）4 个子帧中最后一个子帧的 LPC 系数，经 7.5 Hz 带宽扩展，再转换成 LSP 系数。

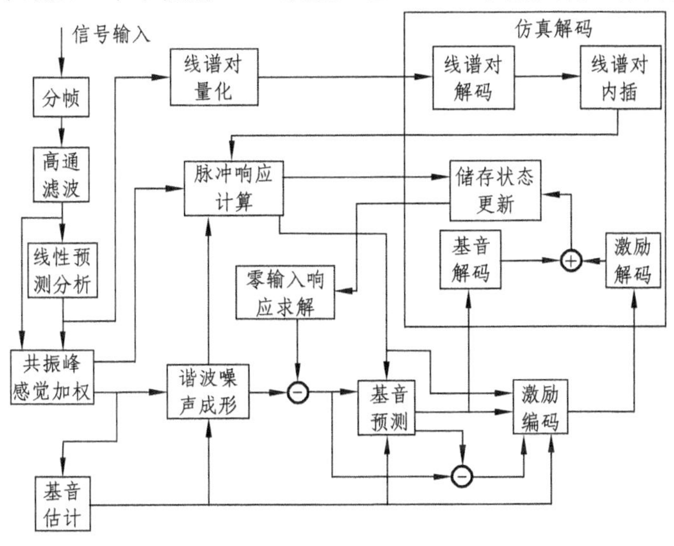

图 3.20　G.723.1 标准语音编码系统原理框图

LSP 系数用预测分裂矢量量化器进行量化编码。具体做法是，首先去除 LSP 系数中直流分量，再与前一帧解码的 LSP 矢量做预测，以减小动态范围。每个预测误差矢量（10 维）分裂成 3 个维数为 3、3、4 的子矢量，分别用 8 bit VQ 码书进行量化编码。

（6）4 个子帧的前 3 个子帧，其量化后 LSP（从而 LPC）系数的获得，是通过对前一帧的解码 LSP 系数，与第四帧解码 LSP 系数的线性内插得到。

（7）各子帧得到解码 LPC 系数后，构成合成滤波器。

（8）各子帧用未量化的 LPC 系数，组成感知加权滤波器，其传递函数为式（3.16），并对输入语音滤波得加权语音信号：

$$H(Z)=\frac{1-\sum_{i=1}^{p}r_1^i a_i Z^{-i}}{1-\sum_{i=1}^{p}r_2^i a_i Z^{-i}} \tag{3.16}$$

其中，p 是共振峰模型阶数，a_i 是共振峰模型系数，r_1 为 0.9，r_2 为 0.5。

（9）对（8）的输出，每二个子帧做一次开环基音估计。因此一帧语音的 240 个样点产生二个基音估计值。

（10）为改进语音各质量，对加权语音，进行一次谐波噪声形成滤波。

（11）计算（7）中合成滤波器、（8）中感觉加权滤波器和（10）中谐波噪声滤波器三者的组合滤波器的脉冲响应。这是经过感知加权处理的合成滤波器。

（12）考虑到前后两帧间滤波器的影响，去除（11）中组合滤波器的零输入响应。

（13）先进行 CELP 系统中自适应码书的量化，此处叫基音预测器，它是 5 阶的 FIR 系统。根据步骤（9）中求得的开环基音值，进行精细的闭环基音分析，求得的结果进行 VQ 编码。

（14）量化编码的最后一个对象是固定码书的编码。高速率采用多脉冲/最大似然量化，与普通多脉冲方案不同的是，各脉冲幅度是一样的，符号可以不同，且所有脉冲位置，要么全在偶数号序列处，要么全在奇数号序列处，因此它与 ACELP 的码本有相似之处。低速率时的固定码书的编码，即是 ACELP，比之高速率方案，脉冲个数减少了，且位置限制更严，不同码字间存在简单代数移位关系。

在所有编码工作完成后，进行各固定码书的编码的状态更新，为下一次编码做好准备。G.723.1 标准算法中，两种码率情况下，比特分配如表 3.3 和 3.4 所示。

表 3.3　G.723.1 标准中 6.3 Kb/s 速率编码算法的码字分配

参数	子帧一	子帧二	子帧三	子帧四	各帧总计
LPC 系数					24
自适应码本下标	7	2	7	2	18
所有增益组合	12	12	12	12	48
脉冲位置	20	18	20	18	73
脉冲符号	6	5	6	5	22
脉冲位置奇偶指示	1	1	1	1	4
总 计					189

* 在“脉冲位置”的码字分配过程中，将每个子帧的四个高位比特组合成一个 13 bit，这样可以节约 3 bit，因此脉冲位置各帧总计为 73 bit。

表 3.4　G.723.1 标准中 5.3 Kb/s 速率编码算法的码字分配

参数	子帧一	子帧二	子帧三	子帧四	各帧总计
LPC 系数					24
自适应码本下标	7	2	7	2	18
所有增益组合	12	12	12	12	48
脉冲位置	12	12	12	12	48
脉冲符号	4	4	4	4	16
脉冲位置奇偶指示	1	1	1	1	4
总 计					158

表中脉冲位置奇偶指示是在脉冲激励搜索时，为了减少计算量，规定所有脉冲要么全在子帧 60 个序列的奇数位置上，要么全在子帧 60 个序列的偶数位置上，这样，搜索范围减少一半，而对合成语音质量影响很小。

G.723.1 算法，计算量也相当大，但它可以在如此低的码率上，达到 MOS 3.5 分以上。G.723.1 考虑了低速率可视电话应用，对于这类应用，时延要求不那么严格，这是因为视频编码时延通常比语音编码大得多。

7. GSM 音频编码标准

除了 ADPCM 算法已经得到普遍应用之外，还有一种使用较为普遍的波形声音压缩算法叫做 GSM 算法。GSM 是欧洲电信管理局（European Telecommunication Administration）下属的一个工作小组 CEPT-CCH-GSM（Group Special Mobile）的缩写。GSM 是欧洲采用的移动电话的压缩标准，GSM 所采用的长时预测规则码激励（Regular Pulse Excitation/Long Term Prediction，RPE-LTP）算法编码器原理框图如图 3.21 所示。该算法采样频率为 8 kHz，运行速率为 13 Kb/s。

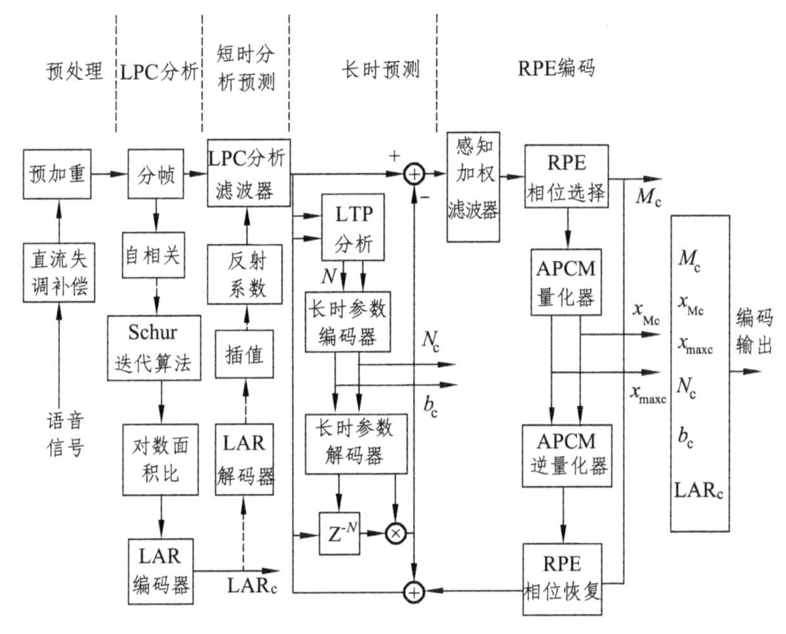

图 3.21　GSM 所采用的 RPE-LTP 算法编码器原理框图

由于 GSM 在参数编码过程中采用了主观加权最小均方误差准则逼近原始波形，具有原始波形的特点，因此有较好的自然度，并对噪声及多人讲话环境不敏感。同时它采用了长时预测、对数面积比（LAR）量化等一系列措施，使其具有较好的语音质量，其主观评分（MOS）达 3.8。

GSM 的编码主要步骤如下：

（1）预处理：包括采样、去除直流分量以及利用滤波器对高频进行预加重等处理。

（2）LPC 分析：对 160 个样点（20 ms）一帧的信号采用 Schur 迭代算法计算出 8 个 LPC 反射系数，并转换成对数面积比（LAR）参数，进行编码。

（3）短时分析预测：经过格形短时分析滤波器求短时预测系统的预测误差。

（4）长时预测：利用长时预测对第（3）步的误差信号进行去除多余度，并求出每个子帧的最佳长时预测时延样点数 N_c 和相应的长时预测系数 b_c，并量化编码。

（5）RPE 编码：对经过短时、长时预测后得到的线性预测误差信号进行加权滤波、规则脉冲序列提取和量化编码。

GSM 编码方案中各参数所用比特数分配情况见表 3.5，GSM 编码方案的语音帧长为 20 ms，每帧为 260 bit，所以总的编码速率为 13 Kb/s。

表 3.5　GSM 方案参数比特分配表

参　数	比 特 数
8 个 LP 参数 LAR（i）	36
4 个 LTP 系数 b_i	8
4 个 LTP 延时 N_i	28
4 个激励序列相位 M_i	8
4 个子帧最大非零样值	24

（续表）

参　数	比 特 数
52 个 RPE 非零值 X_M	156
总计	260

3.4.2　MPEG-1 音频编码

1．概　述

MPEG-1 音频系统应用了感知编码和子带编码模型来对声音数据进行压缩，其有关音频部分的标准（ISO/IEC11172-3）已经成功地应用在 VCD、CD-ROM，ISDN、视频游戏及数字音频广播中，它支持每声道比特率为 32～224 Kb/s 的 32 kHz、44.1 kHz 和 48 kHz 的 PCM 数据，也可以支持带宽为 1.41 Mb/s 下 CD 机的音频编码，以及比特率在 64～448 Kb/s 范围内的立体声。

MPEG-1 音频标准的基础是自适应声音掩蔽特性的通用子带综合编码和复用技术（Masking pattern adapted Universal Sub-band Integrated Coding And Multiplexing，MUSICAM）与自适应频率感知熵编码（Adaptive Spectral Perceptual Entropy Coding，ASPEC）技术。MUSICAM 是比较早且比较成功的感知编码算法。它将输入信号分成 32 个子带，采用基于最小可听阈和掩蔽的感知编码模型达到数据压缩的目的。在采样频率为 48 kHz 时，每个子带的宽度为 750 Hz。根据子带内的 12 个采样值的峰值给每个子带分配 6 比特的标称因子，然后以 0～15 比特的可变字长进行量化。标称因子每隔 24 ms 计算一次，对应 36 个采样值。这里只针对在掩蔽阈值以上的可听信号的子带进行量化，比阈值越高的信号的子带编码的位数也越多，即在给定的比特率下，将比特位分配给最需要的地方，从而得到比较高的信噪比。掩蔽阈值的计算是通过对输入信号进行傅里叶变换得到的。在 128 Kb/s 下对 MUSICAM 的测试表明，编码器的保真度与 CD 本身几乎没有差别，至少 2 个编码器级联不会造成音频质量的下降。MUSICAM 编码在复杂度和编码延迟上都比较好，ASPEC 编码器可以保证低数据率下的声音质量。

MPEG-1 的音频信号压缩包括 3 种压缩模式，称为层次 1、2 和 3。随着层次的增高，复杂度增高，但是各层次之间具有兼容性，即层次 3 的解码器可以对层次 2 或 1 编码的码流进行解码。用户对层次的选择可在复杂性和声音质量之间进行权衡。MPEG-1 第 1 层的复杂度最小，编码器的输出数据率为 384 Kb/s，主要用于小型数字盒式磁带（Digital Compact Cassette，DCC）。第 2 层采用 MUSICAM 压缩算法来处理较低的数据率，编码器的输出数据率为 256～192 Kb/s，其应用包括数字声音广播（Digital Broadcast Audio，DBA）、数字音乐，CD-I（CompactDisc- Interactive）和 VCD（Video Compact Disc）等。第 3 层采用 MUSICAM 和 ASPEC 两种算法的结合，压缩后的比特率为每声道 64 Kb/s，其音质仍然非常接近 CD 音乐的水平。

MPEG-1 的声音数据按帧传输，每一帧可以独立解码。帧的长度由所采用的 MPEG 算法和层决定。在 MPEG-1 中，第 2、3 层的帧长度相同。每帧都包含：① 用于同步和记录该帧信息的同步头，长度为 32 bit；② 用于检查是否有错误的循环冗余码 CRC，长度为 16 bit；③ 用于描述比特分配的比特分配域；④ 比例因子域；⑤ 子带采样域；⑥ 有可能添加的附加数据域。

子带采样占据了帧中最大的部分，而且它在不同层次之间也有所不同。例如，第 1 层帧中有 384 个采样，由 32 个子带分别输出的 12 个样本组成，在第 2、3 层总共有 1 152 个采样。

经过全面地测试表明，与 16 位线性系统相比，不论第 2 层或第 3 层对于 2×128 Kb/s 或者 192 Kb/s 联合立体声音频节目都感觉不到质量的下降。如果允许 384 Kb/s 的数据传输速率，第 1 层的效果与 16 bit 的 PCM 相同。在 128 Kb/s 时，层 2 和层 3 可以传输在主观感觉上与 16 位保真度非常接近的立体声。

2．编码层次

MPEG-1 音频标准中 3 层的基本模型是相同的。其中层 1 是最基础的，层 2 和层 3 都在层 1 的基础上有所提高。每个后继的层都有更高的压缩比，但需要更复杂的编码器、解码器。下面分别进行讨论。

（1）第 1 层。

层 1 采用的是简化的 MUSJSICAM 标准。它允许构建中等品质的简单的编码器与解码器，图 3.22 给出了 Layer1 音频编码的数据帧结构。其中，帧头占用 32 bit，由同步和状态信息组成，12 bit 的同步码字全为 1；帧校验占用 16 bit，用于检测比特流中的差错；音频数据由比特分配信息、比例因子信息和子带样值组成，不同的层其音频数据不同；辅助数据用于传输辅助信息。

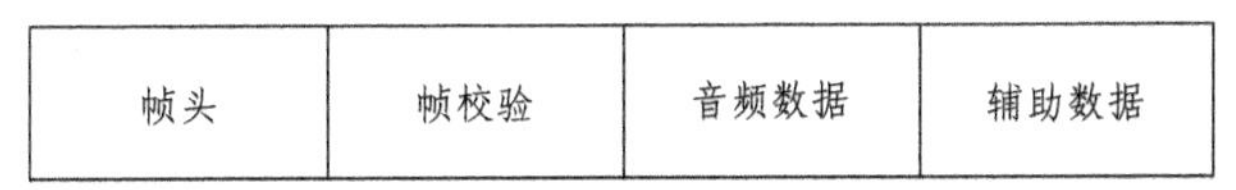

图 3.22　MPEG 音频 Layer1 数据帧结构

（2）第 2 层。

MPEG 音频层 2 与 MUSICAM 标准相同，在层 1 音频编码中，只能传输左右两个声道。为此，MPEG 层 2 扩展了低码率多声道编码，将多声道扩展信息加到层 1 音频数据帧结构的辅助数据段（其长度没有限制）中。这样可将声道数扩展至 5.1，即 3 个前声道（左 L、中 C 和右 R）、2 个环绕声（左 LS、右 RS）和 1 个超低音声道（Low Frequency Effects，LFE），由此形成了 MPEG 层 2 音频编码标准。图 3.23 给出了 MPEG 层 2 音频编码的数据帧结构，在层 1 音频编码的第一层，多声道扩展数据被分成三个部分，在连续 3 帧层 1 音频数据帧的辅助数据段中传输，而在第 2、3 层，多声道扩展数据在层 1 音频数据帧的辅助数据段中传输。层 2 音频编码能传输多路声音，并能确保比特流与层 1 前向和后向兼容。

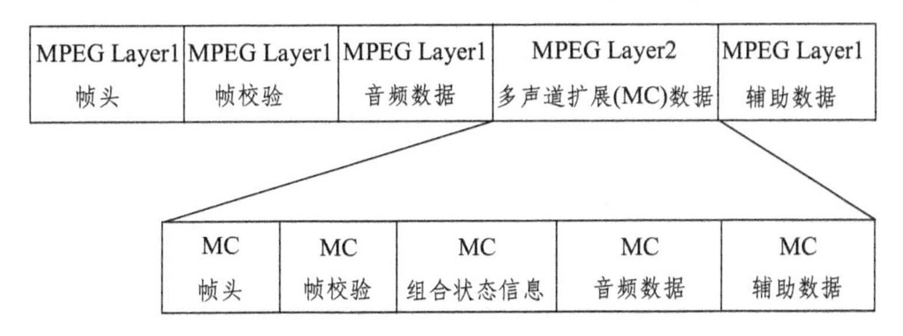

图 3.23　MPEG Layer2 数据帧结构

（3）第 3 层（MP3）。

MPEG 层 3（通常简称为 MP3）是 MPEG 音频系列性能最好的方案，它是 MUSICAM 方案和 ASPEG 的组合。MP3 的好处在于大幅度降低数字声音文件的容量，而不会破坏原来的音质。以 CD 音质的 Wave 文件来说，如抽样分辨率为 16 bit，抽样频率为 44.1 kHz，声音模式为立体声，那么存储 1 秒钟 CD 音质的 Wav 文件，必须要用 16 bit×44 100 Hz×2（Stereo）= 1 411 200 bit，也就是相当于 1 411.2 Kbit 的存储容量，存储介质的负担相当大。不过通过 MP3 格式压缩后，文件便可压缩为原来的 1/10～1/12，每秒钟的 MP3 只需 112～128 Kb 就可以了。

MP3 相对于 MPEG 音频层 1 和层 2 在速率较低的情况下还能保持较好音质，其原因主要在于：MPEG 音频层 1 是为了 DCC（数字录音带）而设计的，使用了 384 Kb/s 的速率。MPEG 音频层 2 是为在复杂性和性能之间的一个平衡而设计的，它在 192 Kb/s 的比特率下还保持了很好的声音质量，如果再低的话，声音质量就变差。而 MPEG 音频层 3 从一开始就是为了低比特率而设计的，它在 MPEG 音频层 2 之上加入了一些“高级特性”：采用 MDCT（改进型 DCT）变换增强频率的分辨率，使频率分辨率提高了 18 倍，从而使得层 3 的播放器能更好地适应量化噪声；只有层 3 使用了熵编码（像 MPEG 视频），这进一步减少了冗余；层 3 还可以使用更高级的联合立体声编码机制。MP3 编码原理框图如图 3.24 所示。

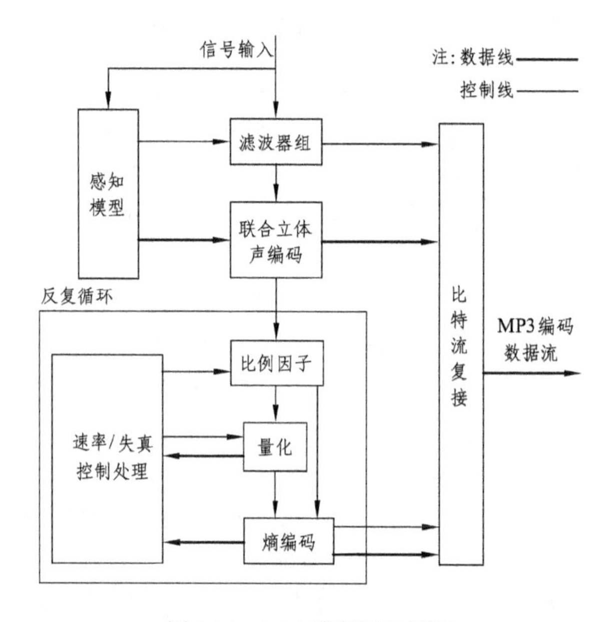

图 3.24　MP3 编码原理框图

3.4.3　MPEG-2 音频编码

MPEG-2 定义了两种声音数据压缩格式，一种称为 MPEG-2 Audio，或者称为 MPEG-2 多通道声音，因为它与 MPEG-1 音频是兼容的，所以又称为 MPEG-2 BC（Backward Compatible）。另一种称为 MPEG-2 AAC（Advanced Audio Coding），因为它与 MPEG-1 声音格式不兼容，因此通常称为非后向兼容 MPEG-2NBC（Non-Backward-Compatible）标准。

1．MPEG-2 BC

MPEG-2 BC 使用与 MPEG-1 音频标准相同种类的编码器、解码器，层 1、层 2 和层 3 的结构也相同。在很多情况下，为应用 MPEG-1 设计的算法也适用于 MPEG-2。多声道的 MPEG-2 音频向后兼容 MPEG-1。MPEG-2 的解码器可以接收 MPEG-1 的比特流，MPEG-1 的解码器可以从 MPEG-2 比特流中得到立体声。MPEG-2 音频标准是 MPEG 组织在 1994 年 11 月通过的，其编号为 ISO/IEC 13818-3。

与 MPEG-1 标准相比，MPEG-2 音频标准做了如下扩充：① 增加了 16 kHz、22．05 kHz 和 24 kHz 采样频率；② 扩展了编码器的输出速率范围，由 32～384 Kb/s 扩展到 8～640 Kb/s；③ 增加了声道数，支持 5.1 声道和 7.1 声道的环绕声。此外 MPEG-2 还支持线性 PCM（Linear PCM）和杜比 AC-3 编码。杜比 AC-3 编码将在下节介绍。表 3.6 总结了 MPEG-2 音频标准和 MPEG-1 音频标准的差别。

表 3.6　MPEG-1 和 MPEG-2 的声音数据规格

名　　称	MPEG-2 Audio	MPEG-1 Audio
取样频率	16/22.05/24/32/44.1/48 kHz	32/44.1/48 kHz
样本精度（每个样本的比特数）	16	16
最大数据传输率	8～640 Kb/s	32～448 Kb/s
最大声道数	5.1/7.1	2

MPEG-2 的 1、2、3 层提供了 3 个附加的低频采样频率 16 kHz、22.05 kHz 和 24 kHz，这些附加频率不向后兼容 MPEG-1，这部分标准就是 MPEG-2 LSF。层 3 对于这些低比特率表现出了较好的性能。一般只需对 MPE-1 的比特流和比特分配表作很小的改变，就可以适应这种 LSF 格式。MPEG-2 质量上的改进是通过多相位滤波器组在低频和中频区域改进频率分辨率，从而高效地利用掩蔽效应来完成的。

在多声道的 MPEG-2 形式中采用基本的 5 声道方法，有时也称为 3/2 +1 立体声(3 个前端、2 个环绕扬声器声道和 1 个亚低音扬声器)。亚低音扬声器的低频音效加强声道是可选的，其提供的信号范围可至 120 Hz。采用分层的形式使 3/2 多声道可以向下混合为 3/1、3/0、2/2、2/1、2/0 和 1/0 的较低电平音频格式。多声道 MPEG-2 形式采用编码器矩阵，允许用一个双声道解码器对兼容的双声道信号进行解码，这个信号是多声道比特流的一个子集。多声道的 MPEG-2 像其他 MPEG-2 声道一样兼容 MPEG-1 的左、右声道的立体声信息，如图 3.25 所示。附加的多声道数据放置在附加的辅助数据区中。标准的双声道解码器将辅助信息忽略，只重建主要的声道。解码器中的解码矩阵电路在有些情况下会产生附加效应，即声道中的声音被抵消掉，却保留下量化噪声。

2．MPEG-2 AAC

MPEG-2 AAC 是 MPEG-2 标准中的一种非常灵活的声音感知编码标准。就像所有感知编码一样，MPEG-2 AAC 主要使用听觉系统的掩蔽特性来减少声音的数据量，并且通过把量化噪声分散到各个子带中，用全局信号把噪声掩蔽掉。MPEG-2 AAC 是 ISO/IEC 13818-7 标准，制定于 1997 年。

MPEG-2 AAC 编码不向后兼容 MPEG-1。除去兼容性的限制之外，其他的性能均比MPEG-2 BC优越。MPEG-2 AAC 支持 32 kHz、44.1 kHz、48 kHz 采样频率，也支持其他 8～96 kHz 的采样频率。MPEG-2 AAC 标准可支持 48 个主声道、16 个低频音效加强通道 LFE、16 个配音声道（overdub channel）或者叫做多语言声道（multi-lingual channel）和 16 个数据流。MPEG-2 AAC 在压缩比为 11∶1，即每个声道的数据率为（44.1×16）/11=64 Kb/s，而 5 个声道的总数据率为 320 Kb/s 的情况下，很难区分还原后的声音与原始声音之间的差别。为了改进误差性能，系统的设计能够在噪声存在时保持比特流同步，从而能很好地将噪声抵消。

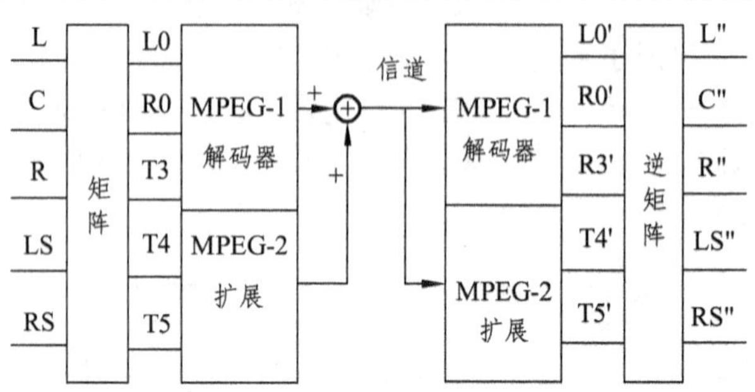

图 3.25 MPEG-2 中的音频编解码器中采用的 5.1 环绕形式

图 3.26（a）和（b）分别给出了 MPEG-2 AAC 编码器和解码器的方框图。

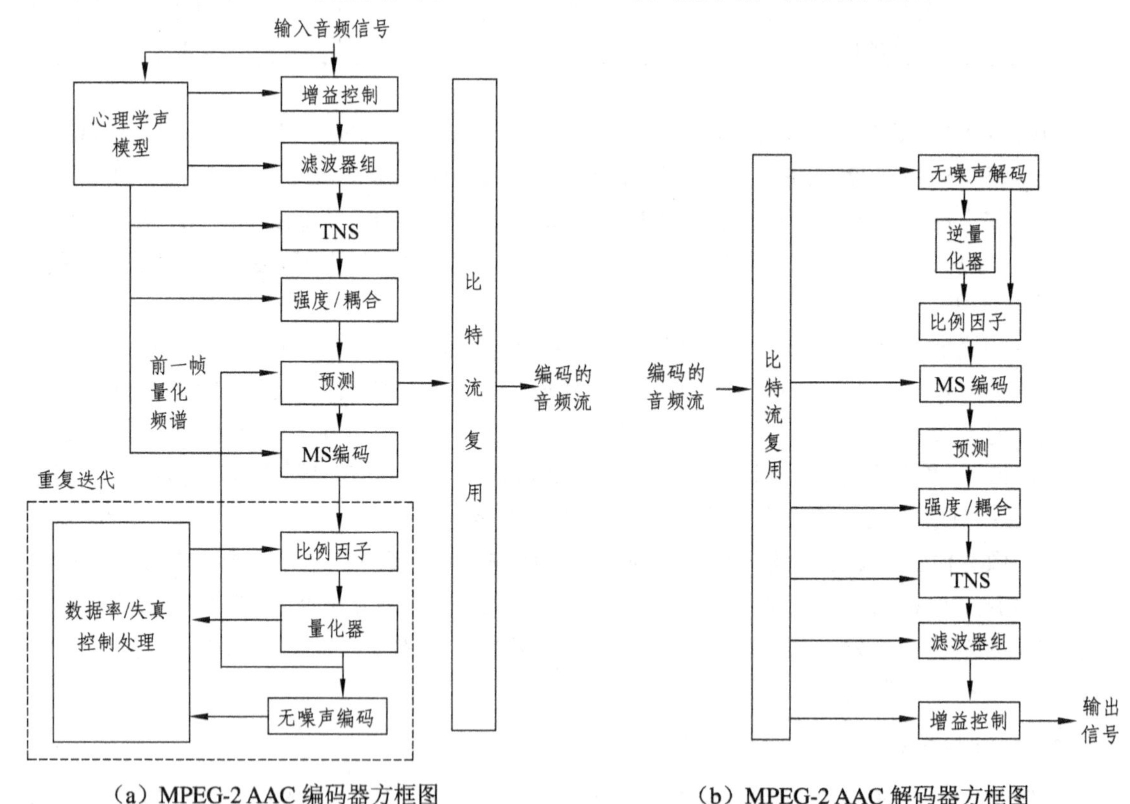

（a）MPEG-2 AAC 编码器方框图

（b）MPEG-2 AAC 解码器方框图

图 3.26 MPEG-2 AAC 编码器和解码器的方框图

为了保证输出音频质量的灵活性，MPEG-2 AAC 定义了三种配置：基本配置、低复杂性配置和可变采样率配置。

（1）基本配置（Main Profile）。

在这种配置中，除了“增益控制”模块之外，MPEG-2 AAC 系统使用了图 3.26 中所示的所有模块，在三种配置中提供了最好的声音质量，而且 MPEG-2 AAC 的解码器可以对低复杂性配置编码的声音数据进行解码，但对计算机的存储器和处理能力的要求方面，基本配置比低复杂性配置要求要高。

（2）低复杂性配置（Low Complexity Profile）。

在这种配置中，不使用预测模块和预处理模块，瞬时噪声成形（Temporal Noise Shaping，TNS）滤波器的级数也有限，这就使其声音质量比基本配置的声音质量低，但对计算机的存储器和处理能力的要求明显降低。

（3）可变采样率配置（Scalable Sampling Rate Profile）。

在这种配置中，使用增益控制对信号作预理，不使用预测模块，TNS 滤波器的级数和带宽也都有限制，因此它比基本配置和低复杂性配置更简单，可用来提供可变采样频率信号。

下面对 MPEG-2 AAC 的基本模块作一些简单的介绍。

（1）增益模块。

在可变采样率配置中采用的增益模块，它由多相正交滤波器 PQF（polyphase quadrature filter）、增益检测器和增益修正器组成。这个模块把输入信号分离到 4 个相等带宽的频带中。在解码器中也有增益控制模块。

（2）滤波器组。

滤波器组是把输入信号从时域变换到频域的转换模块，这个模块采用了修正离散余弦变换 MDCT，使用了时域混迭消除（Time Domain Alias Cancellation，TDAC）技术。选择两个有重叠的窗函数，互相覆盖 50%。在滤波器组中可以使用正弦和 Kaiser-Bessel 窗。当感知的重要成分间隔小于 140 Hz 时使用正弦窗，当各成分间距大于 220 Hz 时，使用 Kaiser-Bessel 窗。窗函数的切换是无缝的。对于采样频率可伸缩的情况，在解码器中可以忽略上部 PQF 频带来得到低采样率信号。例如，18 kHz、12 kHz、6 kHz 的带宽可以通过忽略 1、2、3 频带来得到。

（3）瞬时噪声成形 TNS。

在感知编码中，瞬时噪声成形 TNS 模块是用来控制量化噪声的瞬时形状的一种方法，解决掩蔽阈值和量化噪声的错误匹配问题。这种技术的基本想法是，在时域中的音调声信号在频域中有一个瞬时尖峰，TNS 使用这种双重性来扩展已知的预测编码技术，把量化噪声置于实际的信号之下以避免错误匹配。

（4）立体声编码技术。

MPEG-2AAC 中使用了两种立体声编码技术，即强度编码和 MS 编码。这两种方法可以根据信号频谱选择使用，也可以混合使用。

（5）预测和量化器。

MPEG-2 AAC 中用一个 2 阶后向自适应预测器来消除平稳信号的冗余，它采用非均匀的量化。

（6）无噪声编码。

无噪声编码实际上就是霍夫曼编码，它对量化的频谱系数、比例因子和方向信息进行编码。

3.4.4 杜比 AC-3 编码

杜比 AC-3 是一种灵活的音频数据压缩技术，它具有将多种声轨格式编码为一种低码率比特流的能力。支持 8 种不同的声道配置方式，从传统的单声道、立体声到拥有 6 个分离声道的环绕声格式（左声道、中置声道、右声道、左环绕声道、右环绕声道及低音效果声道）。AC-3 的比特流可以支持 48 kHz、44.1 kHz 或 32 kHz 三种采样频率，所支持的码率从 32 Kb/s～640 Kb/s 不等。

杜比 AC-3 编码系统属于感知编码器，采用 MDCT 的自适应变换编码算法，利用临界频带内一个声音对另一个声音信号的掩蔽效应最明显，这一特点将整个音频频带分割成若干个较窄的频段，划分频带的滤波器组要有足够锐利的频率响应，以保证临界频带外的噪声衰减足够大，使时域和频域内的噪声限定在掩蔽门限以下。由于人类的听觉对不同频率的声音具有不同的灵敏度，因此各频段的宽度并不完全一样，每一个频段所占有的数据量不是平均分配的。编码器通过人耳的听觉掩蔽特性，根据信号的动态特性来决定在某一时刻的数据应当如何分配给各个频段。对于频谱密集、音量大的声音元素应该获得较多的数据占有量，而那些由于掩蔽效应而听不到的声音则少占用或不占用数据量。

AC-3 编码器原理如图 3.27 所示。在编码器中首先采用 TDAC 滤波器把时域内的 PCM 采样数据变换到频域，每个变换系数以二进制指数形式表示，即由一个指数和一个尾数构成。指数部分反映信号的频谱包络，经编码后构成了整个信号大致的频谱，被称为频谱包络。频谱包络在比特分配过程中用来决定对每个尾数编码所需要的比特数。最后由六个音频块的频谱包络、粗量化的尾数及相应的参数组成 AC-3 数据帧格式，打包并进行传输。

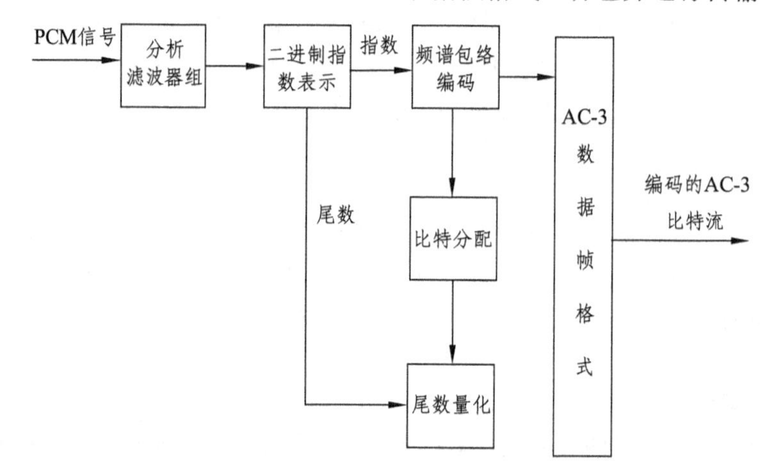

图 3.27　AC-3 编码器原理图

由时域变换到频域的块长度的选择是变换编码的基础，在 AC-3 中定义了两种由时域变换到频域的块长度，一种是 512 个样值点的长块，一种是 256 个样值点的短块。对于稳态信号，其频率随时间变换缓慢，为提高编码效率，要求滤波器组有好的频率分辨力，即要求一个长区块；而对于快速变化的信号，则要求好的时间分辨力，即要求一个短区块。在编码器中，输入信号在经过 3 Hz 高通滤波器去除直流成分后，再经过一个 8 kHz 的高通滤波器取出高频成分，用其能量与预先设定的阈值相比较，通过检测信号的瞬变情况来选择变换的块长度。

在 AC-3 编码器的比特分配技术中，采用了前向和后向自适应比特分配法则。前向自适应方法是编码器计算比特分配，并把比特分配信息明确地编入数据比特流中，其特点是在前端编码过程中使用听觉模型，因此修改模型对接收端的解码过程没有影响；其缺点是由于要传输比特分配信息而占用了一部分有效比特，降低了编码效率。后向自适应方法不需要得到编码器明确的比特分配信息，而是从比特流中产生比特分配信息。其优点是不占用有效比特，因此有更高的传输效率；缺点在于由于要从接收的数据中计算比特分配，如果计算太复杂会使解码器的成本升高。此外，解码器的算法也会随着编码器听觉模型的改变而改变。由于 AC-3 中采用了前/后向混合自适应比特分配方法以及公共比特池等技术，在提高码率和降低成本之间进行了折中，因而可使有限的码率在各声道之间、不同的频率分量之间获得合理的分配。

AC-3 的比特流是由帧构成的，如图 3.28 所示。在恒定的时间间隔内，其所有编码的声道所包含的信息就能体现在 1 536（6 个编码块，每块 256 个采样）个 PCM 采样值的信息上。每一个 AC-3 的帧都具有固定的尺寸，只由采样频率及编码数据率决定。同时，每个帧都是独立的实体而且不与前一个帧分享数据，除了在 MDCT 所固有的去交迭变换。在每个 AC-3 帧的开头是 SI（Sync Information）域及 BSI 域（比特流信息）。SI 域及 BSI 域描述了比特流的结构，包括采样频率、数据码率、编码声道的数目及其他一些系统描述的元素。每个帧都包含两个 CRC 用于错误检测，一个在帧的末尾，一个在 SI 的头中，由解码器选择 CRC 来进行校验。在每个帧的结尾处有一个可选的辅助数据域。在这个区域内允许系统设计者在 AC-3 比特流中嵌入可在整个系统内传递的、自有的控制字及状态字信息。

同步	CRC #1	SI	BSI	音频块 0	音频块 1	音频块 2	音频块 3	音频块 4	音频块 5	辅助数据	CRC #2

图 3.28　AC-3 帧结构

每个帧有 6 个声音块，每个块表示为每个编码声道包含 256 个 PCM 采样，如图 3.29 所示。声音块中的内容包括块转换标志、耦合坐标、指数、比特分配参数、尾数等。

块交换标志（Block Switch Flags）	抖动标志 (Dither Flags)	动态范围控制 (Dynamic Range Control)	耦合策略 (Coupling Strategy)	耦合坐标 (Coupling Coordinates)	指数策略（Exponent Strategy)	指数 (Exponents)	比特分配参数（Bit Alloncation Parameters)	尾数 (Mantissas)

图 3.29　AC-3 声音块结构

AC-3 解码器的解码原理基本上是编码的逆向过程，如图 3.30 所示。首先解码器必须与编码数据流同步，然后从经过数据纠错校验的比特流中分离出控制数据、系统配置参数、编码后的频谱包络及量化后的尾数等内容，根据声音的频谱包络产生比特分配信息，对尾数部分进行反量化，恢复变换系数的指数和尾数，再经过合成滤波器组，把数据由频域变换到时域，最后输出重建的 PCM 样值信号。

AC-3 的编/解码器被设计成一个完整的音频子系统的解决方案，它拥有普通的低码率编/解码所没有的许多特性。这些特性包括适用于消费类音频回放系统的动态范围压缩特性、对话归一（Dialog Normalization）以及缩混特性（Downmixing）。其中缩混特性可以将多声道音频进行转换为特定数目的声道输出。动态范围控制的控制字是嵌入在 AC-3 比特流内，在解码器中使用，可以使同一个比特流源在不同模式下进行还音。杜比 AC-3 技术中充分利用了人耳的听觉模型，针对不同性质的信号，采取了相应有效的算法，达到了在保证较高音质的前提下实现较高码率的目的，是一种非常高效而又经济的数字音频压缩系统。AC-3 是美国数字电视系统的强制标准，是欧洲数字电视系统的推荐标准。

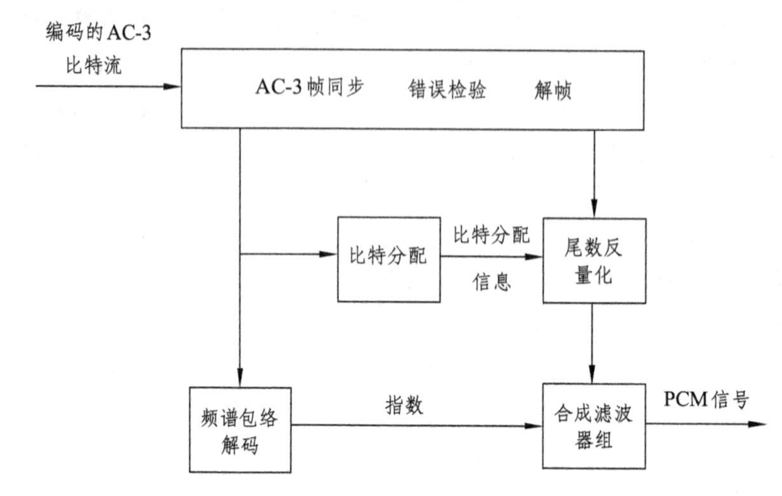

图 3.30　AC-3 解码器原理图

练习与思考

1．简述音频信号数字化的处理过程。

2．比较语音的波形编码和参数编码的优缺点，并举例说明混合编码方法是如何利用两者的优点和克服两者的缺点的。

3．自适应脉冲编码调制（APCM）的基本思想是什么？差分脉冲编码调制（DPCM）的基本思想是什么？

4．常见音频编码技术有哪些？说明它们各自的特点。

5．常见音频应用标准有哪些？它们分别采用何种编码技术，并指出各自的应用场合。

6．对 MPEG 音频编码、AAC 音频编码和 AC-3 音频编码进行技术和特性比较。

第 4 章　图像信息处理技术

4.1　图像信号概述

4.1.1　图像的分类

图像是当光辐射能量照在物体上经过反射或透射或由发光物体本身发出光的能量，人的视觉器官中所重现出的物体的视觉信息。图像源于自然景物，其原始的形态是连续变化的模拟量。我们可以按照图像的表现形式、生成方法等对其做出不同的划分。

（1）按图像的存在形式进行分类，可分为实际图像与抽象图像。

① 实际图像：通常为二维分布，又可分为可见图像和不可见图像。

可见图像指人眼能够看到并能接受的图像，包括图片、照片、图、画和光图像等。

不可见图像如温度、压力、高度和人口密度分布图等。

② 抽象图像：如数学函数图像，包括连续函数和离散函数。

（2）按照图像亮度等级分类，可分为二值图像和灰度图像。

① 二值图像：只有黑白两种亮度等级的图像。

② 灰度图像：有多种亮度等级的图像。

（3）按照图像的光谱特性分类，可分为彩色图像和黑白图像。

① 彩色图像：图像上的每个点有多于一个的局部性质，如在彩色摄影和彩色电视中重现的所谓三基色（红、绿、蓝）图像。

② 黑白图像：每个像点只有一个亮度值分量，如黑白照片、黑白电视画面等。

（4）按照图像是否随时间而变化分类，可分为静止图像与运动图像。

① 运动图像：随时间而变化的图像，如电影和电视画面等。

② 静止图像：不随时间而变化的图像，如各类图片等。

（5）按照图像所占的空间维数，可分为二维图像和三维图像。

① 二维图像：平面图像，如照片等。

② 三维图像：空间分布的图像，一般使用两个或者多个摄像头来成像。

4.1.2　图像信号的表示

图像的亮度一般可以用多变量函数表示为

$$I = f(x,\ y,\ z,\ \lambda,\ t) \tag{4.1}$$

其中：x，y，z 表示空间某个点的坐标；t 为时间轴坐标；λ 为光的波长。当 $z = z_0$（常数）

时，则表示二维图像；当 $t=t_0$ 时，则表示静态图像；当 $\lambda=\lambda_0$ 时，则表示单色图像。

由于 I 表示的是物体的反射、投射或辐射能量，因此，它是正的、有界的，即

$$0 \leqslant I \leqslant I_{\max} \tag{4.2}$$

其中，$I_{\max}$ 表示 I 的最大值，$I=0$ 表示绝对黑色。

式（4.1）是一个多变量函数，它不易分析，需要采用一些有效的方法进行降维。由三基色原理可知，f 可表示为三个基色分量的和，即

$$I = I_R + I_G + I_B \tag{4.3}$$

式中：

$$\begin{cases} I_R = f_R(x,\ y,\ z,\ \lambda_R) \\ I_G = f_G(x,\ y,\ z,\ \lambda_G) \\ I_B = f_B(x,\ y,\ z,\ \lambda_B) \end{cases} \tag{4.4}$$

其中，λ_R，λ_G，λ_B 为三个基色波长，当 t 为一个固定的值，即为一幅静止图像。由于式（4.4）中的每个彩色分量都可以看做是一幅黑白图像，所以，在以后的讨论中，所有对于黑白图像的理论和方法都适于彩色图像的每个分量。

对于黑白图像信号，每个像素点用灰度级来表示。若用数字表示一个像素点的灰度，有 8 比特就够了，因为人眼对灰度的最大分辨力为 2^6。对于彩色视频信号（例如常见的彩色电视信号）均基于三基色原理，每个像素点由红（R）、绿（G）、蓝（B）三基色混合而成。若三个基色均用 8 比特来表示，则每个像素点就需要 24 比特，由于构成一幅彩色图像需要大量的像素点，因此，图像信号采样、量化后的数据量就相当大，不便于传输和存储。为了解决此问题，人们找到了相应的解决方法，利用人的视觉特性降低彩色图像的数据量，这种方法往往把 RGB 空间表示的彩色图像变换到其他彩色空间，每一种彩色空间都产生一种亮度分量和两种色度分量信号。常用的彩色空间表示法有 YUV、YIQ 和 YC_bC_r 等。

通过对图像信号表示方法的讨论可以看到：对于彩色图像信号数字压缩编码，可以采用两种不同的编解码方案。一种是复合编码，它直接对复合图像信号进行采样、编码和传输；另一种是分量编码，它首先把复合图像中的亮度和色度信号分离出来，然后分别进行采样、编码和传输。目前分量编码已经成为图像信号压缩的主流，在 20 世纪 90 年代以来颁布的一系列图像压缩国际标准中均采用分量编码方案。以 YUV 彩色空间为例，分量编码系统的基本框图如图 4.1 所示，其中对亮度信号 Y 使用较高的采样频率，对色差信号 U、V 则使用较低的采样频率。

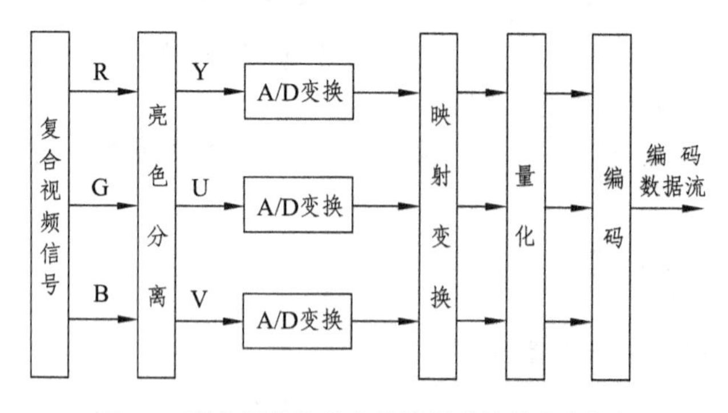

图 4.1　彩色图像信号分量编码系统的基本框图

4.1.3 图像信号数字化

图像在空间上离散化的过程称为采样。被选取的点称为采样点，这些采样点也称为像素。采样点上的函数值称为采样值或样值。图像的空间采样就是通过采样把一幅完整的图像分割成无数众多的离散像素组成的阵列，即在空间上用有限的采样点来代替连续的无限的坐标值。

对每个采样点灰度值的离散化过程称为量化，也就是指从图像亮度的连续变化中进行离散的采样，即用有限个取值来代替连续灰度图像的无限多个取值。量化一般可分为两大类：一是将每个样值独立进行量化的标量量化方法；另一个是将若干个样值联合起来作为一个矢量来量化的矢量量化方法。在标量量化中按照量化等级的不同又分为两类：一是将样点的灰度值等间隔划分的均匀量化；另一种是不等间隔划分的非均匀量化。在对采样点量化后再进行二进制编码，即 PCM 编码。如量化后的最大幅值是 10，根据数字电路理论可知，它至少需用 4 位二进制表示，即量化后每个量化区间的量化电平采用 n 位二进制码表示。对于均匀量化，当量化间隔越小时，量化层数就越多，编码所需的位数也就越多。

图像经过数字化后，得到一个数字图像，这个数字图像实际上是原来连续模拟图像的一个近似图像。为了得到相对原图像的一个良好的近似图像，需要考虑采样个数和灰度级数，一幅图像取多少个样点应该由二维采样决定，目前大多数情况下量化为 256 个灰度级。

1．二维图像采样定理

在日常生活中，静态图像是二维信号，动态图像是三维信号。动态图像是一幅幅图像的时间序列，在某一个瞬间仍可按静态图像来处理，或是从动态图像序列中，每隔一定时间 T 截取一幅图像，将之看作一幅静态图像。这样，动态图像的数字化也就可以归为二维图像的数字化问题。

对于二维图像采样，主要需要解决的问题是：找出能从采样图像精确地恢复原图像所需要的最小 M 和 N（M、N 分别为水平和垂直方向采样点的个数），即各采样点在水平和垂直方向的最大间隔。这个问题可由二维采样定理解决。

二维采样定理 对于二维带限信号 $f(x,y)$，如果其二维傅里叶变换 $F(u,v)$ 只在 $|u| \le U_{\max}$ 和 $|v| \le V_{\max}$ 的范围内不为 0，那么当采样频率为 $\Delta u = (1/\Delta x) \geqslant 2U_{\max}$，$\Delta v = (1/\Delta y) \geqslant 2V_{\max}$（其中 Δx、Δy 为 x、y 方向的采样间隔）时，该信号就能准确地从其采样 $f_s(x,y)$ 中恢复过来。

设二维图像亮度函数为 $f(x,y)$，对于 (x,y) 平面上的任一点 (x_0,y_0)，亮度函数的值用 $f(x_0,y_0)$ 表示。二维图像经抽样后的信号频谱应是原图像频谱的周期重复。对于二维图像，要用二维空间抽样函数 $S(x,y)$ 对亮度函数抽样，空间抽样函数表示为

$$S(x,y) = \sum_{i=-\infty}^{\infty} \sum_{j=-\infty}^{\infty} \delta(x - i\Delta x, y - j\Delta y) \tag{4.5}$$

δ 函数的采样阵列如图 4.2 所示。

二维图像 $f(x,y)$ 经采样后变成 $f_s(x,y)$，它是 $f(x,y)$ 与 $S(x,y)$ 的乘积，即

$$
\begin{aligned}
f_s(x,y) &= f(x,y)S(x,y) = f(x,y)\sum_{i=-\infty}^{\infty}\sum_{j=-\infty}^{\infty}\delta(x-i\Delta x, y-j\Delta y) \\
&= \sum_{i=-\infty}^{\infty}\sum_{j=-\infty}^{\infty} f(i\Delta x, j\Delta y)\delta(x-i\Delta x, y-j\Delta y)
\end{aligned} \tag{4.6}
$$

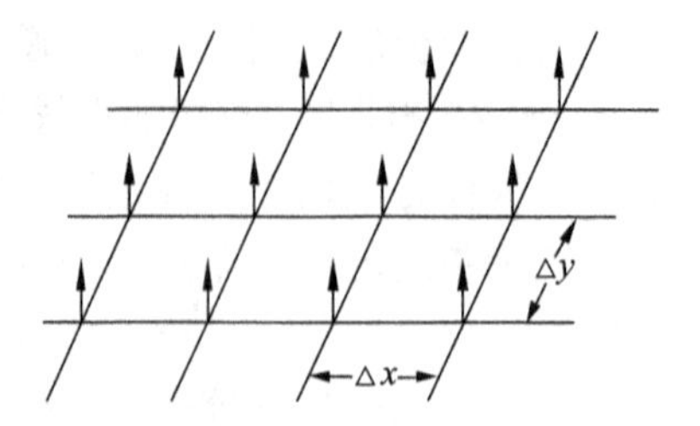

图 4.2　δ函数的采样阵列

因为

$$
F\{S(x,y)\} = \frac{1}{\Delta x \Delta y}\sum_{i=-\infty}^{\infty}\sum_{j=-\infty}^{\infty}\delta(u-\frac{i}{\Delta x}, v-\frac{j}{\Delta y}) \tag{4.7}
$$

根据傅里叶变换定理，采样图像的傅里叶变换 $F_s(u,v)$ 可表示为理想二维抽样函数 $S(x,y)$ 的傅里叶变换与二维图像傅里叶变换 $F(u,v)$ 的卷积，即

$$
\begin{aligned}
F_s(u,v) &= F(u,v) * F\{S(x,y)\} \\
&= F(u,v) * \frac{1}{\Delta x \Delta y}\sum_{i=-\infty}^{\infty}\sum_{j=-\infty}^{\infty}\delta(u-\frac{i}{\Delta x}, v-\frac{j}{\Delta y}) \\
&= \frac{1}{\Delta x \Delta y}\sum_{i=-\infty}^{\infty}\sum_{j=-\infty}^{\infty} F(u-\frac{i}{\Delta x}, v-\frac{j}{\Delta y}) \\
&= \frac{1}{\Delta x \Delta y}\sum_{i=-\infty}^{\infty}\sum_{j=-\infty}^{\infty} F(u-\Delta u, v-\Delta v)
\end{aligned} \tag{4.8}
$$

上式说明，$f_s(x,y)$ 的频谱 $F_s(u,v)$ 是由连续信号 $f(x,y)$ 的频谱 $F(u,v)$ 分别在 u 、v 方向上以 Δu（即 $1/\Delta x$）和 Δv（即 $1/\Delta y$）为间隔无限平移和叠加的结果。当 $f(x,y)$ 的频谱不为 0 的范围如图 4.3（a）所示时，$f_s(x,y)$ 的频谱不为 0 的范围如图 4.3（b）所示。

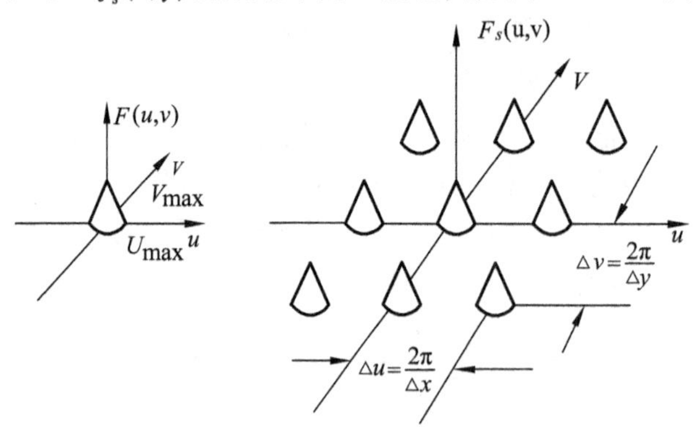

（a）采样前的频谱　　　　　（b）采样后的频谱

图 4.3　水平、垂直采样前后的二维频谱

由图 4.2 可见，当 $f(x,y)$ 只在 $|u| \leqslant U_{\max}$ 和 $|v| \leqslant V_{\max}$ 的范围内不为 0 时，只要在采样时满足 $\Delta u = (1/\Delta x) \geqslant 2U_{\max}$，$\Delta v = (1/\Delta y) \geqslant 2V_{\max}$，就可通过一个适当的低通滤波器从 $f_s(x,y)$ 中取出，

从而完全恢复出原来的连续信号 $f(x,y)$。

如果在采样时不满足采样定理，图中平移后的各部分频谱就会发生重叠，这时通过低通滤波器取出的将是失真的信号，这种失真叫做混叠失真或交叠失真。

2．图像的量化

图像的量化就是将采样后图像的每个样点的取值范围划分成若干个区间，并仅用一个数值代表每个区间中的所有取值。

量化时，量化值与实际值会产生误差，这种误差称为量化误差或量化噪声。量化噪声可用信噪比来度量，但它与一般的噪声是有区别的，主要表现在如下两个方面。

（1）量化误差由输入信号引起，其误差可根据输入信号推测出来，而一般噪声与输入信号无任何直接关系。

（2）量化误差是量化器高阶非线性失真的产物，是高阶非线性的特例。

对均匀量化来讲，量化分层越多，量化误差越小，但编码时占用的比特数就越多。在一定比特数下，为了减少量化误差，往往要用非均匀量化，如按图像灰度值出现概率大小的不同进行非均匀量化，即对灰度值经常出现的区域进行细量化，反之进行粗量化。在实际图像系统中，由于存在着成像系统引入的噪声及图像本身的噪声，因此量化等级取得太多（量化间隔太小）是没有必要的，因为如果噪声幅度值大于量化间隔，量化器输出的量化值就会产生错误，得到不正确的量化。

4.2　数字图像压缩方法的分类

图像压缩的基本目标就是减小数据量，但最好不要引起图像质量明显下降。在大多数实际应用中，为了取得较低的比特率，轻微的质量下降是允许的。至于图像压缩到什么程度而没有明显地失真，则取决于图像数据的冗余度。较高的冗余度形成较大的压缩，而典型的图像信号都具有很高的冗余度，正是这些冗余度的存在允许我们对图像进行压缩。

例如，在第 2 章介绍的空间冗余和时间冗余是图像信号最常见的冗余，所有的这些冗余度都可以被除去而不会引起显著的信息损失，但压缩编码无法减少冗余度。不同的出发点有不同的分类。

（1）按照信息论的角度，数字图像压缩方法一般可分为：

① 可逆编码（Reversible Coding 或 Information Preserving Coding），也称为无损压缩。这种方法的解码图像与原始图像严格相同，压缩是完全可恢复的或无偏差的，无损压缩不能提供较高的压缩比。

② 不可逆编码（Non-Reversible Coding），也称为有损压缩。用这种方法恢复的图像较原始图像存在一定的误差，但视觉效果一般是可接受的，它可提供较高的压缩比。

（2）按照压缩方法的原理，数字图像压缩方法可分为：

① 预测编码（Predictive Coding）。预测编码是一种针对统计冗余进行压缩的方法，它主要是减少数据在空间和时间上的相关性，以达到对数据的压缩，是一种有失真的压缩方法。预测编码中典型的压缩方法有 DPCM 和 ADPCM 等，它们比较适合于图像数据的压缩。

② 变换编码（Transform Coding）。变换编码也是一种针对统计冗余进行压缩的方法。这种方法将图像光强矩阵（时域信号）变换到系数空间（频域）上进行处理。常用的正交变换

有 DFT（离散傅氏变换）、DCT（离散余弦变换）、DST（离散正弦变换）、哈达码变换和 Karhunen-Loeve 变换。

③ 量化和矢量量化编码（Vector Quantization）。量化和矢量量化编码本质上也是一种针对统计冗余进行压缩的方法。当我们对模拟量进行数字化时，必然要经历一个量化的过程。在这里量化器的设计是一个很关键的步骤，量化器设计的好坏对于量化误差的大小有着直接的影响。矢量量化是相对于标量量化而提出的，如果我们一次量化多个点，则称为矢量量化。

④ 信息熵编码（Entropy Coding）。根据信息熵原理，用短的码字表示出现概率大的信息，用长的码字表示出现概率小的信息。常见的方法有哈夫曼编码、游程编码以及算术编码。

⑤ 子带编码（Sub-band Coding）。子带编码将图像数据变换到频域后，按频率分带，然后用不同的量化器进行量化，从而达到最优的组合。或者是分步渐近编码，在初始时对某一频带的信号进行解码，然后逐渐扩展到所有频带，随着解码数据的增加，解码图像也逐渐地清晰起来。此方法对于远程图像模糊查询与检索的应用比较有效。

⑥ 结构编码（Structure Coding），也称为第二代编码（Second Generation Coding）。编码时首先求出图像中的边界、轮廓、纹理等结构特征参数，然后保存这些参数信息。解码时根据结构和参数信息进行合成，从而恢复出原图像。

⑦ 基于知识的编码（Knowledge-Based Coding）。对于人脸等可用规则描述的图像，利用人们对其的知识形成一个规则库，据此将人脸的变化等特征用一些参数进行描述，从而用参数加上模型就可以实现人脸的图像编码与解码。

图像压缩算法的总体框图如图 4.4 所示。下面几节主要介绍几种常见的压缩编码方法：无失真编码方法（如哈夫曼编码、游程编码和算术编码）、预测编码和变换编码，并介绍新一代编码方法（如知识基编码和分形编码）等以及相关知识。由于矢量量化编码和子带编码方法在上一章中结合音频编码已经介绍，它们在应用于图像时原理基本相同，这里不再赘述。

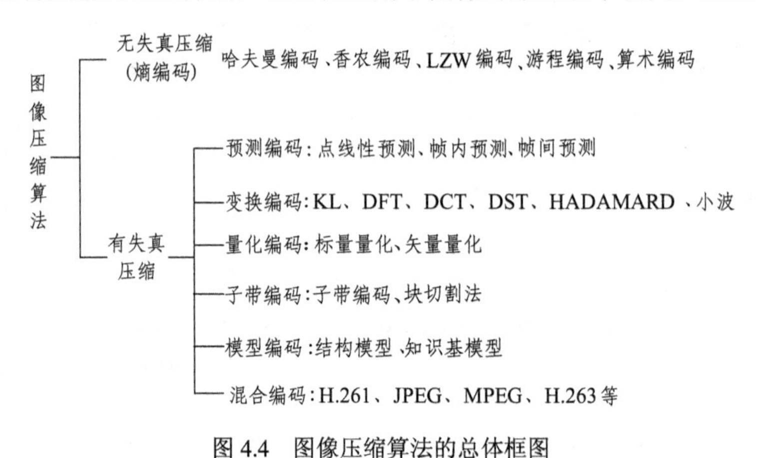

图 4.4　图像压缩算法的总体框图

4.3　无失真编码

4.3.1　无失真编码理论

无失真压缩方法（或称为无损压缩方法），是指编码后的图像可经译码完全恢复为原图像的压缩编码方法。在编码系统中，无失真编码也称为熵编码。

无失真编码定理 对于离散信源 X，对其编码时每个符号能达到的平均码长满足以下不等式：

$$H(X) \leqslant \bar{L} < H(X) + \varepsilon \tag{4.9}$$

式中，$\bar{L}$ 为编码的平均码长，单位为比特数每符号（b/s）；ε 为任意小的正数；$H(X)$ 为信源 X 的熵，即 $H(X)$ 的表达式为：

$$H = -\sum_{i=1}^{n} p(x_i)\log_2 p(x_i) \tag{4.10}$$

$p(x_i)$ 为信源 X 发出符号 x_i 的概率。

该定理一方面指出了每个符号平均码长的下限为信源的熵，另一方面说明存在任意接近该下限的编码。对于独立信源，该定理适用于单个符号编码的情况，也适用于对符号块编码的情况，对于 M 阶马尔可夫信源，该定理只适应于不少于 M 个符号的符号块编码情况。

无失真编码定理指出了其码长等于或接近信源的熵的编码是可以实现的，但它并没有告诉人们如何设计这样的编码。通常，这样的编码可通过变字长编码和信源的扩展（符号块）来实现。

1. 变字长编码

经过数字化后的图像，每个抽样值都是以相同长度的二进制码表示的，我们称之为等长编码。采用等长编码的优点是编码简单，但编码效率低。改进编码效率的方法是采用不等长编码，或称为变字长编码。设图像信源 X 有 n 种符号，$\{x_i \mid i = 1, 2, \cdots, n\}$，且它们出现的概率为 $\{p(x_i) \mid i = 1, 2, \cdots, n\}$，那么不考虑信源符号的相关性，对每个符号单独编码时，平均码长为：

$$\bar{L} = \sum_{i=1}^{n} P(x_i) L_i \tag{4.11}$$

式中，L_i 是 x_i 的码字长度。可以想到，若编码时对概率大的符号用短码，对概率小的符号用长码，则 $\bar{L}$ 会比等长编码时所需的码字小。

不等长编、译码过程都比较复杂。首先，编码前要知道各符号的概率 $p(x_i)$，为了具有实用性，还要求码字具有唯一可译性和即时可译性。此外，还要求输入、输出的速率匹配。解决译码的唯一可译性和实时性的方法是采用非续长码，而解决速度匹配则是在编码、译码器中引入缓冲匹配器。

所谓非续长码，是指其码字集合中的任何一个码字均不是其他码的字头（前缀），因此，只要传输没有错误，在接收过程中，就可以从接收到的第一个数字开始顺序考察，一旦发现一个符号序列符合某一码字，就立即做出译码，并从下一个数字开始继续考察，直至全部译码完成。显然，非续长码保证了译出的码字的唯一性，而且没有译码延迟。

构造不等长码的方法有很多种，其中以哈夫曼提出的编码方法最佳，并在图像编码中常用该方法作为熵编码。

最佳变长编码定理 在变长编码中，对于出现概率大的信息符号编以短码，对于出现概率小的信息符号编以长码。如果码字的长度严格按照所对应符号出现的概率大小逆序排列，则平均码字长度一定小于其他任何顺序的排列方法。

证明：设最佳排列方式的码字平均长度为 $\bar{L}$，则由式（4.11）得

$$\bar{L} = \sum_{i=1}^{m} p_i L_i \tag{4.12}$$

其中，p_i 为符号 x_i 出现的概率，L_i 为 x_i 的码字长度。设 $p_i \geqslant p_s$，则 $L_i \leqslant L_s$，其中 p_s 为符号 x_s 出现的概率，L_s 为 x_s 的码字长度，$i, s = 1, 2, \cdots, m$。

如果将 x_s 的码字和 x_i 的码字互换，而其余码字不变，这时的平均码字长度记为 L'，则它可以表示为 $\bar{L}$ 加上两码字互换后的平均长度之差，即

$$\begin{aligned} L' &= \bar{L} + \{[p_i L_s + p_s L_i] - [p_i L_i + p_s L_s]\} \\ &= \bar{L} + (L_s - L_i)(p_i - p_s) \end{aligned} \tag{4.13}$$

因为 $p_i \geqslant p_s$，且 $L_i \leqslant L_s$，所以 $L' \geqslant \bar{L}$。这就说明 $\bar{L}$ 是最短的码长。

2．准变长编码

变长编码在硬件实现中比较复杂，实际编码中经常采用一种性能稍差，但实现方便的方法，即双字长编码。这种编码只有两种长度的码字，对概率小的符号用长码，反之用短码，同时，在短码字中留出一个作为长码字的字头（前缀），保证整个码字集的非续长性。表 4.1 是一个 3/6 比特双字长编码的例子。从表中可见，它可以表达 15 种符号，相当于 4 比特/符号的等字长码的表达能力，而其平均码字长实际是 3.3 比特。由此可见，对于符号集中各符号出现的概率可以明确分为高、低类时，采用这种方法可得到接近熵值的结果，同时硬件实现的复杂性也大为降低，这种编码方法称为准变长编码。

表 4.1　3/6 比特双字长码

符号	编码	符号	编码
0	000	7	111111
1	001	8	111000
2	010	9	111001
3	011	10	111010
4	100	11	111011
5	101	12	111100
6	110	13	111101
		14	111110
出现概率 0.9	2 比特码字	出现概率 0.10	6 比特码字

平均码长：3×0.90+6×0.10=3.30

3．熵编码的性能指标

（1）平均码字长度：设信源 S 的字符 x_i 的编码长度为 L_i，并且其概率为 p_i，则该编码的平均码长为

$$\bar{L} = \sum_{i=1}^{m} p_i L_i = -\sum_{i=1}^{m} p_i \log_2 p_i \tag{4.14}$$

（2）压缩比：编码前后平均码长之比，即

$$r = \frac{n}{L} \tag{4.15}$$

其中，n 为压缩前图像每个像素的平均比特数，通常为自然二进制码表示时的比特数；L 表示

压缩后每个像素所需的平均比特数。一般情况下压缩比 r 总是大于 1，r 越大则压缩程度越高。

（3）编码效率：信源的熵与平均码长之比，即

$$\eta = \frac{H}{R} \times 100\% \tag{4.16}$$

（4）冗余度：如果编码效率 $\eta \neq 100\%$，这说明还有冗余信息，因此冗余度 ξ 可由下式表示

$$\xi = 1 - \eta \tag{4.17}$$

ξ 越小，说明可压缩的余地越小。

（5）比特率：通常指编码的平均码长。在数字图像中，对于静止图像，指每个像素平均所需的比特数，单位为 bit。而对于运动图像，常指每秒输出或输入的比特数，单位为 Mb/s，Kb/s 等。

4.3.2 哈夫曼编码方法

哈夫曼编码（Huffman）是根据可变长度最佳编码定理，应用哈夫曼算法而产生的一种编码方法。在具有相同输入概率集合的前提下，它的平均码字长度比其他任何一种唯一可译码都小，因此，也常称其为紧凑码。下面以一个具体的例子来说明其编码方法，如图 4.5 所示。

1．编码步骤

（1）先将输入灰度级按出现的概率由大到小顺序排列（对概率相同的灰度级可以任意排列位置）。

（2）将最小两个概率相加，形成一个新的概率集合。再按第（1）步方法重排（此时概率集合中概率个数已减少一个）。如此重复进行，直到只有两个概率为止。

（3）分配码字：码字分配从最后一步开始反向进行，对最后两个概率一个赋予“1”码，一个赋予“0”码。如概率 0.60 赋予“0”码，0.40 赋予“1”码（也可以将 0.60 赋予“1”码，0.40 赋予“0”码）。如此反向进行到开始的概率排列。在此过程中，若概率不变，则仍用原码字。如图 4.5 中第六步中概率 0.40 到第五步中仍用“1”码。若概率分裂为两个，其码字前几位码元仍用原来的，码字的最后一位码元一个赋予“0”码元，另一个赋予“1”码元。如图中第六步中概率 0.60 到第五步中分裂为 0.37 和 0.23，则所得码字分别为“00”和“01”。

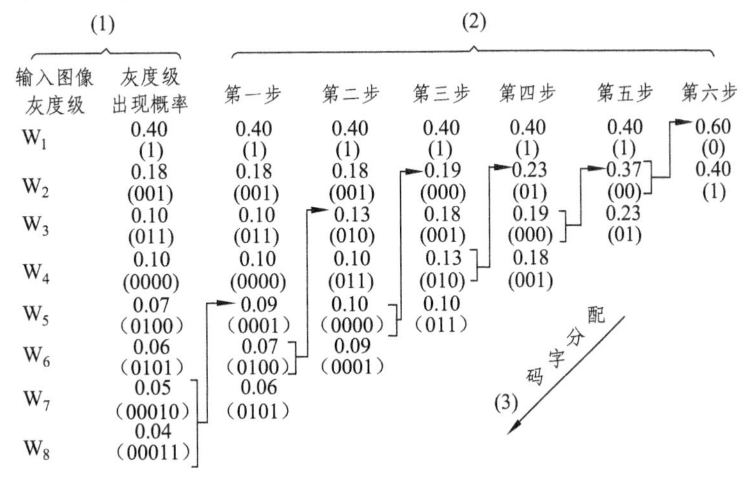

图 4.5　哈夫曼编码的示例

2．哈夫曼编码的编码效率计算

根据式（4.10）和（4.12）求出前例信源熵为

$$
\begin{aligned}
H &= -\sum_{i=1}^{8} p_i \log_2 p_i \\
&= -(0.4\log_2 0.4 + 0.18\log_2 0.18 + 2\times 0.1\log_2 0.1 + 0.07\log_2 0.07 + \\
&\quad 0.06\log_2 0.06 + 0.05\log_2 0.05 + 0.04\log_2 0.04) \\
&= 2.55
\end{aligned}
$$

$$
\begin{aligned}
\bar{L} &= \sum_{i=1}^{8} p_i L_i \\
&= 0.4\times 1 + 0.18\times 3 + 0.10\times 3 + 0.10\times 4 + 0.07\times 4 + 0.06\times 4 + \\
&\quad 0.05\times 5 + 0.04\times 5 \\
&= 2.61
\end{aligned}
$$

$$
\eta = \frac{H}{R} = \frac{2.55}{2.61} = 97.8\%
$$

由此可见哈夫曼编码效率很高。

4.3.3 算术编码

由于哈夫曼编码对出现概率大的符号分配小的码字，甚至长度低于 1 个比特，只有这样才能获得最佳的编码效果，但是计算机不可能有非整数位出现，只能按整数位进行，因此哈夫曼编码的实际效果往往不能达到理论效果。为了解决计算机中必须以整数位进行编码的问题，人们提出了算术编码方法。

算术编码的算法或硬件实现要比哈夫曼编码复杂，但它无需为一个符号设定一个码字，也不需要在通信中传输哈夫曼编码码表。当信源中各信息符号的概率分布不能确定时，可以采用自适应算术编码的方法。对于所有不能进行概率统计的信源编码，算术编码要优于哈夫曼编码，且在信源符号概率比较接近时，其效率要比哈夫曼编码高。

假设有一个具有 4 个符号的信源，其概率模型如表 4.2 所示。把各符号出现的概率表示在图 4.6 所示的单位概率区间内，区间的宽度代表概率值的大小。由此可以看出，各符号所对应的子区间的边界值就是从左到右各符号的累积概率。在算术编码中概率一般采用二进制的分数来表示。

表 4.2　信源的概率模型

符号	s_1	s_2	s_3	s_4
概率（十进制）	1/8	1/4	1/2	1/8
概率（二进制）	0.001	0.01	0.1	0.001
累积概率	0	0.001	0.011	0.111

现在以符号序列 $s_3 s_3 s_2 s_4$ 来描述算术编码过程。算术编码所产生的码字是一个二进制分数值的指针，该指针指向所要编码符号对应的概率区间。由于序列的第一个符号为 s_3，用指向图中第 3 个子区间的指针来代表这个符号。指向子区间的指针通常指向该子区间左端点，则得

到码字 0.011。然后将该子区间按照符号的概率值划分成 4 份。对于第二个符号 s_3，指针指向 0.1001，码字也变成 0.1001。以此类推，完成余下 2 个符号的编码。

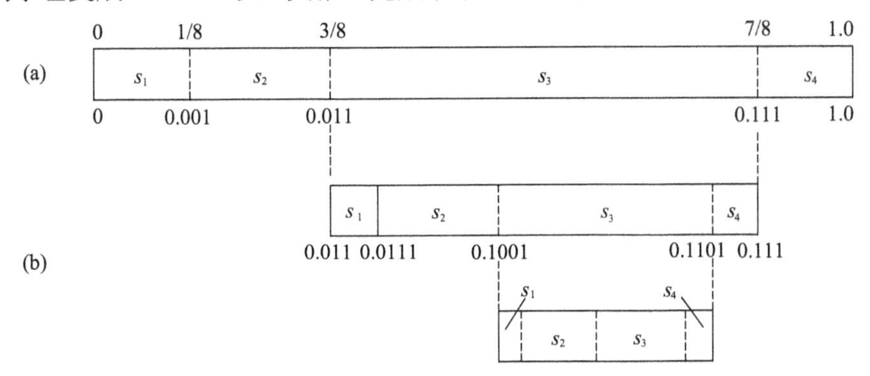

图 4.6　算术编码过程

（1）通过对编码过程的描述，可将算术编码的步骤归纳如下。

① 编码点 $C=0$，区间宽度 $A=1.0$。

② 新编码点 C=原编码点 C+原区间宽度 $A\times P_i$，新区间宽度 A=原区间宽度 $A\times p_i$。这里 P_i 为符号 s_i 的累积概率，p_i 为符号 s_i 的概率。

③ 重复步骤②，直到完成所有符号的编码。

（2）根据上述步骤，对序列 $s_3s_3s_2s_4$ 的编码过程为。

① 对于第一个符号 s_3，$C=0+1\times0.011=0.011$，$A=1\times0.1=0.1$。

② 对于第二个符号 s_3，$C=0.011+0.1\times0.011=0.1001$，$A=0.1\times0.1=0.01$。

③ 对于第三个符号 s_2，$C=0.1001+0.01\times0.001=0.10011$，$A=0.01\times0.01=0.0001$。

④ 对于第四个符号 s_4，$C=0.10011+0.0001\times0.111=0.1010011$，$A=0.0001\times0.001=0.0000001$。从而 $s_3s_3s_2s_4$ 的码字为 0.1010011。

在解码过程中，由于码字 0.1010011 指向子区间[0.011，0.111]，则得到第一个符号为 s_3。然后采取和编码相反的方法，即减去已得符号的子区间的左端点数值，并将差值除以该子区间的宽度，得到新的码字（0.1010011–0.011）/0.1 =0.100011。由于新的码字仍在区间[0.011，0.111]内，因此第二个符号仍为 s_3。以此类推，解码出余下的符号。

从以上的编解码过程可以看出，算术编码存在两个问题：一是编码时需要等所有的符号都输入到编码器后才能得到输出值；另一个是若编码的符号序列越来越长，分割区间的长度就越来越小，就必须以任意精度的算术表示，这是不可能实现的。

4.3.4　游程编码

游程编码也称为行程编码，是一种无损编码方法。在静止图像压缩编码国际标准中都采用游程编码方法。在传真二值图像中，每一扫描行总是经常出现交替的若干段连续的“0”和“1”；另外对预测误差进行 DCT 变换和量化后，系数中也会经常出现连续的“0”。这些情况都可以采用游程编码。

在游程编码中，有两种表示游程的方式。一种是采用游程长度和编码值这样一对数据（L，V）的形式来描述，它表示连续出现了 L 个 V 值的数据，L 称为游程长度。如对于数据 233，2，

2，0，0，0，0，0，3，0，0，0。它的上述游程表示就是（1，233），（2，2），（5， 0），（1，3），（3，0）的数据形式。

另一种方式就是采用零游程描述，它基于假设：0 是唯一经常连续出现的值，而其他值是任意的。在这种情况下，游程长度 L 只表示连续 0 的个数，而 V 表示 0 后紧跟的非零值。则上述的数据用零游程表示为（0，233），（0，2），（0，2），（5，3），（3，−1）。最后的−1 表示该串数据结束。其实可以将零游程编码理解为一种非零值位置编码。若将数据串的零游程编码分解为 2 个编码序列，则第一个序列用于指示非零位置，该序列是根据原数据串由 0 和 1 构成的新序列，0 对应 0，非 0 对应 1，这个新序列反映了非零值位置信息，称为“有效值映射”。第二个序列用于依次存放非零值，称为“有效值序列”。对于有损编码情况，如 DCT 变换和量化后的系数，一般采用零游程编码表示，而对于传真二值图像，通常采用第一种游程表示。

4.4 预测编码

预测编码主要是减少数据在时间上和空间上的相关性。对于图像信源而言，预测可以在一帧图像内进行，即帧内预测；也可以在多帧图像之间进行，即帧间预测。无论是帧内预测还是帧间预测，其目的都是减少图像帧内和帧间的相关性。

4.4.1 帧内预测编码

1．DPCM 系统的基本原理

预测编码就是用已传输的样本值对当前的样本值进行预测，然后对预测值与样本实际值的差值（即预测误差）进行编码处理和传输；预测编码有线性预测和非线性预测两类，目前应用较多的是线性预测，线性预测法通常称为差值脉冲编码调制法，即 DPCM。

DPCM 系统的基本原理是指基于图像中相邻像素之间具有较强的相关性。每个像素可以根据前几个已知的像素值来做预测。因此在预测法编码中，编码与传输的值并不是像素采样值本身，而是这个采样值的预测值（也称估计值）与实际值之间的差值。DPCM 系统的原理框图如图 4.7 所示。

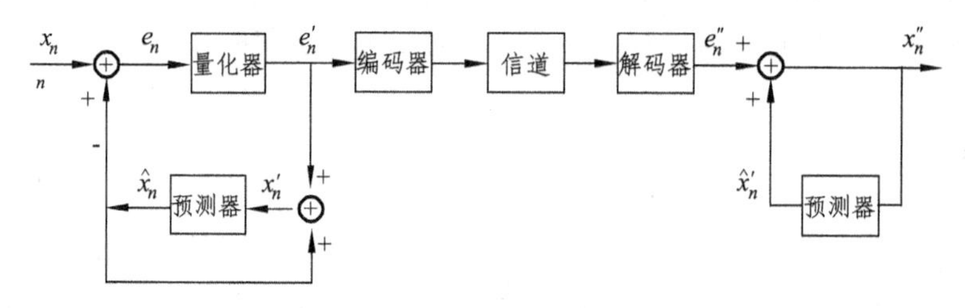

图 4.7 DPCM 系统的原理框图

设输入信号 x_n 为 t_n 时刻的采样值。$\hat{x}_n$ 是根据 t_n 时刻以前已知的 m 个采样值 x_{n-m}，…，x_{n-1} 对 x_n 所作的预测值，即

$$\hat{x}_n = \sum_{i=1}^{m} a_i x_{n-i} = a_1 x_{n-1} + \cdots + a_m x_{n-m} \tag{4.18}$$

式中，a_i（$i=1$，…，m）称为预测系数，m 为预测阶数。

e_n 为预测误差信号，显然

$$e_n = x_n - \hat{x}_n \tag{4.19}$$

设 q_n 为量化器的量化误差，e_n' 为量化器输出信号，可见

$$q_n = e_n - e_n' \tag{4.20}$$

接收端解码输出为 x_n''，如果信号在传输过程中不产生误差，则有 $e_n' = e_n''$，$\hat{x}_n = \hat{x}'_n$，$x_n' = x_n''$。此时发送端的输入信号 x_n 与接收端的输出信息 x_n'' 之间的误差为

$$x_n - x_n'' = x_n - x_n' = x_n - (e_n' + \hat{x}_n) = (x_n - \hat{x}_n) - e_n' = e_n - e_n' = q_n \tag{4.21}$$

可见，接收端和发送端的误差由发送端量化器产生，与接收端无关。接收端和发送端之间误差的存在使得重建图像质量会有所下降。因此，在这样的 DPCM 系统中就存在一个如何能使误差尽可能减少的问题。

2．最佳线性预测

在线性预测的预测表达式（4.18）中，预测值 $\hat{x}_n$ 是 x_{n-m}，…，x_{n-1} 的线性组合。分析可知，需选择适当的预测系数 a_i 使得预测误差最小，这是一个求解最佳线性预测的问题。一般情况下，应用均方误差为极小值准则获得的线性预测称为最佳线性预测。在讨论如何确定预测系数 a_i 之前，先简单讨论一下线性预测 DPCM 中，对 x_n 作最佳预测时，如何取用以前的已知像素值 x_{n-1}，x_{n-2}，…，x_1。x_n 与邻近像素的关系示意图如图 4.8 所示。

（1）若取用现在像素 x_n 的同一扫描行中前面最邻近像素 x_1 来预测 x_n，即 x_n 的预测值 $\hat{x}_n = x_1$，则称为前值预测。

（2）若取用 x_n 的同一扫描行中前几个已知像素值，如 x_1，x_5，…来预测 x_n，则称为一维预测。

（3）若取用 x_n 的同一行和前几行若干个已知像素值，如 x_1，x_5，x_2，x_3，x_4，…来预测 x_n，则称为二维预测。

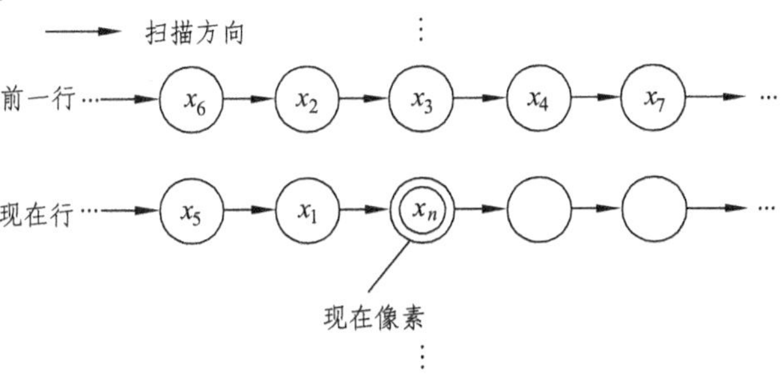

图 4.8　x_n 与邻近像素的关系示意图

（4）若取用已知像素，它们不但是前几行的而且还包括前几帧的，那么相应的称其为三维预测。一维预测的情况不失一般性。设 x_n 是期望 $E\{x_n\}=0$ 的广义平稳随机过程，则设

$$\sigma_{e_n}^2 = E\{e_n^2\} = E\left\{(x_n - \sum_{i=1}^{m} a_i x_{n-i})^2\right\} \tag{4.22}$$

为了使 $\sigma_{e_n}^2$ 最小，必定有

$$\frac{\partial \sigma_{e_n}^2}{\partial a_i} = -2E\left\{x_{n-i}(x_n - \sum_{k=1}^{m} a_k x_{n-k})\right\} = 0 \qquad (i = 1, 2, \cdots, m) \tag{4.23}$$

解这 m 个联立方程可得 $a_i\ (i = 1, 2, \cdots, m)$。$x_n$ 的自相关函数为

$$R(k) = E\{x_n x_{n-k}\} \tag{4.24}$$

且 $R(-k) = R(k)$，代入式（4.23）得

$$R(i) - \sum_{k=1}^{m} a_k R(|k - i|) = 0 \qquad (i = 1, 2, \cdots, m) \tag{4.25}$$

写成矩阵形式为

$$\begin{bmatrix} R(0) & R(1) & \cdots & R(m-1) \\ R(1) & R(0) & \cdots & R(m-2) \\ \vdots & \vdots & & \vdots \\ R(m-1) & R(m-2) & \cdots & R(0) \end{bmatrix} \begin{bmatrix} a_1 \\ a_2 \\ \vdots \\ a_m \end{bmatrix} = \begin{bmatrix} R(1) \\ R(2) \\ \vdots \\ R(m) \end{bmatrix} \tag{4.26}$$

上式最左边的矩阵是 x_n 的相关矩阵，称为 Toeplitz 矩阵，因此用 Levinson-Durbin 算法可解出各 $a_i\ (i = 1, 2, \cdots, m)$，从而得到在均方误差最小意义下的最佳线性预测。

式（4.22）也可用自相关函数来表示，即

$$\sigma_{e_n}^2 = R(0) - \sum_{i=1}^{m} a_i R(i) \tag{4.27}$$

因为 $E\{x_n\} = 0$，所以 $R(0)$ 即为 x_n 的方差 $\sigma_{x_n}^2$，可见 $\sigma_{e_n}^2 < \sigma_{x_n}^2$。因而传输差值 e_n 比直接传输原始信号 x_n 更有利于数据压缩。$R(k)$ 越大，表明 x_n 的相关性越强，则 $\sigma_{e_n}^2$ 越小，所能达到的压缩比就越大。当 $R(k) = 0\ (k > 0)$ 时，即相邻点不相关时，$\sigma_{x_n}^2 = \sigma_{e_n}^2$，此时预测不能提高压缩比。

二维、三维线性预测的情况与一维完全类似，只是推导的过程相对于一维来说要复杂一些，这里不再推导，有兴趣的读者可以参考相关书籍。

应用均方差极小准则所获得的各个预测系数 a_i 之间有什么样的约束关系呢？

假设图像中有一个区域亮度值是一个常数，那么预测器的预测值也应是一个与前面相同的常数，即 $\hat{x}_n = x_{n-1} = x_{n-2} = \cdots = x_2 = x_1 = C$（$C$ 为常数）。

将此结果代入式（4.18）得 $\hat{x}_n = \sum_{i=1}^{n-1} a_i x_{n-1} = x_{n-i}$

因此 $\sum_{i=1}^{n-1} a_i = 1$。

1980 年 Pirsch 进一步研究并修正了这个结论。他认为，为了防止 DPCM 系统中出现“极限环”（Limit Circle）振荡和减少传输误码的扩散效应，应满足下列两个条件。

（1）预测误差 $e = 0$ 应该是一个量化输出电平，也就是量化分层的总数 K 应是奇数。

（2）所有预测系数 a_i 除满足 $\sum_{i=1}^{n-1} a_i = 1$ 外，还应满足 $\sum_{i=1}^{n-1} |a_i| = 1$。

3．DPCM 系统中的图像降质

由于预测器和量化器的设计以及数字信道传输误码的影响，在 DPCM 系统中会出现一些图像降质的现象。经过许多实验可总结为以下几种。

（1）斜率过载引起图像中黑白边沿模糊，分辨率降低。这主要是当扫描到图像中黑白边

沿时，预测误差信号比量化器最大输出电平还要大得多，从而引起很大的量化噪声。

（2）颗粒噪声。颗粒噪声主要是最小的量化输出电平太大，而图像中灰度缓慢变化区域输出可能在两个最小的输出电平之间随机变化，从而使画面出现细斑，而人眼对灰度平坦区域的颗粒噪声又很敏感，从而使人主观感觉图像降质严重。

（3）假轮廓图案。假轮廓图案主要是由于量化间隔太大，而图像灰度缓慢变化区域的预测误差信号太小，就会产生像地形图中等高线一样的假轮廓图案。

（4）边沿忙乱。边沿忙乱主要在电视图像 DPCM 编码中出现，因为不同帧在同一像素位置上量化噪声各不相同，黑白边沿在电视图像上将呈现闪烁跳动犬齿状边沿。

（5）误码扩散。任何数字信道中总是存在着误码。在 DPCM 系统中，即使某一位码有差错，对图像一维预测来讲，将使该像素以后的同一行各个像素都产生差错。而对二维预测，误码引起的差错还将扩散到以下各行。这样将使图像质量大大下降，其影响的程度取决于误码在信号代码中的位置以及有误码的数码对应的像素在图像中的位置。

一般来说，一维预测误码呈水平条状图案，而二维预测误码呈“彗星状”向右下方扩散。二维预测比一维预测抗误码能力强很多。对电视图像来讲，要使图像质量达到人不能察觉的降质，经实验证明，对 DPCM 要求传输误码应优于 5×10^{-6}，而对于一维前值预测 DPCM 则应优于 10^{-9}，二维 DPCM 应优于 10^{-8}。

4．**自适应预测编码**

在讨论线性预测中，我们假设输入数据是平稳的随机过程。然而，实际的输入数据并非是平稳过程，或总体上平稳但局部不平稳。此时，按照量化信噪比的观点来看，使用固定参数的线性预测是不合理的，这时可以采用自适应预测的编码方法。可以定期地重新计算协方差矩阵和相应的加权因子，充分利用其统计特性及其变化，重新调整预测参数，这样就使得预测器随着输入数据的变化而变化，从而也得到较为理想的输出。

自适应预测可分为线性自适应预测和非线性自适应预测两种编码方法，这里只简单介绍一种线性自适应预测方案，对于非线性预测则要复杂得多。

1977 年 Yamada 提出二维 DPCM 的一个自适应预测方案，所采用的 x_n 与邻近像素的关系如图 4.8 所示，预测公式为

$$\hat{x}_n = k\cdot(a_1x_1 + a_4x_4) \tag{4.28}$$

式中，$a_1 = 0.75$，$a_4 = 0.25$，k 是一个自适应参数，按下式定义取值。

$$k=\begin{cases}1.0+0.125 & |e'_{n-1}| = e_k \\ 1.0 & e_1 < |e'_{n-1}| = e_k \\ 1.0-0.125 & |e'_{n-1}| = e_1\end{cases} \tag{4.29}$$

式中，$|e'_{n-1}|$ 是第 $n-1$ 个采样值的量化输出电平，e_1（正值）是最小的量化输出电平，e_k（正值）是最大的量化输出电平。当第 $n-1$ 个量化输出电平 $|e'_{n-1}|$ 在 e_1 和 e_k 之间（图像绝大部分像素满足此条件）时，取 $k=1.0$，第 n 个预测值将按 $\hat{x}_n = 0.75x_1 + 0.25x_4$ 输出，这正是自适应预测遇到图像内容为最一般的大多数场合。在图像中黑白边沿部分，由于 $|e'_{n-1}|$ 大，即 $|e'_{n-1}| = e_k$ 时，k 自动增大为 1.125，这样可以减轻 $\hat{x}_n$ 和 x_{n-1} 等几个边沿像素出现的斜率过载而引起的图像中物体边沿模糊。在 $|e'_{n-1}| = e_1$ 时，k 自动下降为 0.875，这对减轻图像灰度平坦区的颗粒噪声是有效的。

4.4.2 帧间预测编码

实际上，当图像内容变化或摄像机运动不剧烈时，前后帧图像基本保持不变，相邻帧图像具有很强的时间相关性。如果能够充分利用相邻帧图像像素进行预测，将会得到比帧内像素预测更高的预测精度，预测误差也更小，又可以进一步提高编码效率。这种基于时间相关性的相邻帧预测方法就是帧间预测编码。

当前被编码像素所处的图像帧称为编码帧或当前帧，用来预测的相邻图像帧称为参考帧。当参考帧只有一帧，则称为单向预测，当参考帧有多个帧，则称为多帧预测。通常单向预测有前向预测和后向预测两种，前向预测中用来预测的参考帧是当前帧之前已被编码图像帧，后向预测中的参考帧是当前帧之后的图像帧。同时采用当前帧之前和之后的参考帧进行预测，就是双向预测。由于图像场景或者摄像机是运动的，因此不能用前一时刻或后一时刻参考帧中位于同一位置的像素值进行预测，而需要在参考帧中找到最匹配的像素点，这种预测方法称为具有运动补偿的帧间预测。

通常并不采用单个像素点进行帧间预测，而是将图像分成很多子块，把将每个块看成一个物体，然后在参考帧中寻找与当前编码块最匹配的区域即匹配块，计算出当前编码块与匹配块的差值并进行量化编码。根据找到的匹配块，计算出当前编码块的运动矢量，该运动矢量表示沿 x 和 y 方向上的平移。运动矢量和差值经编码后传输到接收端，则可以利用这些信息进行解码。这种以块为单位进行帧间预测的编码方法称为基于块的运动补偿帧间预测编码。

（1）前向预测。令 x 表示当前编码帧中 A 点的像素，而对于基于块的预测编码，x 则表示当前编码的像素集合，如图 4.9 所示。t 表示当前编码帧时刻，$f_t(x)$ 为当前帧被编码像素的亮度或色度值，$t-$ 为前一参考帧时刻，$t+$ 为后一参考帧时刻。如果图像场景静止不动，则可以从前一参考帧直接进行预测：

$$f_t^{'}(x) = f_{t-}(x) \tag{4.30}$$

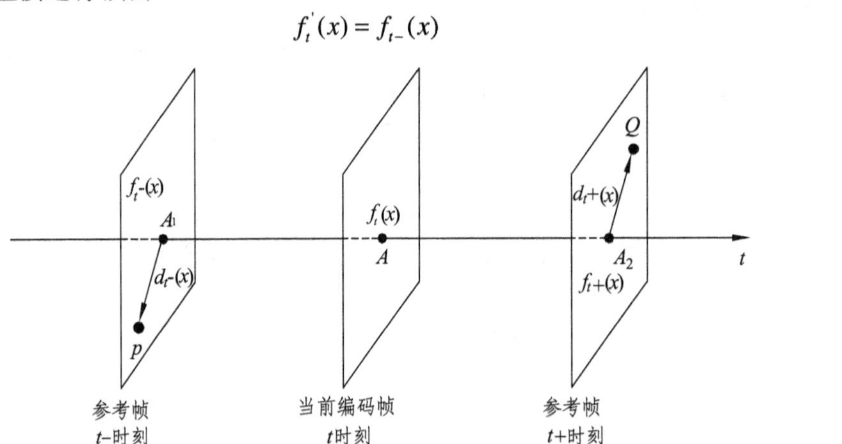

图 4.9　前向预测和后向预测示意图

这里 $f_t^{'}(x)$ 为 $f_t(x)$ 的预测值。如果图像场景是运动的，则当前编码帧中 A 点的像素是由前一参考帧中 P 点像素运动产生的。令 P 点像素到 A 点像素的运动矢量为 $d_{t-}(x)$，则前向预测值为

$$f_t^{'}(x) = f_{t-}[x + d_{t-}(x)] \tag{4.31}$$

预测误差为

$$e(x)=f_t(x)-f_t^{'}(x)=f_t(x)-f_{t-}[x+d_{t-}(x)] \tag{4.32}$$

（2）后向预测。后向预测中采用的参考帧是$t+$时刻的图像帧即后一参考帧。若当前编码帧中A点的像素在后一参考帧中已经运动到Q点，则后一参考帧中与当前编码帧A点像素最匹配的像素是P点像素，该像素值为$f_{t+}[x+d_{t+}(x)]$，其中$d_{t+}(x)$为后向预测运动矢量。则后向预测值为

$$f_t^{'}(x)=f_{t+}[x+d_{t+}(x)] \tag{4.33}$$

预测误差为

$$e(x)=f_t(x)-f_t^{'}(x)=f_t(x)-f_{t+}[x+d_{t+}(x)] \tag{4.34}$$

（3）双向预测。所谓双向预测，顾名思义就是同时使用前向参考帧和后向参考帧进行预测。对于当前编码帧的像素，先从前一参考帧中找到最匹配的像素，然后再从后一参考帧中找到最匹配的像素，分别得出运动矢量$d_{t-}(x)$和$d_{t+}(x)$。则双向预测值为

$$f_t^{'}(x)=af_{t-}[x+d_{t-}(x)]+bf_{t+}[x+d_{t+}(x)] \tag{4.35}$$

其中，a和b是预测系数，它们的值应该由三个帧中像素之间的相关性来确定。不过实际上确定a和b比较困难，一种常见的方法是采用前后参考帧的运动矢量的平均值，即$a=b=0.5$。采取双向预测的方法可以提高编码效率，降低预测误差；缺点是需要将两个运动矢量$d_{t-}(x)$和$d_{t+}(x)$传输给解码端，且当前编码帧的解码必须等到后一参考帧解码后才能实现。这样就引入了1帧的时延，因此对于实时视频通信应用应该有选择地使用。

2．运动估计

由前得知，帧间预测编码需要先求出当前帧中被编码像素的运动矢量。而对于块的运动补偿帧间预测编码，则需要求出当前编码块的运动矢量，这种找出运动矢量的过程就称为运动估计。运动估计的方法主要分为两大类：块匹配方法和像素递归方法。像素递归方法是以像素为单位，在前一帧中寻找它的匹配像素。该方法的精度高，但计算复杂。块匹配方法将视频帧分割成许多互不重叠的$M\times N$大小的子块，并假设子块内所有像素的位移量都相同，这意味着将每个子块看成是一个“运动物体”，然后求出每个子块的运动矢量（mv）。由于整个子块只需要一个运动矢量，计算量就比像素递归方法小。但是，当子块内的像素不满足作相同运动的假设时，其匹配的精度下降，此时必须根据多复杂度和精度的折中，合理划分子块的大小。虽然块匹配方法的精度不太高，但它的位移跟踪能力强且容易实现，因此成为运动估计技术的主流，目前的视频国际标准都采用块匹配方法。下面将主要介绍块匹配方法。

图4.10（a）是已编码的第$k-1$帧图像，图4.10（b）是第k帧图像。第$k-1$帧图像中在位置B_0的子块在第k帧中已经运动到位置A，现在需要对第k帧位于A处的子块进行运动估计。由于帧中物体存在运动，位于A_0处的子块不是编码块即位于A处的子块的匹配块，需要在A_0周围的区域进行搜索，这里A_0是A在参考帧中的对应位置。假设参考帧中B_0处的子块是匹配块，则从B_0指向A_0的矢量就是所求的运动矢量，用（dx，dy）表示，dx为水平分量，dy为垂直分量。一般来说，当匹配块在编码块的右方或下方时，dx和dy为正值。

为了降低计算量，匹配块的搜索只能在一定范围内进行。因此在块匹配方法中，有两个重要的问题需要解决，它们是匹配块的判决准则和计算量小的匹配块搜索算法。

匹配块的判决准则一般有四种，分别是计算两个子块的均方误差（MSE）、两个子块之差的平均绝对值（MAD）、两个子块的归一化互相关函数（NCFF）和两个子块中匹配像素的个数（NTAD）。由于图4.10中编码块的预测值为

$$f_k^{'} = f_{k-1}(i+dx,\ j+dy) \quad (i,\ j=1,\ 2,\ \cdots,\ N) \tag{4.36}$$

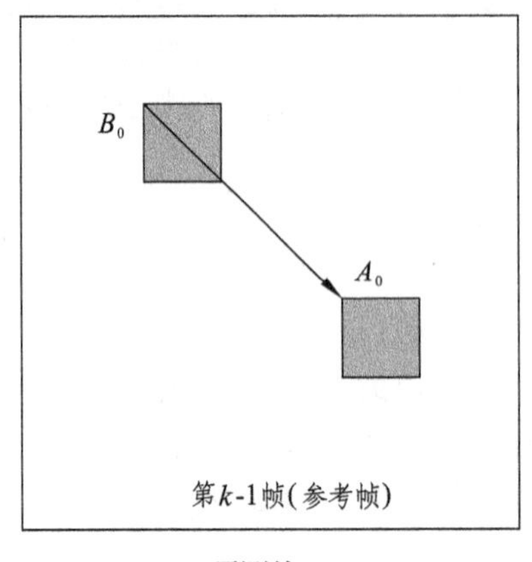

(a) 预测块

B

A

第k帧(当前帧)

(b) 当前帧编码块 A

图 4.10 基于块的运动估计

则两个子块的均方误差和它们之差的平均绝对值分别为

$$e_{\mathrm{MSE}} = \frac{1}{N^2}\sum_{i=1}^{N}\sum_{j=1}^{N}[f_k(i,\ j) - f_{k-1}(i+dx,\ j+dy)]^2 \tag{4.37}$$

$$e_{\mathrm{MAD}} = \frac{1}{N^2}\sum_{i=1}^{N}\sum_{j=1}^{N}\left|f_k(i,\ j) - f_{k-1}(i+dx,\ j+dy)\right| \tag{4.38}$$

式（4.37）和（4.38）中 e_{MSE} 或 e_{MAD} 通常作为参考帧的子块是否为匹配块的判决原则，也就是在参考帧中寻找 e_{MSE} 或 e_{MAD} 最小的子块。

判决两个子块的相似程度最直接的准则是归一化互相关函数准则，它定义为

$$e_{\mathrm{NCCF}} = \frac{1}{N^2}\frac{\sum_{i=1}^{N}\sum_{j=1}^{N} f_k(i,\ j) f_{k-1}(i+dx,\ j+dy)}{\sum_{i=1}^{N}\sum_{j=1}^{N}\left[f_k^2(i,\ j)\right]^{1/2}\sum_{i=1}^{N}\sum_{j=1}^{N}\left[f_{k-1}^2(i+dx,\ j+dy)\right]^{1/2}} \tag{4.39}$$

式中，分母为两个子块各自的自相关函数的峰值，分子为两个子块的互相关函数。当 e_{NCCF} 为最大值时，表明两个子块匹配，此时的（dx，dy）为所求的运动矢量。

两个子块中匹配像素个数的计算公式为

$$e_{\mathrm{NTAD}} = \sum_{i=1}^{N}\sum_{j=1}^{N} h(T_0, \left|f_k(i, j) - f_{k-1}(i+dx, j+dy)\right|) \tag{4.40}$$

其中：

$$h(T_0,\ a) = \begin{cases} 0 & (T_0 \leqslant a) \\ 1 & (T_0 > a) \end{cases}$$

若两个子块对应像素的差值大于阈值 T_0，表明两个像素不匹配，则 $h(\cdot)$ 值为零；若差值小于 T_0，则 $h(\cdot)$ 值为 1。e_{NTAD} 表示两个子块中匹配像素的个数，其值最大时两个子块匹配。

可以看出，e_{NCCF} 的计算复杂，而 e_{MAD} 的计算最简单。由于匹配块的判决准则对匹配的精度影响不大，因此在实际应用中一般都采用 e_{MAD} 作为匹配块判决准则。

在块匹配方法中，计算复杂度可以描述为：运算量=搜索点数×匹配块判决准则。在匹配块判决准则确定之后，运动估计的运算量就取决于搜索点数，也就是取决于运动估计的搜索

算法。常用的搜索算法有全搜索法、三步法、新三步法和钻石搜索法等。

全搜索法是最简单地搜索算法，在搜索区域搜索每一个点，然后找到 e_{MAD} 相对最小的点。全搜索法的最大优点是可以保证全局最优，达到最高的搜索精度，缺点是计算量太大。据 H. 263 试验统计，若采用全搜索法，运动估计将占整个编码时间的 50%以上，直接制约了编码的实时实现。可以说，全搜索法体现了运动估计算法中计算量和搜索精度之间的矛盾。

为了在计算量和搜索精度之间取得折中，人们提出了很多快速运动估计搜索算法，如三步法、新三步法和钻石搜索法等。它们都是基于一个假设：当偏离匹配点时，e_{MAD} 将呈现单调上升的趋势，因此搜索总是沿着 e_{MAD} 下降的方向进行。

三步法是应用进相当广泛的一种次优的运动估计搜索算法，如图 4.11 所示。

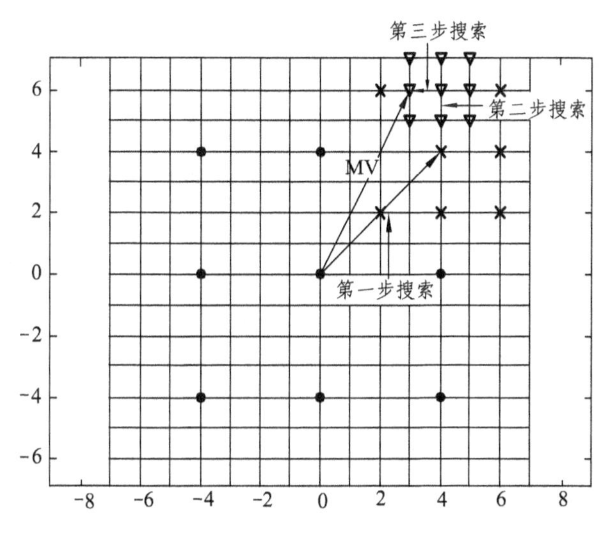

图 4.11　三步法搜索图

三步法以参考帧中与编码块相同坐标位置处为原点，在[-7, 7]的范围内按照一定规律移动，每移动到一个位置，就作匹配计算。它总共采取三个步骤：第一步以原点为中心，步长为 4，搜索图中标有“•”符号的 9 个位置，取其中 e_{MAD} 最小的点为下一步的中心点；第二步以第一步求得的匹配点为中心，步长为 2，搜索图中标有“*”符号的 9 个位置，取其中 e_{MAD} 最小的点为下一步的中心点；第三步以第二步求得的匹配点为中心，步长为 1，搜索图中标有“∇”符号的 8 个位置，取其中 e_{MAD} 最小的点为最佳匹配点。最佳匹配点与原点的偏移量为所估计的运动矢量。

Rerixiang Li 等人在三步法的基础上，提出一种增强健壮性和减少补偿误差的新三步法，如图 4.12 所示。它和三步法的不同之处在于第一步比三步法多搜索了 8 个点，且采用了中途停止的方法。新三步法搜索图中标有“*”符号的有 17 个点，其中紧紧围着中心点的 8 个点就是比三步法多增加的 8 个点，此时需要考虑三种情况。若这 17 个点中最小 e_{MAD} 的点为中心点，则停止搜索，所求的运动矢量为（0，0）；若这 17 个点中最小 e_{MAD} 的点属于紧紧围着中心点的 8 个点，则根据该点的位置不同，分别再搜索标有“∇”符号的 5 个点或标有“O”符号的 3 个点，这 5 个点或 3 个点中 e_{MAD} 最小的点就是最佳匹配点；若这 17 个点中最小 e_{MAD} 的点属于外围的 8 个点，则按照三步法进行搜索。

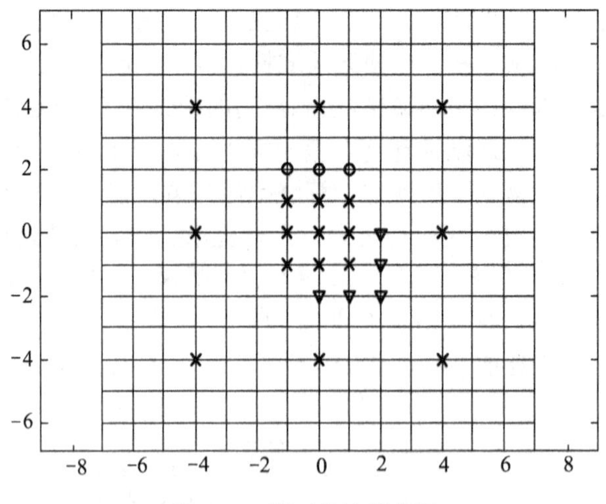

图 4.12　新三步法搜索图

Shan Zhu 等人提出一种钻石搜索法。钻石搜索法的搜索模式有两种，根据不同的情况，可以从一种模式切换到另一种模式。如图 4.13 所示，一种模式是在围绕着中心点的 8 个点的位置上进行搜索（标有“o”符号），即所谓的大钻石模式；另一种就是小钻石模式，在围绕着中心点的 4 个点的位置上进行搜索（标有“*”符号）。钻石搜索法有三个步骤：第一步以原点为中心点，作大钻石搜索，取其中最小 e_{MAD} 的点，若该点为大钻石的中心点，则转到第三步，否则转到第二步；第二步以第一步中最小 e_{MAD} 的点为中心点，开始一个新的大钻石搜索；第三步以第一步中 e_{MAD} 最小的点为中心点，作小钻石搜索，则其中 e_{MAD} 最小的点为所求的最佳匹配点。

以上是对几种快速运动估计搜索算法的简单介绍，下面对它们的特性进行总结。对于三步法，第一步搜索采用的步长为 4，搜索点之间的间距大，因此在搜索时三步法很容易进入错误的搜索方向，以致漏过了全局最佳匹配点，而且三步法都是搜索 25 个点之后结束搜索，和视频帧的内容无关，因此三步法没有很好的自适应性。对于新三步法，它可以用更少的搜索点数得到比三步法更好的性能，不过没有三步法所具有的规律性。对于钻石搜索法，它可以很好地适合小运动序列，有较好的自适应性。

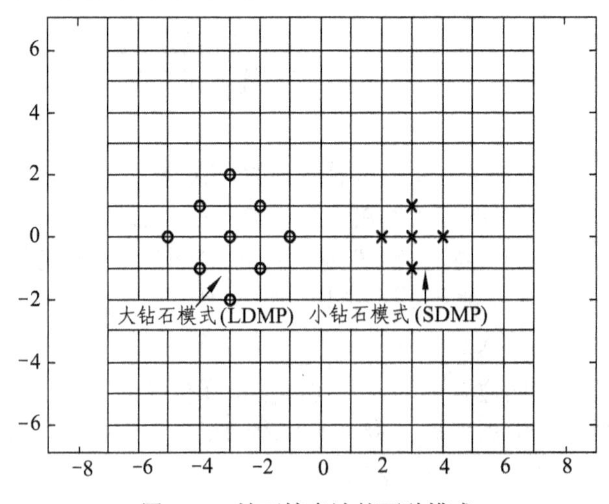

图 4.13　钻石搜索法的两种模式

在解决了块匹配方法中的两个重要问题（匹配块的判决准则和搜索算法）后，如何评价块匹配方法的性能呢？由于运动估计精度越高，预测误差信号差值越小，DCT 变换及量化后得到的零系数就越多，码率就越低，因此运动估计精度是评价块匹配方法性能的一个重要指标。另外，运动估计是搜索最匹配的子块，而搜索速度直接决定了编码是否有实用性，所以搜索速度也是一个重要的指标。一般就是采用这两个指标来评价块匹配方法的性能。

4.5 变换编码

如果对图像数据进行某种形式的正交变换，并对变换后的数据进行编码，从而达到数据压缩的目的，这就是变换编码。无论是单色图像还是彩色图像，静止图像还是运动图像都可以用变换编码进行处理。变换编码是一种被实践证明的有效的图像压缩方法，它是所有有损压缩国际标准的基础。

变换编码不直接对原图像信号压缩编码，而首先将图像信号映射到另一个域中，产生一组变换系数，然后对这些系数进行量化、编码、传输。在空间上具有强相关性的信号，反映在频域上就是能量常常被集中在某些特定的区域内，或是变换系数的分布具有规律性。利用这些规律，在不同的频率区域上分配不同的量化比特数，可以达到压缩数据的目的。图像变换编码一般采用统计编码和视觉心理编码。前者是把统计上彼此密切相关的像素矩阵，通过正交变换变成彼此相互独立，甚至完全独立的变换系数所构成的矩阵。

为了保证平稳性和相关性，同时也为了减少运算量，在变换编码中，一般在发送端先将原始图像分成若干个子像块，然后对每个子像块进行正交变换。然后对每一个变换系数或主要的变换系数进行量化和编码，量化特性和变换比特数由人的视觉特性确定。前后两种处理相结合，可以获得较高的压缩率。在接收端经解码、反量化后得到带有一定量化失真的变换系数，再经反变换就可恢复图像信号。显然，恢复图像具有一定的失真，但只要系数选择器和量化编码器设计得好，这种失真可限制在允许的范围内。

因此，变换编码也是一种限失真编码。经过变换编码产生的恢复图像的误差与所选用的正交变换的类型、图像类型和变换块的尺寸、压缩方式和压缩程度等因素有关。在变换方式确定以后，还应选择变换块的大小。

因为只能用小块内的相关性来进行压缩，所以变换块的尺寸选得太小，不利于提高压缩比，当 N 小到一定程度时，可能在块与块之间边界上会存在被称为“边界效应”的不连续点，对于 DCT，当 $N<8$ 时，边界效应比较明显，所以应选 $N\geqslant 8$；变换块选得大，计入的相关像素也多，压缩比就会提高，但计算也变得更复杂，而且距离较远的像素间的相关性减少，压缩比就提高不大。所以，一般选择变换块的大小为 8×8 或 16×16。由于图像内容的千变万化，即图像结构的各不相同，因而变换类型和图像结构的匹配程度决定了编码的效率。非自适应变换编码与图像数据的统计平均结构特性匹配，而自适应的变换编码则与图像的局部结构特性匹配。

因为正交变换的变换核（变换矩阵）是可逆的，且逆矩阵与转置矩阵相等，能够保证解码运算有解且运算方便，所以变换编码总是选用正交变换来做。正交变换的种类有多种，例如傅氏变换、沃尔什-哈达玛变换、哈尔变换、余弦变换、正弦变换、Karhunen-Loeve 变换（简称 K-L 变换）和小波变换等。

4.5.1 DCT 变换

由于离散余弦变换与 K-L 变换性质最为接近，且计算复杂度适中，具有快速运算等特点，因此在图像数据压缩编码中广为采用。

设 $f(x,y)$ 是 $M\times N$ 子图像的空域表示，则二维离散余弦变换（DCT）定义为

$$F(u,v)=\frac{2}{\sqrt{MN}}c(u)c(v)\sum_{x=0}^{M-1}\sum_{y=0}^{N-1}f(x,y)\cos\frac{(2x+1)u\pi}{2M}\cos\frac{(2y+1)v\pi}{2N}$$

（u=0，1，…，M-1；v=0，1，…，N-1） （4.41）

逆向余弦变换（IDCT）的公式为

$$f(x,y)=\frac{2}{\sqrt{MN}}\sum_{u=0}^{M-1}\sum_{v=0}^{N-1}c(u)c(v)\cos\frac{(2x+1)u\pi}{2M}\cos\frac{(2y+1)v\pi}{2N}$$

（x=0，1，…，M-1；y=0，1，…，N-1） （4.42）

其中

$$c(u)=\begin{cases}1/\sqrt{2} & u=0\\ 1 & u=1,2,\cdots,M-1\end{cases}$$

$$c(v)=\begin{cases}1/\sqrt{2} & v=0\\ 1 & v=1,2,\cdots,N-1\end{cases}$$

二维 DCT 和 IDCT 的变换核是可分离的，因此可将二维计算分解成一维计算，从而解决了二维 DCT 和 IDCT 的计算问题。空域图像 $f(x,y)$ 经过式（4.41）正向离散余弦变换后得到的是一幅频域图像。当 $f(x,y)$ 是一幅 M=N=8 的子图像时，其 $F(u,v)$ 可表示为

$$F(u,v)=\begin{bmatrix}F_{00} & F_{01} & \cdots & F_{07}\\ F_{10} & F_{11} & \cdots & F_{17}\\ \cdots & \cdots & \cdots & \cdots\\ F_{70} & F_{71} & \cdots & F_{77}\end{bmatrix} \tag{4.43}$$

其中，64 个矩阵元素称为 $f(x,y)$ 的 64 个 DCT 系数。正向 DCT 变换可以看成是一个谐波分析器，它把 $f(x,y)$ 分解成为 64 个正交的基信号，分别代表着 64 种不同频率成分。第一个元素 F_{00} 是直流系数（DC），其他 63 个元素都是交流系数（AC）。矩阵元素的两个下标之和小的（即矩阵左上角部分）代表低频成分，大的（即矩阵右下角部分）代表高频成分。由于大部分图像区域中相邻像素的变化很小，所以大部分图像信号的能量都集中在低频成分，高频成分中可能有不少数值为 0 或接近 0 的值。

4.5.2 小波变换

作为多个学科共同研究的结果，小波分析理论以其在信号分析中所表现出来的优良特性，成为学术界和工程界中的多个学科和领域中强有力的研究工具。在经典的信号分析中，傅立叶（Fourier）变换无法同时得到信号的时域和频域特性，而小波变换采用可变的时频窗口对信号进行局部分析，此变换优于 Fourier 分析，从而弥补了 Fourier 分析的不足。小波分析在时域和频域同时具有良好的局部化性质且可以对高频成分采用逐渐精细的时域和频域采样步长，可以“聚焦”到对象的任意细节，从而被誉为“数学显微镜”。

1．小波变换的定义

在信号分析中，人们对信号的刻画一般采取两种最基本的形式，即时域形式和频域形式，Fourier 变换可以较好地刻画信号的频域特性，但它几乎不提供信号在时域上的任何局部信息。Fourier 变换的核函数为 $e^{j\omega t}$，该函数在时间轴上的扩展是全区间一致的，因而 Fourier 谱只能与 $e^{j\omega t}$ 的振幅相对应，而无法给出每个单独事件的发生时刻信息以及相互对应关系。所以在 Fourier 分析中面临着时域与频域局部化的基本矛盾。

小波分析不仅可以提供较精确的时域定位，也能提供较精确的频域定位。小波分析的基本思想也是用一族函数去表示或逼近原信号或函数，这一函数族称为小波基函数，它是通过一个基本小波函数的不同尺度的平移和伸缩构成的。小波变换也可以分为连续小波变换（有的文献中也称为积分小波变换）和离散小波变换两类。

假设一个函数 $\psi(x)$ 为基本小波或母小波，$\hat{\psi}(\omega)$ 为 $\psi(x)$ 的傅立叶变换，如果满足条件

$$C_{\psi}=\int_{-\infty}^{\infty}\frac{|\hat{\psi}(\omega)|^{2}}{|\omega|}\mathrm{d}\omega<\infty \tag{4.44}$$

则对函数 $f(x)\in L^{2}(R)$ 的连续小波变换定义为

$$\begin{aligned}(W_{\psi}f)(b,a)&=\int_{R}f(x)\overline{\psi}_{b,a}\mathrm{d}x\\&=|a|^{-\frac{1}{2}}\int_{R}f(x)\overline{\psi\left(\frac{x-b}{a}\right)}\mathrm{d}x\end{aligned} \tag{4.45}$$

小波逆变换为

$$f(x)=\frac{1}{C_{\psi}}\int_{-\infty}^{\infty}\int_{-\infty}^{\infty}(W_{\psi}f)(b,a)\psi_{b,a}(x)\frac{\mathrm{d}a}{a^{2}}\mathrm{d}b \tag{4.46}$$

上面两式中，$a,b\in\mathbf{R}$，$a\neq 0$，$\psi_{b,a}(x)$ 是 $\psi(x)$ 由基本小波通过伸缩和平移而生成的函数簇，$\psi_{b,a}=|a|^{-\frac{1}{2}}\psi(\frac{x-b}{a})$，$\overline{\psi}_{b,a}$ 是 $\psi_{b,a}$ 的共轭复数。

常见的基本小波有：

（1）高斯小波：$\psi(x)=\mathrm{e}^{j\omega x}\mathrm{e}^{-\frac{x^{2}}{2}}$

（2）Harr 小波：

$$\psi(x)=\begin{cases}1 & 0\leqslant x<\frac{1}{2}\\-1 & \frac{1}{2}<x\leqslant 1\\0 & x\notin[0,\frac{1}{2})\cup(\frac{1}{2},1]\end{cases}$$

（3）墨西哥帽状小波：$\psi(x)=\frac{1}{\sqrt{2\pi}}\mathrm{e}^{-\frac{x^{2}}{2}}$

如果 $f(x)$ 是离散的，记为 $f(k)$，则离散小波变换为

$$DW_{m,n}=\sum_{k}f(k)\overline{\psi}_{m,n}(k) \tag{4.47}$$

相应地，小波逆变换的离散形式为

$$f(k)=\sum_{m,n}DW_{m,n}\psi_{m,n}(k) \tag{4.48}$$

上式中$\psi_{m,n}(k)$是$\psi_{a,b}(x)$对 a 和 b 按$a = a_0^m$，$b = nb_0 a_0^m$采样而得

$$\psi_{m,n}(x) = a_0^{-\frac{m}{2}} \psi(a_0^{-m} x - nb_0) \tag{4.49}$$

其中 $a_0>1$，$b_0 \in \mathbf{R}$，m，$n \in \mathbf{Z}$。

2．小波变换编码

从 20 世纪 80 年代以来，小波变换因其特有的与人眼视觉特性相符的多分辨分析及方向选择能力而被广泛地应用于图像/视频编码领域，并取得了很好的效果。图 4.14 为小波变换编/解码框图。

在对图像进行小波变换编码过程中，必须进行二维小波变换。二维小波变换可由行和列两个方向的一维小波变换组成，于是很容易得到图像的小波变换。对于一幅原始图像，先对其行作小波变换，得到高频分量 H 和低频分量 L，行变换结束后，再分别对 H 和 L 进行列小波变换，便得到四个子图像，它们分别是 LL、LH、HL 和 HH。在第 j 级分解中，将 LL_{j-1} 按照上述方法分解就得到 LL_j、LH_j、HL_j、和 HH_j，它们分别表示水平低频垂直低频、水平低频垂直高频、水平高频垂直低频和水平高频垂直高频，其中 LL_k（k=1，2，…，j）具有和原图像非常接近的结构，LH_k 大致表示图像的水平边缘，HL_k 大致表示图像的垂直边缘，而 HH_k 大致刻画了对角线方向的边缘。具体分解如图 4.15 所示。小波图像的这一特点表明小波变换具有良好的空间选择性，与人眼的视觉特性十分吻合。我们可以根据不同方向的信息对人眼作用的不同来分别设计量化器，从而得到很好的效果。为方便起见，在本书中将经过小波变换后的图像数据称为小波图像。

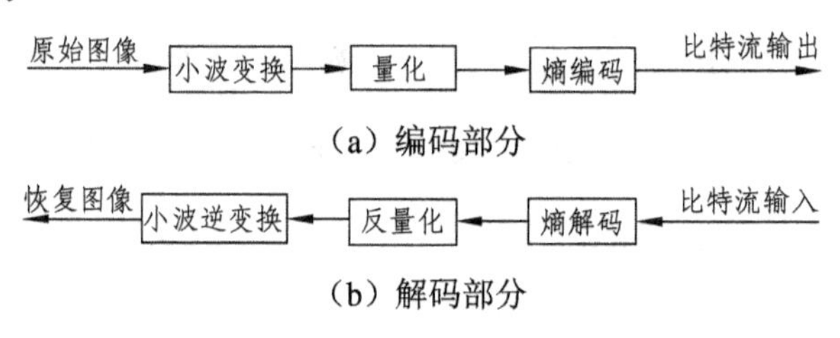

图 4.14　小波变换编/解码框图

经过小波变换后，图像的主要能量集中在 LL 子带，高频子带能量很少，且不同分辨率和不同高频子带中的小波系数分布非常相似。信号的小波变换将信号频谱按倍频程分割，小波变换的结果是原始信号在一系列倍频程划分的频带上的多个高频带数据和一个低频带数据 LL。对图像数据来说，这些高频带就是 HH、HL 和 LH 三个频带系列，低频带则是最后的直流频带。此外，在图像小波变换的过程中，图像数据的每一级分解总是将上一级低频数据划分为更精细的频带，其中 LH 频带是先通过上级低频图像数据在水平方向低通滤波（行方向），再经竖直方向高通滤波（列方向）而得到的。因此，LH 频带中包含了更多竖直方向的高频信息。相应地，在 HL 频带中主要是原图像水平方向的高频成分，而 HH 频带是图像中对角方向高频信息的体现，尤其以 45 度角或 135 度角的高频信息为主。

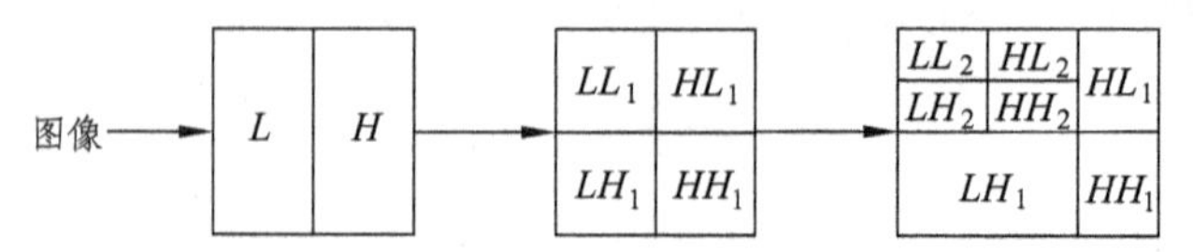

图 4.15　图像小波分解示意图

小波变换更为重要的优越性体现在其多分辨率分析的能力上。小波图像的各个频带分别

对应了原图像在不同分辨率下的细节以及一个由小波变换分解级数决定的最小分辨率下对原始图像的最佳逼近。以四级分解为例，最终的低频带 *LL* 是图像分辨率 1/16 下的一个逼近，图像的主要内容都体现在这个频带的数据中。其余的 *HL*、*LH* 和 *HH* 分别是图像分辨率 1/2 下的细节信息。而且分辨率越低，其中有用信息的比例就越高。充分利用小波分解后各子带内的相关性和子带间的相关性，是提高图像压缩效率的关键环节。

小波图像的这种对边缘轮廓信息的多分辨率描述为较好地编码这类信息提供了基础。由于图像的边缘、轮廓类信息对人眼观测图像时的主观质量影响很大，因而这种机制无疑主观质量上会带来编码图像的改善。

3．基于小波变换的图像编码技术

小波变化由于其在非平稳图像信号分析方面的灵活性和适应人眼视觉特性的能力，已经成为图像/视频编码的有力工具。真实世界的图像/视频信号是非平稳的，小波变换把非平稳信号分解成一系列的多级子带，每个子带中的分量变得相对比较平稳，易于编码。编码多个平稳的分量比编码整个非平稳信号的效率更高，而小波变换所提供的多分辨率分解结构使其本身更适合于可扩展的比特流。基于小波变换的图像编码方法已经取得了巨大的进步，但目前还无一种方法可以充分利用小波系数的所有统计特性，现有的一些算法只是利用了小波系数的部分统计特性。第二代小波（如提升小波、内插小波和 M 带小波及非线性小波等）提出与研究，受到了人们的广泛关注。适形离散小波变换（Shape Adaptive Discrete Wavelet Transform，SA－DWT）在图像编码中引起了重视。嵌入式小波编码（Embedded Wavelet Coding）提供了优越的压缩性能、嵌入式码流结构、可伸缩特性和精确的码率控制，已经成为目前最为流行的小波编码方案之一。

图像处理中常用的小波变换是通过 Mallat 算法来实现的，通常的小波滤波器都是小数形式。这样当实际的数字图像采用整数表示时，滤波器的输出结果就不是整数，此时的小波变换也不能实现无失真的重构。由 Sweldens 等提出的提升方案是构造紧支集双正交小波的一种新方法，称为“第二代小波”，该方法能够将整数映射到整数，实现图像的无损压缩。提升结构的主要优点是有利于硬件设计，且能进行快速原位运算。提升结构不需要额外的存储空间，运算复杂度低，且易于可逆变换，可以用比一般卷积运算方法少的运算次数来实现小波变换，而得到的小波系数与使用传统小波变换得到的系数相同。

传统的二维小波变换都是针对矩形区域进行的。对于任意形状的区域，最简单的方法就是先把该区域填充为一个矩形，然后再进行小波变换。该方法的缺点是变换系数个数会大于原始区域像素个数，且由于填充造成变换后的区域边界出现钝化，从而限制了任意形状区域的编码效率。为了能够有效地对任意形状区域进行编码，李世鹏等人提出了 SA－DWT，该变换可以用于将任意形状的视频物体进行变换，因此能够用于感兴趣区域编码和基于内容的视频编码等领域。SA－DWT 有两个显著特点：一是变换后的小波系数和原始区域的像素个数完全一致；二是它仍然保留了原始小波变换的时频局部化、空间相关性和子带间的自相似等特点，可获得很高的编码效率。

嵌入式编码是指对重要的图像/视频信息优先编码，并将压缩后的比特放在整个码流的初始部分，然后依次按照信息的重要程度进行编码并放置在码流上，这样低码率的码流就嵌入在高码率码流中。嵌入式码流支持渐进式编码，可以在任意地方停止编码，来满足目标码率或目标失真度的要求。这样采用嵌入式编码就能够对码率进行精确地控制，一旦编码失真或编码码率达到要求时，可以停止编码过程，因此非常适用于图像/视频的渐进传输。嵌入式小波编码方法主要有以下几种：嵌入式零树小波（Embedded Zero-tree Wavelet，EZW）算法、SPIHT（Set Partitioning In Hierarchical Trees）编码算法、TARP 算法、集合分裂嵌入块（Set Partitioned Embedded Block，SPECK）算法、具有优化截断点的嵌入式块编码（Embedded Block Coding with Optimized Truncation，EBCOT）算法、小波差分缩减（Wavelet Difference Reduction，WDR）算法和 BISK（Binary Set Splitting with k-d Trees）算法等。

4.6　形状和纹理编码

4.6.1　形状编码

MPEG-4 视频编码是国际标准采用的对视频序列中具有任意形状的视频物体进行编码的方法。编码的形状信息分为两类，二值形状信息（Binary Shape Information）和灰度级形状信息（Grey Scale Shape Information）。

1．二值形状编码

二值形状信息描述的是用 0、1 或者黑、白方式表示编码的视频物体平面（Video Object Plane，VOP）的形状，这里 0 表示非 VOP 区域，1 表示 VOP 区域。二值形状编码方法很多，大概可以分为两类。一类是基于位图的二值形状编码，判断位图中的每一个像素是否属于物体，不属于物体的像素用 0 表示，否则用 1 表示，具体方法有行扫描编码、像素方式编码和四叉树编码等。另一类是基于轮廓的二值形状编码，用于寻找物体的轮廓线，具体方法有链码编码法、多边形近似法和样条近似法等。下面主要介绍四叉树编码和链码编码法。

（1）四叉树编码。四叉树编码的原理是：在编码物体的区域中不重叠地放置不同尺寸的正方形，使得这些正方形的外围轮廓线尽可能地接近编码物体的形状。当正方形的尺寸变得非常小时，这些正方形所构成的图形就近似于编码物体了，这样可以将对二值图像的形状编码转换成对一系列的正方形进行编码，如图 4.16 所示。

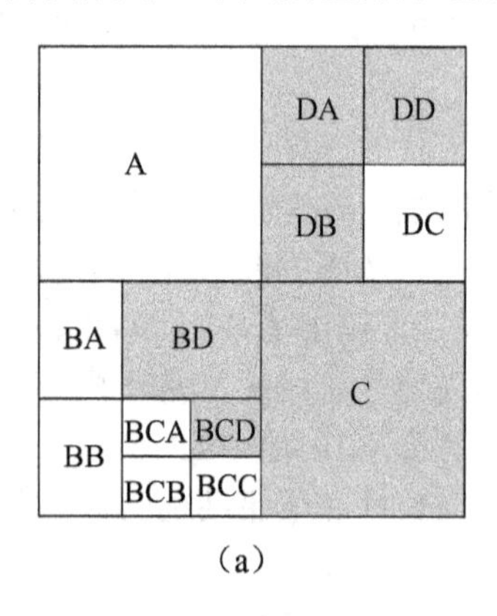

（a）

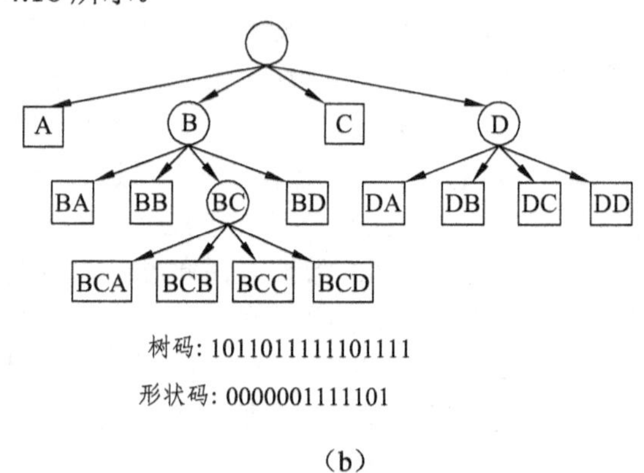

（b）

图 4.16　四叉树编码示意图

首先把 M×M 像素的正方形放置在编码对象中，使得该物体全部被包含在正方形中。然后根据同质性评价准则决定是否需要进一步分割这个正方形。如果是的话，就用四个（M/2）×（M/2）像素的正方形来代替原来的正方形。再判断每个（M/2）×（M/2）像素的正方形的同质性。递归重复这个过程，一直到每个正方形都具有同质性。根据同质性评价准则和最小的正方形尺寸，这个过程生成一个近似的形状逼近。于是具有四叉树结构的一系列不同尺寸的正方形就可以描述编码物体的形状了。可以用二进制符号编码四叉树，并采用深度优先的方式遍历树。假设用 1 表示相关的正方形不再进一步分割，0 表示该正方形可以进一步分割，且接下来的四个符号表示该正方形的子正方形的状态。递归重复这样的描述，则图 4.16 中四叉树的编码值为 1011011111101111，分别表示下列节点的编码顺序：A，B，BA，BB，BC，BCA，BCB，BCC，BCD，BD，C，D，DA，DB，DC，DD。

下面对编码物体的形状进行描述，需要指定每一个正方形是否属于编码物体。假设用 1 表示该正方形属于物体，0 表示该正方形不属于物体。仍然采用深度优先的方式遍历每一个正方形，则可以得到二值形状编码值：0000001111101，分别表示下列正方形的编码顺序：A，BA，BB，BCA，BCB，BCC，BCD，BD，C，DA，DB，DC，DD。

（2）链码编码法。链码编码法是一种基于轮廓的形状描述和编码方法。在确定编码物体边界上的起点坐标后，链码就对下一个边界像素所处的位置进行编码。编码方法有直接链码和差分链码两种。直接链码编码根据四邻域（上、下、左和右四个方向）或八邻域（上、下、左、右、左上、左下、右上和右下八个方向）直接表示轮廓的走向，如图 4.17 所示。差分链码编码采用相邻两个矢量的顺序差值来表示轮廓走向的改变。差分链码的编码效率较高，这是因为它利用了相继链接之间的统计相关性。

从图 4.17 中可以看出，四邻域直接链码的编码结果为：-2，4，-2，4，4，4，0，-2，-2，-2，0，2，2，0，0，-2 ，-2，-2，2，2，0，2，0，2，2，4，4，2。八邻域直接链码的编码结果为：-3，-3，4，4，-1，-2，-2，0，2，1，-1，-2，-2，2，1，1，2，2，4，3。八邻域差分链码的编码结果为：-3，0，–1，0，3，-1，0，2，2，-1，-2，-1，0，4，-1，0，1，0，2，-1。

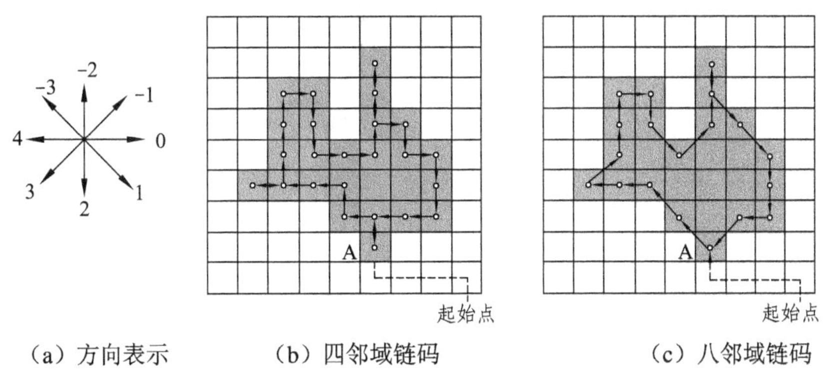

（a）方向表示　　（b）四邻域链码　　（c）八邻域链码

图 4.17　采用四邻域和八邻域的链码

链码编码是一种无形状编码方法，可以精确地描述给定轮廓。但是，如果我们在链码编码前对轮廓进行预处理如平滑或量化（有时这种预处理作为链码编码的一部分），这种情况下链码编码就是有损编码方法。

2. 灰度级形状编码

灰度级形状信息可取值 0～255，类似于图形学中 α 映射的概念。0 表示非 VOP 区域即透明区域，1～255 表示 VOP 区域透明程度的不同，255 表示完全不透明。灰度级形状信息的引入主要是为了在前景对象叠加到背景上时进行边界“模糊”处理，不至于使得边界太明显和太生硬。

假设一个背景图像的灰度值为 $f_b(x,y)$，物体的灰度值为 $f_o(x,y)$，点 (x,y) 处的 α 映射为

$m_o(x,y)$，则物体覆盖在背景上的灰度值为

$$f(x,y)=\left[1-\frac{m_o(x,y)}{255}\right]f_b(x,y)+\frac{m_o(x,y)}{255}f_o(x,y) \tag{4.50}$$

可以看出，α 映射值确定了物体的透明度的大小。

4.6.2 纹理编码

图像和视频信号的纹理体现在信号的亮度和色度分量上，所以纹理编码实际上就是对亮度和色度分量进行编码。MPEG-4 中视频物体平面 VOP 的纹理信息分两种情况：帧内编码 VOP 的纹理信息和帧间编码 VOP 的纹理信息。对于帧内编码，纹理信息就是 VOP 中像素的亮度和色度分量。对于帧间编码，纹理信息为运动补偿后 VOP 的亮度残差和色度残差信号。纹理编码采用基于块的 DCT 方案。

对于任意形状区域的纹理编码有两类算法：在第一类中，直接用一个适应于区域形状的变换来编码该区域的像素，需要计算和区域中像素一样多的系数；在第二类中，对区域的纹理进行扩充以形成一个矩形，然后使用一个矩形纹理编码算法来编码这个矩形。

1．形状自适应 DCT 编码（SA -DCT）

纹理编码主要采用传统算法。在帧内编码方式下主要是进行DCT变换，所以为了减少DCT变换系数，对处于 VOP 外的像素点就不进行 DCT 变换了。在 MPEG-4 中形状自适应编码采用一维 DCT 变换，其编码过程如图 4.18 所示。

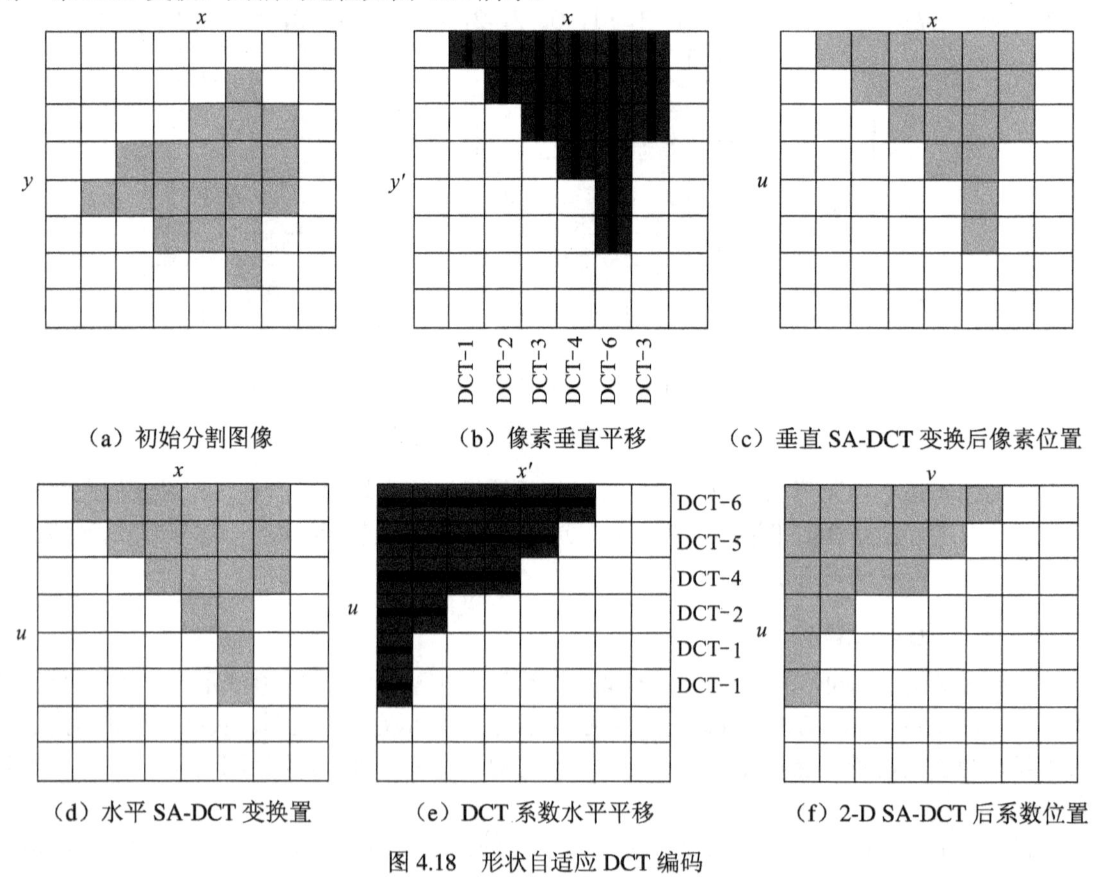

（a）初始分割图像　（b）像素垂直平移　（c）垂直 SA-DCT 变换后像素位置

（d）水平 SA-DCT 变换置　（e）DCT 系数水平平移　（f）2-D SA-DCT 后系数位置

图 4.18　形状自适应 DCT 编码

首先，把初始分割图像的所有像素垂直平移到块边界。然后按照每列的像素长度进行一维 DCT 变换。再把计算出来的 DCT 系数水平平移到块的左边界。最后按照每行的系数个数进行一维 DCT 变换，并以与常规二维 DCT 系数一样的方式对这些系数进行量化和编码。由于 SA-DCT 中 DCT 变换维数的长度不同，因此 SA-DCT 不是正交的。而且像素垂直和系数水平平移后，就不能充分利用相邻像素之间的空间相关性。小波编码也可以适用于任意形状的纹理编码。不过为了计算小波系数，块边界上的图像信号必须周期且对称地扩展所以不能与 SA-DCT 一样对像素和系数进行平移。

2. 低通扩充技术

为了使得传统的二维 DCT 变换和小波变换都能适用于任意形状的纹理编码，可以采用低通扩充技术将任意形状的 VOP 扩充成矩形，这样使 DCT 变换结果的能量更加集中，提高编码效率。

图 4.19 为一个任意形状的 VOP 低通扩充纹理编码示意图。图中阴影区域代表需要进行纹理编码的 VOP，将 VOP 扩充成含 VOP 的最小矩形块，矩形块的宽度和高度为 8 或 16 个像素的整数倍，这样就容易进行 DCT 编码或小波编码。在 VOP 和矩形中有一些 VOP 边缘的宏块，对这些宏块需进行填充时分两种情况。若是帧间编码，纹理信息为运动补偿后 VOP 的残差信息，则 VOP 以外像素的填充值为 0。若是帧内编码，则 VOP 以外像素的填充值为 VOP 内部所有像素的平均值。然后用四邻域平均低通滤波器对 VOP 以外的像素值进行滤波。对 VOP 边缘的宏块填充完之后，就可以对矩形进行 DCT 编码或小波编码了。

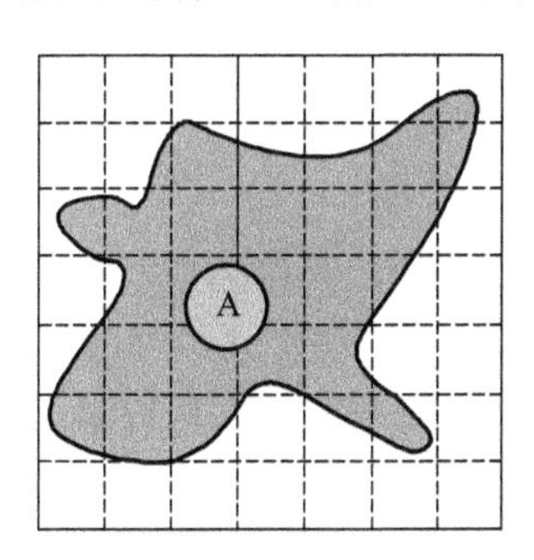

图 4.19　任意形状的 VOP 低通扩充纹理编码

3. 形状和纹理联合编码

形状和纹理联合编码也称为隐式形状编码，就是把前景物体放在一个静止的单色背景上，将得到的形状信息即灰度值作为纹理信息的一部分进行基于块的 DCT 编码，用基于帧的编码器对视频信号进行编码，背景色作为色度键传输到解码器中。解码器对图像进行解码，和色度键具有相似彩色的像素被认为是透明的，否则就属于物体，这样就可以提取物体。这种编编码方法可用于非常复杂的物体形状编码，形状的近似度取决于 DCT 系数的量化，它是一种有损编码。该方法的一个优点是低计算和低算法复杂度。当考虑编码效率时，隐式形状编码比直接的形状编码加纹理编码需要更高的码率。

4.7 新型图像编码技术

4.7.1 模型基编码

模型基编码是将图像看作三维物体在二维平面上的投影，在编码过程中，首先是建立物体的模型，然后通过对输入图像和模型的分析得出模型的各种参数，再对参数进行编码传输，接收端则利用图像综合来重建图像。可见，这种方法的关键是图像的分析和综合，将图像分析和综合联系起来的纽带就是由先验知识得来的物体模型。图像分析主要是通过对输入图像以及前一帧的恢复图像的分析，得出基于物体模型的图像的描述参数，利用这些参数就可以通过图像综合得到恢复图像，并供下一帧图像分析使用。由于传输的内容只是数据量不大的由图像分析而得来的参数值，它比起以像素为单位的原始图像的数据量要小得多，因此这种编码方式的压缩比是很高的。

根据使用的模型不同，模型基编码可分为针对限定景物的语义基编码和针对未知景物的物体基编码。在语义基的编码方法中，由于景物里的物体的三维模型为严格已知，该方法可以有效地利用景物中已知物体的知识，实现非常高的压缩比，但它仅能处理限定的已知物体，并需要较复杂的图像分析与识别技术，因此应用范围有限。物体基编码可以处理更为一般的对象，无需识别与先验知识，对于图像分析要简单得多，不受各种场合的限制，因而有更广阔的应用前景。但是，由于未能充分利用景物的先验知识，或只能在较低层次上运用有关物体的知识，因此物体基编码的效率低于语义基编码。

1．物体基编码

物体基编码是由 Musmann 等提出的，其目标是以较低比特率传输可视电话图像序列。其基本思想是：把每一个图像分成若干个运动物体，对每一物体的基于不明显物体模型的运动 A_i、形状 M_i 和彩色纹理 S_i 等三组参数集进行编码和传输。物体基图像编码原理框图如图 4.20 所示。

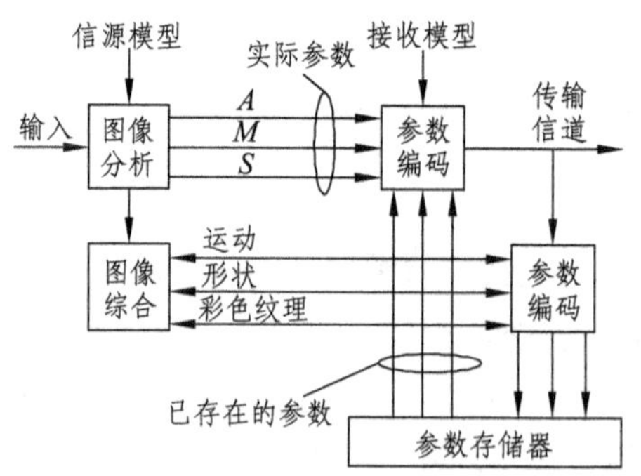

图 4.20　物体基图像编码器原理框图

物体基编码的特点是把三维运动物体描述成模型坐标系中的模型物体，用模型物体在二维图像平面的投影（模型图像）来逼近真实图像。这里不要求物体模型与真实物体形状严格一致，只要最终模型图像与输入图像一致即可，这是它与语义基编码的根本区别。经过图像分析后，图像的内容被分为两类：模型一致物体（MC 物体）和模型失败物体（MF 物体）。MC 物体是被模型和运动参数正确描述的物体区域，可以通过只传输运动 A_i 和形状 M_i 参数集以及利用存在存储器中的彩色纹理 S_i 的参数集重建该区域；MF 物体则是被模型描述失败的图像区域，它是用形状 M_i 和彩色纹理 S_i 参数集进行编码和重建的。从目前研究比较多的头-肩图像的实验结果可以看到，通常 MC 物体所占图像区域的面积较大，约为图像总面积的 95%以上，而 A_i 和 M_i 参数可用很少的码字编码；另一方面，MF 通常都是很小的区域，约占图像总面积的 4%以下。

物体基编码中最核心的部分是物体的假设模型及相应的图像分析。选择不同的源模型时，参数集的信息内容和编码器的输出速率都会改变。目前已出现的有二维刚体模型（2DR）、二维弹性物体模型（2DF）、三维刚体模型（3DR）和三维弹性物体模型（3DF）等。在这几种模型中，2DR 模型是最简单的一种，它只用 8 个映射参数来描述其模型物体的运动。但由于过于简单，最终图像编码效率不很高。相比而言，2DF 是一种简单有效的模型，它采用位移矢量场，以二维平面的形状和平移来描述三维运动的效果，编码效率明显提高，与 3DR 相当。3DR 模型是二维模型直接发展的结果，物体以三维刚体模型描述，优点是以旋转和平移参数描述物体运动，物理意义明确。3DF 是在 3DR 的基础上加以改进的，它在 3DR 的图像分析后，加入形变运动的估计，使最终的 MF 区域大为减少，但从图像分析的复杂性和编码效率综合起来衡量，2DF 则显得较为优越。

2．**语义基编码**

语义基编码的特点是充分利用了图像的先验知识，编码图像的物体内容是确定的。图 4.21 所示为语义基编码原理框图。在编码器中，存有事先设计好的参数模型，这个模型基本上能表示待编码的物体。对输入的图像，图像分析与参数估计功能块利用计算机视觉的原理，分析估计出针对输入图像的模型参数。这些参数包括：形状参数、运动参数、颜色参数、表情参数等。由于模型参数的数据量远小于原图像，故用这些参数代替原图像编码可实现很高的压缩比。

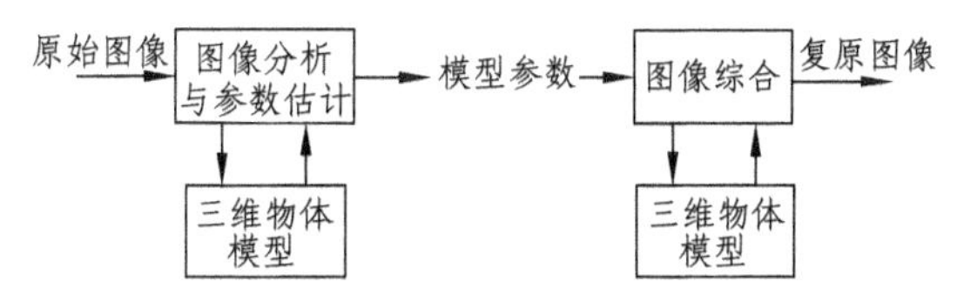

图 4.21　语义基编码原理框图

在解码器中，存有一个和编码器中完全相同的图像模型，解码器应用计算机图形学原理，用所接收到的模型参数修改原模型，并将结果投影到二维平面上，形成解码后的图像。例如，在会议电视的语义基编码中，会议场景一般是固定不变的，运动变化的只是人的头部和肩部组成的头-肩像。根据先验知识，可以建立头-肩像模型。这时模型参数包括头与肩的大小、形状、位置等全局形状参数，以及面部表情等的局部形状参数。此外，还有运动参数、颜色参数等。

语义基编码能实现以每秒数千比特的速率编码运动图像，其高压缩比的特点使它成为最有发展前途的编码方法之一。然而语义基编码还很不成熟，有不少难点尚未解决，主要表现为模型的建立和图像分析与参数的提取。

首先，模型必须能描述待编码的对象。以对人脸建模表达为例，模型要能反映各种脸部表情：喜、怒、哀、乐等，要能表现面部，例如口、眼的各种细小变化。显然，这有大量的工作要做，数据量很大，有一定的难度。同时，模型的精度也很难确定。只能根据对编码对象的了解程度和需要，建立具有不同精度的模型。先验知识越多模型越精细，模型就越能逼真地反映待编码的对象，但模型的适应性就越差，所适用的对象就越少。反之，先验知识越少，越无法建立细致的模型，模型与对象的逼近程度就越低，但适应性反而会强一些。

其次，建立了适当的模型后，参数估计也是一个不可低估的难点。根本原因在于计算机视觉理论本身尚有很多基本问题没有圆满解决，如图像分割问题与图像匹配问题等。而要估计模型的参数，如头部的尺寸，就需在图像上把头部分割出来，并与模型中的头部相匹配；要估计脸部表情参数，需把与表情密切相关的器官如口、眼等分割出来，并与模型中的口、眼相匹配。

相比之下，图像综合部分难度低一些。由于计算机图形学等已经相当成熟，而用常规算法计算模型表面的灰度，难以达到逼真的效果，图像有不自然的感觉。现在采用的方法是，利用计算机图形学方法，实现编码对象的尺度变换和运动变换，而用“蒙皮技术”恢复图像的灰度。“蒙皮技术”通过建立经过尺度和运动变换后的模型上的点与原图像上的点之间的对应关系，求解模型表面灰度。

语义基编码中的失真和普通编码中的量化噪声性质完全不同。例如，待编码的对象是一头-肩像，则用头-肩语义基编码时，即使参数估计不准确，结果也是头-肩像，不会看出有什么不正确的地方。语义基编码带来的是几何失真，人眼对几何失真不敏感，而对方块效应和量化噪声最敏感，所以不能以均方误差作为失真的度量，而参数估计又必须有一个失真度量，以建立参数估计的目标函数，并通过对目标函数的优化来估计参数。找一个能反映语义基编码失真的准则，也是语义基编码的难点之一。

4.7.2 分形编码

经典的几何学一般适用于处理比较规则和简单的形状。但是自然界的实际景象绝大部分却是由非常不规则的形状组成的曲线，很难用一个数学的表达式来表示。在这种情况下，提出了分形几何学。

分形几何学是由数学家 Mandelbort 于 1973 年提出的。分形的含义是某种形状、结构的一个局部或片断。它可以有多种大小、尺寸的相似形。例如树，树干分为枝，枝叉分枝，直至最细小的枝杈。这些分枝的方式和样子都类似，只有大小及规模不同。再如绵延无边的海岸线，无论在什么高度，何种分辨率条件下去观看它的外貌，其形状都是相似的。当在更高的分辨率条件下去观看它的外貌时，虽会发现一些前面不曾见过的新细节，然而这些新出现的细节和整体上海岸线的外貌总是相似的。也就是说，海岸线形状的局部和其总体具有相似性。实际上，这种自相似性是自然界的一种共性。分形现象在自然界和社会活动中广泛存在，而利用分形进行图像编码则是它的一个重要应用。

1．分形编码的基本原理

对于一幅数字图像，通过一些图像处理技术，如颜色分割、边缘检测、频谱分析、纹理变化分析等将原始图像分成一些子图像，然后在分形集中查找这样的子图像。分形集实际上并不是存储所有可能的子图像，而是存储许多迭代函数，通过迭代函数的反复迭代可以恢复出原来的子图像。也就是说，子图像所对应的只是迭代函数，而表示这样的迭代函数一般只需要几个参数即可确定，从而达到了很高的压缩比。

2．分形编码的压缩步骤

对于任意图形来说，如何建立图像的分形模型，寻找恰当的仿射（affine）变换来进行图像编码仍是一个复杂的过程。Bransley 观察到的所有实际图形都有丰富的仿射冗余度。也就是说，采用适当的仿射变换，可用较少的比特表现同一图像，利用分形定理，Bransley 提出了一种压缩图像信息的分形变换步骤：

（1）把图像划分为互不重叠、任意大小形状的 D 分区，所有 D 分区拼起来应为原图。

（2）划定一些可以相互重叠的 R 分区，每个 R 分区必须大于相应的 D 分区，所有 R 分区之“并”无须覆盖全图。为每个 D 分区划定的 R 分区必须在经由适当的三维仿射变换后尽可能与该 D 分区中的图像相近。每个三维仿射变换由其系数来描述和定义，从而形成一个分形图像格式文件 FIF（Fractal Image Format）。文件的开头规定 D 分区如何划分。

（3）为每个 D 分区选定仿射变换系数表。这种文件与原图像的分辨率毫无关系。例如为复制一条直线，如果知道了方程 $y=ax+b$ 中 a 和 b 的值就能以任意高的分辨率画出一个直线图形。类似地，当有了 FIF 中给出的仿射变换系数，解压缩时就能以任意高的分辨率构造出一个与原图很像的图。

D 分区的大小需作一些权衡。划得越大，分区的总数以及所需做的变换总数就越少，FIF 文件就越小。但如果把 R 分区进行仿射变换所构造出的图像与它的 D 分区不够相像，则解压缩后的图像质量就会下降。压缩程序应考虑各种 D 分区划分方案，并寻找最合适的 R 分区以及在给定的文件大小之下，用数学方法评估出 D 分区的最佳划分方案。为使压缩时间不至太长，还必须限制为每个 D 分区寻找最合适的 R 分区的时间。

从以上阐述中可以看出，分形的方法应用于图像编码的关键在于：一是如何更好地进行图像的分割。如果子图像的内容具有明显的分形特点，如一幢房子、一棵树等，这就很容易在迭代函数系统（Iterated Function System，IFS）中寻找与这些子图像相应的迭代函数，同时通过迭代函数的反复迭代能够更好地逼近原来的子图像。但如果子图像的内容不具有明显的分形特点，如何进行图像的分割就是一个问题。二是如何更好地构造迭代函数系统。由于每幅子图像都要在迭代函数系统中寻求最合适的迭代函数，使得通过该函数的反复迭代，尽可能精确地恢复原来的子图像，因而迭代函数系统的构造显得尤为重要。

由于存在以上两方面问题，在分形编码的最初研究中，要借助于人工的参与进行图像分割等工作，这就影响了分形编码方法的应用。但现在已有了各种更加实用可行的分形编码方法，利用这些方法，分形编码的全过程可以由计算机自动完成。

3．分形编码的解压步骤

分形编码的突出优点之一就是解压缩过程非常简单。首先从所建立的 FIF 文件中读取 D 分区划分方式的信息和仿射变换系数等数据，然后划定两个同样大小的缓冲区给 D 图像（D 缓冲区）和 R 图像（R 缓冲区），并把 R 图像初始化到任一初始阶段。

根据 FIF 文件中的规定，可把 D 图像划分成 D 分区，把 R 图像划分成 R 分区，再把指针指向第一个 D 分区。根据它的仿射变换系数把其相应的 R 分区作仿射变换，并用变换后的数据取代该 D 分区的原有数据。对 D 图像中所有的 D 分区都进行上述操作，全部完成后就形成一个新的 D 图像。然后把新 D 图像的内容拷贝到 R 图像中，再把这新的 R 图像当做 D 图像，D 图像当做 R 图像，重复操作，即进行迭代。这样一遍一遍地重复进行，直到两个缓冲区的图像很难看出差别，D 图像即为恢复的图像。实际中一般只需迭代七八次至十几次就可完成。恢复的图像与原图像相像的程度取决于当初压缩时所选择的那些 R 分区对它们相应的 D 分区匹配的精确程度。

4．分形编码的优点

分形编码具有以下 3 个优点。

（1）图像压缩比比经典编码方法的压缩比高。

（2）由于分形编码把图像划分成大得多、形状复杂得多的分区，因此压缩所得的 FIF 文件的大小不会随着图像像素数目的增加（即分辨率的提高）而变大。而且，分形压缩还能依据压缩时确定的分形模型给出高分辨率的清晰的边缘线，而不是将其作为高频分量加以抑制。

（3）分形编码本质上是非对称的。在压缩时计算量很大，所以需要的时间长，而在解压缩时却很快，在压缩时只要多用些时间就能提高压缩比，但不会增加解压缩的时间。

4.8 静止图像压缩标准

所谓静止图像，是相对于运动图像而言，指观察到的图像内容和状态是不变的。静止图像有两种情况：一种是信源为静止的，如数码相机面对静止物体拍摄的照片；另一种是从运动图像中截取的某一帧图像，例如在某些实时性不是很强的监控场合，虽然场景是活动的，但间隔较长时间才采集并传输一幅图像，这样的每一幅图像可以看做是独立的。因此，从编码的角度看，静止图像是指不考虑各帧之间相关性的一幅幅独立的图像。

目前，图像压缩标准化工作主要由国际标准化组织（ISO）、国际电工委员会（IEC）和国际电信联盟（ITU-T）负责，在其主持下形成的专家组征求一些大的计算机及通信设备公司、大学和研究机构的建议，然后以图像质量、压缩性能和实际约束条件为依据，从中选出最好的建议，并在此基础上做出一些适应国际上原有的不同制式的修改，最后形成相应的国际标准。

本节主要介绍静止图像压缩标准，如二值图像压缩标准 JBIG 以及静止图像压缩标准 JPEG 等。

4.8.1 二值图像编码标准 JBIG

1．二值图像编码标准

二值图像是指只有黑、白两个亮度值的图像。例如，由黑白两种像素组成的图像、地图、路线图等。灰度图像经过比特平面分解或抖动处理后也能变为二值图像。二值图像编码最常用、最典型的例子是传真。我国传真机发展见表 4.3。其中一类机 G1 和二类机 G2 现在已经不再使用，三类机 G3 是公用电话网传真机，四类机 G4 是公用数据网和综合业务网传真机。目前已广泛采用四类机 G4。

表 4.3　我国传真机发展

类别	二值图片图像编码	传输调制方式	A4 纸传输时间/min	传输条件	使用阶段/年
G1		双边带 AM, FM	6	PSTN	1970-1980
G2		AM-PM-VSB	3	PSTN	1977-1983
G3	MHC, MR	PSK, QAM	1	PSTN	1983-1994
G4	MMR		4s	PDN, ISDN	1994-现在

一类机 G1 和二类机 G2 现在已经不用。国际电联 ITU 建议采用 T.30 作为公用电话网传真机的传输规程。随着技术发展 1968 年制订 T.4 建议，并在以后又作了多次修改。三类机 G3 是按照 T.4 建议实现的。其中建议二值图像编码采用一维修正赫夫曼编码（MHC）、修正 Read 编码（MR），并规定使用 256 个或 64 个 8 位组成的帧，采取自动请求重发（ARQ）的误码纠错技术，传输上采用 V.27 建议的 8PSK 调制码率（2.4/4.8Kb/s），或 V.29 建议的 QAM 调制码率（7.2/9.6Kb/s）；此外采用 V.21 建议的 FSK 调制码率为 300b/s 作为控制信号收发用。

目前已广泛采用四类机 G4，国际电联 ITU 建议采用 T.62 作为公共数据网和综合业务网传真机传输规程，其中采用的二值图像编码由 T.6 建议所规定。基本上为在 T.4 建议的 MR 编码基础上修改而成的，称为 MMR 码。四类机传输用（64～2.4）Kb/s，其中对（14.4～12）Kb/s 传输用 V.33 建议，并可用多路复用器兼容 9.6，7.2，4.8，2.4Kb/s 码率的传输。

2. JBIG 标准

虽然已有了优秀的 MMR 的 G4 标准，但是这些编码方法在一般的二值图像压缩中仍然存在不足之处，主要表现在 3 个方面：首先，由于采用固定的码表，不能自适应地跟踪不同图像统计特性的变化；其次，编码针对固定分辨率、逐行扫描模式，不适应多分辨率、逐渐显示的编码模式的要求；最后，对半色调图像（half-tone）压缩效率低，因为它们不适应短游程的压缩，而半色调图像的特征就是包含了大量的短游程。

由于多媒体和计算机通信的推动，考虑二值图像编码的实用化及进一步发展的标准化的需要，国际电联 ITU 和国际标准化组织 ISO 在 1993 年联合成立二值图像编码联合专家组 JBIG，并制订二值图像编码标准，作为 ITU 的 T. 82 建议规程和 ISO 的 ISO/IEC11544 标准，通常称为 JBIG 或 JBIG1 标准。该建议在二值图像编码方面既兼容了 T.4 的 MHC 和 MR 方法以及 T.6 的 MMR 编码方法，也采用了算术编码方法。算术编码方法的压缩比比 MMR 编码方法要高一些，但算法要复杂一些。标准中规定了算术编码中模式的模板。标准中包括图片编码和经过抖动矩阵处理的网纹密度的二值化图像，既有以前所介绍的扫描后二值图片、图像的不失真编码，也有允许失真的编码，并有逐步质量的编码方法，即从允许失真的二值图片、图像发展到不失真的二值图片、图像。JBIG 允许失真的编码图像质量低于不失真编码，因为允许失真的编码像素数据低于原像的 1/4。

（1）JBIG 的特征。从技术上来看，JBIG 具有以下几方面特征：

① 高压缩性能。JBIG 采用自适应算术编码作为主要压缩手段，其压缩性能通常比 G3/G4 中最有效的压缩算法 MMR 高 1.1～1.5 倍；对印刷文字的计算机生成图像，压缩比可高达 5 倍；对半色调或抖动技术生成的具有灰度效果的图像，压缩比可高 2～30 倍。

② 逐渐显示编码模式。采用分级编码方式，这是 G3/G4 所不具备的。

③ 适应灰度和彩色图像的无失真编码。将这些图像分解成比特面，然后对每个比特面分

别进行编码。实验表明，若灰度图像的比特深度小于6，JBIG的压缩效果要优于JPEG的无失真压缩模式；当比特深度为6～8 bit/像素时，两者的压缩效果相当。

（2）JBIG 的编码模式。JBIG 标准定义了 3 种编码模式：渐进的编码模式（Progressive Coding）、兼容的渐进顺序编码模式（Compatible Progressive Sequential Coding）、单层编码模式（Single-layer Coding）。

① 渐进的编码模式。在该模式下，编码端从高分辨率图像开始，逐步进行分辨率降低和差分层压缩编码，一直进行到最低分辨率层，每次分辨率呈 50%降低；解码端先解码显示最低分辨率图像，然后解码相应的用以提高分辨率的差分层附加信息，随着每层解码过程的进行，分辨率呈2倍的增加，图像越来越清晰，直到最高分辨率图像而结束。

② 兼容的渐进顺序编码模式。这是JBIG标准的一个很有用的特点，它可以使同一码流，既可用于需要快速检索、浏览、多分辨率显示等场合，也可有效用于硬拷贝的单一分辨率的解码重建图像。方法是把每一分辨率层的图像分成许多水平条带（strip），通过不同的条带数据排列顺序实现普通的渐进方式下的解码和兼容的渐进顺序方式下的解码。

③ 单层编码模式。当不需要渐进编码时，将差分层数目 D 设为0就实现了单层编码。

3．编解码基本原理框图

图 4.22（a）是 JBIG 编码功能模块图，它是由 D 个差分层编码器和 1 个底层编码器组成的。其中，I_D 表示第 D 层图像数据，$C_{S,D}$ 表示第 D 层第 S 条带的编码数据。图 4.22（b）是 JBIG 解码功能模块图。

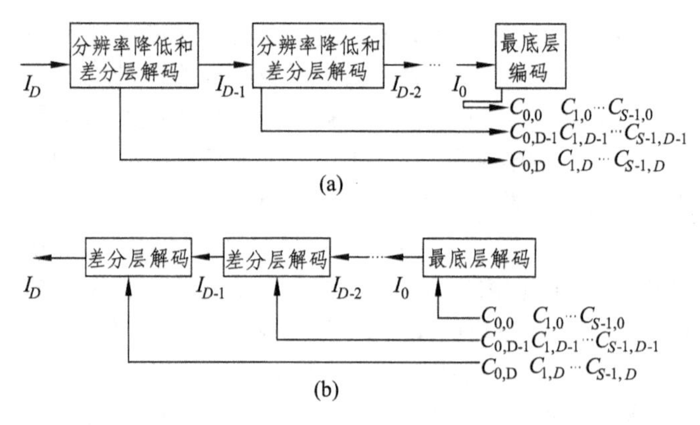

图 4.22　JBIG 编码和解码功能模块图

图 4.22（a）描述了 JBIG 渐进编码的方法：假设图像分为 D 个分辨率层，首先从最高分辨率图像得到下一层较低分辨率图像，两个图像一起实施差分层编码，然后再将该低分辨率图像作为下一层高分辨率图像，重复上面的过程，直到第 D 个差分层编码，最后将最底层图像进行顺序编码。对于差分层编码和最底层顺序编码都是使用预测和自适应算术编码，图 4.23 是 JBIG 采用的自适应算术编码器的 MAC（Model Adapter Coder）结构。由于各差分层编码执行完全相同的处理，只是输入输出的数据不同，因而在实现时只对一个编码模块循环调用即可。

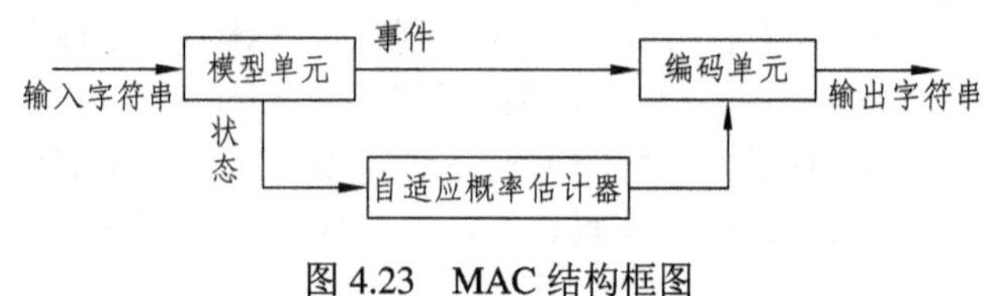

图 4.23　MAC 结构框图

以上所述的是渐进编码模式的基本原理，如果需要进行顺序编码，只要将 D 设为 0，编码器就仅进行底层编码模块的顺序编码。可见，顺序编码只是一种特殊的编码模式。此外，以上编码过程中如果还考虑了条带分割，则实际上成为一种兼容的渐进顺序编码。由此可见上述编码框图可以包括所有 3 种编码模式。

4.8.2 静止图像压缩标准 JPEG

1. 概述

JPEG（Joint Photographic Experts Group）成立于 1986 年，是一个由国际标准组织（ISO）和国际电话电报咨询委员会（CCITT）所建立的从事静态图像压缩标准制定的委员会。其制定的静止图像压缩标准 JPEG 标准于 1992 年正式通过，其国际标准号为 ISO/IEC10918。它的正式名称为“信息技术连续色调静止图像的数字压缩编码”。由于 JPEG 标准具有高压缩比，使得它广泛应用于多媒体和网络传输中。

JPEG 是用于彩色和灰度静止图像的一种完善的有损/无损压缩方法，对相邻像素颜色相近的连续色调图像的处理效果很好，但用于处理二值图像效果较差。JPEG 是一种图像压缩方法，它对一些图像特征如像素宽高比、彩色空间或位图行的交织方式等并未作严格的限制。

JPEG 的主要特点如下：

（1）压缩比高，压缩质量比较好，图像主观质量的损伤难以察觉。

（2）有多个参数，用户能得到所需的压缩比或图像质量。

（3）无论连续色调图像的维数、彩色空间、像素宽高比或其他特征如何，都能得到良好的压缩效果。

（4）处理速度快，且有成熟的价格低廉的硬件电路支持。

（5）有四种运行模式：① 顺序模式，在对图像分量进行压缩时，只有一种从左到右、自上而下的扫描；② 渐进模式，图像压缩由粗到细地进行；③ 无损模式，这对于不允许有像素损失的场合很重要（与有损模式相比其压缩比降低）；④ 分级模式，图像在多分辨率下压缩，可以先显示低分辨率的块，而不必先解压后面较高分辨率的块。

JPEG 标准在压缩与解码的处理过程中，可以采用无损和有损两种方式。使用者能够根据需要调整压缩参数，以尽量减少图像质量的降低而使压缩比增大。它具有适中的计算复杂度，从而使得压缩算法既可以用软件实现，也可以用硬件实现，并且具有较好的实用性能。

JPEG 标准中实际定义了三种编码系统：

（1）基于 DCT 的有损编码基本系统。这一基本系统可用于绝大多数压缩应用场合。每个编解码器必须实现一个必备的基本系统（也称为基本顺序编码器）。基本系统必须合理地解压缩彩色图像，保持高压缩率并能处理从 4 bit/像素到 16 bit/像素的图像。

（2）用于高压缩比、高精度或渐进重建应用的扩展编码系统。扩展系统包括各种编码方式，如长度可变编码、渐进编码、分层编码，这些特殊用途的扩展可适用于各种应用。所有这些编码方法都是基本顺序编码方法的扩展。

（3）用于无失真应用场合的无损系统。特殊无损功能（也称作预测无损编码法）确保了在图像被压缩的分辨率下，解压后的数据没有造成原图像中任何细节的损失。

2. JPEG 标准的基本框架

JPEG 标准中定义了三个基本要素：编码器、解码器与交换格式。

（1）编码器。编码器是编码处理的实体，如图 4.24 所示，其输入是数字原图像以及各种表格定义，输出是根据一组指定过程产生的压缩的图像数据。

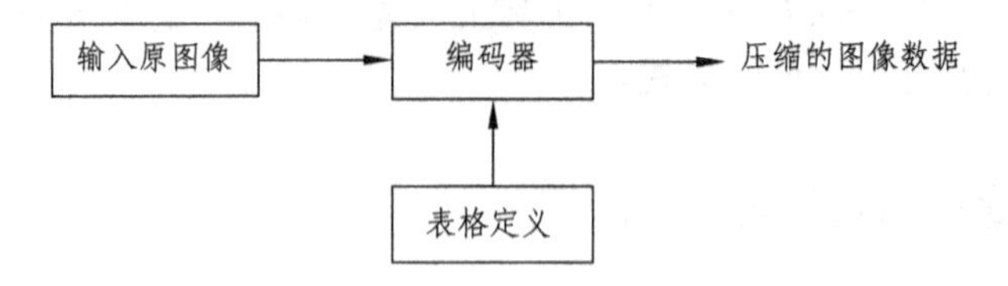

图 4.24　JPEG 编码器

（2）解码器。解码器是解码处理的实体，如图 4.25 所示，其输入是压缩的图像数据以及各种表格定义，输出是根据一组指定过程产生的重建图像数据。

（3）交换格式。交换格式如图 4.26 所示，是压缩的图像数据的表示，包括了编码中使用的所有表格。交换格式用于不同应用环境之间。

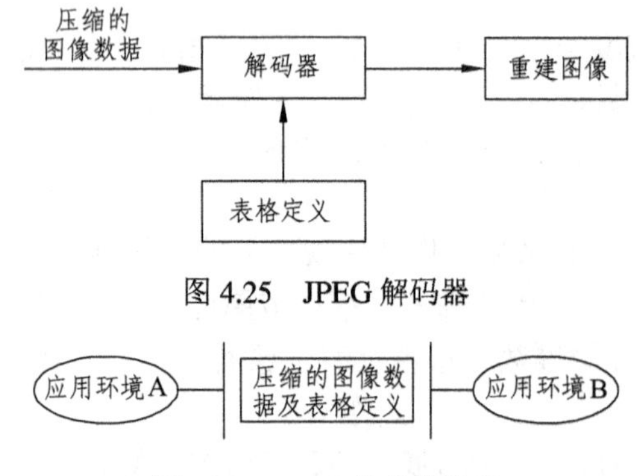

图 4.25　JPEG 解码器

图 4.26　JPEG 的交换格式

JPEG 标准包含四种编码模式，每种模式中又规定了不同的几种编解码器，这些编解码器的主要差别在于两点：一是所处理的被编码图像的采样精度不同；二是采用的熵编码方法不同。各种编码模式以及它们的编解码处理的关系见表 4.4。

表 4.4　各种编码处理模式表

基本的顺序处理 （所有基于 DCT 的解码器均支持）	• 基于 DCT 的处理 • 输入原图像，每个图像分量 8 bit/采样 • 顺序处理 • 霍夫曼编码：2 张 AC 码表和 2 张 DC 码表 • 解码器处理具有 1，2，3 和 4 个分量的扫描 • 交织和非交织扫描
基于 DCT 的扩展处理	• 基于 DCT 的处理 • 输入原图像，每个图像分量 8 bit/采样或 12 bit/采样 • 顺序处理或渐进处理 • 霍夫曼编码或算术编码：4 张 AC 码表和 4 张 DC 码表 • 解码器处理具有 1，2，3 和 4 个分量的扫描 • 交织和非交织扫描

（续表）

无损处理	• 预测处理（不是基于 DCT） • 输入原图像：*P* bit/采样（2≤*P*≤16） • 顺序处理 • 霍夫曼编码或算术编码：4 张 DC 码表 • 解码器处理具有 1，2，3 和 4 个分量的扫描 • 交织和非交织扫描
分等级处理	• 多帧（非差分的和差分的） • 使用基于 DCT 的扩展处理或无损处理 • 解码器处理具有 1，2，3 和 4 个分量的扫描 • 交织和非交织扫描

3．**无损压缩编码**

为了满足某些应用领域的要求，如传真机、静止画面的电话电视会议等，JPEG 选择了一种简单的线性预测技术，即差分脉冲调制（DPCM）作为无损压缩编码的方法。这种方法简单、易于实现，重建的图像质量好，其编码框图如图 4.27 所示。其中，预测器的 3 邻域预测模型如图 4.28 所示，以 A、B、C 分别表示当前采样点 x 的三个相邻点 a、b、c 的采样值，则预测器可按式（4.51）进行选择。然后，预测值与实际值之差再进行无失真的熵编码，编码方法可选用哈夫曼法和二进制算术编码。

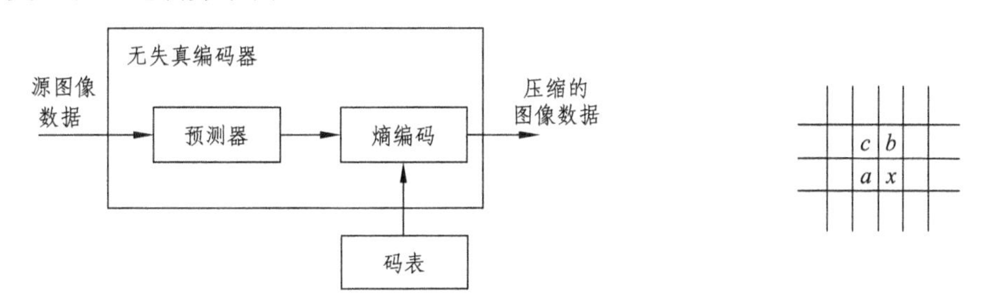

图 4.27　JPEG 无损编码器框图　　　　图 4.28　预测值区域

$$
\text{预测值}=\begin{cases}\text{原像素值(即不预测)} & \text{预测方式}=0\\ A & 1\\ B & 2\\ C & 3\\ A+B-C & 4\\ A+(B-C)/2 & 5\\ B+(A-C)/2 & 6\\ (A+B)/2 & 7\end{cases} \tag{4.51}
$$

4．**基于 DCT 的顺序编码模式**

基于 DCT 的顺序编码模式是，先对源图像中的所有 8×8 子图像进行 DCT 变换，然后再对 DCT 系数进行量化，并分别对量化以后的系数进行差分编码和游程长度编码，最后再进行熵编码。整个压缩编码过程大体如图 4.29 所示。图 4.30 表示基于 DCT 的顺序解码过程。这两个图表示的是一个单分量（如图像的灰度信息）的压缩编码和解码过程。对于彩色图像，可以看作多分量进行压缩和解压缩过程。

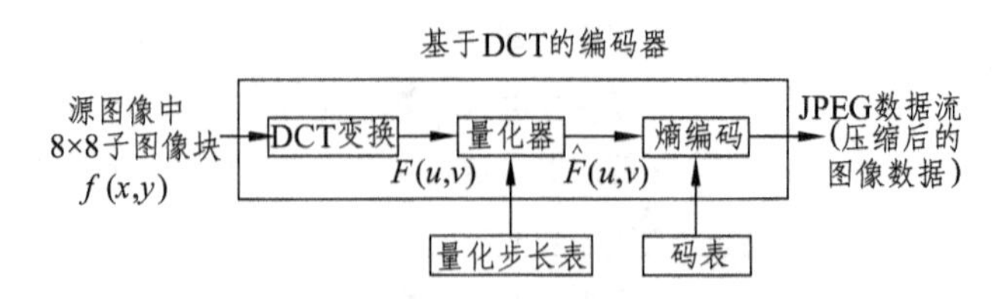

图 4.29　基于 DCT 的顺序编码过程

整个压缩编码的处理过程大体分成以下几个步骤:

（1）散余弦变换（DCT）。

JPEG 采用 8×8 大小的子图像块进行二维的离散余弦变换(DCT)，变换公式参见式(4.41)。在变换之前，除了要对原始图像进行分割（一般是从上到下、从左到右）之外，还要将数字图像采样数据从无符号整数转换到带正负号的整数，即把范围为 $[0,\ 2^8-1]$ 的整数映射为 $[-2^{8-1},\ 2^{8-1}-1]$ 范围内的整数。

这时的子图像采样精度为 8 位，以这些数据作为 DCT 的输入，在解码器的输出端经 IDCT 后，得到一系列 8×8 图像数据块，并须将其位数范围由 $[-2^{8-1},\ 2^{8-1}-1]$ 再变回到 $[0,\ 2^8-1]$ 范围内的无符号整数，才能重构图像。DCT 变换可以看做是把 8×8 的子图像块分解为 64 个正交的基信号，变换后输出的 64 个系数就是这 64 个基信号的幅值，其中第 1 个（即 F_{00}）是直流系数，其他 63 个都是交流系数。

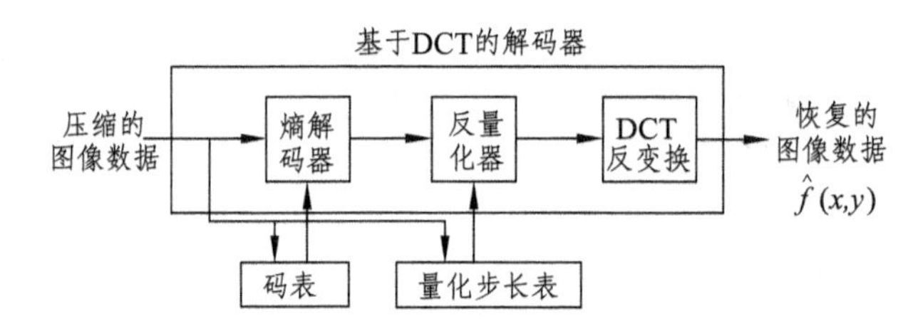

图 4.30　基于 DCT 的顺序解码过程

（2）量化。

DCT 变换输出的数据 $F(u,v)$ 还必须进行量化处理。这里所说的量化并非 A/D 转换，而是指从一个数值范围到另一个数值范围的映射，其目的是为了减少 DCT 系数的幅值，增加零值，以达到压缩数据的目的。JPEG 采用线性均匀量化器，将 64 个 DCT 系数分别除以它们各自相应的量化步长（量化步长范围是 1～255），四舍五入取整数。64 个量化步长构成一张量化步长表，供用户选用。

量化的作用是在图像质量达到一定保真度的前提下，忽略一些次要信息。由于不同频率的基信号（余弦函数）对人眼视觉的作用不同，因此可以根据不同频率的视觉范围值来选择不同的量化步长。通常人眼总是对低频成分比较敏感，因此量化步长较小；对高频成分人眼不太敏感，因此量化步长较大。量化处理的结果一般都是低频成分的系数比较大，高频成分的系数比较小，甚至大多数是 0。表 4.5 给出了 JPEG 推荐的亮度和色度量化步长表。量化处理是压缩编码过程中图像信息产生失真的主要原因。

（3）DC 系数的差分编码与 AC 系数的游程长度编码。

64 个 DCT 系数中，直流系数（DC）实际上等于源子图像中 64 个采样值的均值，源图像是划分成许多 8×8 子图像进行 DCT 变换处理的，相邻子图像的 DC 系数有较强的相关性。

JPEG 把所有子图像量化以后的 DC 系数集合在一起，采用差分编码的方法来表示，即用两相邻块的 DC 系数的差值（$\Delta_j = DC_j - DC_{j-1}$）来表示。

子图像中其他 63 个交流系数（AC）量化后往往会出现较多的零值，JPEG 标准采用游程编码方法对 AC 系数进行编码，并建议在 8×8 矩阵中按照“Z”形次序进行（或称“之”字形扫描），如图 4.31 所示，这样可以增加连续的零值的个数。扫描后将二维 DCT 系数矩阵重组为一个一维数组 ZZ（0，…，63），其中 ZZ（0）为直流系数（DC），ZZ（1）～ZZ（63）为交流系数（AC）。

表 4.5 JPEG 推荐的亮度和色度量化步长表

亮度分量

16	11	10	16	24	40	51	61
12	12	14	19	26	58	60	55
14	13	16	24	40	57	69	56
14	17	22	29	51	87	80	62
18	22	37	56	68	109	103	77
24	35	55	64	81	104	113	92
49	64	78	87	103	121	120	101
72	92	95	98	112	100	103	99

色度分量

17	18	24	47	99	99	99	99
18	21	26	99	99	99	99	99
24	26	56	99	99	99	99	99
47	66	99	99	99	99	99	99
99	99	99	99	99	99	99	99
99	99	99	99	99	99	99	99
99	99	99	99	99	99	99	99
99	99	99	99	99	99	99	99

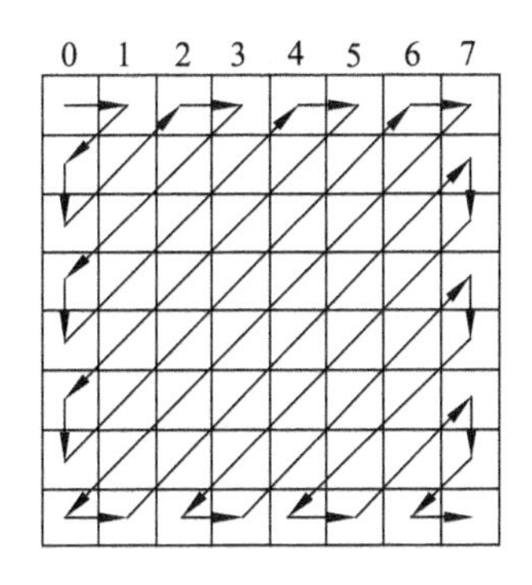

图 4.31 AC 系数进行游程长度编码的“Z”形扫描顺序

（4）熵编码。

JPEG 标准使用两种熵编码方法；哈夫曼编码和自适应二进制算术编码，在其基本系统中只采用哈夫曼编码。对于一幅图像，该哈夫曼码表是固定的，每个编码符号均对应于一个特定码字。DC 系数和 AC 系数分别有不同的码表。对于 DC 系数编码即对差值的编码只需简单地查表，其码字结构为“SSSS＋附加位”。其中，4 bit 二进制码“SSSS”用来将 DC 差值的幅度范围分为 16 类。对于基本系统，由于输入值只有 8 bit 精度，则“SSSS”值（设为 B）将不超过 11；其后的“附加位”用以唯一地规定该类中一个具体的差值幅度，附加的位数等于 B。B 的值用哈夫曼码变长编码，其码表按量度与色度分别给出。B 位“附加位”（以补码表示，对于某一特定类别为定长码）紧跟在码字“SSSS”的后面，高位在前。记 DC 系数的差值为 Δ，则对 Δ 的编码规则是：若 $\Delta \geqslant 0$，则附加位为 Δ 的最低 B 位；若 $\Delta < 0$，则为 $\Delta - 1$ 的最低 B 位。按此规则，当 $\Delta \geqslant 0$ 时，附加位序列的最高位为 1；当 $\Delta < 0$ 时，则为 0。

对于 AC 系数的编码，其数组 ZZ 中的每一个非零的 AC 系数都表示为如下形式：“NNNN/SSSS＋附加位”，其中，“SSSS”定义了 ZZ 中下一个非零系数的幅值范围分类（即幅度码字的长度或“尺寸”），在基本系统中，其范围为 1～10；而“NNNN”，则给出了当前这个非零系数相对于前一个非零系数的位置（即非零系数之间的零系数游程长度 ZRL），其范围规定为 0～15。当 ZRL 超过 15 时，先用“F/0”表示游程长度 16，并对余下的游程按前面的原则处理。另外，用一个特殊码字“NNNN/SSSS”＝“0/0”代表“EOB”，标志该子块中所有剩余系数均为零而无需再编码。

得到复合值“NNNN/SSSS”后，将该复合值用哈夫曼编码（查码表）表示，而每个码后再跟若干附加位，用以规定系数符号及精确的幅值（假定在该范围内随机分布因而可等长编码）。这些附加位的格式与 DC 系数的编码相同。记 ZZ（k）为 Z 序数组中第 k 个待编码系数（以补码表示），则“SSSS”的数值（设为 B）给出了为表示其符号和精确幅值所需的额外位数（或附加的码长）。编码规则是：若 ZZ（k）＞0，则附加位为 ZZ（k）的最低 B 位；若 ZZ（k）＜0，则为 ZZ（k）-1 的最低 B 位。与 DC 系数类似，按此规则，当 ZZ（k）＞0 时，附加位序列的最高位为 1；当 ZZ（k）＜0 时，则为 0。

JPEG 提供了针对 DC 系数和 AC 系数使用的哈夫曼编码表，如表 4.6、表 4.7 和表 4.8，且包括了相应于图像亮度成分和色度成分两种情况在内，供编码和解码时使用。

表 4.6　原始图像分量为 8 bit 精度时 DC 系数差值的典型哈夫曼编码表

SSSS	Diff	亮度码长	亮度码字	色度码长	色度码字
0	0	2	00	2	00
1	–1，1	3	010	2	01
2	–3，–2，2，3	3	011	2	10
3	–7，…，–4，4，…，7	3	100	3	110
4	–15，…，–8，8，…，15	3	101	4	101
5	–31，…，–16，16，…，31	3	110	5	110
6	–63，…，–32，32，…，63	4	1110	6	1110
7	–127，…，–64，64，…，127	5	11110	7	11110
8	–255，…，–128，128，…，255	6	111110	8	111110
9	–511，…，–256，256，…，511	7	1111110	9	1111110
10	–1023，…，–512，512，…，1023	8	11111110	10	11111110
11	–2047，…，–1024，1024，…，2047	9	111111110	11	111111110

表 4.7　AC 系数的尾码位数赋值表

SSSS	AC 系数的幅度值
1	–1，1
2	–3，–2，2，3
3	–7，…，–4，4，…，7
4	–15，…，–8，8，…，15
5	–31，…，–16，16，…，31
6	–63，…，–32，32，…，63
7	–127，…，–64，64，…，127
8	–255，…，–128，128，…，255
9	–511，…，–256，256，…，511
10	–1023，…，–512，512，…，1023

表 4.8　AC 系数的典型哈夫曼编码表

NNNN/SSSS 行程/幅值类	Huffman 编码
0/0（EOB）	1010
0/1	00
0/2	01
0/3	100
0/4	1011
0/5	11010
0/6	1111000
0/7	11111000
0/8	1111110110
0/9	11111111　10000010
0/A	11111111　10000010
1/1	1100
1/2	11011
1/3	1111001
1/4	11111011 0
1/5	11111110 110
1/6	11111111 10000100
1/7	11111111 10000101
1/8	11111111 10000110
1/9	11111111 10000111
1/A	11111111 10001000
2/1	11100

（续表）

NNNN/SSSS 行程/幅值类	Huffman 编码
2/2	11111001
2/3	11111101 11
2/4	11111111 0100
…	
F/0	11111111 001
F/1	11111111 11110101
…	
F/9	11111111 11111101
F/A	11111111 11111110

（5）示例。

设原始图像的一个亮度 8×8 块用 $f(x,y)$ 所示：

$$f(x,y)=\begin{bmatrix}139&144&149&153&155&155&155&155\\144&151&153&156&159&156&156&156\\150&155&160&163&158&156&156&156\\159&161&162&160&160&159&159&159\\159&160&161&162&162&155&155&155\\161&161&161&161&160&157&155&157\\162&162&161&163&162&157&157&157\\162&162&161&161&163&158&158&158\end{bmatrix}$$

从每个元素减去 128 后作 DCT 变换，得到 DCT 系数为

$$\mathrm{NINT}[F(u,v)]=\begin{bmatrix}235&-1&-12&-5&2&-1&-2&1\\-22&-17&-6&-3&-2&0&0&-1\\-10&-9&-1&1&0&0&0&0\\-7&-1&0&1&0&0&0&0\\0&0&1&1&0&0&0&1\\1&0&1&0&0&1&1&0\\-1&0&0&-1&0&1&1&0\\-2&1&-3&-1&1&1&0&0\end{bmatrix}$$

其中，NINT［ ］表示最近整数舍位。可以看出绝大多数高频系数比低频系数要小得多。

在大多数图像中，不同的块具有不同的频谱和统计特性，需要使用自适应比特分配方法。比特分配通常是通过自适应使用阈值编码来完成的。为了得到最好的结果，保留系数的位置以及每像素的平均比特数都应根据块的不同而改变。阈值编码是一种自适应方法，在这种方法中，每一块内只有那些大小超过阈值的系数被保留下来。实际操作中，阈值和量化操作可以通过量化矩阵合在一起。

$$\hat{F}(u,v)=\mathrm{NINT}\left[\frac{F(u,v)}{T(u,v)}\right]$$

其中，$\hat{F}(u,v)$ 是 $F(u,v)$ 的一个阈值量化近似值，$T(u,v)$ 是推荐的对亮度分量的量化矩阵。如果 $\hat{F}(u,v)$ 非零，那么系数 (u,v) 就被保留下来。量化矩阵的元素是 8 位整数，决定了每个系数位置的量化阶距。量化矩阵的选择取决于信源噪声级别和视觉条件。总之，对于较高频率的系数使用的量化较粗，因此产生的加权较大。本例用前面 JPEG 推荐的量化矩阵可以得到：

$$\hat{F}(u,v)=\begin{bmatrix} 15 & 0 & -1 & 0 & 0 & 0 & 0 & 0 \\ -2 & -1 & 0 & 0 & 0 & 0 & 0 & 0 \\ -1 & -1 & 0 & 0 & 0 & 0 & 0 & 0 \\ 0 & 0 & 0 & 0 & 0 & 0 & 0 & 0 \\ 0 & 0 & 0 & 0 & 0 & 0 & 0 & 0 \\ 0 & 0 & 0 & 0 & 0 & 0 & 0 & 0 \\ 0 & 0 & 0 & 0 & 0 & 0 & 0 & 0 \\ 0 & 0 & 0 & 0 & 0 & 0 & 0 & 0 \end{bmatrix}$$

对这些系数进行一次“Z”字形扫描，一维系数序列可以表示为：15，0，－2，－1，－1，－1，0，0，－1，EOB。其中，EOB 表示块结束（表示下面所有系数都是 0）。对 DC 系数使用 DPCM 进行编码。AC 系数被映射到下列的游程级对中：

（1，－2）（0，－1）（0，－1）（0，－1）（2，－1）

根据 JPEG 系数编码类别表、JPEG 缺省 DC（亮度/色度）编码表以及 JPEG 缺省 AC（亮度/色度）编码表，可以找出这些系数形成的符号所对应的码字。

DC 系数 15，假设前一个 DCT 的 DC 系数为 0，则对 15 编码。它落入（一 15，…，一 8；15，…，8）范围内，查 DC 系数差值幅度类别表得 SSSS=4，再由 DC 系数差值码表可得其码字为“101”；而 15>0，故 4 位附加位可直接写出为 15 的二进制码“1111”，从而 ZZ（0）=15 的编码为“1011111”。

游程级对（1，－2）：－2 与 DC 系数之间 0 个数为 1，故 NNNN=1，因 2 落入 AC 系数幅度范围表中的第 2 组，故 SSSS= 2，而 NNNN/SSSS= 1/2 的 AC 系数哈夫曼码字由码表查得为“11011”。附加位：根据编码规则－2－1=－3（原码 10000011，反码 11111100，补码 11111101），其补码的最低 2 位为“01”，因此（1，－2）编码为“1101101”。

游程级对（0，－1）：－1 与前一非零系数之间 0 个数为 0，故 NNNN=0，因 1 落入 AC 系数幅度范围表中的第 1 组，故 SSSS=1，而 NNNN/SSSS= 0/1 的 AC 系数哈夫曼码字由码表查得为“00”。附加位：根据编码规则－1－1=－2（原码 10000010，反码 11111101，补码 11111110），其补码的最低 1 位为“0”，因此（0，一 1）编码为“000”。

游程级对（2，－1）：－1 与前一非零系数之间 0 个数为 2，故 NNNN=2，因 1 落入 AC 系数幅度范围表中的第 1 组，故 SSSS=1，而 NNNN/SSSS = 2/1 的 AC 系数哈夫曼码字由码表查得为“11100”。附加位：根据编码规则－1－1=－2（原码 10000010，反码 11111101 补码 11111110），其补码的最低 1 位为“0”，因此（2，－1）编码为“111000”。

由于后面系数都为 0，因此直接用一个“EOB（0/0）”结束本子块，其码字查表为表为“1010”。

解码器执行逆操作。也就是，首先用接收的系数乘以相同的量化矩阵，可以得

$$\hat{F}(u,v)=\begin{bmatrix} 240 & 0 & -10 & 0 & 0 & 0 & 0 & 0 \\ -24 & -12 & 0 & 0 & 0 & 0 & 0 & 0 \\ -14 & -13 & 0 & 0 & 0 & 0 & 0 & 0 \\ 0 & 0 & 0 & 0 & 0 & 0 & 0 & 0 \\ 0 & 0 & 0 & 0 & 0 & 0 & 0 & 0 \\ 0 & 0 & 0 & 0 & 0 & 0 & 0 & 0 \\ 0 & 0 & 0 & 0 & 0 & 0 & 0 & 0 \\ 0 & 0 & 0 & 0 & 0 & 0 & 0 & 0 \end{bmatrix}$$

然后执行一个逆 DCT 过程，并对每一元素加上 128，得到重构块

$$\hat{F}(x,y)=\begin{bmatrix} 144 & 145 & 148 & 152 & 154 & 155 & 155 & 155 \\ 148 & 149 & 152 & 154 & 155 & 156 & 155 & 155 \\ 154 & 155 & 157 & 158 & 158 & 158 & 156 & 155 \\ 160 & 160 & 161 & 161 & 160 & 158 & 156 & 155 \\ 162 & 163 & 163 & 163 & 162 & 159 & 157 & 155 \\ 162 & 163 & 163 & 163 & 162 & 160 & 158 & 156 \\ 160 & 160 & 161 & 162 & 161 & 160 & 158 & 157 \\ 158 & 159 & 160 & 161 & 161 & 160 & 159 & 158 \end{bmatrix}$$

与前述的原始块相比较可得到重构误差矩阵 $e(x,y)$，可以看出，重构误差在 ± 5 灰度级范围内变化。

$$e(x,y)=\begin{bmatrix} -5 & -2 & 0 & 1 & 1 & -1 & -1 & -1 \\ -4 & 1 & 1 & 2 & 3 & 0 & 0 & 0 \\ -5 & -1 & 3 & 5 & 0 & -1 & 0 & 1 \\ -1 & 0 & 1 & -2 & -1 & 0 & 2 & 4 \\ -4 & -3 & -3 & -1 & 0 & -5 & -3 & -1 \\ -2 & -2 & -3 & -3 & -2 & -3 & -1 & 0 \\ 2 & 1 & -1 & 1 & 0 & -4 & -2 & -1 \\ 4 & 3 & 0 & 0 & 1 & -2 & -1 & 0 \end{bmatrix}$$

5. 基于 DCT 的累进编码模式

上面介绍的整个编码过程采用了从上到下、从左到右的顺序扫描方式，一次完成。而累进编码模式却与顺序模式有所不同，在这种模式中，虽然压缩编码的算法相同，但每个图像分量的编码要经过多次扫描才能完成，每次扫描均传输一部分 DCT 量化系数。第一次扫描只进行粗糙的压缩，以很快的速度传输出粗糙的图像，接收方据此可重建一幅质量较低但尚可识别的图像。在随后几次的扫描中再对图像作较细致的压缩处理，这时只传输增加的一些信息，接收方收到后把可重建图像的质量逐步提高。这样逐步累进，直到全部图像信息处理完毕为止。

为实现累进编码的操作模式，必须在图 4.26 中量化器的输出与熵编码的输入之间增添缓冲存储器，用来存放一幅图像量化后的全部 DCT 系数值，然后对缓冲器中存储的 DCT 系数进行多次扫描，分批进行熵编码。累进编码的操作方式可以有两种做法。

（1）频谱选择法（Spectral Selection）。频谱选择法指每一次扫描 DCT 系数时，只对 64 个

DCT 系数中的某些频段的系数进行压缩编码和传输。随后进行的扫描中，再对余下的其他频段进行编码和传输，直到全部系数都处理完毕为止。

（2）连续逼近法（Successive Approximation）。连续逼近法指沿着 DCT 系数的高位到低位的方向逐渐累进编码。例如，第一次扫描只取高 n 位进行编码和传输，然后在随后的几次扫描中，再对剩余的位数进行编码和传输。

6．基于 DCT 的分层编码模式

分层编码的操作模式是把一幅原始图像的空间分辨率分成多个低分辨图像进行“锥形”编码的方法。例如，水平方向和垂直方向分辨率均以 $2n$ 的倍数改变，如图 4.32 所示。

如图 4.32 所示。分层编码的处理过程大体如下：

（1）把原始图像的分辨率分层降低。

（2）对已降低分辨率的图像（可看成小尺寸图像）采用无失真预测编码、基于 DCT 的顺序编码或基于 DCT 的累进编码中任何一种方式进行压缩编码。

（3）对低分辨率图像进行解码，重建图像。

（4）使用插值、滤波的方法使重建图像的分辨率，提高至下一层图像分辨率的大小。

（5）把升高分辨率的图像作为原始图像的预测值，将它与原始图像的差值采用三种方式中的任何一种进行编码。

（6）重复上述步骤（3）、（4）、（5）直到图像达到原图像的分辨率为止。

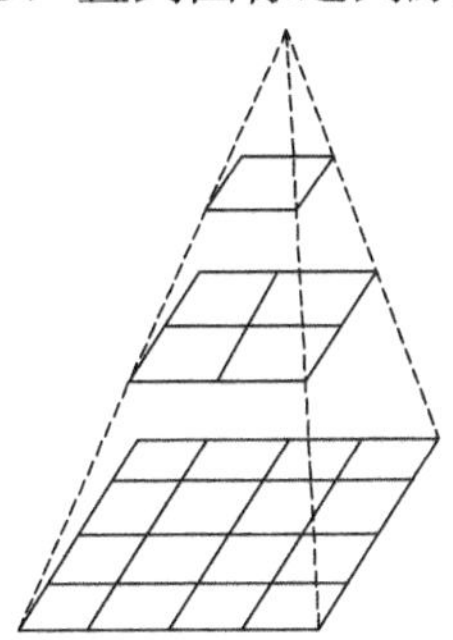

图 4.32　分层编码图像分辨率的分层降低示意图

7．JPEG 的实现

JPEG 标准规定，JPEG 算法结构由三个主要部分组成。

（1）独立的无损压缩编码。它采用线性预测编码和哈夫曼编码（或算术编码），可保证重建图像与原始图像完全一致（均方误差为零）。

（2）基本系统。它提供最简单的图像编码/解码能力，实现图像信息的有损压缩，对图像主观评价能达到损伤难以察觉的程度。它采用了 8×8 DCT 变换线性量化和哈夫曼编码等技术，只有顺序操作模式。

（3）扩充系统。它在基本系统的基础上再扩充了一组功能，它是基本系统的扩展或增强，因此也必须包含基本系统。

实践表明，基于 DCT 的 JPEG 压缩编码算法，其压缩的效果与图像和内容有较大的关系，高频成分少的图像可以得到较高的压缩比，且图像仍能保持较好的质量。对于给定的图像品质系数（俗称 Q 因子，可分为 1～255 级），必须选用相应的量化步长表和编码参数等，才能达到相应的压缩效果。

JPEG 性能按 CCIR601 标准，对自然景色图像按 Y：C_r：C_b=4：2：2 格式标准，16 bit / 像素量化，其处理结果如下：

（1）压缩到 0.15 b/像素，压缩比为 1/100，图像仍可以识别，满足某些应用要求。

（2）压缩到 0.25 b/像素，压缩比为 1/64，图像较好，满足多数应用要求。

（3）压缩到 0.75 b/像素，压缩比为 1/20，图像很好，满足绝大多数应用要求。

（4）压缩到 1.5 b/像素，压缩比为 1/10，与原始图像几乎无区别。

4.8.3 JPEG 2000

在 1997 年，ISO/IEC JTCI/SC29/WG1 便开始着手制定新的静止图像压缩标准 JPEG 2000。与 JPEG 不同的是，JPEG 2000 是基于小波变换的，它采用嵌入式编码技术，在获得优于 JPEG 标准压缩效果的同时，生成的码流具有较强的功能，可应用于多个领域。

JPEG 2000 是新的图像压缩标准，其目标是在一个统一的集成系统中，允许使用不同的图像模型，对具有不同特征、不同类型的静止图像进行压缩，在低比特率的情况下获得比目前标准更好的率失真性能和主观图像质量。

JPEG 2000 具有以下 7 个主要特点：

（1）良好的低比特率压缩性能。这是 JPEG 2000 最主要的特征。对于细节分量多的灰度图像，当编码压缩率低于每像素 0.25 bit 时，JPEG 标准产生的视觉失真大，为了克服这一缺点，要求 JPEG 2000 在低比特率下具有良好的率失真性能，以适应网络、移动通信等有限带宽的应用需要。

（2）连续色调和二值图像压缩。JPEG 标准对于自然图像具有较好的压缩性能，但是对于计算机图形和二值文本的压缩时，其性能变差，不适用于复合文本压缩。为了改进这一点，JPEG 2000 在同一系统中采用相似的方法，能够对自然图像、复合文本、医学图像、计算机图形等具有不同特征、不同类型的图像进行压缩。

（3）有损和无损压缩。JPEG 标准在同一个压缩码流中不能同时提供有损和无损两种压缩。而在 JPEG 2000 标准中，通过参数选择能够对图像进行有损和无损两种压缩，可满足对图像质量要求很高的医学图像、图像库等方面的处理需要。

（4）可以按照像素精度或者分辨率进行累进式传输。累进式图像传输允许图像按照所需的分辨率或像素精度进行重构，用户可根据需要对图像传输进行控制，在获得所需的图像分辨率或质量要求后，便可终止解码，而不必接收整个图像压缩码流。

（5）随机获取和处理码流。由于 JPEG 2000 采用小波技术，因此可利用其局部分辨特性，在不解压的情况下，随机获取某些感兴趣的图像区域（ROI）的压缩码流，对压缩的图像数据进行传输、滤波等操作。

（6）强的抗误码特性。因为在无线通信信道上噪声干扰大，所以希望压缩码流具有较强的容错性能。JPEG 2000 标准通过设计适当的码流格式和相应的编码措施，来减少因不能解码而造成的损失。

（7）固定速率、固定大小、有限的存储空间。由于处理的图像越来越大，这为硬件实现、带宽资源和存储空间有限的应用提出了问题。JPEG 2000 使用分块技术，对每个小块进行处理，可以解决这类问题。

JPEG 2000 标准可以分为六个部分。第一部分是 JPEG 2000 图像编码系统，描述 JPEG 2000 中不可缺少的最小编码器和码流语法，它们应提供最大的可交换性，该部分是 JPEG 2000 标准的核心。第二部分由可选的“附加值”扩展组成，能够增强压缩性能并可以压缩不常用的数据类型。第三部分提出运动图像的解决方案，称为“活动 JPEG 2000”。第四部分包括兼容性/一致性方面的内容。第五部分是参考软件。第六部分是复合图像文件格式，主要针对印刷和传真应用。下面重点介绍第一部分。

JPEG 2000 图像编码系统的编码器和解码器框图如图 4.33 所示。该系统基于 EBCOT 算法，使用小波变换，采用两层编码策略，对压缩位流进行分层组织，不仅可获得较好的压缩效率，而且其压缩码流具有较大的灵活性。

编码时首先对图像进行离散小波变换，根据变换后的小波系数特点进行量化。将量化后的小波系数划分成小的数据单元（编码块），对每个编码块进行独立的嵌入式编码。将得到的所有编码块的嵌入式位流按照率失真最优原则分层组织，形成不同质量的层。对每一层按照一定的码流格式打包，产生压缩码流。解码过程相对比较简单，即根据压缩码中存储的参数，进行对应于编码器的各部分的逆向操作，输出重构的图像数据。

需要指出的是，JPEG 2000 是根据所采用的小波变换和量化，进行相应的有损和无损编码。在进行压缩之前，需要把一幅图像划分成较小的矩形区域，称为拼接块（tiles）。每个拼接块可作为独立的图像进行压缩。对每个拼接块进行操作，可以减少压缩图像所需的存储量，并且有利于抽取感兴趣的图像区域。

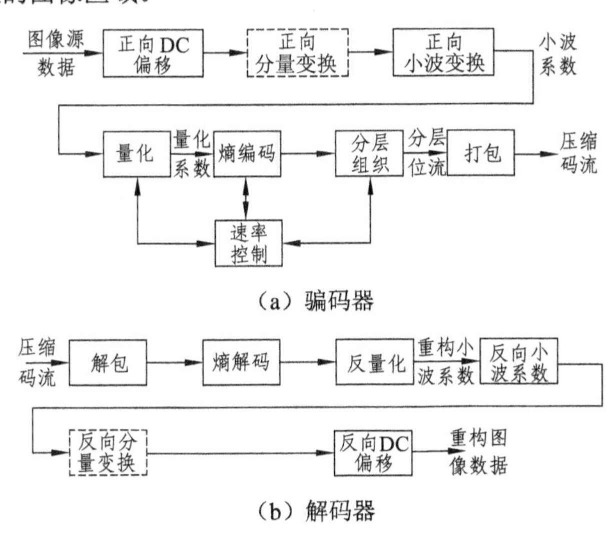

图 4.33　JPEG 2000 的编码器和解码器框图

JPEG 2000 的编码过程如下。

（1）正向 DC 偏移。和 JPEG 一样，JPEG 2000 对图像的无符号样本值进行 DC 偏移。进行 DC 偏移的目的是为了在解码时能够从有符号的数值中正确恢复重构的无符号样本值。

（2）分量变换。彩色图像可以由多个分量组成。分量之间存在一定的相关性，通过解相关的分量变换可以减少数据间的冗余度和提高压缩效率。在 JPEG 2000 标准中，分量变换是可选的，在图 4.33 中用虚线框表示。JPEG 2000 使用两种变换，即可逆的分量变换和不可逆的分量变换。可逆的分量变换既可用于无损压缩，也可用于有损压缩；而不可逆的分量变换只能用于有损压缩。

（3）小波变换。拼接块可以由多个分量构成，以拼接块分量为单位，进行离散小波分解，分解的级数根据具体应用而定。在编码时，对每个拼接块进行 Mallat 塔式小波分解。JPEG 2000 选用了两种滤波器，即 Le Gall（5，3）滤波器和 Daubechies（9，7）滤波器。前者是定点运算，可用于有损或无损图像压缩；后者是浮点运算，只能用于有损压缩。在小波分解时，可采用提升小波变换的快速算法。提升小波变换的优点在于速度快，运算复杂度低，所需存储空间少，而且得到的小波系数与使用传统小波变换得到的结果相同。

（4）量化。在 JPEG 2000 标准中，每个拼接块分量经过 N 级小波分解后，得到 $3\times N+1$ 个子带。由于每个子带上的小波系数反映了图像不同频域的特征，具有不同的统计特性和视觉特性，因此对每个子带采用不同的量化步长进行量化。量化后的小波系数，用符号和幅度值来表示。

（5）熵编码。JPEG 2000 标准中熵编码过程可分成两个步骤：即嵌入式码块编码和分层组织嵌入式码块位流。

① 嵌入式码块编码。在 JPEG 2000 标准中，将量化后的子带划分成小的码块，认为码块间相互独立，以码块为单元进行嵌入式编码。将子带划分成码块，可以更好地利用图像局部的统计特性，为随机获取图像压缩位流提供支持。另一方面，采用分块技术还可以减少硬件处理所需的内存，对于多 CPU 可进行并行操作。此外，分块编码还有助于提高压缩码流的抗误码性能。嵌入式码块编码的基本思想是使得压缩生成的码流可划分成若干子集，每一子集表示对图像的一个压缩。嵌入式码流可在任意一处被截断，得到不同码率或质量的重构图像。

嵌入式编码首先把量化系数组织成位平面，从最高有效位平面开始，依次对每个位平面上的所有小波系数进行算术编码。在进行位平面算术编码时，为了获得细化的嵌入式码块位流，每个位平面又进一步分成子位平面，称为编码通道。位平面上的每个系数必须而且只能在其中的一个编码通道上编码。JPEG 2000 中使用了三个编码过程：显著性传播过程、量值改进过程和清理过程。

把算术编码后得到的码块编码位流，按照一定的率失真要求，截取成不同长度的位流段，将截断点和失真值以压缩的形式同码块位流保存在一起，就形成了码块的嵌入式压缩位流。

② 分层组织嵌入式码块位流。多级小波分解后，码流在空间分辨率上具有可分级性。为使压缩码流具有质量上的可分级性，实现网络浏览、远程图像的累进式传输，JPEG 2000 标准对编码后的码块位流采用了 PCRD 算法思想，计算码块位流在每一层上的截断点。将所有码块位流按照截断点分层组织，形成了具有不同质量的压缩码流，码块的嵌入式压缩位流分布在不同的层上。

将码流分层组织，每一层含有一定的质量信息，这样可以在前面层的基础上来改善图像质量。在网络上进行图像浏览时，可先传输第一层，给用户一个质量较差的图像，然后再传输第二层，图像质量在第一层的基础上得到改善，这样一层一层地传输下去可得到不同质量的重构图像。如果传输了所有的层，则可获得完整的图像压缩码流。图像的这种分层累进式传输可以让网络用户根据自己的需要，控制图像的分层传输，当用户得到满意的图像效果时便可终止传输。这种方法在某种程度上可缓解当前网络带宽有限而图像数据量大所造成的瓶颈问题。

4.9 动态图像压缩编码标准

数字视频图像的压缩编码标准有着广泛的应用，典型的应用有：可视电话、视频会议、数字式视频广播、视频邮件、视频游戏以及视频形式的教育和娱乐等。这些应用按照其视频质量划分，大致分为以下三类：

（1）低质量视频：画面较小，通常为 QCIF 或 CIF 格式。帧速率为 5～10 帧/秒，既可为黑白视频也可为彩色视频。其典型的应用包括可视电话、网络视频游戏、视频邮件等。

（2）中等质量的视频：画面中等，通常为 CIF 或 CCIR601 视频格式。帧速率为 25～30 帧/秒，多为彩色视频。其典型应用包括会议电视、远程教育、远程医疗等。

（3）高质量视频：画面较大，通常为 CCIR 601 视频格式至高清晰度电视视频格式。帧速率大于等于 25 帧/秒，多为高质量的彩色图像。其典型应用包括广播质量的普通数字电视、高清晰度电视等。

针对上述三种质量的视频应用，国际上制定了相应的视频压缩编码标准：H.261、H.263、MPEG-1、MPEG-2 和 MEPG-4 等。常见视频编码标准的视频信号格式见表 4.9 所示。

表 4.9 常见视频编码标准信号格式

采用的标准		CCIR601		ISO/MPEG-1		ITU-T	H.261
参数		PAL	NTSC	SIF		CIF	QCIF
每秒帧数		25	30	25	30	29.97	
每帧行数	Y	576	480	288	240	288	144
	C_r	288	240	144	120	144	72
	C_b	288	240	144	120	144	72
每行像素数	Y	720		360		352	176
	C_r	360		180		176	88
	C_b	360		180		176	88
MPEG-2 的图像格式（每行像素×每帧行数×帧数）							
高等级			1920×1080×30 或 1920×1152×25				
高-1440 等级			1440×1080×30 或 1440×1152×25				
主要等级			720×480×29.97 或 720×576×25				
低等级			352×288×29.97				

4.9.1 H.261 标准

H.261 是 ITU-T 制定的视频压缩标准，也是国际上针对动态图像的第一个视频压缩编码标准。H.261 标准的正式名称为：“P×64 Kb/s（P=1～30）视听业务的视频编解码器”，该标准于 1990 年 12 月获得正式通过，其主要应用为会议电视和可视电话等。当 P=1 或 2 时仅支持 QCIF 视频格式，用于帧速率较低的可视电话；当 P≥6 时可支持 CIF 格式的会议电视。H.261 标准的视频编解码系统框图如图 4.34 所示。

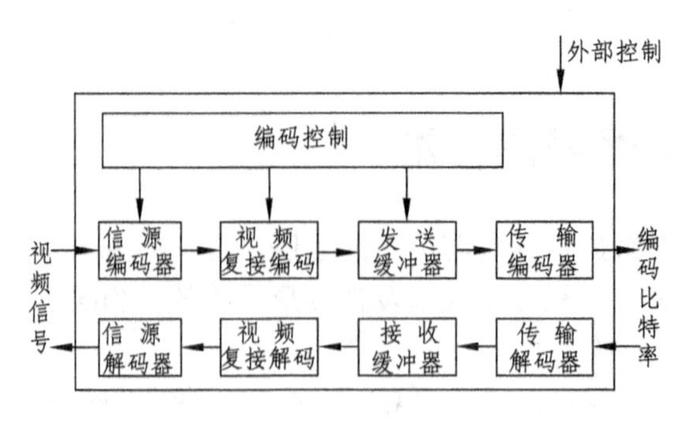

图 4.34　H.261 标准的视频编解码系统框图

1．视频编码器原理

图 4.35 所示为 H.261 标准视频编码器原理框图。编码器主要由帧间预测、帧内分块变换和量化组成。对帧序列中的第一幅图像或景物变换后的第一幅图像，采用帧内变换编码，而帧间采用混合编码方法。在这个编码器标准中，输入的数字视频信号或者经过帧间预测，或者直接送到离散余弦变换（DCT）单元，变换后的系数经二维游程编码后送至量化单元。

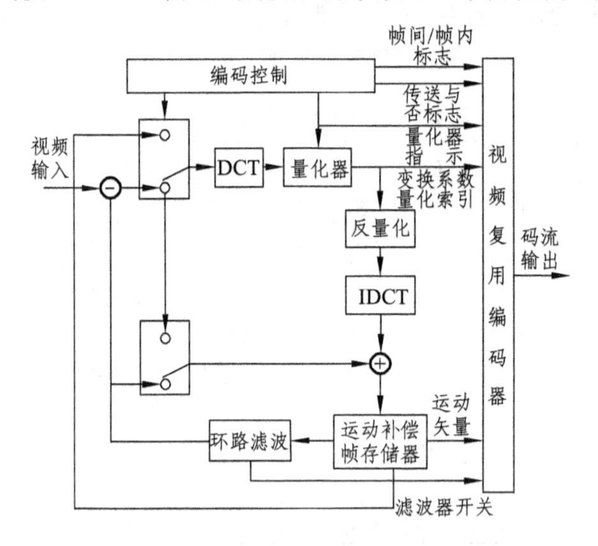

图 4.35　H.261 标准视频编码器原理框图

量化单元采用线性量化方式，量化步长受控于编码控制器，量化输出除了作为源编码器输出以外，还经反量化和反离散余弦变换后送至带有运动估计和运动补偿的帧存储器中，运动补偿后的预测值经滤波单元后再和当前输入的视频信号进行相减得到帧间预测差值。从上图中可以看出，H.261 编码器除了送出图像数据以外，还包括一系列的附加信息（如帧间/帧内标志、传输与否标志、量化器指示、运动矢量和环路滤波器开关等），以供解码器使用。

在图 4.35 中，两个双向选择开关由编码控制器控制，当它们同时接到上边时，输入信号直接进行 DCT 变换，然后再量化输出，因此编码器工作在帧内编码模式。当双向开关同时接到下方时，输入信号与预测信号相减，然后将预测误差进行 DCT 变换，再进行量化输出，因此编码器是帧间预测与 DCT 组成的混合编码器，这时称编码器工作在帧间编码模式。根据应用的需要，还可以加入运动估计和补偿，改善帧间预测的效果。

2．视频数据复用格式

视频数据复用格式是以一种由图像层组成的层次结构排列的，图像层（P）被划分成若干个块组层（GOB），每个块组层依次由若干个宏块层（MB）组成，宏块层又由像素块（B）组成。每一层都有一个头，用来指示编码器在产生后面位流时所使用的一组参数。H.261 数据结构示意图如图 4.36 所示。

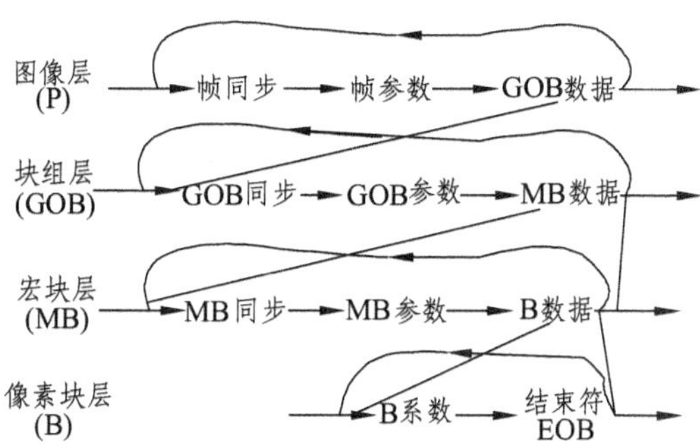

图 4.36　H.261 数据结构示意图

由于目前世界上模拟彩色电视有 PAL、NTSC、SECAM 三种不同制式，为了便于国际上不同制式信号的互连，ITU-T 提出“公共中间格式”（CIF）。在 ITU-T 的 H.261 标准中，规定了输入数字视频格式为 CIF 或 QCIF（1/4CIF）。CIF 或 QCIF 的选择取决于图像的客观质量和信道带宽。CIF 和 QCIF 格式的主要参数见表 4.9。一帧 CIF 格式的图像中包含 12 个 GOB，每个 GOB 包含 33 个 MB，每个 MB 包含 6 个 B（其中 4 个为 8×8 亮度块，2 个为 8×8 色度块）。CIF 格式中帧、块组、宏块、块之间的关系如图 4.37 所示。而一帧 QCIF 格式的图像只有 3 个 GOB。H.261 规定：MB 是作运动估计的基本单元，B 是作 DCT 的基本单元。对每个亮度 MB 进行带运动估计的帧间预测，由此得到的运动矢量也同样用于色度像块，从而在编码过程中尽可能多地消除其时间冗余度。必须将这一最佳匹配的运动矢量一并编码送至解码器，用于重建视频图像。

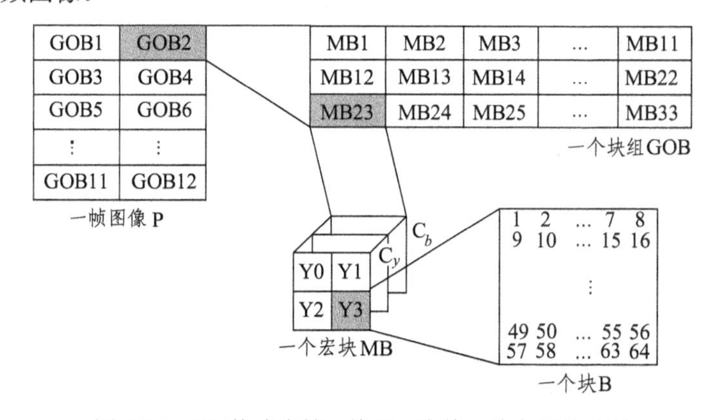

图 4.37　CIF 格式中帧、块组、宏块、块之间的关系

3．压缩编码模式

编码器在编码时必须为每个宏块选择一种压缩模式，这些模式包括：帧内模式还是帧间预测模式、是否需要传输运动矢量、是否要改变量化器的量化步长等。如果经判决采用帧间模式，则经运动补偿的预测误差，即当前块和最佳匹配预测块之间的帧差被编码发送。否则，

当前块就以帧内模式编码发送，将图像数据直接进行DCT。基本的判决准则就是：如果哪一种模式给出较小的编码比特，那么就采用这种模式。不管是在帧内模式中还是在帧间模式中，DCT 及随后的量化器都对这些数据进行变换和量化。为了使所产生的比特率达到预定的值，量化器的量化步长是可以调节的。如何调节量化器，虽然H.261中没有严格规定，但在实际使用中还是有一些限制的。表4.10列出了所有可能的模式。其中，“Intra”表示帧内模式，“Inter”表示帧间模式，“Inter＋MC”表示带有运动补偿的帧间模式，“Inter＋MC＋FIL”表示带有环路滤波器的运动补偿帧间模式。表中的“变长码字”是作为该种模式的编码码字放置在宏块的头部，以便于在解码时指示该宏块在编码时所选择的压缩模式。

运动补偿（MC）是用于进一步增强编码效率的措施。在H.261标准中，运动补偿在编码器中是作为一个选择项，在解码器中是必备项。运动估计以16×16像素的宏块为单位进行，搜索范围为±15。标准并没有规定采用什么方式来找到运动矢量，这给使用者留下了充分的余地。但在大多数场合都是采用全搜索的块匹配算法。在软件实现时，有时还采用一些简单的快速算法，如三步搜索法等。

表4.10　H.261标准的各种编码模式及其码字

预测模式	量化步长	运动矢量	宏块地址	DCT 系数	变长码字
Intra				√	0 001
Intra	√			√	0 000 001
Inter			√	√	1
Inter	√		√	√	00 001
Inter+MC		√			000 000 001
Inter+MC		√	√	√	00 000 001
Inter+MC	√	√	√	√	0 000 000 001
Inter+MC+FIL		√			001
Inter+MC+FIL		√	√	√	01
Inter+MC+FIL	√	√	√	√	000 001

4．二维DCT

H.261标准采用二维DCT变换，变换以一个块（B）为基本单元。

5．量化编码

在H.261标准中采用的均为线性量化器，共有32个。其中一个专门用于帧内DCT变换的直流分量，其余31个用于交流分量，可随着编码出现的不同情况而使用不同的量化器。但在一个宏块中使用同一个量化器（除帧内DCT的直流分量）。在32个量化器中，用于帧内直流分量的是一个量化步长为8的线性量化器，其余31个量化器的量化步长分别为2，4，…，62。量化器的选择也是由编码控制器所决定的。DCT变换后的8×8系数块中的各个系数也是按“Z”字形方式扫描送出，以便量化后进行二维游程长度编码。

6．视频信号的前向纠错

为了提高抗信道误码的能力，H.261规定在其传输的编码流中采用BCH（511，493）的前向纠错编码，这种纠错编码能在一个纠错帧中自动纠正2 bit的错误，其生成多项式为$g(x)=$

$(x^9+x^4+1)(x^9+x^6+x^4+x^3+1)$，其纠错帧结构如图 4.38 所示。H.261 规定，纠错编码是编码器必须具备的，而在解码器中是可选择的。

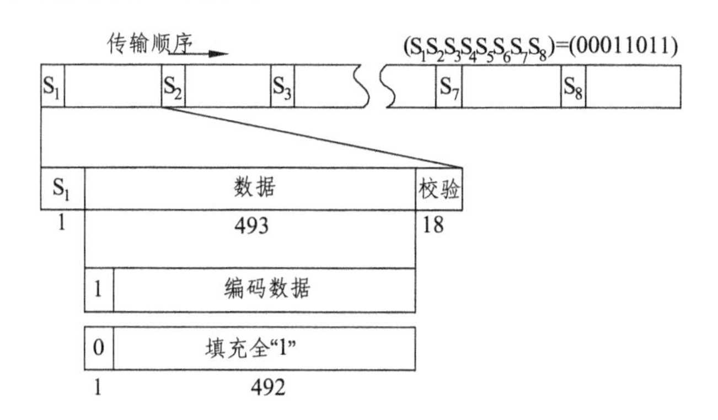

图 4.38　BCH（511，493）纠错帧结构

4.9.2　MPEG-1 标准

MPEG（Moving Picture Expert Group）是运动图像专家组的简称，成立于 1988 年。其任务是给用于数字存储介质、电视广播和通信的运动图像和伴音制定一系列的编码方法，专家组先后制定了 MPEG-1、MEPG-2、MPEG-4、MPEG-7 和 MPEG-21 等标准。

MPEG-1 于 1992 年 11 月成为国际标准，其任务是在一种可接受的质量下，把视频信号与伴音信号压缩到速率大约为 1.5 Mb/s 的单一 MPEG 数据流。它保证符合电视质量的音、视频数据能够以低于光盘数据读出速率（单速 150 Mb/s）的速度被实时解码回放，因而保证了 MPEG 数据流存放在光盘上的可行性。这个标准的最直接产物是：一张普通的 VCD 可以压缩存储 74 min 的 VHS 画质的全动态数字视频影像，两张 VCD 就可以满足一般影视节目存储的需要，为其广泛地进入普通家庭奠定了技术基础。

MPEG-1 标准是一种通用标准，它规定了编码数据流的表示语法和解码方法，该语法支持的操作有运动估计、运动补偿预测、DCT、量化和变长编码。MPEG-1 标准不像 JPEG 那样，它没有定义产生合法数据流所需的详细算法，而是在编码器设计中提供了大量的灵活性。与 H.261 标准类似，MPEG-1 标准也没有对运动估计算法和压缩模式选择准则进行严格的规定，但在 MPEG-1 系统中定义了时间标志，以保证接收端的视频和音频能保持同步，而 H.261 标准只定义了视频，没有规定音频编码方法。另外，定义已编码数据流和解码器的一系列参数都包含在数据流本身当中，这一特点允许算法可以用于不同大小和宽高比的图像，也可用在工作速率范围很大的信道和设备上。MPEG-1 标准具有以下特点：

（1）经 MPEG-1 压缩编码后存储在介质上的视频及伴音可以随机存取。

（2）对视频及伴音可以快速正向或反向进行搜索，并能实现反向演播。

（3）视频和音频信息的同步处理以及合理的编码/解码时延，以满足实时性的要求。

（4）视频及伴音的可编辑性。

（5）对视频信息的格式（空间分辨率、时间分辨率）有很大灵活性。

（6）实现成本适中。

1．MPEG-1 视频编解码原理

MPEG-1 标准和 H.261 标准的混合编码方法是一致的，即采用帧间 DPCM 和帧内 DCT 相结合的方法。MPEG-1 视频编解码原理框图如图 4.39 所示。

2．预测及运动补偿

一方面，在保证图像质量的前提下，要实现高压缩比的压缩算法，只靠帧内压缩是不能实现的。MPEG-1 采用了帧间压缩与帧内压缩相结合的压缩方法。另一方面，为使压缩后得到的视频数据可随机存取，又最好使用单纯的帧内压缩，这就是设计 MPEG-1 压缩算法时遇到的一个难题。为满足高压缩比和随机存取这两个要求，MPEG-1 采用画面分组和在组内用预测和插补进行帧间编码的技术。MPEG-1 将一系列视频画面按一定的帧数分成组，每组画面有三种类型，如图 4.40 所示。

（1）帧内画面（Intra pictures，I）：以静止图像的压缩进行处理，全部信息都必须进行传输，并作为以后随机存取的存取点。

（2）预测画面（Predicted Pictures，P）：只对预测误差信息进行编码后传输，并作为进一步预测的参数之用。

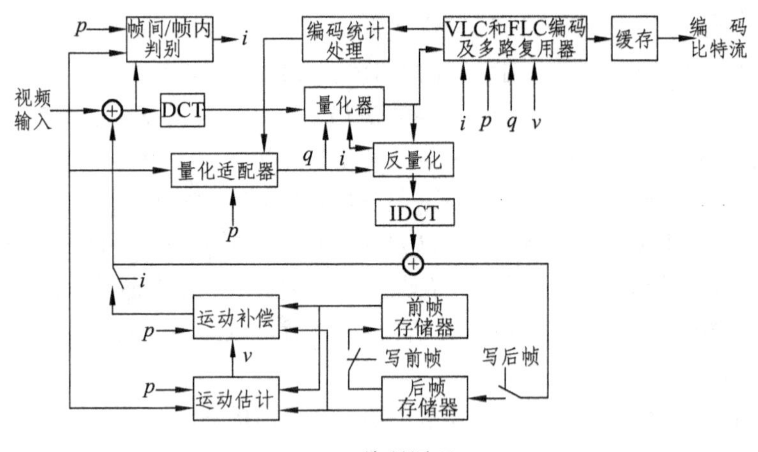

（a）编码原理

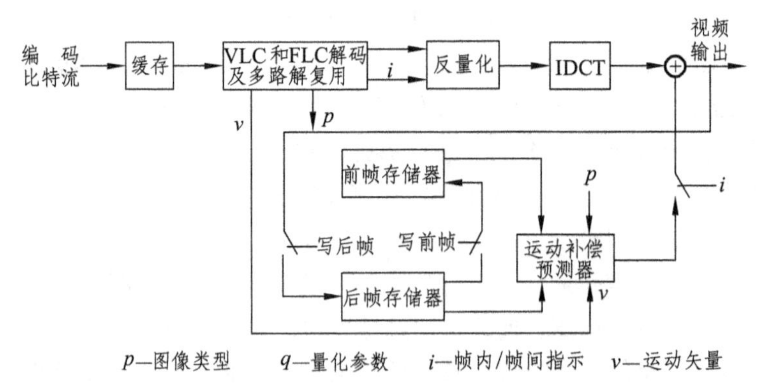

（b）解码原理

图 4.39 MPEG-1 视频编解码原理框图

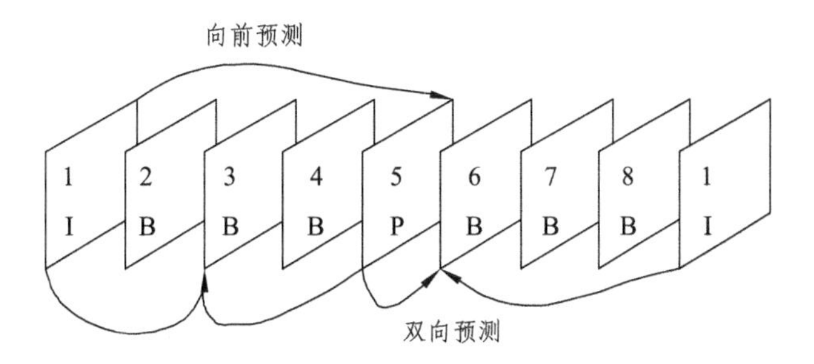

图 4.40　MPEG-1 图像组及其帧间编码方式

（3）插补画面（Bidirectional Predicted Pictures，B）：以前面和后面的画面进行插值处理而得到，本身不作为参考画面使用，因此不必传输，但需要传输运动补偿信息。

在计算预测画面和插补画面时，都要用到运动补偿矢量 $\boldsymbol{mv}$。运动补偿矢量的概念如下：由于在相邻画面之间，画面内容的活动部分其运动具有连续性，换言之，画面上的图像可以看做是前一帧图像位移后的结果，特别是把原始图像划分为若干 16×16 的宏块（MB）之后，从宏块的角度来看就更是如此。

在 MPEG-1 中，宏块的单位是 16×16。根据宏块所在画面的性质设帧内画面中的预测 $\hat{I}_0(\hat{I}_0(x)=128)$，预测画面中的相应宏块为 $\hat{I}_1$，则预测公式（前向预测）为

$$\hat{I}_1(x)=\hat{I}_0(x+\boldsymbol{mv}_{01}) \tag{4.52}$$

其中，x 代表像素坐标（二维矢量），$\boldsymbol{mv}_{01}$ 是宏块 $\hat{I}_1$ 相对于宏块 $\hat{I}_0$ 的运动矢量。如果已知预测宏块 $\hat{I}_0$ 和 $\hat{I}_2$，则位于 $\hat{I}_0$ 和 $\hat{I}_2$ 中间帧上相应的宏块 $\hat{I}_1$ 的插值后向预测的公式为

$$\hat{I}_1(x)=\hat{I}_2(x+\boldsymbol{mv}_{21}) \tag{4.53}$$

其中 $\boldsymbol{mv}_{21}$ 代表宏块 $\hat{I}_1$ 相对于宏块 $\hat{I}_2$ 的运动矢量。其双向预测的公式为

$$\hat{I}_1(x)=\frac{1}{2}\left[\hat{I}_0(x+\boldsymbol{mv}_{01})+\hat{I}_2(x+\boldsymbol{mv}_{21})\right] \tag{4.54}$$

MPEG-1 标准只说明了怎样表示运动信息，以及如何使用运动信息进行预测，但它并不规定运动矢量如何计算，而将这些处理留给 MPEG-1 实现时自行解决。上面的做法主要解决了视频信息时间冗余量的减少，在此基础上还必须解决空间信息冗余量的减少。MPEG-1 用于减少空间冗余量的技术与 JPEG 标准采用的技术基本相同，它也采用基于 8×8 子图像的离散余弦变换，基于视觉特性的加权量化和可变字长编码等混合方法。不同之处是 MPEG-1 中增加了运动信息，量化器的设计需要作特殊考虑。

3．视频码流的分层结构

经过上述压缩编码之后得到的 MPEG-1 码流还必须符合一定的语法要求，以防止语义模糊并减轻解码器的负担。MPEG-1 码流以层次结构进行组织，其分层结构示意图如图 4.41 所示。

（1）图像序列：一个编码的图像序列由一个序列头开始，接着是被处理的连续图像，最后用一个图像终止码结束。这层给出了这一段视频信息的一些参数。例如图像宽度、图像高度、宽高比、帧速率、位速率、缓冲器大小等。

（2）图像组：是将一个图像序列中连续的几个图像组成一个小组。它是在图像序列中随机存取的单元。

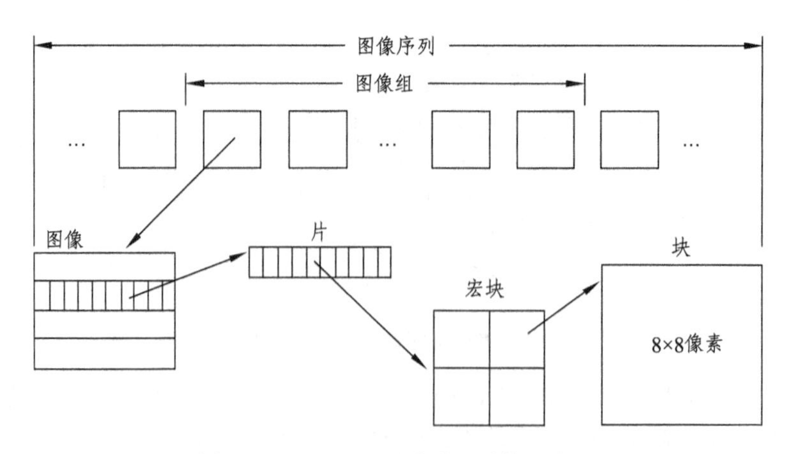

图 4.41　MPEG-1 码流分层结构示意图

（3）图像：为 SIF 格式，这时 Y 信号为 360 点×288 行×25 帧/秒或 360 点×240 行×30 帧/秒。对应的色差信号 C_r 或 C_b 分别为 180×144×25/秒或 180×120×30/秒。图像层是主要编码单元。

（4）片：由若干宏块组成。一帧图像中片的数目越多，则对处理误码越有利，就可以跳过这一片到下一片。但片越多，编码效率就越低。片是图像再同步的基本单元。

（5）宏块：由 4 个 8×8 亮度块和 2 个 8×8 色度块组成。宏块是运动补偿的基本单元。

（6）块：无论是亮度块还是色度块都由 8×8 像素组成。它是作 DCT 的基本单元。

4.9.3　MPEG-2 标准

1995 年出台的 MPEG-2（ISO/IEC 13818）标准所追求的是 CCIR601 标准的图像质量，即为 DVB、HDTV 和 DVD 等制定的 3～10 Mb/s 的运动图像及其伴音的编码标准。

MPEG-2 在 NTSC 制式下的分辨率可达 720×486，MPEG-2 还可提供广播级的视频和 CD 级的音质。MPEG-2 的音频编码可提供左、右、中声道及两个环绕声道，以及一个重低音声道和多达 7 个伴音声道（DVD 可有 8 种语言配音的原因）。同时，由于 MPEG-2 的出色性能表现，已能适用于 HDTV，使得原打算为 HDTV 设计的 MPEG-3，还没出世就被抛弃了。

MPEG-2 的另一特点是，可提供一个范围较广的可变压缩比，以适应不同的画面质量、存储容量以及带宽的要求。其应用范围除了作为 DVD 的指定标准外，MPEG-2 还可用于为广播、有线电视网、电缆网络以及卫星直播提供广播级的数字视频。目前，欧、美、日等国在视频方面采用 MPEG-2 标准，而在音频方面则采用 AC-3 标准，数字视频广播（Digital Video Broadcasting，DVB）标准中的视频压缩标准也确定采用 MPEG-2，音频压缩标准采用 MPEG 音频。

MPEG-2 在技术上与 MPEG-1 存在许多类似之处，这里只介绍 MPEG-2 与 MPEG-1 的区别。

1．MPEG-2 标准的图像规范

MPEG-2 要求具有向下兼容性（和 MPEG-1 兼容）和处理各种视频信号的能力。为了达到这个目的，在 MPEG-2 中，视频图像编码是既分“档次”又分“等级”的。按照编码技术的

难易程度，将各类应用分为不同“档次”，其中每个档次都是MPEG-2语法的一个子集。按照图像格式的难易程度，每个档次又划分为不同“等级”，每种等级都是对有关参数规定约束条件。其中主要档次/主要等级（MP@ML）涉及的正是数字常规电视，使用价值最大。具体的分档、分级见表4.11，表中给出的速率值仅是上限值。大体上来说，低等级相当于ITU-T的H.261的CIF或MPEG-1的SIF；主要等级与常规电视对应；高1440等级粗略地与每扫描行1440样点的HDTV对应；高等级大体上与每扫描行1920采样点的HDTV对应。从表中也可以看出MPEG-2视频编码覆盖范围之广。

表4.11　MPEG-2的图像规范

等级＼档次	简单型	主要型	信噪比可分级型	空间域可分级型	增强型
高级【1920×1080×30】或【1920×1152×25】	（未用）	MP@HL 80 Mb/s	（未用）	（未用）	HP@HL 100 Mb/s
高-1440级【1440×1080×30】或【1440×1152×25】	（未用）	MP@H11440 60 Mb/s	（未用）	SSP@H1440 60 Mb/s	HP@H1440 80 Mb/s
主要级【720×480×29.97】或【720×576×29.97】	SP@ML 15 Mb/s	MP@ML 15 Mb/s	SNP@MP 15 Mb/s	（未用）	HP@ML 20 Mb/s
低级【352×288×29.97】	（未用）	MP@LL 4 Mb/s	SNP@LL 4 Mb/s	（未用）	（未用）

2．场和帧的区分

在MPEG-2编码中为了更好地处理隔行扫描的电视信号，分别设置了“按帧编码”和“按场编码”两种模式，并相应地对运动补偿作了扩展。这样，常规隔行扫描的电视图像的压缩编码与单纯的按帧编码相比，其效率显著提高。例如，在某些场合中，场间运动补偿可能比帧间运动补偿好，而在另外一些场合则相反。类似地，在某些情况下，用于场数据的DCT的质量比用于帧数据的DCT的质量可能有所改进。由此可见，在MPEG-2中，对于场/帧运动补偿和场/帧DCT进行选择（自适应或非自适应）就成为改进图像质量的一个关键措施之一。

3．MPEG-2的分级编码

在表4.11中，同一档次不同级别间的图像分辨率和视频码率相差很大。例如，同一档次的四个等级对应的速率分别为；80 Mb/s、60 Mb/s、15 Mb/s和4 Mb/s。为了保持解码器的向上兼容性，MPEG-2采用了分级编码。表4.11中的两种可分级类型即为两类不同的分级编码方法。

信噪比可分级：可以分级改变DCT系数的量化阶距，它指的是对DCT系数使用不同的量化阶距后的可解码能力。对DCT系数进行粗量化后可获得粗糙的视频图像，它是和输入的视频图像在同一时空分辨率下。简单地说增强层是指粗糙视频图像和初始的输入视频图像间的差值。

空间域可分级：是利用对像素的抽取和内插来实现不同级别的转换。它是指在没有先对整帧图像解码和抽取的情况下，以不同的空间分辨率解码视频图像的能力。例如，从送给

SSP@H1440 解码的 60 Mb/s 码流中分出 MP@ML 解码器所需的 15 Mb/s 的数据，使其能解码出符合现行常规电视质量要求的图像序列。

4．扩展系统层语法

MPEG-2 中有两类数据码流：传输数据流和节目数据流。两者都是由压缩后的视频数据或音频数据（还有辅助数据）组成的分组化单元数据流所构成的。传输数据流的运行环境有可能出现严重的差错（比特误码或分组误码），而节目数据流的运行环境极少出现差错，或系统层的编码基本上由软件完成。

由于在字头上作了很多详细规定，使用起来较为方便和灵活，因此，可对每个分组设置优先级、加密/解密或加扰、插入多语种解说声音和字幕等。

5．其他特点

交替扫描：MPEG-2 标准除了对 DCT 系数采用“Z”字形扫描外，还采用了交替扫描方案，如图 4.42 所示。交替扫描更适合隔行扫描的视频图像。

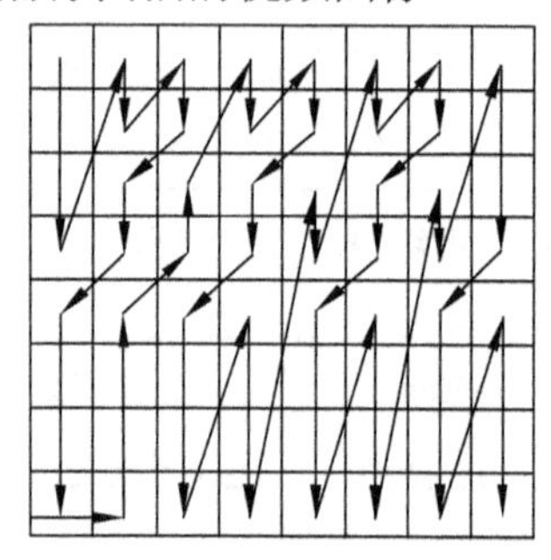

图 4.42　交替扫描示意图

DCT 系数更细量化：在 MPEG-2 视频的帧内宏块中，直流系数的量化加权可以是 8、4、2 或 1。也就是说，直流系数允许有 11 位（即全部）的分辨率，交流系数的量化范围为 [-2048，2047]，非帧内宏块中所有系数量化都在 [-2048，2047]；而对于 MPEG-1 标准，直流系数的量化加权固定为 8，交流系数的量化范围为 [-256，255]，非帧内宏块所有系数量化在 [-256，255]。

量化器量化因子调整更细：量化因子的值除了是 1～31 之间的整数外，还提供了一组 31 个可选值，范围是 0.5～56.0 之间的实数，见表 4.12 所示。

表 4.12　MPEG-2 标准量化因子的一组可选值

0.5	2.0	3.5	6.0	9.0	12.0	18.0	24.0	32.0	44.0	56.0
1.0	2.5	4.0	7.0	10.0	14.0	20.0	26.0	36.0	48.0	
1.5	3.0	5.0	8.0	11.0	16.0	22.0	28.0	40.0	52.0	

4.9.4　MPEG-4 标准

运动图像专家组于 1999 年 2 月正式公布了 MPEG-4 V1.0 版本，同年 12 月又公布了 MPEG-4 V2.0 版本。MPEG-4 标准的应用范围主要是因特网以及娱乐网上的各种交互式多媒体应用。有了该标准，可以使用户由被动变主动，或根据需要来执行开始、停止、暂停等命令，并且允许用户选择图像中某个具体的对象（object），对其进行操作。更具体地说，MPEG-4 标准主要针对可视电话、视频电子邮件和电子新闻等，其传输码率要求较低，在 4800～6400 b/s 之间，分辨率为 176×144 像素。

MPEG-4 除采用变换编码、运动估计与运动补偿、量化、熵编码等第一代视频编码核心技术外，还提出一些新的有创见性的关键技术，充分利用人眼视觉特性，抓住图像信息传输的本质，从轮廓、纹理思路出发，支持基于视觉内容的交互功能。MPEG-4 标准同以前标准的最显著差别在于它采用了基于对象的编码理念，即在压缩之前将每个场景定义成一幅背景图和一个或多个前景音视频对象，然后对背景和前景分别进行编码，再经过复用传输到接收端，然后再对背景和前景分别解码，从而组合成所需要的音/视频。

1．MPEG-4 标准的特点

为了支持对动态视频内容的访问，MPEG-4 引入了基于内容的视频对象（Video Object，VO）压缩编码方法，便于有效地操作和控制对象，这突破了传统 MPEG-2 基于帧（Frame-based）的压缩方法。它与现有的 MPEG-1 和 MPEG-2 标准相比较，MPEG-4 具有如下特点：

（1）基于内容的交互性。MPEG-4 提供了基于内容的多媒体数据访问工具，如索引、超级链接、上传、下载和删除等。利用这些工具，用户可以方便地从多媒体数据库中有选择地获取自己所需的内容。MPEG-4 还提供了对内容的操作和位流编辑功能，可实现对多媒体 VO 的时域随机存取，改变场景的视角，改变场景中物体的位置、大小和形状，或对该对象进行置换甚至清除等操作。

（2）支持自然及合成信息的混合编码（Synthetic and Natural Hybrid Coding，SNHC）。MPEG-4 提供了高效的自然或合成的多媒体数据编码方法，它可以把自然场景或对象组合成为合成的多媒体数据。

（3）高效编码。同已有的其他标准相比，在相同的比特率下，MPEG-4 有更高的编码效率，这就使得在低带宽的信道上传输视频、音频成为可能。同时 MPEG-4 还能对同时发生的数据流进行编码。一个场景的多视角或多声道数据流可以高效、同步地合成为最终数据流。

（4）具有很好的可伸缩性。MPEG-4 可根据带宽和误码率的客观条件，在时域和空域进行可伸缩编码。

（5）可变的最终输出。不同的码率意味着支持不同的功能集，功能集包括低比特率视频（Very Low Bit Rate Video，VLBV）和高比特率视频（High Bit Rate Video，HBV）。VLBV 支持的带宽最低可达 5 Kb/s～64 Kb/s，支持较低的空间分辨率（低于 352×288 像素）和较低的帧频（低于 15 帧/秒）。HBV 的带宽范围为 64 Kb/s～4 Mb/s，支持较高的空间与时间分辨率，其输入可以是 ITU－R601 的标准信号，因此其典型应用为数字电视广播与交互式检索。

2．MPEG－4 标准的构成

MPEG-4 标准由七个部分构成。第一部分是系统，MPEG-4 系统把音/视频对象及其组合复用成一个场景，提供与场景互相作用的工具，使用户具有交互能力。第二部分是视频，描述基于对象的视频编码方法，支持对自然和合成视频对象的编码。第三部分是音频，描述对自然声音和合成声音的编码。第四部分为一致性测试标准。第五部分是参考软件。第六部分是多媒体传输整体框架（Delivery Multimedia Integration Framework，DMIF），主要解决交互网络中、广播环境下以及磁盘应用中多媒体应用的操作问题，通过 DMIF，MPEG-4 可以建立具有特殊服务质量的信道，并面向每个基本流分配带宽。第七部分是 MPEG-4 工具优化软件，提供一系列工具描述组成场景的一组对象，这些场景描述可以以二进制表示，与音/视频对象一起编码和传输。

3．MPEG-4 视频的编码原理

为支持前面提到的各种功能——高效压缩、基于内容交互以及可伸缩编码，必然要求 MPEG-4 要以基于内容的方式表示视频数据。因此，MPEG-4 中引入了 VO 的概念来实现基于内容的表示。VO 的构成依赖于具体的应用和系统实际所处的环境。在要求超低比特率的情况下，VO 可以是一个矩形帧，从而与原来的标准兼容。对于基于内容、表示要求较高的应用来说，VO 可能是场景中的某一物体或某一层面，如新闻节目中解说员的头肩像等。在 MPEG -4 中，VO 主要被定义为画面中分割出来的不同物体。每个 VO 由三类信息来描述：运动信息、形状信息、纹理信息。

VO 的生存期是一个镜头（Session）。MPEG-4 首先对视频序列进行镜头切分，对一个镜头中的每一帧进行物体分割，得到各个 VO。图 4.43 为 MPEG-4 视频的编码原理框图。第一步是 VO 的形成（VO Formation），先要从原始视频流中分割出 VO，之后由编码控制（Coding Control）机制为不同的 VO 以及各个 VO 的三类信息分配码率，之后各个 VO 分别独立编码，最后将各个 VO 的码流复合（MUX）成一个比特流。其中，在编码控制和复合阶段可以加入用户的交互控制或由智能化的算法进行的控制。解码器基本上为编码器的反过程。

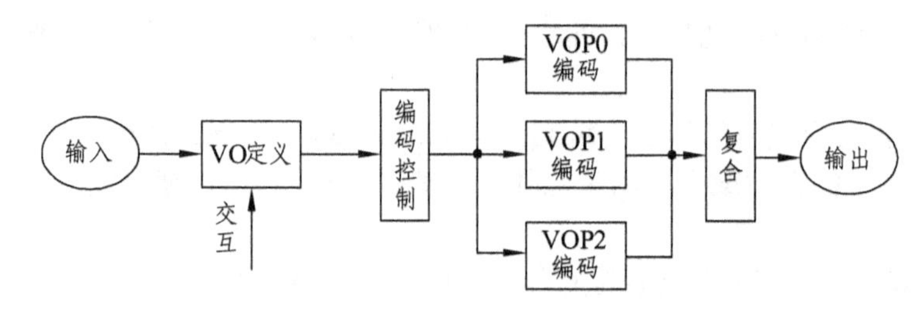

图 4.43　视频的编码原理框图

4．MPEG-4 视频的数据结构

MPEG-4 的视频数据流的结构如图 4.44 所示。图中，有四个层次的数据结构，它们都以类的形式定义。VS（Video Session）为视频镜头，是包含其他三个类的一个类。一个完整的视频序列可以由几个 VS 组成。VO（Video Object）为视频对象，即场景中的某个物体，它是有生存期的，由时间上连续的许多帧构成。VOL（Video Object Layer）为视频对象层，VO 的三种属性信息即运动信息、形状信息和纹理信息都编码于这个类中。这个类的引入主要用来扩展 VO 的时间或空间分辨率。VOP（Video Object Plane）为视频对象平面，可以看做是 VO 在某一时刻的表示，即某一帧。

5．基于 VOP 的编码

MPEG-4 视频编码中，编码的基本单元是 VO，VO 可定义为一幅图像中具有某种特征含义的实体区域。如前所述，VO 在某个时刻是以视频对象平面（VOP）的形式表示的，即基于 VO 的编码实际上就是基于 VOP 的编码。

对 VOP 编码就是对某一时刻的 VO 的形状、运动和纹理信息进行编码。基本的编码方法为：首先对输入的原始视频序列进行场景分析和对象分割，以划分不同的 VOP，得到各个 VOP 的形状和位置信息，它可以用 alpha 平面来表示。对 alpha 平面进行压缩编码和传输，在接收端就可以恢复 alpha 平面。提取的形状和位置信息又用来控制 VOP 的运动和纹理信息编码。对运动和纹理信息编码仍然采用传统的运动估计和运动补偿方法。输入的第 N 帧的 VOP 与帧存储器中存储的第 $N-1$ 帧的 VOP 进行比较，寻找运动矢量，然后对第 N 帧 VOP 和该帧重构 VOP 的差值进行量化、编码。编码后得到的纹理信息，与运动编码器和形状编码器输出的运动信息和形状信息复合，形成该 VOP 的码流。对不同视频对象的 VOP 序列分别进行编码，形成各自的码流，经复合后在信道上传输。传输的顺序依次为形状信息、运动信息和纹理信息。图 4.45 给出了 MPEG-4 VOP 编码示意图。

在某一时刻，VO 以 VOP 的形式出现，此时编码也需要针对该 VO 的形状、运动、纹理这三类信息来进行。

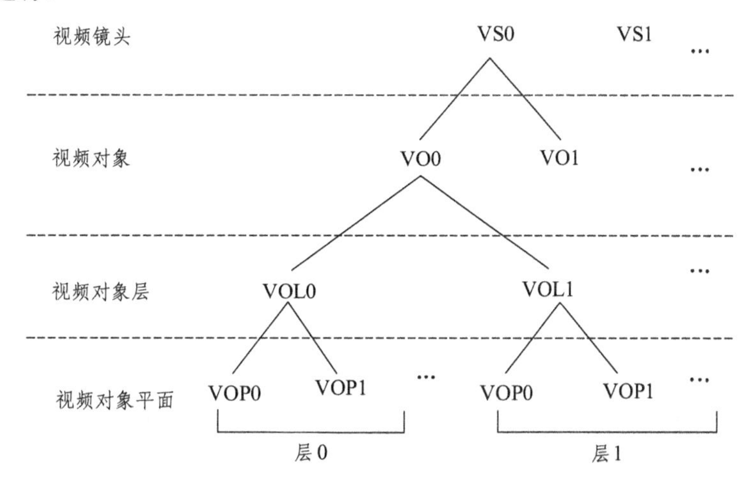

图 4.44 MPEG-4 的视频数据流的结构

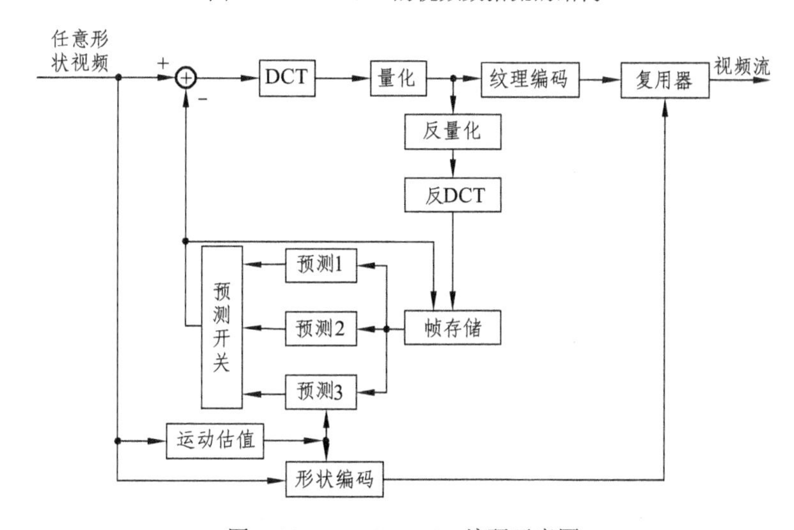

图 4.45 MPEG-4 VOP 编码示意图

6．形状编码

在 MPEG-4 标准中，VO 的形状信息有两类，分别为二值形状信息和灰度级形状信息。两种信息都可以用位图（bitmap）法来表示，位图表示法具有较高的编码效率和较低的运算复杂度。二值形状信息用 0 和 1 的方式表示编码的 VOP 形状，0 表示该像素在 VOP 区域之外，1

表示在 VOP 区域之内；灰度级形状信息用 0～255 之间的数值表示该像素的透明度，0 表示非 VOP 区域（即透明区域），1～255 表示 VOP 区域不同的透明程度，255 表示完全不透明。编码时采用基于块的运动补偿 DCT 方法，属于有损编码。灰度级形状信息的引入主要是为了使前景物体叠加到背景上时边界不至于太明显、太生硬。

在已知 VOP 的情况下，MPEG-4 采用位图法表示形状信息。VOP 被一个边框框住，边框的长和宽均为 16 的整数倍，同时保证边框最小。这样，位图表示法实际上就是将二值形状编码转换为一个边框矩阵的编码，具体采用的是基于上下文的算术编码（CAE）方法。

形状编码示意图如图 4.46 所示。

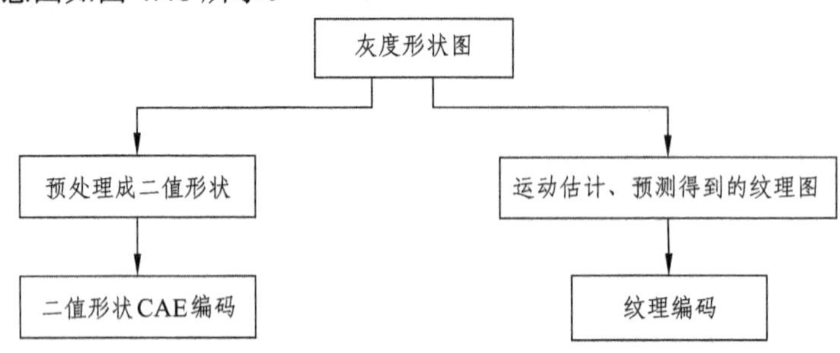

图 4.46　MPEG-4 的形状编码示意图

7．运动信息编码

MPEG-4 利用运动估计和运动补偿技术来去除帧间的时间冗余度。与其他标准的主要区别在于：其他标准采用的是基于块的技术，而 MPEG-4 采用的是 VOP 结构。只有对 P-VOP 和 B-VOP 模式编码时才需要运动估计。

运动信息编码也如形状编码那样，给 VOP 加了边框，边框分成许多，16×16 的宏块，宏块又进一步分成 8×8 的块。因此运动估计也要分三种情况：对于完全在 VOP 外的宏块，不作运动估计；对于完全在 VOP 内的宏块，就采用一般的基于 16×16 像素宏块或 8×8 像素块进行运动估计，运动矢量以半像素精度进行计算；对于部分在 VOP 内，部分在 VOP 外的边缘宏块，则采用修正的块匹配技术估计运动矢量。计算匹配误差时仅仅计算该宏块属于 VOP 内部的那些像素与参考块中相应位置像素的绝对误差和。

由于 VOP 有任意形状，因此运动估计前先要对在 VOP 外，但在其边框内的点进行填充，然后对在边框外，但在运动矢量搜索范围内的点进行重复填充。填充方法有水平填充、垂直填充和扩展填充三种。对 VOP 边界上的宏块先进行水平填充，再采用垂直填充，其余完全在 VOP 外的宏块用扩展填充。这样在 VOP 边界上进行运动矢量搜索时对所需的像素有了更多的选择，从而提高了效率。

8．纹理编码

纹理信息有两种，可能是帧内编码的 I-VOP 的 DCT 系数量化值，也可能是帧间编码的 P-VOP 和 B-VOP 的运动估计残差值。为了达到简单、高性能和容错性好的目的，仍采用基于分块的纹理编码。VOP 边框仍被分为 16×16 的宏块。

DCT 变换是基于 8×8 的块，变换时分三种情况：对处在 VOP 外、但在边框内的块，不进行变换；对 VOP 内的块，进行 DCT 变换；对部分在 VOP 内、部分在 VOP 外的块，先用“重复填充”方法对该块在 VOP 外的部分进行填充（对于残差块只需填零），再进行 DCT 变换。这样做是为了增加块内数据的空域相关性，从而利于 DCT 变换和量化去除块内的空间冗余度。

DCT 系数要经过量化、Z 扫描、游程和哈夫曼熵编码。量化有两种选择：类似于 H.263 那样用一个量化步长针对块内所有 AC 系数进行量化，步长值可以根据质量和目标码率要求而变化；类似于 MPEG-2 标准，使用量化矩阵。

4.9.5 H.263、H. 263+和 H. 263++

1．H.263

H.263 标准采用的是基于运动补偿的 DPCM 的混合编码，在运动矢量搜索的基础上进行运动补偿，然后运用 DCT 变换和“Z”字扫描游程编码，从而得到输出码流。H.263 可以处理以下五种图像格式：sub-QCIF、QCIF、CIF、4CIF 和 16CIF。H.263 视频编码器的基本结构与 H.261 基本类似。H.261 编码器由于仅使用了 I 帧和 P 帧，一定要采用较高的量化阈值和低的频率，才能输出相对较低的码率，因此当码率低于 64 Kb/s 时，输出的图像质量较差。使用高阈值量化和使用低阈值量化所编码的宏块之间的差别导致了所谓的方块效应，而使用低帧率会使物体的运动看起来不连续。为了减少上述方法带来的不利影响，在 H.261 的基础上，H.263 的运动估计采用了半像素精度，同时又增加了非限制运动矢量、基于语法的算术编码模式、先进预测模式和 PB 帧模式等四种可选编码模式。

（1）H.263 的基本编码模式。当 H.263 标准不采用任何高级选项时，称为 H.263 的基本编码模式，也可以称为 H.263 的缺省编码模式。H.263 解码器具有半像素精度的运动补偿能力，并允许编码器采用这种运动补偿方法重构视频帧，而不采用 H.261 标准中的全像素精度和环路滤波器。H.263 编码器结构除了去掉环路滤波器模块之外，其他的与 H.261 基本相同。不过 H.263 在以下几个方面作了改进，以适应极低码率的传输要求。

① 图像格式的多样化。H.263 除了支持 H.261 中的图像格式 CIF 和 QCIF 外，还增加了三种图像格式：sub-QCIF、. 4CIF 和 16CIF，从而使得 H.263 具有更广泛的应用范围。对于每种图像，都采用 4：2：0 的采样格式。H.263 解码器要求能够对 sub-QCIF 和 QCIF 图像格式的视频码流进行解码，但不强求能对 CIF、4CIF 和 16CIF 三种格式的码流进行解码。同样，H.263 编码器应该能够对 sub-QCIF 和 QCIF 格式的视频序列进行编码，不过并不要求同时支持这两种格式。有的编码器也能对 CIF、4CIF 和 16CIF 三种格式的视频序列进行编码，在视频通信中，编解码器以何种图像格式进行通信，是通过 H.245 标准来协商决定的。

② 半像素精度的运动估计。在 H.261 中，宏块运动的估计精度为整数像素，范围为 $[-16,15]$。而在 H.263 中，采用半像素精度，运动矢量具有整型和半整型值。在 H.263 基本编码模式中，运动矢量的范围为 $[-16.0, 15.5]$。在 H.263 的非限制运动矢量这一可选模式中，范围则为 $[-31.5, 31.5]$。半像素位移点的像素值由双线性内插求得，具体方法如图 4.47 所示。

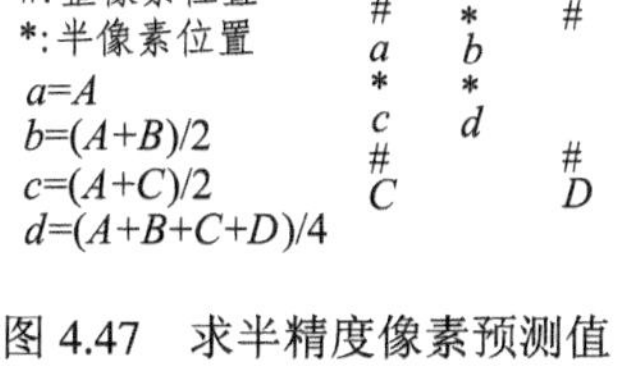

#: 整像素位置
*: 半像素位置
$a=A$
$b=(A+B)/2$
$c=(A+C)/2$
$d=(A+B+C+D)/4$

A #   B #
a *   b *
c *   d *
C #   D #

图 4.47　求半精度像素预测值

③ 基于块的运动估计。H.261 只对 16×16 像素的宏块进行运动估计，一个宏块对应一个运动矢量。H.263 标准不仅可以支持 16×16 像素宏块的运动估计，还可以对 8×8 像素的块进行运动估计，即每个宏块使用 4 个运动矢量。

④ 更有效的运动矢量编码。H.261 中运动矢量编码采用一维预测和 VLC 相结合的方法。H.263 则采用更为复杂的二维预测和 VLC 相结合的方法。H.263 中对运动矢量进行编码时，不是直接对矢量的水平分量和垂直分量进行编码，而是对当前宏块的差分运动矢量（当前宏块的运动矢量与预测运动矢量的差值）进行编码。若宏块只有一个运动矢量，则预测运动矢量为该宏块周围的三个宏块运动矢量的平均值。对于宏块有多个运动矢量的情况，同样需要进行差分运动矢量编码。

⑤ 三维 VLC 编码。为了提高编码效率，H.263 标准中为 VLC 编码规定了编码码字。编码事件用三个符号（*LAST*，*RUN*，*LEVEL*）的组合构成。*LAST*=0 表示该块中还有更多的非零系数需要编码；*LAST*=1 表示这是块中最后一个要编码的非零系数。*RUN* 表示要编码的系数之前连续 0 的个数，*LEVEL* 表示编码系数的非零值。

（2）非限制运动矢量编码模式。在一般情况下，运动矢量的范围限制在参考帧内，而非限制运动矢量模式取消了这种限制，允许运动矢量所指向的宏块超出参考帧，此时使用边缘的像素值代替“这些并不存在的像素”。这种方法对边缘有运动物体的图像的编码效果特别有效。H.263 码流中图像层的参数信息 PTYPE 字段指示了是否使用这种模式。使用非限制运动矢量模式包括两个方面的内容：一是允许宏块的运动矢量超出帧的边界而指向帧的外部；二是延伸运动矢量的范围到[−31.5, 31.5]。运动矢量范围的扩展，特别对 sub-QCIF、QCIF 和 CIF 三种格式的图像有非常明显的效果，而对 4CIF 和 16CIF 两种格式的图像也是非常有用的，可以在更大的范围内，在参考帧中寻找最匹配的宏块位置。

非限制运动矢量模式的采用，对于大范围运动或运动剧烈的图像，如摄像机运动和背景运动等，编码图像质量的恢复效果更加显著。因为这类运动图像在不采用非限制运动矢量模式的情况下，很难在参考帧中找到匹配宏块，使得大部分宏块甚至整帧图像都采用帧内编码方法，码流数据大且效果差。

（3）基于语法的算术编码模式。在基于语法的算术编码模式中，H.263 采用的所有变长编码和解码都要采用算术编码和解码方法，因此这种编码模式比 H.263 基本编码模式复杂。不过该模式不用传输大量不同字段的 VLC 码表，同时算术编码具有自适应的能力，在相同的信噪比条件下，比 VLC 编码平均节省 5%的比特数。由于算术编码的复杂度增加，编码时间要比 VLC 长，对视频编码的实时性有一定的影响，因此在带宽足够而 CPU 或 DSP 处理速度不高的情况下，可以不采用这一模式。若带宽有限而 CPU 或 DSP 有足够的处理能力，选择算术编码模式可以提高恢复视频的连续性。在实际应用中，需要在信道带宽、CPU 或 DSP 处理速度和实时性需求之间进行折中，确定是否采用算术编码选项。

在进行算术编码时：首先，要为每一种需要算术编码的数据字段定义算术编码概率模型。该概率模型由一维整型数组构成，通过指定累积频率得到，数组中包含的整型数个数由该数据字段在 VLC 码表中的索引值决定。其次，根据算术编码算法得出每个符合的码字。最后，对各层的头信息进行编码。这样就得到算术编码后的码流了。

（4）先进预测模式。在 H.263 标准中，先进预测模式是一个非常重要的选项。在这种模式下需要考虑两个特性：一是对 P 帧的亮度分量采用重叠块运动补偿方法，即一个 8×8 块的运动补偿由该块和周围块的运动矢量共同确定；二是对某些宏块使用四个运动矢量，宏块中每个块都有一个运动矢量，采用四个运动矢量来代替原来宏块的一个运动矢量。除了上面的两个特性外，先进预测模式还包括非限制运动矢量编码模式中的一个特性，即允许运动矢量所指向的宏块超出参考帧。不过先进预测模式不会自动包括能够延伸运动矢量的范围到 $[-31.5, 31.5]$ 的特性，需要指定才会具有该特性。使用先进预测模式可以减少方块效应，明显改进恢复的视频质量。

对块的亮度分量进行编码时，将当前块的像素值与预测像素值进行差分编码。在不选用先进预测模式时，预测像素值是当前块运动矢量所指向的块区域像素值。而在先进预测模式下，预测像素值是通过三个块运动矢量所指向的三个块区域像素值的加权来得到的，这三个块运动矢量分别是当前块的运动矢量、当前块的左边块或右边块的运动矢量、当前块的上边块或下边块的运动矢量。当前块的预测像素值要用到左右或上下块的运动矢量，主要是考虑相邻块的相关性。

在先进预测模式下，并非每个宏块都有四个运动矢量，而是通过码流中 MCBPC 字段来指示每个宏块的运动矢量个数的。若 MCBPC 字段指示当前宏块类型为 INTER4V，则当前宏块有四个运动矢量。若宏块只有一个运动矢量，则传输的是当前宏块运动矢量和预测运动矢量的差值。若有四个运动矢量，则传输的是编码块运动矢量与块预测运动矢量的差值。

（5）PB 帧模式。PB 帧模式在提高 H.263 视频编码性能方面有着明显的作用。在相同的信噪比条件下，采用 PB 帧模式比不采用 PB 帧模式的 H.263 编码有更高的压缩比，尤其适应极低比特率的视频编码在带宽受限的网络上实时传输。一个 PB 帧是由一个 P 帧和一个 B 帧组成的。其中的 P 帧是已经编码的前一个 P 帧或 I 帧预测编码所得，而 B 帧是已经编码的前一个 P 帧和本 PB 帧中的 P 帧进行双向预测编码得到的。

如何判断输入的两帧图像是否构成 PB 帧呢？基本思想是利用图像的帧间相关性。若相关性强，则为 PB 帧，否则都为 P 帧。当 H.263 编码器对视频序列进行编码时，假设编码器已经完成对一个 PB 帧之前所有帧的编码，紧接着读入要编码的两帧相邻图像，并对已经编码的前一个 P 帧和刚读入的两帧进行了预测分析。首先根据前一个 P 帧对两帧中的第一帧作前向运动预测，得出前向预测的均方误差 $SAD1$。然后根据两帧中的第二帧对第一帧作后向运动预测，得出后向预测的均方误差 $SAD2$。再根据前一个 P 帧和两帧中的第二帧对第一帧作双向运动预测，得出双向预测的均方误差 SAD。最后进行比较，若 $SAD \leqslant (SAD1 + SAD2)/2$，则表示采用双向预测的均方误差小，应该采用双向预测方式，读入的两帧可以构成一个 PB 帧；否则这两帧都作为 PP 帧分别进行编码。

2. H.263+和 H.263++

为了进一步改善压缩性能，更好地支持没有服务质量保证的 Internet，使多媒体通信在更多的传输信道、更复杂的通信环境和更广阔的范围中得到应用，ITU- T 于 1996 年决定对 H.263 标准进行研究和改进，并于 1998 年 1 月推出 H. 263+。它增加了 12 个新的高级模式，并修正了 H.263 中的一个模式。在 2000 年 11 月，ITU-T 又推出了 H.263++，H.263++增加了 3 个高级模式。总之，H.263 标准的版本升级主要体现在增加或修正一些高级编码模式上，即保持了对旧版本的兼容，又增加了新的功能，因而使其应用范围进一步扩大，压缩效率、抗误码能力和重建图像的主观质量等都得到了提高。下面将分几个方面介绍这些新模式。

（1）一般性增强。① 图像格式多样化：H.263 应用仅限于五种固定图像格式和时钟频率，应用的灵活性较低。改进后的标准中，编解码双方可以通过协商的方式确定专用图像格式进行通信。专用图像格式中像素的行数以及列数都能被 4 整除，行数的范围是[4，1152]，列数的范围是[4, 2048]。同时时钟频率也可协商调整。② 适用范围扩大：H.263+提供了一些新技术，扩大了适用范围，这要体现在两个模式上：附加增强信息模式和参考帧再采样模式。在附加增强信息模式下，码流中增加了一些附加信息，包括图像冻结、图像快照、视频分段、色度键控和是否进行定点 IDCT，这些附加信息需要和系统层协调以保持图像同步。

参考帧再采样模式描述了对参考图像进行再采样的算法和语法结构。再采样的目的是把得到的“扭曲的图像”用于预测当前帧。当预测图像和参考图像的分辨率不同时，这种模式非常有效，可以在编码的过程中自适应地改变参考图像的分辨率。另外这种模式可以通过改变图像的形状、大小和位置等来进行全局运动估计和旋转运动估计。

（2）压缩能力的提高。H.263+用于提高压缩比的技术主要包括：非限制运动矢量模式、先进帧内编码模式、增强 PB 帧模式和交替帧间 VLC 编码模式。

① 非限制运动矢量模式：H.263 标准中有非限制运动矢量模式选项，H.263+对这一模式进行了一定的修正。H.263+采用新的可逆变长编码（Reversible VLC，RVLC）码表对运动矢量的差值进行编码，其码字是单精度的，而在 H.263 中却是双精度的。双精度值由于在可扩展性上的限制和实现的高代价，实际应用并不多。RVLC 在信道发生错误时具有更大的适应性，解码器可以进行前向解码，也可以进行后向解码，提高了解码器的纠错能力。可以看出修正后不仅提高了压缩的效率，还增强了解码器的纠错能力。

② 先进帧内编码模式：该模式为帧内编码定义了新的编码方式，包括部分编码块 DCT 系数预测、帧内编码块系数逆量化修正和独立的帧内编码码表。

对于经过 DCT 变换后的帧内编码块，编码器可以对其直流系数、第一行系数和第一列系数进行预测，参考块为该块上边或左边的已编码块，然后将预测差值和预测方式编码传输。在解码端，帧内编码块直流系数逆量化运行改变量化步长，而不是 H.263 基本框架中规定的固定为 8。H.263 中帧内编码和帧间编码采用同一个游程编码码表，由于帧内编码块的连零系数个数较小，量化值大的系数相对较多，而帧间编码恰恰相反，因此采用同一个码表不符合帧内编码的组合概率分布，降低了哈夫曼变长编码的压缩效率。所以改进的标准为帧内编码定义了另一套游程码表，此码表的码字和帧间编码码表的码字完全相同，但短的码字对应连零系数个数较小且量化值大的编码组合，这就符合了实际的帧内编码的组合概率分布，从而提高了压缩比。

③ 增强 PB 帧模式：在 H.263 的 PB 帧模式中，B 帧只能采用双向预测，B 帧的运动矢量是根据 P 帧的运动矢量进行差分编码的。因此 B 帧的解码是否正确在很大程度上依赖于 P 帧的正确解码，这就限制了 PB 帧的应用范围，导致其抗误码能力差。

H.263+提供了增强的 PB 帧模式，允许 B 帧可选择使用前向、后向和双向预测方式。当进行前向预测时，B 帧宏块由前一 P 帧宏块预测得到。当进行后向预测时，B 帧宏块和后一 P 帧宏块一致，即没有运动矢量。这样在提高编码效率的同时，也增强了抗误码能力。

④ 交替帧间 VLC 编码模式：在进行帧间编码时有时会出现以下情况，帧间编码块中的量化值大的系数较多，如果采用帧内编码码表进行编码，得到的编码比特数可能要比采用帧间编码码表要少。改进的标准为这种情况提供了解决方案。编码器对帧间编码块进行编码时，采用两套码表分别进行编码，若检测到采用帧内编码码表产生的比特数少于帧间编码码表，

则直接发送帧内编码码表的编码码流，否则发送帧间编码码表的编码码流。解码器先用帧间编码码表进行解码，若解码后块的系数个数大于 64，则使用帧内编码码表进行解码。

（3）抗误码能力的增强。H.263+提供了一些新技术来增强其抗误码能力，这些技术包括：分片结构模式、参考帧选择模式、独立分段解码模式和数据分割模式。

① 分片结构模式：H.263 将一帧图像划分为四个层次，即块层、宏块层、块组层和帧。H.263+允许对图像进行进一步的细分，将一帧图像分成若干个分片，每个分片由数个宏块组成。分片之间没有重叠，每个宏块属于且只属于某个分片。分片的形状不固定，非常灵活，可针对不同的环境和应用。在码流中，分片数据相互独立，运动矢量范围仅限于分片内，且片头的位置可作为重同步的标志。这样，若某个分片不能正确解码，也不会影响其他分片，从而提高了抗误码能力。

② 参考帧选择模式：H.263 规定每帧图像总是从前一帧参考图像预测得到，如果信道出错或丢包使得一部分图像丢失，则此后的图像恢复质量将受到严重破坏。参考帧选择模式考虑了这种情况，它允许编码器使用一组图像存储器存放多帧编码图像，从中选择压缩效率最好的一帧进行运动估计，或从前几帧图像中选择某个图像的分段来进行运动估计。这种模式提高了压缩效率，增强了抗误码能力，但对存储器的空间需求变大。

③ 独立分段解码模式：几个连续的宏块组定义为一个图像分段，解码时图像的分界被当做图像边界处理，在图像边界使用的技术同样也能在分段边界使用。这样，图像分段的数据间没有依赖性，误码范围只会在分段之内，不会扩散到其他的分段中。

④ 数据分割模式：H.263 码流中，运动由矢量和变换系数是放在一起进行编码的。在发生误码的情况下，解码器可以将误码定位在两个同步码字之间，但不能判断是运动矢量还是变换系数发生误码，因此不得不将同步码字之间的全部数据丢弃。

为了避免丢弃全部数据，H.263++中定义了数据分割模式。该模式对图像进行分段，在段内宏块数据被重新排列，分为宏块头信息、运动矢量和变换系数三部分，且三部分之间由标识符分隔。这样，解码器可以很容易确定是哪部分发生了误码，并丢弃相应的数据。

（4）改善图像主观质量。H.263+采用的改善图像主观质量的方法包括去方块效应滤波器、降低分辨率更新模式和修正量化模式。

① 去方块效应滤波器：H.263+提出在块边界使用滤波器来去除方块效应。滤波器在垂直和水平方向的边界上以 4 个像素为窗口，对 4 个亮度块和 2 个色度块进行滤波。滤波器系数的大小由该宏块的量化步长来确定。

② 降低分辨率更新模式：当编码过程中遇到图像画面中有较剧烈的运动场景时，随着效率的降低，只能通过减少编码图像帧数来满足低比特率的要求，这就造成更为严重的动画效应和帧间预测误差扩散，导致重构图像的质量急剧下降。针对这种情况 H.263+提出了降低分辨率更新模式。在遇到图像画面中有较剧烈的运动场景时，该模式允许编码器将编码图像的分辨率降至原始分辨率的 1/4，则编码宏块总数减少一半。在解码端，通过内插将低分辨率重构图像恢复至原始分辨率，这样就避免了有较剧烈的运动场景时重构图像的质量下降，提高了主观质量。

③ 修正量化模式：为了在编码比特率和重构图像质量之间取得动态平衡，H.263 在宏块级使用了量化步长修正因子来对量化步长进行改进。改进具体包括三个方面：一改进了量化修正因子的表示方式，扩大了可修正范围；二是在编解码时，色差信号的量化步长是亮度信

号的一半；三是扩大了 DCT 系数量化值的范围。

（5）提供可伸缩编码能力。改进的标准提供了三种可伸缩编码的方法：时域可伸缩编码、SNR 伸缩编码和空域可伸缩编码。

① 时域可伸缩编码：时域可伸缩编码是通过 B 帧图像来实现的。H.263+对插入两个参考帧中的 B 帧个数没有进行限制，不过 B 帧的最大个数一般在视频编码标准之外（如 H.245）规定。B 帧的分辨率和其他参考帧是一样的。当然，引入 B 帧使得压缩性能得到改善，但也引入了更多的时延。

② SNR 可伸缩编码：SNR 可伸缩编码采用两层编码结构：第一层是基本编码层，即 H.263 编码码流；第二层是增强层，对原始图像和基本层的重构图像的误差信号进行编码。基本层提供基本的图像质量，两层一起提供主观质量较好的重构图像。若增强层的图像仅由基本层图像预测所得，则称之为 EI 帧；若增强层的图像是由增强层的前一帧图像和基本层图像通过双向预测得到，则称之为 EP 帧。

③ 空域可伸缩编码：空域可伸缩编码和 SNR 可伸缩编码类似，不同的是，对空域增强层图像进行预测之前，需要对基本层参考图像进行内插。这样得到的增强层图像的分辨率是基本层图像的两倍。

此外，时域可伸缩编码、SNR 可伸缩编码和空域可伸缩编码可以结合起来形成多层可伸缩编码。B 帧不但可以插到 I 帧和 P 帧之间，也可以插到 EI 帧和 EP 帧之间。在这种多层可伸缩编码中，用于预测的参考图像可以是 I、P、EI 和 EP 帧，也可以是 PB 帧中的 P 帧，但不能是 B 帧。

4.9.6 新一代视频压缩编码标准 H.264/AVC

ISO MPEG 和 ITU-T 的视频编码专家组 VCEG 于 2003 年联合制定了比 MPEG 和 H.263 性能更好的视频压缩编码标准，这个标准被称为 ITU-T H.264 建议或 MPEG-4 的第 10 部分标准，简称 H.264/AVC（Advanced Video Coding）。H.264 不仅具有高压缩比（其压缩性能约比 MPEG-4 和 H.263 提高一倍），而且在恶劣的网络传输条件下，具有较高的抗误码性能。

H.264 采用“网络友好（Network Friendliness）”的结构和语法，以提高网络适应能力，适应 IP 网络和移动网络的应用。H.264 的编码结构在算法概念上分为两层：视频编码层（Video Coding Layer，VCL），负责高效率的视频压缩；网络抽象层（Network Abstraction Layer，NAL），负责以网络所要求的恰当方式对数据进行打包和传输。H.264 的编码结构框图如图 4.48 所示。VCL 和 NAL 之间定义了基于分组方式的接口，它们分别提供高效编码和良好的网络适应性。

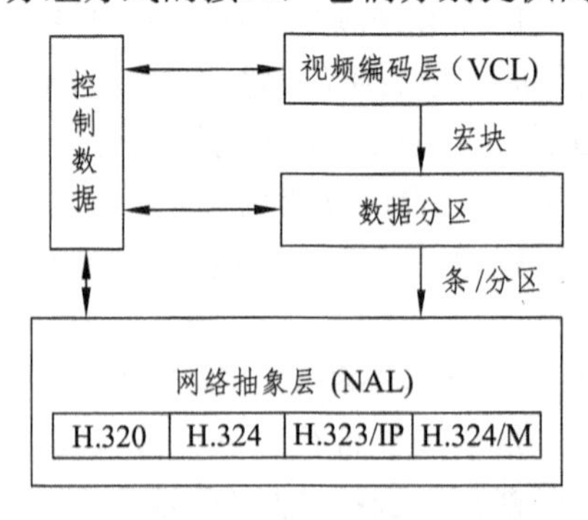

图 4.48　H. 264 的编码结构框图

H.264 并不明确规定一个视频编解码器如何实现，而是规定了一个已编码的视频码流的语法和该码流的解码方法。各个厂商的编码器和解码器在此框架下应该能够互通，使得在实现上具有较大的灵活性，而且有利于相互竞争。图 4.49 和图 4.50 分别给出了 H.264 视频编码器和解码器示意图。从图 4.49 和图 4.50 可以看出，H.264 和以前的视频编码标准中的编/解码功能块的组成并没有什么区别，主要的不同在于各功能块的具体细节。

H.264 标准规定了三个档次，分别是基本档次、主档次和扩展档次。每个档次都定义了一系列的编码工具或算法。低于 1 Mb/s 的低时延会话业务使用基本档次，具体应用有 H.320 会话视频业务、3GPP 会话 H.324/M 业务、基于 IP/RTP 的 H.323 会话业务和使用 IP/RTP 及 SIP 的 3GPP 会话业务。带宽为 1～8 Mb/s、时延为 0.5～2 s 的娱乐视频应用使用主档次，具体应用有广播通信、DVD 和不同信道上的 VOD。带宽为 50kb/s～1.5Mb/s、时延为 2s 或以上的流媒体业务使用基本档次或扩展档次。例如，3GPP 流媒体业务使用基本档次，有线 Internet 流媒体业务使用扩展档次。其他低比特率和无时延限制业务可以使用任意档次，具体应用有 3GPP 多媒体消息业务和视频邮件。

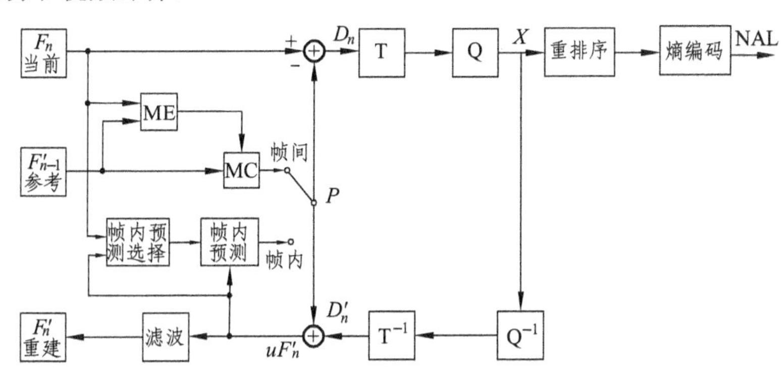

图 4.49　H.264 视频编码器

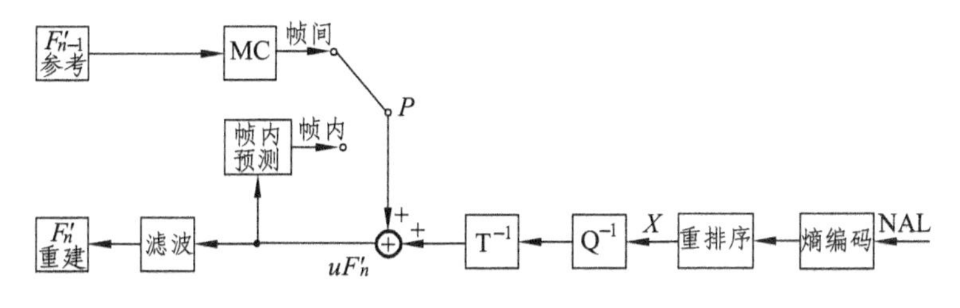

图 4.50　H. 264 视频解码器

H.264 标准保留了先前标准的一些特点，同时使用了以下视频编码新技术：帧内预测、帧间预测、SP/SI 帧技术、整数变换与量化和熵编码等。

1．帧内预测

H.264 采用帧内预测模式。帧内预测编码就是用周围邻近的像素值来预测当前的像素值，然后对预测误差进行编码。对于亮度分量，帧内预测可以用于 4×4 子块和 16×16 宏块，4×4 子块的预测模式有 9 种（模式 0 到模式 8，其中模式 2 是 DC 预测），16×16 宏块的预测模式有 4 种（vertical、horizontal、DC 和 plane）；对于色度分量，预测是对整个 8×8 块进行的，有 4 种预测模式（vertical、horizontal、DC 和 plane）。除了 DC 预测外，其他每种预测模式对应不同方向上的预测。

此外，还有一种帧内编码模式，称为 I_PCM 编码模式。在该模式中，编码器直接传输图像的像素值，而不经过预测和变换。在一些特殊的情况下，特别是图像内容不规则或者量化参数非常低时，该模式的编码效率更高。

（1）4×4 亮度预测模式。如图 4.51 所示，4×4 亮度块的上方和左边像素 A～Q 为已编码并重构的像素，用作参考像素，a～p 为待预测像素。这里利用参考像素和 9 种模式进行预测：模式 0 是垂直预测，模式 1 是水平预测，模式 2 是均值（DC）预测，模式 3 是左下对角预测，模式 4 是右下对角顶测，模式 5 是垂直向右预测，模式 6 是水平向下预测，模式 7 是垂直向左预测，模式 8 是水平向上预测。

Q	A	B	C	D	E	F	G	H
I	a	b	c	d				
J	e	f	g	h				
K	i	j	k	l				
L	m	n	o	p				

图 4.51　4×4 亮度预测

（2）16×16 亮度预测模式。宏块的 16×16 亮度分量可以整体预测，有 4 种预测模式，分别为：模式 0，垂直预测；模式 1，水平预测；模式 2，DC 预测；模式 3，平面预测。

（3）8×8 色度预测模式。每个帧内编码宏块的 8×8 色度分量由该宏块上方和左边的已编码色度分量预测所得。色度分量的预测模式除了与 16×16 亮度分量的 4 种预测模式次序有所不同之外，其预测方式非常类似，分别为：模式 0，DC 预测；模式 1，水平预测；模式 2，垂直预测；模式 3，平面预测。

2．帧间预测

H.264 采用 7 种树状宏块结构作为帧间预测的基本单元，每种结构模式下块的大小和形状都不相同，这样更有利于贴近实际，实现最佳的块匹配，提高运动补偿精度。

在 H.264 中，亮度分量的运动矢量使用 1/4 像素精度，色度分量的运动矢量使用 1/8 像素精度，并详细定义了相应更小分数像素的插值实现算法。因此，H.264 中帧运动矢量估值精度的提高，使搜索到的最佳匹配点（块或宏块中心）尽可能接近原图，减小了运动估计的残差，提高了运动视频的时域压缩效率。

H.264 支持多参考帧预测，即通过在当前帧之前解码的多个参考帧中进行运动搜索，寻找出当前编码块或宏块的最佳匹配。在出现复杂形状和纹理的物体、快速变化的景物、物体互相遮挡或摄像机快速的场景切换等一些特定情况下，多参考帧的使用会体现更好的压缩效果。

（1）树状结构运动补偿。每个 16×16 像素宏块可以按 4 种方式进行分割：1 个 16×16，或 2 个 16×8，或 2 个 8×16，或 4 个 8×8。其运动补偿也有 4 种。而分割后的 8×8 像素的子宏块还可以进一步按 4 种方式进行分割：1 个 8×8，或 2 个 4×8，或 2 个 8×4，或 4 个 4×4。这些分割大大提高了各宏块之间的关联性。分割下的运动补偿称为树状结构运动补偿。每个分割的子宏块都有一个独立的运动补偿。每个运动矢量（*MV*）必须被编码和传输，分割的方式也需编码到码流中。对于分割尺寸大的子宏块，*MV* 的选择和分割方式需要较少的比特来描述，但运动补偿残差在多细节区域中的能量非常高。小尺寸分割的子宏块的运动补偿残差能量低，但需要较多的比特来描述 *MV* 和分割方式。可以看出，分割尺寸的选择影响了压缩性能，大的分割尺寸适合于平坦区域，小尺寸适合于多细节区域。

（2）运动矢量预测。每个子宏块的运动矢量都需要编码发送，尤其是采用小尺寸子宏块时。虽然运动补偿后的残差数据量少，但编码宏块的运动矢量信息占用了较多的比特。实际上，当采用小尺寸子宏块时，每个子宏块的运动情况非常相似，因而邻近子宏块运动矢量之间也必然存在较大的相关性，每个子宏块的运动矢量可以从邻近已编码子宏块的运动矢量预测得到，因此在编码时只需要传输当前子宏块的运动矢量和预测运动矢量的差值即可。其中，预测运动矢量是当前子宏块的左边子宏块、右上方子宏块和正上方子宏块的运动矢量的平均值。解码器只需要对差分运动矢量和预测运动矢量进行求和，就可以得到当前子宏块的运动矢量。差分运动矢量大大减少了子宏块运动矢量之间的相关性，提高了编码效率。

（3）1/4 像素精度插值。对于 1/4 像素精度预测，由于参考帧中不存在这些位置的像素值，因此需要采用周围的像素插值计算得到。更高精度的运动矢量可以提供比整像素精度更好的运动补偿，补偿后的残差数据更加接近于零，编码所需的比特数大大减少，提高了压缩效率，但同时增加了算法的复杂度和编码运动矢量的比特开销。半像素精度位置的亮度值由其邻近的整像素采样点采用 6 阶有限脉冲响应滤波器插值得到，这意味着半像素精度采样值是邻近 6 个整像素位置采样值的加权和。在得到像素精度采样值后，就可以用邻近半像素精度采样值和整像素位置采样值双线性插值得出 1/4 像素精度采样值。

（4）多参考帧预测。H.264 编码器可以在已编码的一组图像中选取一帧或多帧作为参考图像，用来对帧间编码的宏块进行运动补偿预测，这样编码器可以在更多的图像中进行最佳块的匹配。这种多参考帧模式可使视频图像产生更好的主观质量，不过同时也会增加额外的处理时延和更高的内存需求。

3．SP/SI 帧技术

视频编码标准主要包括三种帧类型：I 帧、P 帧和 B 帧。H. 264 为了顺应视频流的带宽自适应性和抗误码性能的需求，定义了两种新的帧类型：SP 帧和 SI 帧。

SP 帧编码的基本原理同 P 帧相似，仍是基于帧间预测的运动补偿预测编码，两者之间的区别在于 SP 帧能够参照不同参考帧重构出相同的图像帧。利用这一特性，SP 帧可取代 I 帧，广泛应用于流间切换、拼接、随机接入、快进、快退和错误恢复等中，同时大大降低了码率的开销。与 SP 帧相对应，SI 帧是基于帧内预测的编码技术，其重构图像的方法与 SP 帧完全相同。

SP 帧的编码效率略低于 P 帧，但远远高于 I 帧，使得 H.264 可支持灵活的流媒体应用，具有很强的抗误码能力，适用于在无线信道中通信。

SP 帧分为主 SP 帧（Primary SP-Frame）和辅 SP 帧（Secondary SP-Frame）。其中，前者的参考帧和当前帧属于同一个码流，而后者不属于同一个码流。主 SP 帧作为切换插入点，不切换时，码流进行正常的编码传输；切换时，辅 SP 帧取代主 SP 帧进行传输。

（1）主 SP 帧的编码过程。主 SP 帧的编码过程如图 4.52 所示。与传统 P 帧编码的不同之处在于，主 SP 帧的预测残差是变换系数的差值。主 SP 帧的编码具体过程如下：通过原始图像和重建帧进行运动补偿预测得到预测块 $P(x, y)$，对 $P(x, y)$ 和原始图像中相对应的块分别进行 DCT 变换，然后用量化步长对 $P(x,y)$ 的变换系数进行量化和反量化，得到系数 d_{pred}。将原始图像中相对应的变换系数和 d_{pred} 相减，得到预测残差 c_{err}，然后将预测残差用量化步长进行量化，其结果和运动矢量一起传输到多路复用器。

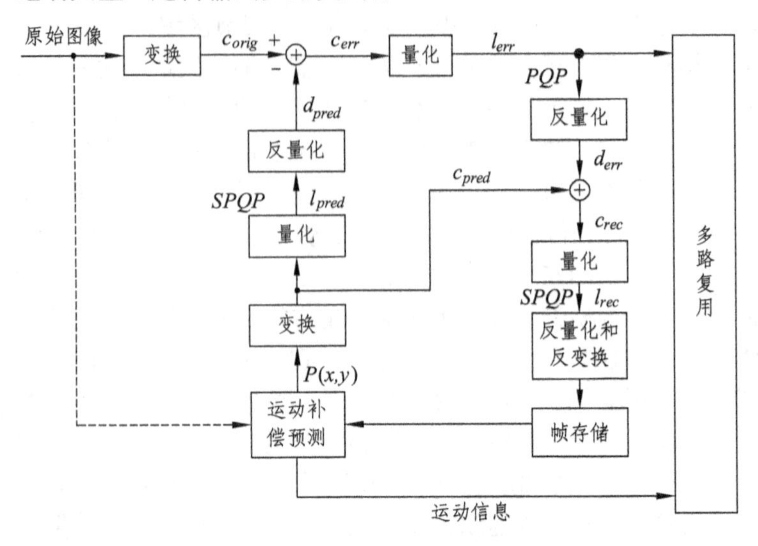

图 4.52　主 SP 帧的编码原理图

（2）辅 SP 帧和 SI 帧的编码过程。假设 $P(x,y)$ 作为预测帧时，主 SP 帧的重建图像为 $I_c(x,y)$。$I_c(x,y)$ 是重建系数 l_{rec} 作反量化和反变换后得到的。假设另一预测帧为 $P_2(x,y)$，若要得到与主 SP 帧具有相同重建图像 $I_c(x,y)$ 的辅 SP 帧，需要做的就是找到新的预测残差系数 $l_{rec,2}$，使得采用 $P_2(x,y)$ 也能准确地重建图像 $I_c(x,y)$。对 $P_2(x,y)$ 进行变换并量化，量化后的系数记为 $l_{pred,2}$，则辅 SP 帧的预测残差系数 $l_{err,2}$，可按下式计算得到：

$$l_{err,2}=l_{rec}-l_{pred,2} \tag{4.55}$$

然后把 $l_{err,2}$ 进行熵编码。解码端生成 $P_2(x,y)$ 后，对 $P_2(x,y)$ 进行变换和量化，得到 $l_{pred,2}$，再将 $l_{pred,2}$ 与接收到的预测残差系数 $l_{err,2}$ 相加，所得之和为 l_{rec}。对 l_{rec} 作反量化和反变换，即可得重建图像 $I_c(x,y)$。

4．整数变换与量化

H.64 对帧内或帧间预测的残差进行 DCT 变换编码。为了克服浮点运算带来的复杂的硬件设计，新标准对 DCT 定义作了修改，使用变换时仅使用整数加减法和移位操作即可实现。这样，在不考虑量化影响的情况下，解码端的输出可以准确地恢复编码端的输入。该变换是针对 4×4 块进行的，也有助于减少方块效应。

为了进一步利用图像的空间相关性，在对色度的预测残差和 16×16 帧内预测的预测残差进行整数 DCT 变换后，H.264 标准还将每个 4×4 变换系数块中的 DC 系数组成 2×2 或 4×4 大小的块，进一步做哈达码（Hadamard）变换。

与 H.263 中 8×8 的 DCT 相比，H.264 的整数 DCT 有以下几个优点：

（1）减少了方块效应。

（2）用整数运算实现变换和量化。整个过程使用了 16 比特的整数运算和移位运算，避免了复杂的浮点数运算和除法运算。

（3）提高了压缩效率。H.264 中对色度信号的 DC 分量进行了 2×2 的哈达码变换，对 16×16 帧内编码宏块的 DC 分量采用 4×4 的哈达码变换，这样就进一步压缩了图像的冗余度。

5．熵编码

H.264 标准采用两种高性能的熵编码方式：基于上下文的自适应可变长编码（Context-based Adaptive Variable Length Coding，CAVLC）和基于上下文的自适应二进制算术编码（Context-based Adaptive Binary Arithmetic Coding，CABAC）。

CAVLC 用于亮度和色度残差数据的编码。经过变换量化后的残差数据有如下特性：4×4 块数据经过预测、变换和量化后，非零系数主要集中在低频部分，而高频系数大部分是零；量化后的数据经过 Zig-Zag 扫描后，DC 系数附近的非零系数值较大，而高频位置的非零系数值大部分是 1 或－1，且相邻的 4×4 块的非零系数之间是相关的。CAVLC 采用了若干码表，不同的码表对应不同的概率模型。编码器能够根据上下文，如周围块的非零系数或系数的绝对值大小，在这些码表中自动地选择，尽可能地与当前数据的概率模型匹配，从而实现上下文自适应的功能。

CABAC 根据过去的观测内容，选择适当的上下文模型，提供数据符号的条件概率的估计，并根据编码时数据符号的比特数出现的频率动态地修改概率模型。数据符号可以近似熵率进行编码，以提高编码效率。CABAC 主要是通过三个方面来实现的，即上下文建模、自适应概率估计和二进制算术编码。

4.9.7 视频压缩编码的国家标准 AVS

AVS（Audio Video coding Standard）是我国具有自主知识产权的视频编码国家标准，它也分为音频、视频和系统 3 个部分。其中，视频标准定义了“基准”范畴（Profile）和 4 个层次（Level），支持的最大图像分辨率从 720×576 到 1920×1080，最大比特率从 10Mb/s 到 30 Mb/s。AVS 是一套适用面十分广阔的技术标准，其优势表现在以下几个方面：

（1）它是基于我国创新技术和部分公开技术的自主标准。编码效率比第一代标准（MPEG-2）高 2～3 倍，而且技术方案简洁，芯片实现复杂度低，达到了第二代标准的最高水平，可节省一半以上的无线频谱和有线信道资源。

（2）它是第二代音/视频编/解码标准的上选。AVS 通过简洁的一站式许可政策，解开了 H.264 被专利许可问题缠身、难以产业化的死结。与一些公司提出的标准相比，AVS 是开放式的国家、国际标准，易于推广。

（3）它为音/视频产业提供系统化的信源标准体系。H.264 是一个视频编码标准，而 AVS 是一套包含系统、视频、音频、媒体版权管理在内的完整标准体系，为中国日渐强大的音/视频产业提供了完整的信源编码技术方案，且正在通过与国际标准化组织合作，进入国际市场。

AVS 标准包括九个部分，分别为系统、视频、音频、一致性测试、参考软件、数字版权管理、移动视频、IP 网上传输 AVS 和文件格式等。视频是音/视频编码标准中最复杂、难度最大的一个部分，也是音/视频专利密集区。

AVS 视频标准采用的如图 4.53 所示混合编码框架。此框架与以往的视频标准相同，但由于不同标准制定时是出于对不同应用的考虑，在技术取舍上对复杂度和性能的衡量指标各不相同，因而在复杂性、编码效率上的表现也各不相同。比如，一般认为 H.264 的编码器大概比

MPEG-2 复杂 9 倍，而 AVS 视频标准则由于编码模块中的各项技术复杂度都有所降低，其编码器复杂度大致为 MPEG-2 的 6 倍，但编码高清序列时 AVS 具有与 H.264 相近的编码效率。

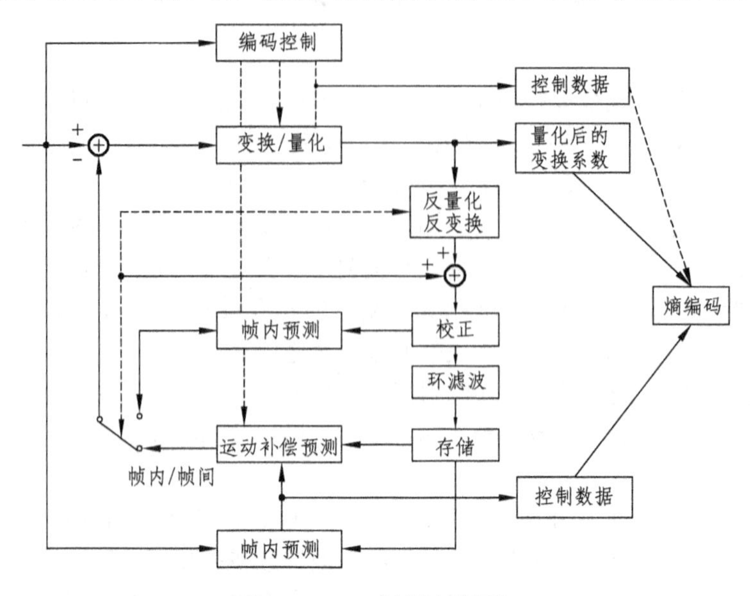

图 4.53　AVS 视频编码框架

视频编码的基本流程为：将视频序列的每一帧划分为固定大小的宏块，通常为 16×16 像素的亮度分量及 2 个 8×8 像素的色度分量（对于 4：2：0 格式视频），之后以宏块为单位进行编码。对视频序列的第一帧及场景切换帧或者随机读取帧采用 I 帧编码方式。I 帧编码只利用当前帧内的像素作空域预测，类似于 JPEG 图像编码方式。其大致过程为：利用帧内先前已经编码的块中的像素对当前块内的像素值作出预测（对应图 4.53 中的帧内预测模块），将预测值与原始视频信号作差分运算得到预测残差，再对预测残差进行变换、量化及熵编码形成编码码流。对其余帧，包括前向预测 P 帧和双向预测 B 帧采用帧间编码方式，帧间编码是指对在先前已编码帧中寻找与当前帧内的块最相似块（运动估计），并将其作为当前块的预测值（运动补偿），之后如 I 帧的编码过程一样对预测残差进行编码。编码器中还内含一个解码器。内嵌解码器模拟解码过程，以获得解码重构图像，作为编码下一帧或下一块的预测参考。解码步骤包括：对变换量化后的系数进行反量化、反变换，得到预测残差，之后预测残差与预测值相加，经滤波去除方块效应后得到解码重构图像。

AVS 视频编码包括以下关键技术：帧内预测、变块大小运动补偿、多参考帧预测、1/4 像素插值、整数变换与量化、高效 B 帧编码模式、熵编码和环路滤波。

1. 帧内预测

AVS 视频标准采用空域内的多方向帧内预测技术，可以去除帧内空间冗余度。以往的编码标准都是在频域内进行帧内预测，如 MPEG-2 的直流系数（DC）差分预测、MPEG-4 的直流系数 DC 及高频系数（AC）预测。基于空域多方向的帧内预测提高了预测精度，从而提高了编码效率。H.264 标准也采用了这一技术，其预测块大小为 4×4 以及 16×16，其中，4×4 帧内预测时有 9 种模式，16×16 帧内预测时有 4 种模式。

AVS 的帧内预测都是以 8×8 的块为单位的。亮度分量采用 5 种预测模式（模式 0 到模式

4)，分别为 Intra_ 8×8_ Vertical、Intra_ 8×8_ Horizontal、Intra_ 8×8_ DC、Intra_ 8×8_ Down_Left 和 Intra_ 8×8_ Down_ Right。色度分量采用 4 种预测模式（模式 0 到模式 3），分别为 Intra_Chroma_Vertical、Intra_Chroma_Horizontal、Intra_Chroma_DC 和 Intra_Chroma_Plane。AVS 大大降低了帧内预测模式决策的计算复杂度，但性能与 H.264 十分接近。除了预测块尺寸及模式种类的不同外，AVS 视频的帧内预测还对相邻像素进行了滤波处理以去除噪声。

2. 变块大小运动补偿

变块大小运动补偿是提高运动预测精确度的重要手段之一，对提高编码效率起着重要作用。在以前的编码标准 MPEG-1 和 MPEG-2 中，运动预测都是基于 16×16 的宏块进行的（MPEG-2 隔行编码，支持 16×8 划分），在 MPEG-4 中添加了 8×8 块划分模式，而在 H.264 中则进一步添加了 16×8、8×16、8×4、4×8 和 4×4 等划分模式。但是小于 8×8 块的划分模式对低分辨率编码效率影响较大，而对于高分辨率编码则影响甚微。在高清序列的编码上，若去掉 8×8 以下的块的运动预测模式，则整体性能降低 2%～4%，但其编码复杂度可降低 30%～40%。因此在 AVS 视频标准中将最小宏块划分限制为 8×8，这一限制大大降低了编/解码器的复杂度。

3. 多参考帧预测

多参考帧预测使得当前块可以从前面几帧图像中寻找更好的匹配，因此能够提高编码效率。但一般来讲，2～3 个参考帧基本上能达到最高的性能，更多的参考图像对性能提升影响甚微，复杂度却会成倍增加。H.264 最多可采用 16 个参考帧，并且为了支持灵活的参考图像引用，采用了复杂的参考图像缓冲区管理机制，实现较繁琐。而 AVS 视频标准限定最多采用两个参考帧，其优点在于：在没有增大缓冲区的条件下提高了编码效率，因为 B 帧本身也需要两个参考图像的缓冲区。

4. 1/4 像素插值

MPEG-2 标准采用 1/2 像素精度运动补偿，相比于整像素精度提高约 1.5 dB 编码效率。H.264 采用 1/4 像素精度补偿，比 1/2 精度提高约 0.6 dB 的编码效率，因此运动矢量的精度是提高预测准确度的重要手段之一。影响高精度运动补偿性能的一个核心技术是插值滤波器的选择。H.264 亚像素插值在半像素位置采用 6 抽头滤波，这个方案对低分辨率图像效果显著。

虽然 AVS 视频与 H.264/AVC 都采用了 1/4 像素精度的运动补偿技术，但是 H.264 采用 6 抽头滤波器进行半像素插值，并用双线性滤波器进行 1/4 像素插值。根据高清视频的特性，AVS 视频标准采用 4 抽头滤波器进行半像素插值以及 1/4 像素插值，在不降低性能的情况下，由 6 抽头滤波器插值改为 4 抽头滤波器插值，这样不仅降低了计算量，也使数据带宽需求减小了。滤波器的复杂度减小，在不降低性能的情况下减少插值所需要的参考像素点，减小了数据存取带宽需求，这在高分辨率视频压缩应用中是非常有意义的，同时，采用这种滤波器也避开了 H.264/AVC 的专利技术。

5. 整数变换与量化

AVS 视频标准采用整数变换代替了传统的浮点离散余弦变换（DCT）。整数变换的优势在于，采用整数变换设计，其快速算法完全用加减法和位移实现，而不用乘法，计算复杂度很低；整数变换不存在浮点 DCT 的变换与反变换失配问题，矩阵的数值较小，减小了变换量化中间过程的数值动态范围。

AVS 的变换与量化技术源自 H.264，两者最大不同在于变换尺寸。H.264 采用的是 4×4 整数变换，避免了正变换和逆变换的不匹配问题。但考虑到编码性能、实现复杂度、AVS 视频标准的应用等多方面的因素，并且由于 AVS 中最小块预测是基于 8×8 的块大小，这使得 AVS 视频标准最终选择了 8×8 整数 DCT 变换矩阵。8×8 变换比 4×4 变换的去相关性能强，这使得 AVS 标准的变换模块编码效率相比 H.264 的要提高 2%（约 0.1dB）。同时，与 H.264 中的变换相比，AVS 标准中的变换有其自身的优点，即由于变换矩阵每行的模比较接近，因而可以将变换矩阵的归一化在编码端完成，从而节省解码反变换所需的缩放表，降低了解码器的复杂度。

量化是编码过程中唯一带来损失的模块。以前典型的量化机制有两种，一种是 H.263 中的量化方法，另一种是 MPEG-2 中的加权矩阵量化形式。与以前的量化方法相比，AVS 标准中的量化与变换归一化相结合，同时可以通过乘法和移位来实现。对于量化步长的设计，量化参数每增加 8，相应的量化步长扩大 1 倍。由于 AVS 标准中变换矩阵每行的模比较接近，变换矩阵的归一化可以在编码端完成，从而使解码端的反量化表不再与变换系数位置相关。

6．B 帧宏块编码模式

在 H.264 标准中，时域直接模式与空域直接模式是相互独立的。而 AVS 视频标准采用了更加高效的空域和时域相结合的直接模式，另外还提出了对称模式和跳过模式，使用对称模式时，码流只需要传输前向运动矢量，后向运动矢量可由前向运动矢量导出。B 帧的宏块只需要对一个方向的运动矢量进行编码，从而可节省后向运动矢量的编码开销。对于直接模式，当前块的前、后向运动矢量都由后向参考图像相应位置块的运动矢量导出，无需传输运动矢量，因此也可以节省运动矢量的编码开销。跳过模式的运动矢量的导出方法和直接模式的相同，通过跳过模式编码的块其运动补偿的残差也均为零，即该模式下宏块只需要传输模式信号，而不需要传输运动矢量、补偿残差等附加信息。这三种双向预测模式都充分利用了视频中连续图像的运动连续性，极大地减少了运动图像的时间冗余和空间冗余。

7．熵编码

熵编码是视频编码器的重要组成部分，用于去除数据的统计冗余。AVS 视频标准采用基于上下文的自适应变长编码器对变换量化后的预测残差进行编码。其具体策略为：系数经过“Z”字形扫描后，形成多个（*Run*, *Level*）数对，其中 *Run* 表示非零系数前连续的值为零的系数个数，*Level* 表示一个非零系数；之后采用多个变长码表对这些数对进行编码，编码过程中进行码表的自适应切换以匹配数对的局部概率分布，从而提高编码效率。编码顺序为逆向扫描顺序，这样易于识别局部概率分布变化。变长码采用指数哥伦布码，采用该码的优势在于：一方面，它的硬件复杂度比较低，可以根据闭合公式解析码字，无需查表；另一方面，它可以根据编码元素的概率分布灵活地确定以 k 阶指数哥伦布码编码，如果 k 选得恰当，则编码效率可以逼近信息熵。此熵编码方法与 H.264 用于编码 4×4 变换系数的基于上下文的自适应变长编码器（CAVLC）具有相当的编码效率。相比于 H.264 的算术编码方案，AVS 的熵编码方法的编码效率要低 0.5 dB，但算术编码器的计算复杂，其硬件的实现代价较高。

8．**环路滤波**

起源于 H.263++的环路滤波技术的特点在于把去块效应滤波放在编码的闭环内，而此前去块效应滤波都是作为后处理来进行的，如在 MPEG-4 中就是如此。在 AVS 视频标准中，最小预测块和变换都是基于 8×8 的，环路滤波也只在 8×8 块边缘进行，与 H.264 对 4×4 块进行滤波相比，其滤波边数变为 H.264 的 1/4。同时，AVS 视频滤波点数、滤波强度分类数都比 H.264 中的少，大大减少了判断、计算的次数。环路滤波在解码端占有很大的计算量，因此降低环路滤波的计算复杂度十分重要。

练习与思考题

1．图像信息数字化过程主要包括哪些步骤？它与音频信息数字化有何区别？

2．图像压缩方法按所采用的技术可分为哪几类？简述各种图像压缩方法的基本原理。

3．设一幅图像有 7 个灰度级 $W=\{w1, w2, w3, w4, w5, w6, w7\}$，对应各灰度级出现的概率 $P=\{0.20, 0.19, 0.18, 0.17, 0.15, 0.10, 0.01\}$，试对此图像进行哈夫曼编码并计算其编码效率。

4．有 3 个符号 a_1，a_2，a_3，概率分别为 $P_1=0.4$，$P_2=0.5$，$P_3=0.1$，试对由以上三个符号组成的符号序列“$a_2\,a_1\,a_2\,a_3\,a_1$”进行算术编码及解码。

5．采用 DPCM 对视频信号编码与对音频信号编码有何异同？

6．运动补偿有何作用？简要说明运动补偿是怎样起作用的。

7．比较预测编码和变换编码的抗误码性能并说明其原因。

8．设原始图像的一个 8×8 的亮度块如下 $f(x,y)$ 所示，按下列步骤进行 JPEG 编码：

$$f(x,y)=\begin{bmatrix} 183 & 160 & 94 & 153 & 194 & 163 & 132 & 165 \\ 183 & 153 & 116 & 176 & 187 & 166 & 130 & 169 \\ 179 & 168 & 171 & 182 & 179 & 170 & 131 & 167 \\ 177 & 177 & 179 & 177 & 179 & 165 & 131 & 167 \\ 178 & 178 & 179 & 176 & 182 & 164 & 130 & 171 \\ 169 & 180 & 180 & 179 & 183 & 169 & 132 & 169 \\ 179 & 179 & 180 & 182 & 183 & 170 & 129 & 173 \\ 180 & 179 & 181 & 179 & 181 & 170 & 130 & 169 \end{bmatrix}$$

（1）将图像块中各像素值减去均值 128；

（2）对由（1）所得到的矩阵进行二维 DCT；

（3）采用表 4.5 提供的量化表进行阈值量化；

（4）采用“Z”字形扫描得到一个一维序列；

（5）将 AC 系数映射成游程级对；

（6）根据 JPEG 的哈夫曼码表进行熵编码；

（7）计算本题中 JPEG 编码的压缩比；

（8）求重建的图像灰度矩阵；

（9）计算重构误差 $e(x,y)$ 以及最大重构误差。

9．简述 JPEG 和 JPEG 2000 的主要差别。

10．简述 MPEG-2 与 HDTV 图像编码的区别和联系。

11．以 QCIF 为例，计算一帧图像包含多少个 GOB、MB、B，其中表示亮度的 B 有多少个？表示色度的 B 有多少个？

12．DCT 变换本身能不能压缩数据？为什么？请说明 DCT 变换编码的原理。

13．比较预测编码和变换编码的抗误码性能并说明其原因。

14．详细分析 H.261、H.263、H.264 和 MPEG-1、MPEG-2 和 MPEG- 4 标准所采用的压缩方法有哪些？分别说明其应用场合。

15．简述 MPEG- 1 与 MPEG-2 标准的区别和联系。

第 5 章　多媒体同步

在多媒体应用中，多媒体数据是由相互关联的文本、图形、图像、动画、音频和视频等媒体数据构成的一种复合信息实体。其中，有着严格时间关系的音频和视频等类型的数据称为连续媒体数据，其他类型的数据称为非连续媒体数据。多媒体同步又称媒体同步，是由多媒体数据所具有的独特特征所引发的问题。也可以说，只有在多媒体系统中才会有媒体同步的问题。作为多媒体通信中的一项关键技术，媒体同步已经引起了学术界的广泛关注。

5.1　基本概念

5.1.1　多媒体数据内部的约束关系

多媒体数据所包含的各种媒体对象并不是相互独立的，它们之间存在着多种相互制约的关系（或称同步关系）。反之，毫无联系的不同媒体的数据所构成的集合不能称为多媒体数据。多媒体数据内部所固有的约束关系可以概括为基于内容的约束关系、空域约束关系和时域约束关系。

1．基于内容的约束关系

基于内容的约束关系是指在用不同的媒体对象代表同一内容的不同表现形式时，内容与表现形式之间所具有的约束关系。这种约束关系在数值分析中应用得比较多。例如，对原始数据进行分析的结果可以用表格、图形或动画的形式反映在最终提交给用户的多媒体文档中，而采用多种表现形式能够使用户对于原始数据有一个全面的认识。为了支持这种约束关系，多媒体系统需要解决的主要问题是：在多媒体数据的更新过程中要确保不同媒体对象所包含信息的一致性，即在数据更新后，要保证代表不同表现形式的各媒体对象都与更新后的数据相对应。解决这一问题的一种办法是：定义原始数据和不同类型媒体之间的转换原则，并由系统而不是由用户来完成对多媒体文档内容的调整。

2．空域约束关系

空域约束关系是指在多媒体数据播映过程中的某一时刻，不同媒体对象在输出设备（如显示器、纸张等）上的空间位置关系。这种约束关系是排版、电子出版物与著作等系统中要解决的首要问题。这些系统生成的多媒体文档称为结构化文档。

办公室文档结构（Office Document Architecture，ODA）是一种定义结构化文档的国际标准，它是由 ISO 制定的（ISO 8613 系列），后为 ITU 所支持，并更名为开放性文档结构（T.410 协议系列）。ODA 标准主要针对办公环境下常见的文档类型（如信件、报告和备忘录等）以及由文字处理程序生成的文档（包含文本、图形和图像）而制定。早期的 ODA 标准不支持音频和视频等连续媒体，经过扩展后的 HyperODA 标准可以支持音频、视频、超级链接以及对各数据体之间时域关系的定义。

3．时域约束关系

时域约束关系（或称时间关系）反映媒体对象在时间上的相对关系，它主要表现在如下两个方面：

（1）连续媒体对象内部的相对时间关系。

（2）各个媒体对象（包括连续媒体对象和非连续媒体对象）之间的相对时间关系。按照确定时域约束关系的类型来区分，可以将多媒体同步分为实况（Live）同步和合成（Synthetic）同步。实况同步是指根据捕获媒体对象过程中存在的时间关系来再现数据。例如，人物口型动作和声音之间的同步，通常为唇音同步（Lip Synchronization）；又如，当处于不同地点的多个与会者在各自的计算机上观看同一幅图表，其中一人用箭头指着图表作解说时，出现在其他人的屏幕上的箭头必须和解说一致，这称为指针同步（Pointer Synchronization）。唇音同步和指针同步都属于实况同步。合成同步是指在捕获媒体对象后人为地指定一定的时间关系，播映时系统将根据指定的时间关系播放有关的媒体对象。合成同步可以事先定义，也可以在系统的运行过程中定义。

在上述三种约束关系中，时域约束关系是最重要的一种。当时域约束关系遭到破坏时，就会使用户遗漏或者误解多媒体数据所要表达的信息内容。例如，在观看体育比赛的现场直播时，电视画面的暂时中断或不连贯，会妨碍观众对比赛过程的准确了解，而这种画面的中断或不连贯就是时域约束关系遭到破坏的具体表现。因此，时域约束关系是多媒体数据语义的一个重要组成部分。当时域约束关系被破坏时，也就破坏了多媒体数据语义的完整性。本章中的同步特指多媒体数据的时域约束关系。

5.1.2 逻辑数据单元

连续媒体数据通常以一系列的信息单元的形式表示。而这些信息单元称为逻辑数据单元（Logical Data Unit，LDU），也称为媒体单元（Media Unit，MU）。LDU 的划分由具体的应用、编码方式、数据的存储方式和传输方式等因素决定。例如，对于符合 H.263 标准的视频码流，一个 LDU 可以是一个宏块、一个宏块组、一帧图像，也可以是构成一个场景的几帧图像。

另外，LDU 还可分为封闭的 LDU 和开放的 LDU。封闭的 LDU 具有可预测的持续时间。例如，已经编码好的音频和视频等连续媒体的 LDU。而开放的 LDU 的持续时间在开始播放前是不能预知的，典型的例子如实况转播源（如摄像机或麦克风）的输入，又如包括用户交互等的媒体对象。

连续媒体的各个 LDU 之间存在着固定的时间关系。对于视频，通常选取一帧图像作为一个 LDU，例如，一个每秒 25 帧图像的视频流，每个 LDU 的持续时间是 0.04 s。当基本的物理单元太小，难于处理时，通常可将多个物理单元合起来作为一个 LDU，如在抽样频率为 8 kHz 的音频流中可将 512 个抽样作为一个 LDU，这样一个 LDU 的持续时间为 0.064 s。各个 LDU 之间存在的时间关系是在数据捕获时确定的，而且要在存储、处理、传输和播放过程中保持不变，否则会降低媒体的播放质量，如产生图像的停顿、跳动或者声音的间断等。

5.1.3 媒体同步

媒体同步包括媒体内同步、媒体间同步和组同步。

媒体内同步是指维持一个媒体流中各个媒体单元的时间关系，也称为流内同步。例如，一个视频流中各个帧之间的时间关系，一个语音流中各个语音分组的时间关系，都属于媒体内同步。对于一个 25 帧/秒的视频流，每帧的播放持续时间应为 0.04 s。

媒体间同步是指维持多个相关媒体流之间的时间关系以及非连续媒体对象与相关连续媒体对象之间的时间关系。其中，维持多个相关媒体流之间的时间关系通常又称为流间同步。图 5.1 是接收端的一个媒体间同步的例子，它由相关的音频流和视频流开始，接着是三幅图片，然后是一个带有解说的动画。

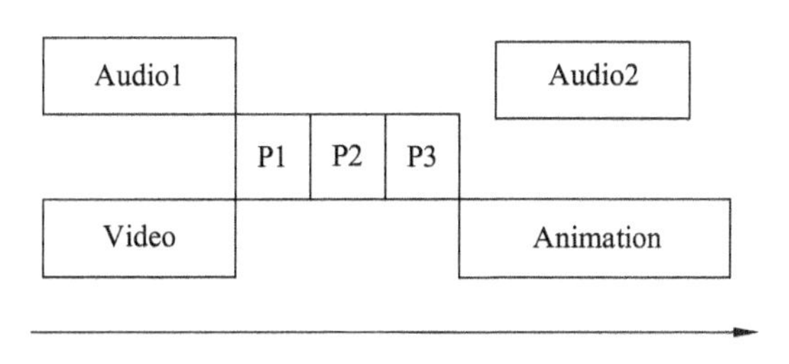

图 5.1　媒体间同步的例子

在多播（Multicast）通信中除了要考虑媒体内同步和媒体间同步之外，通常还需要进行组同步控制，其目的是使不同接收端的媒体流的媒体单元同时播放。图 5.2 中的同步是一个组同步的简单例子，流 i 从发送端 S_i 到接收端 D_i，多播流 j 由三个流（jx、jy、jz）组成，它们从发送端分别到接收端 D_{jx}、D_{jy}、D_{jz}，那些接收端属于同一组的流（D_i 和 D_{jx} 属于组 G_1；D_{jy} 和 D_{jz} 属于组 G_2）需要进行组同步。例如，视频会议中，要使位于不同地点的会议参加方同时收到会议内容，就要进行组同步。

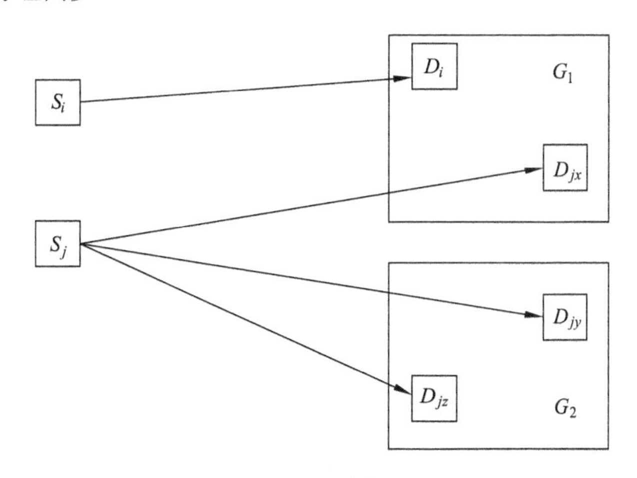

图 5.2　组同步的例子

5.2　多媒体同步的参考模型

多媒体同步的参考模型（4 层参考模型）如图 5.3 所示。在实际的多媒体系统中，同步机制往往不是作为一个独立的部分，而是分散在传输层之上的各个模块中的，因此不一定能够在实际系统中清晰地看到图示的层次。但是同步参考模型对于深入理解同步机制中各种因素之间的关系以及同步机制应该实现的功能是十分有帮助的。

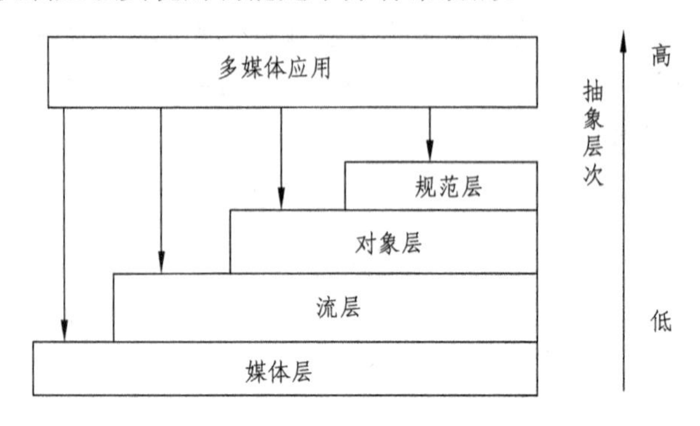

图 5.3　多媒体同步的 4 层参考模型

4 层参考模型的意义在于它规定了同步机制所应有的层次以及各层所应完成的主要任务，在图 5.3 中，由多媒体应用生成的时域定义方案，是规范层的处理对象。规范层的接口为用户提供了使用时间模型描述多媒体数据时域约束关系的工具，如同步编辑器、多媒体文档编辑器和著作系统等。规范层产生的同步描述数据和同步容限，经由对象层的适当转换后进入由对象层、流层和媒体层构成的同步机制。图 5.4 给出了时域参考框架与 4 层参考模型的对应关系，以便于比较和理解。

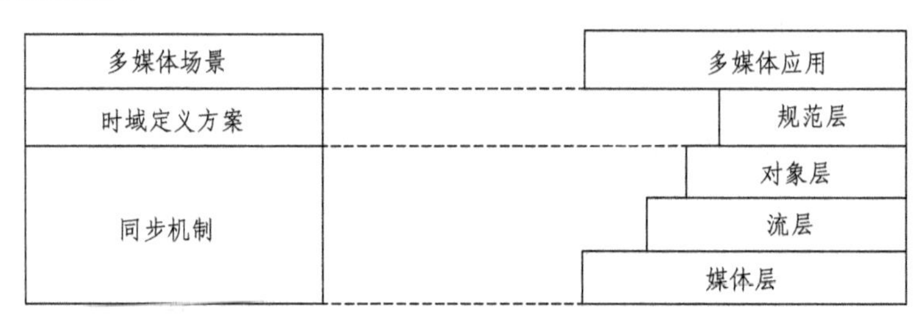

图 5.4　时域参考框架与 4 层参考模型的对应关系

为了实现同步所做的规划常称为调度，同步机制首先依照同步描述数据生成某种调度方案，调度方案与将要进行的对多媒体数据的处理（如提取、发送、播放等）有着直接的关系，它包括何时对其中哪一个媒体对象或哪个 LDU 进行处理的安排；其次，同步机制需要根据同步容限以及多媒体数据的特点申请必要的资源（如 CPU 时间、通信带宽、通信缓冲区等）；再次，在执行调度方案的过程中，同步机制将按照同步容限要求完成对偏差的控制，以维持多媒体数据的时域关系。

下面我们分别对同步机制所包含的媒体层、流层及对象层进行具体介绍。

1．媒体层

媒体层的处理对象是来自于连续码流（如音频、视频数据流）的LDU，LDU的大小在一定程度上取决于同步容限。偏差的许可范围越小，LDU越小；反之，LDU越大。通常，视频信号的LDU为一帧图像，而音频信号的LDU则是由若干在时域上相邻的采样点构成的一个集合。为了保证媒体流的连续性，媒体层对LDU的处理通常是有时间限制的，因而需要底层服务系统（如操作系统、通信系统等）提供必要的资源预留及相应的管理措施（如QoS保障服务等）。

在媒体层接口处，该层负责向上提供与设备无关的操作，如read（device handle，LDU）、write（device handle，LDU）等。其中，由device handle所标识的设备可以是数据播放器、编解码器、文件，也可以是数据传输通道。在媒体层内主要完成两项任务，其一是申请必要的资源（如CPU时间、通信带宽、通信缓冲区等）和系统服务（如QoS保障服务等），为该层各项功能的实施提供支持；其二是访问各类设备的接口函数，获取或提交一个完整的LDU。例如，当设备代表一条数据传输通道时，发送端的媒体层负责将LDU进一步划分成若干适合于网络传输的数据包，而接收端的媒体层则需要将相关的数据包组合成一个完整的LDU。实际上，媒体层是同步机制与底层服务系统之间的接口，其内部不包含任何的同步控制操作，这意味着，当一个多媒体应用直接访问该层时（见图5.3中左面的垂直箭头），同步控制将全部由应用本身完成。

2．流层

流层的处理对象是连续码流或码流组，其内部主要完成流内同步和流间同步两项任务，即将LDU按流内同步和流间同步的要求组合成连续码流和码流组。由于流内同步和流间同步是多媒体同步的关键，因此在同步机制的3个层次中，流层是最为重要的一层。

在接口处，流层向上层提供诸如start（stream）、stop（stream）、creategroup（list-of-streams）、start（group）、stop（group）等功能函数。这些函数将连续码流作为一个整体来看待，即对上层来说，流层对LDU所作的各种处理是透明的，上层只看到连续码流而看不到LDU。

流层在对码流或码流组进行处理前，首先需要根据同步容限决定LDU的处理方案（即何时对何LDU作何种处理）。此外，流层还要向媒体层提交必要的QoS要求，这种要求是由同步容限推导而来的，是媒体层对LDU进行处理所应满足的条件。例如，传输LDU时，LDU的最大时延及时延抖动的范围等。媒体层将依照流层提交的QoS要求，向底层服务系统申请资源以及QoS保障。

在执行LDU处理方案的过程中，流层负责将连续媒体对象内的偏差以及连续媒体对象之间的偏差保持在许可的范围之内，即实施流内与流间的同步控制，但它不负责连续媒体和非连续媒体之间的同步。因此，当多媒体应用直接使用流层的各接口功能时（见图5.3中左面第2个垂直箭头），连续数据与非连续数据之间的同步控制则要由应用本身来完成。

3．对象层

对象层能够对不同类型的媒体对象进行统一的处理，使上层不必考虑连续媒体对象和非连续媒体对象之间的差异。对象层的主要任务是实现连续媒体对象和非连续媒体对象之间的同步，并完成对非连续媒体对象的处理，与流层相比，该层同步控制的精度较低。

对象层在处理多媒体对象之前先要完成两项工作。第一，从规范层提供的同步描述数据出发，推导出必要的调度方案（如显示调度方案、通信调度方案等）。在推导过程中，为了确保调度方案的合理性及可行性，对象层除了要以同步描述数据为根据外，还要考虑各媒体对象的统计特征（如静态媒体对象的数据量，连续媒体对象的最大码率、最小码率、统计平均码率等）以及同步容限，同时，对象层还需要从媒体层了解底层服务系统现有资源的状况。第二，进行必要的初始化工作。对象层首先将调度方案及同步容限中与连续媒体对象相关的部分提交给流层进行初始化。然后，对象层要求媒体层向底层服务系统申请必要的资源和 QoS 保障服务，并完成其他一些初始化工作，如初始化编/解码器、播放设备、通信设备等与处理连续媒体对象相关的设备。

得到调度方案并完成初始化工作以后，对象层开始执行调度方案。通过调用流层的接口函数，对象层执行调度方案中与连续媒体对象相关的部分。同时，对象层负责完成对非连续媒体对象的处理以及连续媒体对象和非连续媒体对象间的同步控制。

对象层的接口提供诸如 prepare、run、stop、destroy 等功能函数，这些函数通常以一个完整的多媒体对象为参数。显然，同步描述数据和同步容限是多媒体对象的必要组成部分。当多媒体应用只需利用规范层所提供的工具，完成对同步描述数据和同步容限的定义即可。

5.3 同步描述

一个多媒体对象的同步描述数据表达了其中所有对象的时域约束关系，可以利用规范层的工具来生成同步描述数据并用它为对象层接口服务。尽管同步描述不能直接实现媒体同步，但它决定了整个播映过程，因此它是多媒体系统中的一个重要问题。下面介绍同步要求和同步描述的方法。

5.3.1 同步要求

同步要求可以用 QoS 来表达，所需的 QoS 取决于媒体和应用。为了描述同步要求，实现相关的控制机制，人们定义了一些 QoS 参数。这些参数包括单个媒体流中相邻媒体单元所经历的时延抖动（Delay Jitter）以及两个相关媒体对象间的时间差，即偏移（Skew）。对媒体同步质量的评估方式，直接影响着用户对抖动和偏移允许范围的规定。由于很难找到定义抖动和偏移允许范围的客观标准，通常采用的方法是主观评估。虽然由主观评估所得到的抖动和偏移的允许范围并不十分准确，但仍可作为设计媒体同步控制系统的参照。

人们对抖动和偏移的测量结果表明，如果抖动和偏移限制在一个合适的范围内，人们就认为媒体是同步的。这个 QoS 参数是可以被用户感知的，因此称为可感知 QoS（Perceived QoS，P-QoS）参数。相关音频流和视频流之间的同步称为唇音同步，唇音同步要求音频流和视频流之间的偏移在 0.08 s 内，这样多数观众都不会感到偏移的存在。

1．单媒体内的 QoS

在多媒体应用中，对于不同的媒体对象定义了各自的服务质量参数，这些参数很大程度上依赖于具体的应用。对于同步要求来说，最重要的是时延抖动。表 5.1 给出了不同应用下这些参数的取值。例如，对于因特网中的音频业务，允许的时延抖动应小于 0.01 s，否则就不能保证音频流的连续性。音频业务的速率较低，如 PCM 编码的语音速率为 64 Kb/s。由于 PCM 音频信号的冗余度较高，因此允许的误码率也较高。对于图像来说，允许的误码率要比允许的错误分组率高得多。这是因为在一般情况下，屏幕上的一个像素错误并没有多大影响，但是如果丢失分组就会引起方块效应等，严重影响图像质量。数据传输对时延抖动没有要求，但通常不允许有任何误码。

表 5.1　单媒体内的 QoS

QoS	最大时延抖动/s	平均速率/（Mb/s）	允许的误码率	允许的错误分组率
音频	0.01	0.064	$<10^{-1}$	$<10^{-1}$
视频（TV 品质）	0.01	100	10^{-2}	10^{-3}
压缩视频	1	2～10	10^{-6}	10^{-9}
数据（文件传输）	—	2～100	0	0
实时数据	—	<10	0	0
图像	—	2～10	10^{-4}	10^{-9}

2．媒体间的 QoS

对于两个相关媒体间的 QoS 定义了可以接受的同步边界。表 5.2 所示为两个相关媒体间的 QoS。例如，一部影片的音频部分和视频部分保存在数据库的不同目录下，此时要考虑唇音同步，如图 5.5（a）所示，音频流和视频流的相关媒体单元的时间差称为偏移。研究表明，当偏移在–0.08 s（音频流滞后视频流）和+0.08 s（音频流超前视频流）之间时，多数观众都不会感到偏移的存在，这就是同步区域；当偏移小于–0.16 s 或者大于 + 0.16 s 时，几乎所有观众都对播映不满意，这一区域称为不同步区域；在同步区域和不同步区域之间还存在两个临界区域，当偏移在临界区域时，观众离播映点越近，播映的视频信号和音频信号的分辨率越高，则越容易感觉到偏移。当用指针指着讲解一个图表时，需要保持音频和指针的同步，如图 5.5（b）所示。如果音频超前指针，则必须小于 0.75 s，如果音频滞后指针，则必须小于 0.5 s，这时观众不会感觉到偏移，这些区域是同步区域；当音频超前指针大于 1.25 s，或者当音频滞后指针大于 1 s 时，几乎所有观众都能感觉到偏移，这是不同步区域，在同步区域和不同步区域之间也存在两个临界区域。

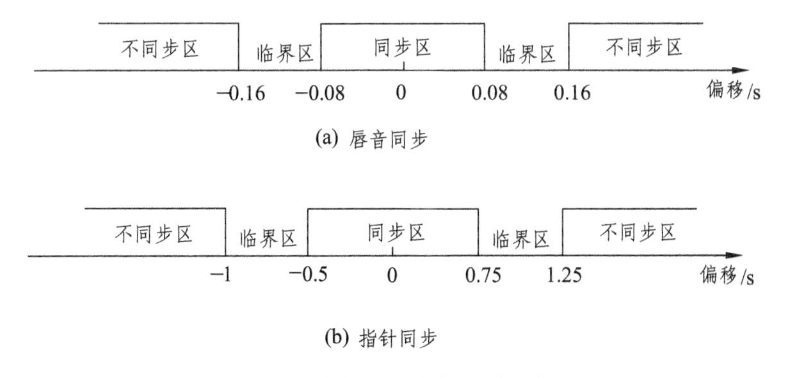

图 5.5　媒体间同步各区域分布

对于多个相关媒体的 QoS，可以通过给出的两两媒体的 QoS 要求计算出需要的媒体间的 QoS，见表 5.2。如果应用程序将一组相关的同步要求加于一个多媒体系统中，也可以通过计算找出最严格的同步要求。

表 5.2　两个相关媒体间的 QoS

媒体		模式及应用	QoS
视频	动画	相关的	±0.12 s
	音频	唇音同步	±0.08 s
	图像	重叠	±0.24 s
		不重叠	±0.5 s
	文本	重叠	±0.24 s
		不重叠	±0.5 s
音频	动画	事件相关（如跳舞）	±0.08 s
	音频	紧耦合（立体声）	±0.000 011 s
		松耦合（多方对话）	±0.12 s
		松耦合（背景音乐）	±0.5 s
		紧耦合（音乐及音符提示）	±0.005 s
		松耦合（幻灯片）	±0.5 s
	文本	文本注释	±0.24 s
	指针	音频与指针所指的相关	–0.5s，+0.75 s

一个视频会议中，视频和音频数据之间有同步的要求，从而视频数据和指针之间的要求可以很容易地得到。定义如下的偏移：

音频超前视频的最大偏移为 0.08 s；视频超前音频的最大偏移为 0.08 s；

音频超前指针的最大偏移为 0.75 s；指针超前音频的最大偏移为 0.5 s。

则可以得到如下的偏移：

视频超前指针的最大偏移为 0.08+0.75=0. 83 s；

指针超前视频的最大偏移为 0.5+0.08 =0. 58 s。

5.3.2　同步描述的方法

同步描述的方法主要有四种：基于间隔的描述、基于时间轴的描述、基于控制流的描述和基于事件的描述。

1．基于间隔的描述

在这一描述方法中，一个媒体对象播映所持续的时间叫做一个间隔。任意两个时间间隔可用 13 种类型来同步。在这 13 种类型中还包括一些相互反转的类型，如“before”和“after”。因此将此集合缩减后成为 7 种类型，这 7 种类型中不包含相互反转的类型，如图 5.6 所示。这 7 种类型是关于两个媒体对象间的同步关系的简单描述。

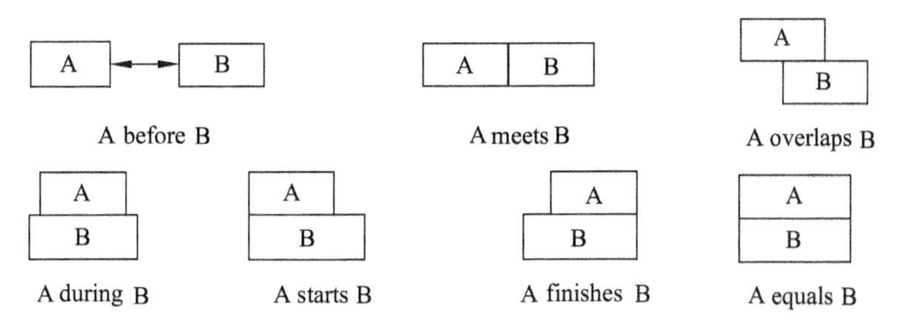

图 5.6　两个对象的时间关系

另一种加强型描述模型也是建立在间隔关系的基础上的，该模型定义了 29 种间隔关系。为简化这种同步描述，又定义了 10 个操作来处理这些间隔关系。这 10 个操作包括：带一个时延参数的操作、带两个时延参数的操作和带三个时延参数的操作，分别如图 5.7、图 5.8 和图 5.9 所示。

该模型的优点是可以处理那些不能预测持续时间的 LDU，因此可用于处理用户交互操作。它能够对媒体对象的内容进行很好的抽象，但不能描述偏移。此外，尽管该模型直接描述了媒体对象间的关系，但它不能直接描述媒体对象子单元间的时间关系，这种关系需要通过时延参数来间接描述，或者通过分割对象来实现。

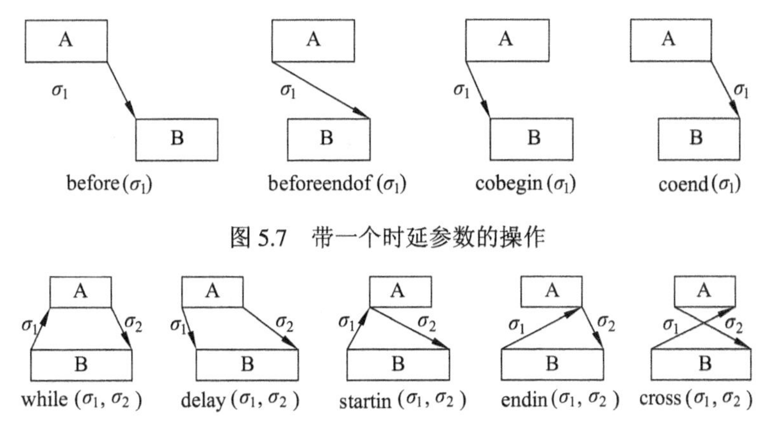

图 5.8　带两个时延参数的操作

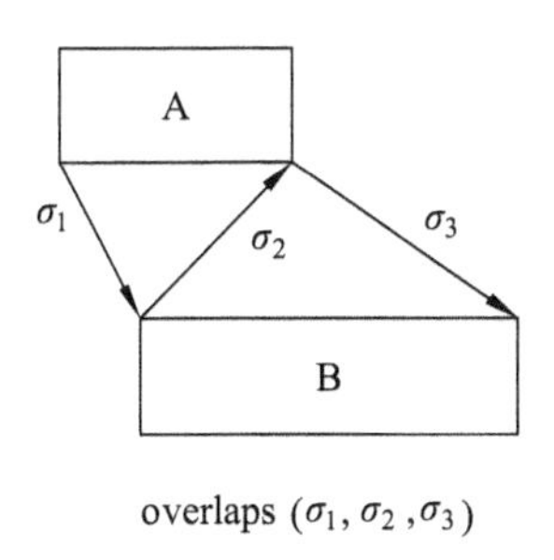

图 5.9　带三个时延参数的操作

2. 基于时间轴的描述

这类方法是将播映事件，比如一个播映的开始和结束映射到播映对象共同的坐标轴上。

（1）基于一个全局时钟的同步。该方法将所有的单个媒体对象放在一个代表真实时间的时间轴上，因此删除其中某个对象时不会影响到其他对象的同步。该方法的一个修正方案是每个媒体对象放在各自的本地时间轴上，同时需要有一个全局时钟，该时钟可被所有对象利用。每个媒体对象将全局时钟映射为自己的本地时钟，当全局时钟与本地时钟的差别达到一定的限度时，就需要与全局时钟进行再同步。

该方法对媒体对象的内容做了很好的抽象，易于集成非连续媒体对象；另外，由于各个媒体之间是相互独立的，因而易于维护。但是由于同步定义在固定的时间点上，因此当对象包含有不能预测持续时间的 LDU 时就会比较麻烦（可以通过虚拟时间轴来解决）。另外，该方法要求所有媒体流能够与全局时钟同步，常常把音频流作为全局时钟，但是当有多个音频流需要同步时，只能选择一个作为全局时钟，因此仍存在其他音频流与全局时钟同步的问题。

（2）基于虚拟时间轴的同步。该方法采用用户定义的测量单位来描述坐标系统，同步描述就是按照这些坐标轴来进行的，另外也可以使用几个虚拟时间轴来生成一个虚拟坐标空间。对于有交互式应用的多媒体系统，可以用一个交互轴和两个时间轴来实现同步描述，其中交互轴以交互事件作为测量单位。该方法最大的困难在于实时地将虚拟时间轴映射为真实时间轴，这一工作既复杂又费时。

3．基于控制流的描述

在基于控制流的描述中，需要同时播映的流应该在预先定义的播映点上同步。基于控制流的描述有以下几种方法：

（1）基本等级描述：基本等级描述方法是建立在两种主要的同步操作（串行同步动作和并行同步动作）基础之上的。在基本等级描述中，所有媒体对象都被看作是一个由节点组成的树，节点引发出子树，子树可以是串行或并行同步的。

等级结构易于处理，应用广泛，但也有局限性。我们注意到该方法每个动作只能在其开始和结束处同步，这意味着当一个视频流中有副标题时，为了使副标题与视频流的相应部分同步，必须将视频流分成几个连续的部分。基本等级同步不能支持多媒体内部结构的全部抽象。另外，有些同步情况用该方法无法表示，为了表示这些同步，需要使用附加的同步点。

（2）参考点描述：在有参考点的同步中，单个连续媒体对象可以看做一个 LDU 的序列。参考点包括连续媒体对象各媒体单元的开始时刻以及一个媒体对象播映的开始和结束时刻。对象间的同步是通过连接媒体对象的参考点来定义的。一组连接在一起的参考点叫做一个同步点，共享同一个同步点的媒体单元的播映必须在同步点到达时开始或结束。该方法虽然描述了对象间的时间关系，但却没有明确的时间参考。图 5.10 所示为一个参考点同步的例子。该例集成了连续媒体对象、非连续媒体对象、可预测持续时间的 LDU 以及不可预测时间的 LDU。基于一个全局时钟的描述可以看做是参考点同步的一种特殊情况。

该方法允许在一个媒体对象播映的任意时刻进行同步，而且该方法可以集成交互式媒体对象，可以集成对偏移 QoS 的描述。例如，对于一个最大偏移为±0.08s 的唇音同步，可通过对视频流每 2 帧图像设置一个同步点来实现；而对于无唇音同步要求的系统，每 10 个视频帧设置一个同步点就足够了。由于该方法对媒体对象间的关系进行的是直接描述，因而维护起来较为困难。

（3）时化 Petri 网描述：该方法易于集成非连续媒体对象和交互式对象，易于集成对偏移 QoS 的描述。由于媒体对象必须被分成了许多子对象，因此该方法的主要缺点是对媒体对象内容的抽象不够，而且描述复杂。

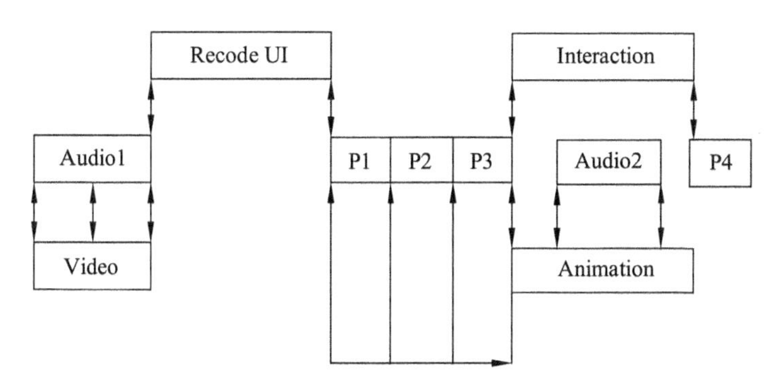

图 5.10　参考点同步描述的例子

4．基于事件的描述

在这种方法中，播映动作是由同步事件发起的。典型的播映动作包括：开始播映、结束播映和准备播映。同步事件可能是外部的（例如由一个定时器产生），也可能是内部的（当一个连续媒体对象到达某个特定的 LDU 而产生的同步事件）。

该方法易于扩展新的同步类型，较为灵活，但它需要额外的定时器来描述连续媒体对象，且描述复杂，不易处理。此外，该方法还不能直接描述偏移 QoS。

5.4　分布式多媒体系统中的同步

我们将信息获取、处理、存储和播放系统都在一台多媒体计算机中进行的系统称为单机系统。信息的提供者（信源）和接收者（信宿）相处异地，需要由网络相连接的系统称为分布式多媒体系统。虽然在单机系统中也存在媒体同步的问题，但是在分布式系统中的同步问题则更为复杂。在前两节中对同步机制的简单介绍既适用于单机，也适用于分布式系统，而在本节中我们将对分布式多媒体系统中同步机制所涉及的特殊问题加以讨论。

5.4.1　分布式多媒体系统的结构

图 5.11 给出了分布式多媒体系统可能具有的结构。图（a）所示的是只有一个信源和一个信宿的情况，称为点对点结构。可视电话是这种结构的一个典型应用。图（b）是一点对多点结构，由一个信源向多个信宿发发送信息。远程教学、IPTV 等应用都属于这种情况。图（c）为一个信宿、多个信源的结构，这可以是一个用户从分布式数据库中得到查询的结果。例如，从一个数据库中得到视频信息，而从另一个库中获得相关的音频信息。图（d）表示的是上述例子可能具有的其他结构，即先将从分布式数据库中提取出的相关联的查询结果集中到一个中间点，再将复合后的多媒体信息送至用户。图（e）则是多点对多点的情况。在这里用户构成了一个组，组内的用户可以为信源，也可以为信宿，或者既是信源又是信宿，多媒体会议就是这种结构的一个典型的例子。

在有多个信源和（或者）多个信宿的情况下，多媒体同步除了要考虑媒体内部和媒体之间的同步外，还存在一个特殊的问题，那就是从各个信源发出的信息是否同步地到达各个信宿，这通常称为组同步，或者群同步。

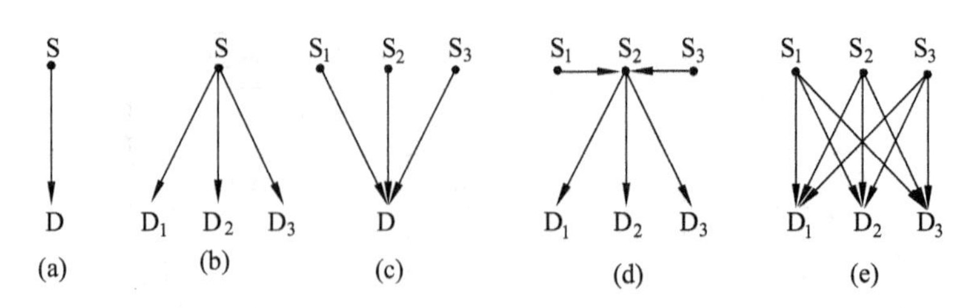

图 5.11 分布式多媒体系统的结构

5.4.2 同步规范的传输

由于在分布式多媒体系统中信源与信宿是分离的，而信宿在播放某个多媒体对象之前，必须知道与之相关的同步规范才能进行播放，这就提出了在从信源向信宿传输多媒体数据的同时，如何传输相关的同步规范的问题。可能采用的传输方式有如下几种：

（1）在传输多媒体数据之前，将整个播放过程所需要的全部同步规范，以文件方式传输到接收端，以备播放时参照。这种方式简单易行，特别是在有 n 个信源的情况下优点更为明显。但是这种方法要引入一定的附加时延，数据的传输只能在同步规范传输之后才能进行。而且这种方式只适用于综合时域同步关系，对在通信过程中实时产生的同步关系是不可行的。

（2）在传输多媒体成分数据的通道之外，使用一个附加的逻辑通道专门传输同步规范。这种方法主要适用于系统中只有一个信源，而且时域同步关系是实时产生、无法预先知道的情况。使用这种方法时要注意，必须保证在多媒体数据的播放过程中，经另一个通道传输的对应的同步规范能按时、无误地到达接收端，否则播放将因缺乏相应的时域关系而被中断。

（3）将同步规范与成分数据复接在一起，使用一个通道传输。这种方法的优点是没有附加的时延，也不需要附加另一个通道。例如，在 MPEG 中，同步（时间关系）信息就是插入在视、音频数据中经同一个通道传输的。

5.4.3 影响多媒体同步的因素

在分布式多媒体系统中，信源产生的多媒体数据需要经过一段距离的传输才能到达信宿。在传输过程中，由于受到某些因素的影响，多媒体数据的时域约束关系可能被破坏，从而导致多媒体数据不能正确地播放。下面将可能影响多媒体同步的因素，分别叙述如下：

1．时延抖动

信号从一点传输到另一点所经历的时延的变化称为时延抖动。系统的很多部分都可能产生时延抖动。例如，从磁盘中提取多媒体数据时，由于存储位置不同导致磁头寻道时间的差异，各数据块经历的提取时延有所不同；在终端中，由于 CPU、存储单元等资源的不足可能导致对不同数据块所用的处理时间不等；在网络传输方面也存在着许多因素使信源到信宿的传输时延出现抖动。

时延抖动将破坏实时媒体内部和媒体之间的同步。图 5.12 给出了网络时延抖动对同步破坏的例子。在信源端，视频流和音频流内各自的 LDU 之间是等时间间隔的，两个流的 LDU 之间在时间上也是对应的。在信宿端，由于各个 LDU 经历的传输时延不同，视频流和音频流内部 LDU 的时序关系出现了不连续，二者之间的对应关系也被破坏。

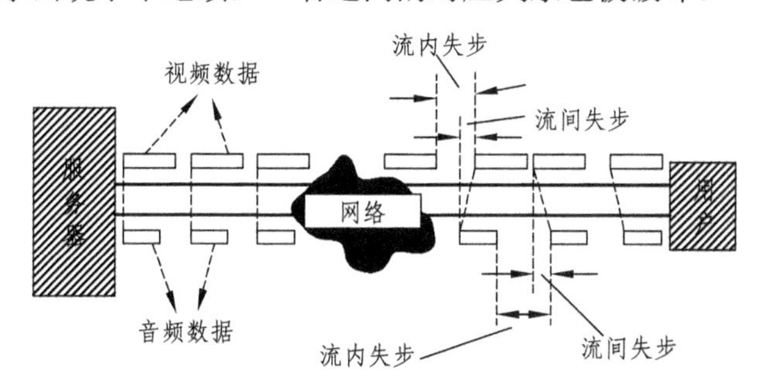

图 5.12　传输时延抖动对多媒体同步的破坏

2．时钟频率偏差

在无全局时钟的情况下，分布式多媒体系统的信源和信宿的时钟频率可能存在着偏差。多媒体数据的传输是基于发送时钟进行的，而它的播放则是由信宿端的本地时钟驱动的，如果信宿的时钟频率高于信源的时钟频率，经过一段时间后可能在接收端产生数据不足的现象，从而破坏了连续媒体播放的连续性；反之，则可能使接收端缓存器溢出，图 5.13 描述了这两种情况。图中从原点开始的直线表示 LDU 的发送时刻，箭头的长度表示每个 LDU 的传输时延，*T* 为播放的起始时延，从 *T* 开始的直线表示 LDU 开始播放的时刻。两条直线的斜率差反映了收、发时钟的频差，深色区域代表 LDU 在缓存器内停留的时间。从图（a）看出，由于接收时钟频率低于发送端，一段时间后缓存器会溢出。当接收时钟频率高于发送端时，从图（b）看出，一段时间后播放时刻已经早于 LDU 的到达时刻（缓存器变空）。

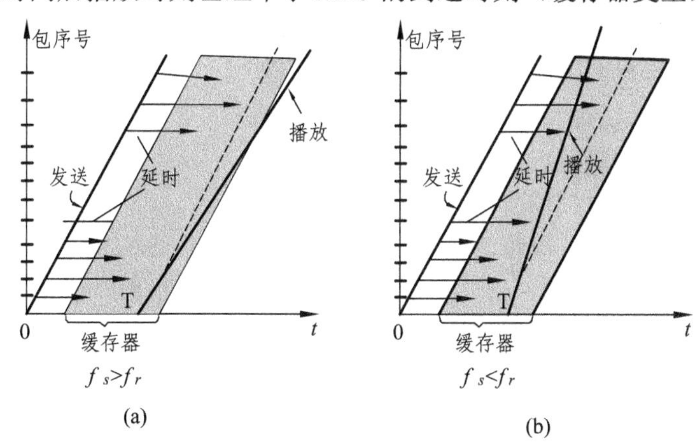

图 5.13　收发时钟频率偏差对多媒体同步的影响

需要注意，即使在收、发时钟标称频率相同的情况下；二者之间的偏差还是有可能存在的。这种偏差可能由于收、发时钟的实际频率不精确地等于其标称频率（精确度问题）；或者由于电源电压、温度等因素影响，使其中 1 个或 2 个时钟的频率发生了变化（稳定度问题）。

3．不同的采集起始时间或不同的时延

在多个信源的情况下（如图 5.11（c）和（e）），信源必须同时采集和传输信息。例如一个信源采集图像信号，另一个采集相关联的伴音信号，如果二者的采集的起始时间不同，在接收端同时播放这两个信源送来的媒体单元必然出现唇同步的问题。两个信源到信宿的传输时延不等或者打包，拆包、缓存等时间的不同，也会引起同样的问题。又如会议多个参与者的

信号要在信宿端混合成一个信号，如果参与者的发送起始时间不同或传输时延不同，在信宿端则得不到按正确时间关系混合的信号。

4．不同的播放起始时间

在有多个信宿的情况下（见图 5.11（d）和（e）），各信宿的播散起始时间应该相同。在某些应用中，公平性是很重要的。如果用户播放的起始时间不同，获得信息早的用户较早地对该信息做出响应，这对其他用户就是不公平的了。以上 3 和 4 两个因素通常为组同步中存在的问题。

5．数据丢失

传输过程中数据的丢失相当于该数据单元没有按时到达播放器，显然会破坏同步。

6．网络传输条件的变化

在一些重要的网络上，例如 IP 网、ATM 网等，网络的传输时延、数据的丢失率均与网络的负载有关，因此在通信起始时已经同步的数据流，经过一段时间后可能因网络条件的变化而失去同步。

5.4.4 多级同步机制

在分布式多媒体系统中，同步通常是分多步完成的，涉及系统的各个部分，即每个部分要分别保证各自的同步关系。这些部分包括：

（1）采集多媒体数据及存储多媒体数据时的同步；

（2）从存储设备中提取多媒体数据时的同步；

（3）发送多媒体数据时的同步；

（4）多媒体数据在传输过程中的同步；

（5）接收多媒体数据时的同步；

（6）各类输出设备内部的同步。

其中（3）～（5），即发送、传输和接收过程中的同步控制是分布式系统中特有，而单机系统中是没有的，可以总称为多媒体通信的同步机制。

由于静态媒体对象自身没有时间特征，而且静态媒体对象与连续媒体对象之间的同步容限又较宽松，两者间的同步控制比较容易实现，因此在多媒体通信中，静态媒体对象的传输以及静态媒体对象和连续媒体对象间的同步控制并不是需要解决的主要问题。因此在下面几节中，将主要对连续媒体的流内和流间的同步控制以及收、发时钟的同步问题进行介绍。

5.5 连续媒体内部的同步

5.5.1 基于播放时限的同步方法

连续媒体数据是一个由 LDU 构成的时间序列，LDU 之间存在着固定的时间关系。如图

5.12 所示，当网络传输存在时延抖动时，连续媒体内部 LDU 的相互时间间隔会发生变化。这时，在接收端必须采取一定的措施，恢复原来的时间约束关系。一个最简单的办法是让接收到的 LDU 先进入一个缓存器（见图 5.14），对时延抖动进行过滤，让从缓存器向播放器（或解码器）输出的 LDU 序列是一个连续的流。如果缓冲器的容量为无穷大，相当于把整个数据流全部传输到接收端之后再进行播放，显然无论多么大的时延抖动都可以滤除掉，但这时的起始播放时延却可能达到不可容忍的程度。此外，如果数据流是在通信过程中实时产生的（如可视电话），这种方法也是不可行的。因此，必须适当地设计缓冲器的容量，使它既能消除时延抖动的影响，又不过分地加大起始播放的时延。

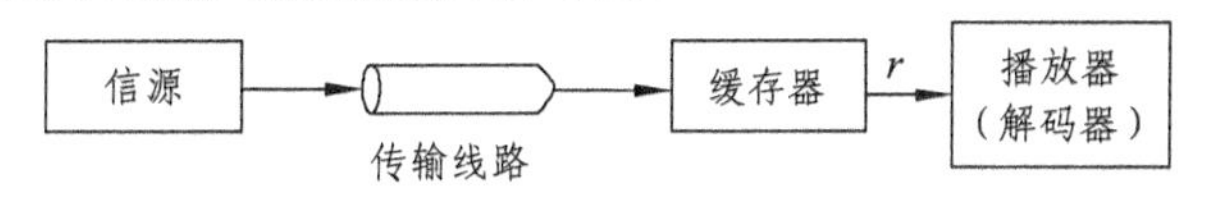

图 5.14　接收缓存器

假设发送端时钟和接收端（播放）时钟是同步的，并且在发送端实时媒体内部是同步的，即各个 LDU 的发送时间间隔为一常数。若第 i 个 LDU 的发送时刻为 $t(i)$，则其到达接收端的时刻 $a(i)$ 为

$$a(i)=t(i)+d(i) \quad (i=1,\ 2,\ 3,\ \cdots) \tag{5.1}$$

式中，$d(i)$ 为第 i 个 LDU 的传输时延。为了分析的简单，假设时延抖动限定在二个范围之内，即

$$d_{\min} \leqslant d(i) \leqslant d_{\max} \tag{5.2}$$

要保证播放的不间断，第 i 个 LDU 的播放时刻 $p(i)$ 必须晚于它的到达时刻 $a(i)$，即

$$p(i) \geqslant a(i) \qquad (i=1,\ 2,\ 3,\ \cdots) \tag{5.3}$$

这就是说，$p(i)$ 规定了第 i 个 LDU 到达的最后期限。

由于播放过程必须保持数据内部原有的（在发送端的）时间约束关系，因此在信源和信宿本地时钟是同步的假设下，每个 LDU 有如下关系：

$$p(i)-p(i-1)=t(i)-t(i-1) \qquad (i=2,\ 3,\ \cdots) \tag{5.4}$$

即

$$p(i)-p(1)=t(i)-t(1) \qquad (i=2,\ 3,\ \cdots) \tag{5.5}$$

其中 $t(1)$ 和 $p(1)$ 分别表示第一个 LDU 的发送和播放时刻。由（5.1）式和（5.5）式得到

$$p(i)-a(i)=p(1)-a(1)-[d(i)-d(1)] \qquad (i=2,\ 3,\ \cdots) \tag{5.6}$$

根据（5.3）式，上式可转化为

$$p(1)-a(1) \geqslant [d(i)-d(1)] \qquad (i=2,\ 3,\ \cdots) \tag{5.7}$$

在最坏情况下，保证上式成立的条件是

$$p(1)-a(1)=Max\{[d(i)-d(1)]\,|\,i\in(2,3,\cdots)\}=d_{\max}-d_{\min} \tag{5.8}$$

式（5.8）说明，在时延抖动限定在一定范围的条件下，接收端在接收到第 1 个 LDU 之后，必须推迟一段时间 $D=d_{\max}-d_{\min}$ 再开始播放，才能保持整个播放过程不间断。时间 D 通常称为起始时刻偏移量，或起始时延。图 5.15 给出了上述情况的示意图。图中各 LDU 的发送时刻是等间距的，其接收时刻用倾斜的箭头指出。考虑可能发生的最坏情况是，第 1 个 LDU 的延迟时间最小（如图所示）。如果接收到第 1 个 LDU 时就立即播放，那么对于任何一个传输时延大于 $d_{\min}$ 的 LDU，当需要播放它时它都没有到达。如果将播放的起始时间定在 D，则时延最

大的第 i 个 LDU 的播放时刻正好与它的到达时刻相同，就消除了播放的不连续。

值得注意，接收端缓存器不仅能够滤除时延抖动的影响（保证缓存器不变空），还要保证在任何情况下不发生溢出。现在根据这一要求来推导缓存器的最大容量。

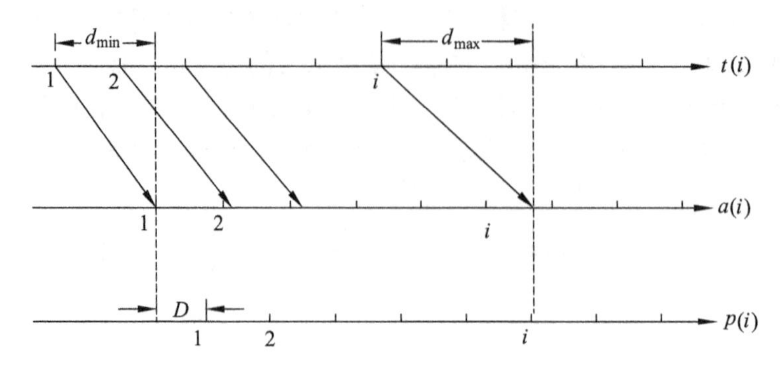

图 5.15　实时数据的发送、接收和播放时间关系

第 i 个 LDU 在缓存器中缓存的时间为 $[p(i)-a(i)]$，由（5.6）式和（5.8）式得到

$$B_t = \mathrm{Max}\{[d(i)-d(1)] \mid i \in (2,3,\cdots)\} = (d_{max}-d_{min}) - \min\{[d(i)-d(1)] \mid i \in (2,3,\cdots)\} \qquad (5.9)$$

式中，B_t 为 LDU 的最大缓存时间。当 $d(1)=d_{min}$，$d(i)=d_{max}$ 时，$[d(i)-d(1)]$ 具有最小值，因此缓存器的最大容量 B 为

$$B = [B_t \bullet r] = \lceil 2(d_{max}-d_{min}) \bullet r \rceil \qquad (5.10)$$

式中，$\lceil\ \rceil$ 为取整，r 为播放速率，它的单位为每秒钟传输的 LDU 的个数。对于变比特率（VBR）的媒体流，如何将以媒体单元为单位的缓存器容量转化为字节数是一个需要慎重处理的问题。对常速率（CBR）媒体流，原则上讲转化是很简单的，但如果缓存容量只有几帧，而以 H.26X 或 MPEG 等方法压缩的视频流每个 LDU（1 帧）的数据量很不相同，此时如何有效地进行单位转化也是需要注意的。由于同步只与时间有关，对于连续媒体，时间可以间接地用 LDU 的个数表示，因此在讨论同步问题时，我们将只以时间或媒体单元的个数来表示缓存器的容量。以上介绍的解决传输时延抖动问题的方法也可以用于类似问题的解决。

5.5.2 基于缓存数据量的同步方法

上节讲述的方法适用于收发时钟同步、且时延抖动在一个确定的范围之内的情况。本节将介绍一种在更一般情况下使用的方法。

图 5.16 给出了采用这种同步方法的两种系统模型，它们都包括一个控制环路，其区别在于环路是否将信源和传输线路包含在内。与 5.5.1 节中的方法相似，信宿端也有一个缓存器。缓存器的输出按本地时钟的节拍连续地向播放器提供媒体数据单元，缓存器的输入速率则由信源时钟、传输时延抖动等因素决定。由于信源和信宿时钟的频率偏差、传输时延抖动或网络传输条件变化等影响，缓存器中的数据量是变化的，因此要周期性地检测缓存的数据量，如果缓存量超过预定的警界线，例如，快要溢出，或者快要变空，就认为存在不同步的现象，需要采取步骤进行再同步。在图（a）中，再同步在信宿端进行，可以通过加快或放慢信宿时钟频率，也可以删去或复制缓存器中的某些数据单元，使缓存器中的数据量逐渐恢复到警界范围之内的正常水平。在图（b）中，类似的再同步措施是在信源端进行。在需要进行再同步

时，通过网络向信源反馈有关的控制信息，让信源加快或放慢自己的发送速率。

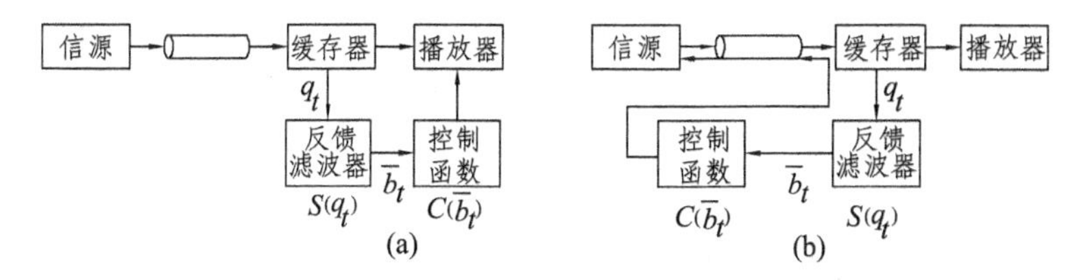

图 5.16 基于缓存数据量控制的系统模型

现在具体讨论环路的工作原理。设 t 时刻的缓存数据量为 q_t，通过环路滤波器 $S(q_t)$ 得到平滑后的缓存数据量 $\bar{b}_t$。典型的环路滤波器采用几何加权平滑函数：

$$\bar{b}_t = S(q_t) = \alpha \bar{b}_{t-1} + (1-\alpha)q_t \tag{5.11}$$

式中，$\alpha \in [0,1]$ 为平滑因子。环路滤波器实际上是一个一阶低通滤波器，由（5.11）式很容易得到它的 Z 变换表达式，要保证滤波器稳定，需要满足 $\alpha \leqslant 1$。在环路中使用低通滤波器的目的是，将由短期（高频）时延抖动而引起的缓存数据量的波动平滑掉，只有由时钟频率偏移、网络传输条件改变等因素导致的长期（低频）缓存量变化才会触发控制函数 $C(\bar{b}_t)$ 的工作。α 的数值直接影响着控制的灵敏度。如果 α 过大，再同步的控制机制启动太缓慢，可能导致缓存器的变空、或溢出；如果 α 过小，时延抖动引起的缓存量的微小变化也会不必要地启动再同步机制，导致系统的不稳定或振荡。

控制函数 $C(\bar{b}_t)$ 将 $\bar{b}_t$ 与预先设定的缓存量警界线相比较（见图 5.17），在正常情况下，$\bar{b}_t$ 在上警界线 UW 和下警界线 LW 之间浮动。如果 $\bar{b}_t$ >UW 或者 $\bar{b}_t$ <LW，则分别表示缓存器有溢出、或者变空的危险，必须启动再同步机制。这时以图 5.16（a）所示系统模型为例，信宿可参照下式调整自己的播放速率：

$$R' = R(1+Rc) \tag{5.12}$$

$$Rc = \frac{\bar{b}_t - [LW + (UW - LW)/2]}{L} \tag{5.13}$$

式中，R 为正常播放速率，Rc 为相对调整比率，L 为再同步的调整期（即在该段时间内改变播放速率）。在调整期 L 结束时，$C(\tilde{b}_t)$ 检查 $\bar{b}_t$ 是否回到正常水平，如果是，则将 R' 恢复到 R；如果 $\bar{b}_t$ 仍在警界线之外，再启动一个新的再同步调整期。显然，在调整期 L 内，播放的连续性会受到一定程度的破坏，特别是音频速率较大的变化将使人耳感觉到音调变化。另一种调整的方法是通过删去或重复（暂停）缓存器中的数据单元来实现再同步。在每一个调整期内，删去或重复的数据量可以是一个固定值，也可以是一个变化值，该值正比于 $\bar{b}_t$ 超出警界线的数据量。如果一次调整不能使 $\bar{b}_t$ 回到正常水平，则再启动一个新的调整周期。此种调整方法不引起音调的变化，只会出现轻微咯咯声。

现在来讨论图 5.17 所示的缓存器的容量。（5.10）式给出了在时延 $d \in [d_{\min}, d_{\max}]$ 条件下，保证媒体内部同步所需的缓存器容量 B。在图 5.17 中，用 B 作为 LW 和 UW 之间的容量。这意味着，当时延 d 在预先选定的范围 $[d_{\min}, d_{\max}]$ 内时，其抖动可以通过缓存 B 得到补偿，流内同步能够得到保证；当 d 超过上述范围时，就需要启动再同步机制。由于反馈滤波器的作用，q_t 的变化反映到 $\bar{b}_t$ 的变化需要经过一段时间 τ。例如，q_t 已经高于 UW，$\bar{b}_t$ 则还需要经过 τ 时间后才会高于 UW。我们称 q_t 超过警界线的时刻为产生不同步的时刻，而 $\bar{b}_t$ 超过警界线的时刻为 $C(\bar{b}_t)$ 检测到失步的时刻。图 5.17 中附加的缓存器容量 b_a（以时间计算）至少应该足够容纳这一段时间之内的数据，否则在 $C(\bar{b}_t)$ 检测到失步状态之前，缓存器就已经溢出而使数据丢失。如果容量 b_a 能覆盖从失步的产生、检测和重新再同步的整个时间段，便可以将使失步对播放质量的影响减至最小。同样，q_t 低于 LW 的情况也可以作类似的分析。值得注意，在缓存器容量如图 5.17 所示的情况下，只有第 1 个 LDU 超过了 LW 之后，才能按（5.8）式规定的时间开始播放。因而 b_a 越大，播放的起始时时延间越长。

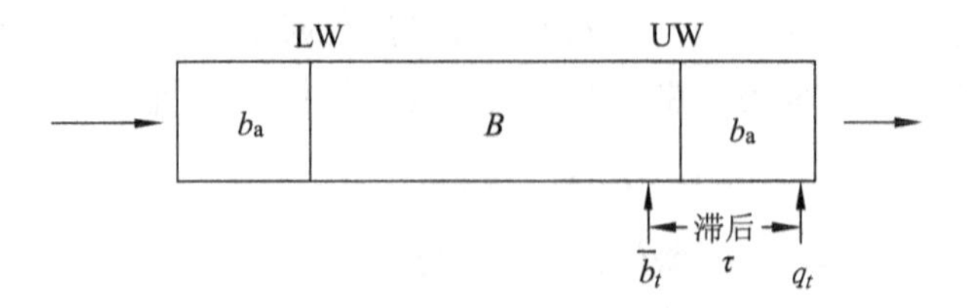

图 5.17　缓存器数据量控制

对于图 5.16（b）所示的系统，由于传输线路被包含在反馈环路之内，使得检测到失步的时刻到再同步调整之间增加了一个传输时延，因此在设计缓存器容量 b_a 时，必须考虑到这个时延。同时应注意，向信源反馈再同步控制信息的时间间隔要长于环路的响应时间（包括上述传输时延），否则容易引起系统的不稳定。

5.6　媒体流之间的同步

媒体之间的同步包括静态媒体与实时媒体之间的同步和实时媒体流之间的同步。对于媒体流之间的同步的方法没有通用的模式，许多方法都是基于特定的应用环境而提出的。读者可以通过下面的典型示例，掌握如何实现媒体流之间同步的方法，以便结合自己所遇到的实际问题，加以运用和发展。

5.6.1　基于全局时钟的时间戳方法

在图 5.18（a）所示的例子中，假设有 2 个信源和 1 个信宿。所有信源和信宿的本地时钟都与一个全局时钟同步。信源 A 送出的视频数据流和信源 B 送出的音频数据流应该在接收端 C 同步地播放。从 A 到 C 和从 B 到 C 的传输时延分别为 d_1 和 d_2，且网络没有时延抖动。

在这个例子中，不需要考虑时钟频率偏差和时延抖动，影响组同步的主要因素为两个信源不同的发送时间和不同的传输时延。显然，如果 2 个信源能在同一时刻，如 t_1，开始传输数据，而接收端从 t_1 开始等待一个最大时延 $\max\{d_1, d_2\}$后才开始播放，就能达到组同步的目的。这个思想虽然简单，但在分布式系统中实现却并不容易。下面给出的做法是使用一个称之为启动器的处理单元来建立起所有成员的共同起始时刻 t_1。

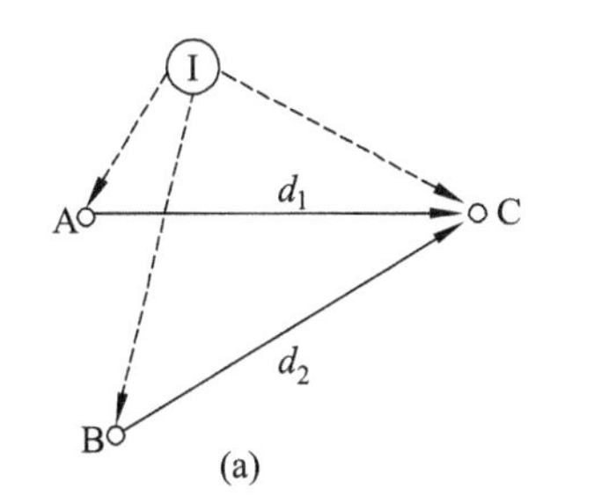

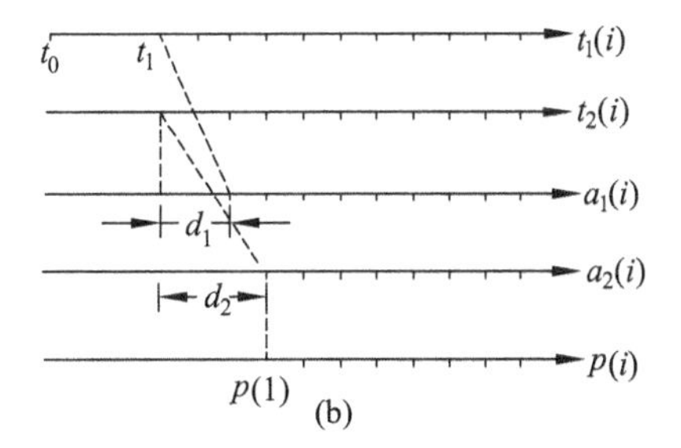

图 5.18　基于全局时钟的时间戳方法

在系统启动时，由启动器 I 向 A、B 和 C 发送有关的控制信息，如参考时刻 t_0、同步区间的起始时间 t_1 等。I 可以安装在任何一个信源或信宿。参考时刻 t_0 必须选在保证所有的信源和信宿都能接收到控制信息之后才开始。从 t_0 到 t_1 的时间（见图 5.18（b））为同步的预备时间，在这段时间里信宿与同一同步组中的其他信宿（如果同步组中有多个信宿的话）相互交换有关信息。例如，信源到本信宿的时延 d_j 等。t_0 到 t_1 的时间也必须足够长以保证这些信息交换的完成。信源从 t_1 开始向外发送 LDU，并根据本地时间给每个 LDU 打上时间戳（Time Stamp）。由于收、发端已经协商好了共同的参考时刻 t_0，因此它们的计时都以 t_0 为基准。信源发送第 i 个 LDU 的时间截记为 $t_s(i)=[t(i)-t_0]$，其中 $t(i)$ 为该 LDU 发送时刻所对应的本地时钟计数值，t_0 为信源的参考时刻。时间截可以记录在 LDU 的包头中。假设该信源与信宿之间的传输时延为 d，则信宿收到该包的时刻为 $t_0+t_s(i)+d$ 。这里的 t_0 是信宿的参考时刻。为了保证从不同信源发送来的第 i 个 LDU 能在信宿同步播放，将各码流的第 i 个 LDU 提交给播放器的时刻 $T(i)$ 应为

$$T(i)=t_0+t_s(i)+\Delta \tag{5.14}$$

式中，$\Delta=\max\{d_j \mid j\in(1,2,\cdots,n)\}$，$d_j$ 为在 n 个信源和 1 个信宿组成的同步组中，第 j 个信源与信宿之间所需要的传输时延。图 5.18（b）表示出了相应的各个时间关系。

如果在通信过程中时延 $d_j(j=1,2,\cdots,n)$ 发生变化，则同步过程可以分为若干个同步区间自适应地进行。启动器 I 在起始时将同区间的长度发送给同步组内的所有成员。在一个同步区间内，信宿不仅根据（5.14）式进行同步播放，而且将接收到的 LDU 所携带的时间戳与接收到该 LDU 的本地时间作比较，从而得到对当前时延 d_j 的估计值，将此估计值在下一个同步预备时间内发送给组内其他信宿。在下一个同步区间开始时，所有信宿将采用当前估计值 d_j 来进行（5.14）式所规定的播放调度。

5.6.2　基于反馈的流间同步方法

假设在图 5.19 所示的多媒体信息查询系统中，各用户查询到的媒体数据流需要同步地播放，例如，到达用户 A 的音频流和到达用户 B 的视频流的播放必须符合二者之间的同步要求。由于全局时钟的建立需要借助于有关协议和复杂的电路，为了适应更一般的情况，在图 5.19 所示的例子中，我们假设用户以及服务器的时钟都是相互独立的，各用户的播放起始时间也不精确地相同。还假设服务器到每个用户的传输时延都在 $[d_{\min},d_{\max}]$ 之内，即它们到服务器的距离是大致相等的。

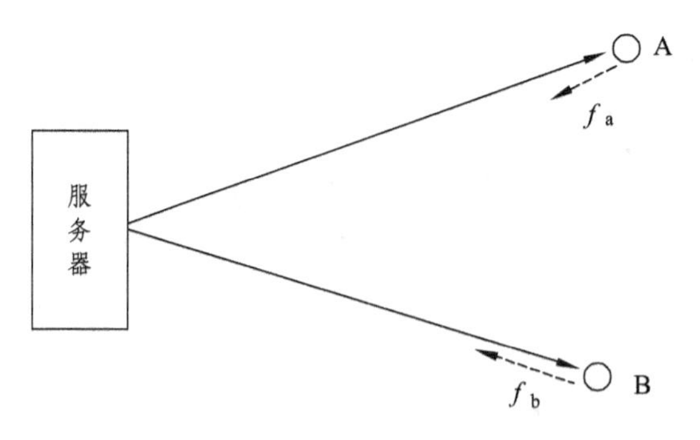

图 5.19　基于反馈的媒体流间的同步方法

服务器在存储各条媒体数据流时采用的是虚轴模型，即每条流有自己的时间轴，该流的 LDU 按距自己第 1 个 LDU 起始时刻的相对距离标记时间戳，称为相对时间戳（Relative Time Stamp，RTS）。在不同的媒体流之间，需要同步播放的 LDU 的 RTS 相同。当向用户传输数据时，服务器根据 RTS 来进行提取和发送调度，不同流中具有相同 RTS 的 LDU 被同时提取出来，并发送到相应的通信线路上去。虽然服务器的提取和发送是同步的，但由于各用户端的播放速率（即本地时钟频率）、传输延迟抖动和传输过程中数据单元的丢失情况不同，各用户的播放过程可能不同步。为了检测同步状况，用户端在播放某个 LDU 的同时，将该 LDU 的 RTS 反馈给服务器。反馈可以隔一段时间进行一次，且信息量很小，并不会显著加重网络的负担。服务器周期性地比较反馈回来的 RTS 值，就可以检测出各条流之间的同步情况。

设 f_a 和 f_b 为 A、B 两地返回的反馈单元，它们到达服务器的时刻分别为 τ_a 和 τ_b，它们最早和最晚发送时刻 t^e 和 t^l 则分别为

$$t^e(f_a)=\tau_a-d_{\max} \tag{5.15}$$

$$t^l(f_a)=\tau_a-d_{\min} \tag{5.16}$$

$$t^e(f_b)=\tau_b-d_{\max} \tag{5.17}$$

$$t^l(f_b)=\tau_b-d_{\min} \tag{5.18}$$

既然 f_a 和 f_b 的真正发送时刻 $t(f_a)$ 和 $t(f_b)$ 分别在（5.15）式与（5.16）式、（5.17）式与（5.18）式所定义的区间内，则有

$$t^l(f_a)-t^e(f_a)\geqslant t(f_b)-t(f_a) \qquad （\tau_a\geqslant\tau_b \text{时}） \tag{5.19}$$

$$t^l(f_a)-t^e(f_a)\geqslant t(f_a)-t(f_b) \qquad （\tau_b<\tau_a \text{时}） \tag{5.20}$$

由（5.19）式和（5.20）式可得

$$\max\{t^l(f_b)-t^e(f_a),\ t^l(f_a)-t^e(f_b)\}\geqslant\left|t(f_a)-t(f_b)\right| \tag{5.21}$$

只要上式左侧满足

$$\max\{t^l(f_b)-t^e(f_a),\ t^l(f_a)-t^e(f_b)\}\leqslant\varepsilon \tag{5.22}$$

则

$$\left|t(f_a)-t(f_b)\right|\leqslant\varepsilon \tag{5.23}$$

$t(f_a)$ 和 $t(f_b)$ 反映了 A、B 两点的播放进度。如果 A、B 两地的播放已精确地同步，RTS 相同的反馈单元的发送时刻应该相等，即 $t(f_a)=t(f_b)$。服务器根据 RTS 相同的反馈单元的到达时刻 τ_a 和 τ_b 按（5.15）式～（5.18）式进行计算，并判断（5.22）式是否成立。式中 ε 表示流间同步所允许的最大偏差（同步容限）。如果（5.22）式不成立，则说明 A、B 两地的播放不同步，需要进行调整。

在考虑媒体流之间的时间约束关系时，通常选择其中一条流的时间轴作为基准，这条流称为主流，其余流称为从流。当检测到媒体流之间的同步关系遭到破坏时，则保持主流的播放速率不变，调整从流的播放速率。比较从流与主流速率的快慢，然后加速或减缓从流播放速度，也可以暂停、、重复或跳过某些从流数据单元，以达到与主流的一致。

主流的选择一般根据媒体流的重要性、时钟的精确程度等因素来确定。对于音频流和视频流而言，由于听觉对声音的不连续性比视觉对图像不连续的敏感程度要高，因而通常选择音频流为主流，视频流为从流。当然，如果具体应用中有某些特殊的调整功能，例如可以调整声音的静默期的长短的话（听觉对静默期长短的变化不敏感），也可以做相反的选择。

检查流与流之间同步的偏差并实施同步控制操作的时刻称为同步点。同步点的多少与同步的服务质量要求有着直接的关系。通常，对同步精度的要求越高，同步点的数目也就越多。用户可以在同步关系的表示中直接指定同步点，并由流层根据同步点的设置来具体地实施同步控制操作。除此以外，也可以在同步机制中根据通信状态动态地设置同步点。

5.7 接收与发送时钟的同步

5.7.1 基于接收缓存器的方法

在多媒体系统中，时钟是时间计量的基准，因此在讨论时钟同步问题时我们常常从时间、而不是从频率的角度来对两个时钟进行比较。在某个时刻 t，两个时钟显示的时间差别 $\Delta T(t)$ 称为二者的相对时间偏差（Offset），单位为秒，即

$$\Delta T(t) = C_1(t) - C_2(t) \qquad (5.24)$$

式中，$C_1(t)$ 和 $C_2(t)$ 分别为 t 时刻时钟 1 和 2 显示的时间。由于时间是以时钟脉冲的周期来计量的，如果两个时钟的频率不同，则二者的时间变化快慢（速度）不同，这个差别 $\Delta T(t)$ 称为相对计时速度偏差，单位是秒/秒，也可以称为相对频率偏差（Skew），即

$$\Delta T'(t) = C_1'(t) - C_2'(t) = \alpha C_2'(t) - C_2'(t) = (\alpha - 1)C_2'(t) \qquad (5.25)$$

式中，α 是时钟 1 和 2 之间的频率之比。两个时钟计时速度（频率）变化率的差别 $\Delta T''(t) = C_1''(t) - C_2''(t)$，称为二者的相对频率漂移（Drift）。频率漂移与时钟的稳定性有关。

收、发时钟之间如果只存在固定的时间偏差不会对多媒体同步造成破坏。如果二者之间存在频率偏差，则产生图 5.13 所示的现象。两个时钟之间的频率漂移对多媒体同步的影响比较复杂，而且现代电子技术可以保证振荡器的频率漂移限制在较小的范围之内，因此本节将不考虑频率漂移，而只讨论收、发时钟之间存在固定频率偏差情况下的多媒体同步问题。

一个多媒体系统所能容忍的收发时钟频率偏差由具体应用而定。例如，假设发送端实时地向接收端发送数据，且收、发两端的时钟偏差为 10^{-3} 秒，对播放一个 90 分钟的视频节目来讲，在节目的最后，两端时间之差为 5.4 秒，显然播放的质量难以得到保证。如果偏差为每秒 10^{-6} 秒，节目最后收、发端的时间之差为 5.4 ms，对媒体同步的影响就不易察觉出来了。下面我们来考虑收、发时钟频率偏差不能忽略的情况，即在图 5.13 所示的情况下，设计一个合适的起始时刻偏移量和缓存器容量，以避免出现数据尚未到达或缓存器溢出的问题。

假设媒体流的 LDU 按发送时钟的节拍进入接收缓存器 B，然后以接收时钟的节拍输出进

行播放。在不考虑时延抖动的情况下，按发送时钟 C_s 计量的 LDU 到达时间间隔等于其发送的时间间隔。

$$a_s(i)-a_s(1)=t_s(i)-t_s(1) \tag{5.26}$$

第 i 个 LDU 在缓存器中缓存的时间为 $[p_r(i)-a_s(i)]$，其中，$p_r(i)$ 为按接收时钟 C_r 计量的第 i 个 LDU 的播放时刻。为了平滑由收、发时钟频率偏差而引起的数据波动，所需的缓存器容量为

$$B=\max\{p_r(i)-a_s(i)-[p_r(1)-a_s(1)]\,|\,i\in(2,3,\cdots)\} \tag{5.27}$$

上式 $[\cdot]$ 中的项为起始时刻偏移量 D，$\{\cdot\}$ 中的项表示在播放开始之后，第 i 个 LDU 在缓存器中继续缓存的时间。如果收、发时钟是同步的，$p_r(i)-p_r(1)=a_s(i)-a_s(1)=t_s(i)-t_s(1)$，$B$=0。这说明在接收端的播放速率和发送端的发送速率相同时，数据不会在缓存器中累积（或过快地消耗），因此不必在起始偏移量 D 之外设置额外的缓存器。

假设发、收时钟之间的频率之比为 $\alpha=C_s^{'}/C_r^{'}$，那么用发送时钟 C_s 来度量时间间隔 $[p_r(i)-p_r(1)]$，我们有

$$p_r(i)-p_r(1)=\alpha[t_s(i)-t_s(1)] \tag{5.28}$$

将（5.26）式和（5.28）式代入（5.27）式，得到

$$B=\max\{(\alpha-1)[t_s(i)-t_s(1)]\,|\,i\in(2,3,\cdots)\}=(\alpha-1)T_N \tag{5.29}$$

式中，T_N 为媒体流的最长持续时间，$(\alpha-1)$ 反映了收、发时钟之间的频率偏差。当 $\alpha>1$ 时，接收时钟慢于发送时钟，上式给出防止缓存器溢出所需要的额外容量（总量为 $D+B$）。当 $\alpha<1$ 时，接收时钟快于发送时钟，此时 B 为负值，代表为了预防缓存器变空在开始播放（起始时刻 D）之前应该预先缓存的数据量。

当 α 偏离 1 较大时，补偿收、发时钟频率偏差所需要的缓存量可能过大，此时可以采用 5.5.2 节的方法来进行同步。当接收时钟慢于发送时钟时，缓存量总是趋于上警界线；反之，总是趋于下警界线。

5.7.2 基于时间戳的锁相方法

在有些多媒体应用中，对收、发时钟的同步有着严格的要求。例如，中心站通过 ATM 干线或卫星线路接收数字电视，然后转换成模拟电视信号送给模拟有线电视网络。由于模拟电视的同步信号和副载波信号由解码时钟产生，而副载波的相位和幅度代表彩色的色调和饱和度，因此收、发时钟的频率偏差和漂移会造成重建图像的彩色失真或周期性变化（Color Cycling）、声音断续以及画面跳动等。

在需要收、发时钟频率精确同步的时候，锁相是一种通常采用的方法，它能够消除收、发时钟之间的频率偏差和频率漂移。图 5.20 所示是一个典型的锁相环路（Phase Locked Loop，PLL）。它由相位比较器、环路（低通）滤波器和本地压控振荡器（Voltage Controlled Oscillator，VCO）3 个部分组成。锁相的基本过程是，将发送端时钟频率（由输入信号所携带）与接收端本地时钟频率在相位比较器中进行相位比较，两端时钟频率的偏差将反映为相位之差；相位比较器的输出参量（如电压大小、或脉冲宽窄等），经环路滤波器滤除高频分量（输入相位的高频抖动）以后，控制 VCO 的振荡频率，使之与输入频率相等。锁相环路可以是模拟的，也可以是数字的，数字锁相环路简称为 D-PLL。

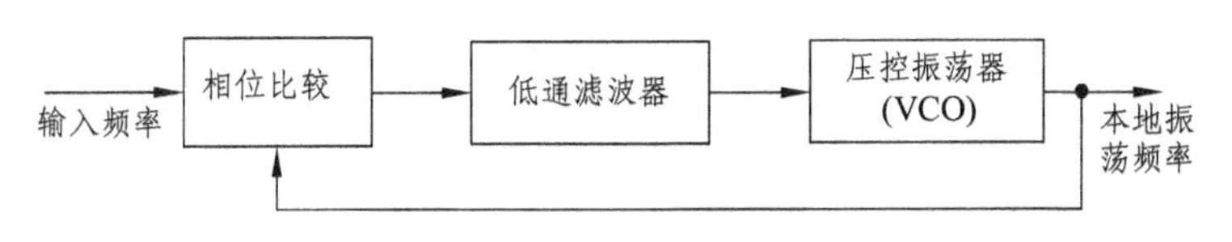

图 5.20　一般的锁相环路

当媒体流采用分组方式传输时，输入信号不是连续的正弦波或脉冲串，无法与本地时钟信号进行相位比较，此时需要有一种合适的方法来检测收、发时钟的频率偏差以控制 VCO 的振荡频率。在分组传输中，接收端获得发送时钟信息的途径有两个：（1）包的到达频率；（2）包头携带的表示该包发送时刻的时间戳。如果在接收端设一个输入缓存器，数据包按发送时钟速率到达缓存器，而以接收时钟速率被取出，那么缓存器的充满程度就反映了收、发时钟的频率差异。但是由于其他原因，如网络传输的时延抖动和包丢失等也会影响缓存器的充满程度，从而干扰锁相环的工作。比较好的获得发送时钟信息的途径是检测时间戳。例如，MPEG-2 标准中规定，编码器必须在不超过 0.1 秒的时间间隔内，在码流中传输一个节目时钟参考 (Program Clock Reference，PCR)。PCR 的数值等于 PCR 的最后一个字节产生时的时钟计数值，因此我们也可以将其看作为一种时间戳。基于时间戳的“锁相环路”如图 5.21 所示。时间戳检测模块检测所接收的数据包中的 PCR，然后计算 PCR 与本地时钟计数值之间的差值，如果收、发时钟频率没有偏差，该差值为一常数；如果有偏差，该差值经滤波后控制本地时钟频率，使本地时钟达到与发送端时钟频率的一致。

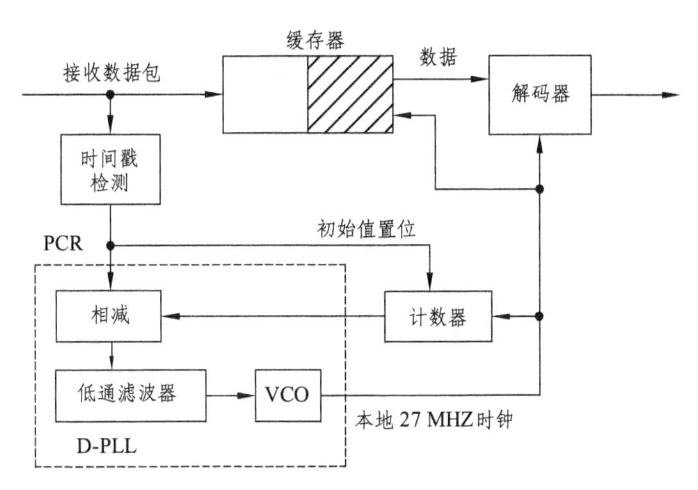

图 5.21　基于时间戳的时钟同步

必须注意的是，在图 5.21 所示的电路中，用来控制本地时钟频率的计数差值实际上是包的发送时刻（PCR）和到达时刻（本地时钟计数）之间的差值，如果传输时延存在抖动的话，即使收、发时钟频率相同，该差值也不是恒定的。因此环路滤波器必须精心设计以便能够滤除传输时延抖动的影响，否则时延抖动将通过环路转化为本地时钟频率的晃动。

当收、发时钟达到同步后，缓存器充满程度的变化仅受传输时延抖动的影响。此时缓存器则可按 5.5.1 节讲述的方法设计。

5.7.3 基于网络时间协议的方法

在因特网中，常常通过网络时间协议（Network Time Protocol，NTP）来解决一对站点、或多个站点间的时钟频率偏差问题。具体做法是，由中央时间服务器维护一个高精确度和高稳定度的时钟（网络时钟），各站点将此信号作为调整本地时钟的基准，图 5.22 说明获得时间基准的过程。客户端在本地时间 A 向 NTP 服务器发送一个带有发送时刻 A 的 NTP 包，服务器在本地时间 B 收到该包，然后在本地时间 C 将一个带有时刻 A 、B 和 C 的包发送回客户端，客户端在本地时间 D 收到。假设客户端到服务器的实际单程时延为 d ，在这段路程上由收、发时钟频率不同而产生的时间偏差为 $offset$ ，则 $B-A=d+offset$ ，且 $D-C=d-offset$ ，

$$d=(B+D-A-C)/2 \tag{5.30}$$

$$offset=(B+C-A-D)/2 \tag{5.31}$$

（5.31）式检测到的时间偏差相当于一般锁相环中相位比较器的输出。

在实际应用中，检测到的时延和时间偏差会受到时延抖动的影响。NTP 规定了一个“锁相环路”的结构，在这个结构中，利用滤波、选择和加权等方法得到了最为可靠的时间偏差值，然后该值经环路滤波器控制本地的 VCO。经过这样的调整，各站点的时钟同步的精度可保持在 10 ms 之内。

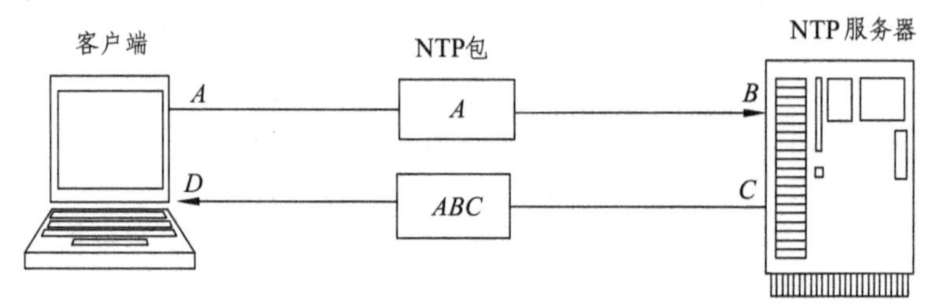

图 5.22　NTP 包的传输

5.8 同步算法小结

对于流内同步而言，同步机制的目标是保持 LDU 之间均匀的时间间隔，而接收端的缓存器是滤除不均匀性、保证流内同步的重要工具。播放器按均匀时间间隔从缓存器中取走 LDU 的同时，由于收发时钟频率的不同、网络传输时延的抖动和丢包等原因，LDU 进入缓存器的时间间隔与播放时间间隔不一致，因此缓存器充满程度的变化常被作为检测同步状况的标志，防止缓冲器的上溢和下溢则是设计中需要考虑的主要问题。

对于流间同步，我们关心的是不同流中相对应的 LDU（如视频的一帧和该帧对应的那段伴音）)应在相同的时刻播放。为此，一个广泛采用的方法是，为各个流的 LDU 打上相对时间戳，并选择其中一个流为主流，其余的为从流，流间同步机制则以主流的时间轴为基准，保证所有流中具有相同时间戳的 LDU 同时播放。

调整收、发时钟频率，或增/删缓存器中的数据单元是进行同步（无论是流内，还是流间）调整的一个常用手段。此时需要注意的是，人们对音频的不连续性比对视频的敏感，而对音

频频率变化的容忍程度又比对波形变化的要低。一般来说，增/删数据比改变频率容易实现，且对主观听、视觉的影响较小。

当系统中有多个信源和/或多个信宿时，组同步需要让各个组成员有一个共同的起始参考时间，这通常通过互相交换一些协议信息（称为启动协议）来实现。5.7.1 节中的启动器就是一个这样的例子。组同步的另一要求是组内各信宿的同步播放。

在同步机制中常常使用反馈环路。任何一个反馈环路（大到将传输线路包括在内，小到集成电路中的锁相环）应该包括状态检测（如图 5.16 中的缓存器、图 5.20 中的相位比较器）、环路滤波器和状态调整（如图 5.16 中的控制函数、图 5.20 中的压控振荡器）3 个部分。环路滤波器是环路设计中最重要的部分，它影响环路对状态变化响应的灵敏程度和环路的稳定性。

本章通过对几个典型系统的分析，介绍了多媒体同步的一般方法。对于一个实际的系统，这些方法必须视具体情况而应用，即首先需要分析系统中影响同步的因素，然后针对这些因素采取相应的措施。如果影响同步的因素是稳定（不随时间而变化）的，设计通常针对最坏情况进行。如果影响同步的因素随时间而变化，则需要采用自适应同步机制，在一段时间中根据网络传输参数（如时延抖动等）的某个值进行同步控制；与此同时，对此段时间内该参数的实际值进行估计，以作为下一段时间内同步机制运作的依据。

练习与思考题

1．同步技术对多媒体通信所起的作用是什么？它是如何起作用的？

2．影响媒体同步的主要因素是什么？一般采用哪些方法来尽量减少这些因素对媒体同步影响？

3．多媒体数据的主要构成部分是哪些？多媒体同步主要研究哪些问题？

4．多媒体数据内部有哪些约束关系？这些约束关系分别是怎样形成的？

5．简述多媒体同步参考模型的意义、多媒体同步参考模型每层的作用以及它们相互之间的关系。

6．阐述多媒体同步描述的种类、各自特点以及它们的应用场合。

7．比较基于播放时限和基于缓存数据量的两种流内同步方法。它们各适用于哪些情况？

8．比较本章介绍的几种多媒体同步机制的优缺点。

第 6 章　多媒体通信网络技术

要实现分布式的多媒体应用，例如 IPTV、多媒体会议等，必须用网络将处于不同地理位置的多媒体终端、服务器等设备连接起来，并使这些设备相互之间能够进行所需要的多媒体信息的传输。一方面由于多媒体数据的集成性，使它的传输既不像传统的通信业务那样，在一次呼叫中只传输一种媒体，例如只传声音、或是文字（传真），也不像计算机通信那样单纯传输数据，多媒体通信在一次呼叫中需要传输由多种媒体复合构成的信息。另一方面，在传统有线电视网上传输的虽然是声音和图像两种媒体，但这种网络是单向的，不支持多媒体的交互功能。因此，利用传统的网络（无论是通信网，还是计算机网、电视广播网）进行多媒体信息传输，都不是理想的解决方案；但是从社会和经济的角度来看，多媒体信息的传输又不能完全摆脱这些具有长期历史的、已经“无处不在”的传统网络。于是就形成了这一问题的复杂性：将这些针对不同应用目标设计的网络“融合”在一起以形成理想的多媒体业务网，虽然近年来已经取得了长足的进展，但要达到最终的目的还需要相当长的过程。

在这里，我们所说的支持多媒体信息传输的“网络”是指这样几个部分：

（1）连接多媒体终端和网络节点之间以及节点与节点之间的传输介质和光电部件，如光缆、电缆、无线信道、中继器、收/发设备等。

（2）在网络节点上接收一条链路上传来的信息、并将其转发到另一条链路上的交换设备，如各种类型的交换机、路由器、基站等。

（3）保障终端之间能够进行信息传输与交换的通信协议。

（4）网络服务与管理系统。

6.1　多媒体通信对通信网的要求

6.1.1　性能指标

1. 吞吐量

吞吐量是指网络传输二进制信息的速率，也称比特率，或带宽。带宽从严格意义上讲是指一段频带，是对应于模拟信号而言的，在一段频带上所能传输的数据率的上限由香农信道容量所确定。不过通常在讨论数据传输时也常简单地说带宽，即指比特率。有的多媒体应用所产生的数据速率是恒定的，称为恒比特率 CBR（Constant Bit Rate）应用；而有的应用则是变比特率 VBR（Variable Bit Rate）的。衡量比特率变化的量称为突发度（Burstness）：

$$\text{Burstness} = \frac{PBR}{MBR} \tag{6.1}$$

式中，MBR 为整个会话（Session）期间的平均数据率，而 PBR 是在预先定义的某个暂短时间间隔内的峰值数据率。支持不同应用的网络应该满足它们在吞吐量上的不同要求。

持续的、大数据量的传输是多媒体信息传输的一个特点。从单个媒体而言，实时传输的运动图像是对网络吞吐量要求最高的媒体。更具体一些，按照图像的质量我们可以将运动图像分为 5 个级别：

（1）高清晰度电视（HDTV）。例如，分辨率为 1920×1080，帧率为 60 帧/秒，当每个像素以 24 比特量化时，总数据率在 2 Gb/s 的数量级。如果采用 MPEG-2 压缩，其数据率大约在 20～40 Mb/s。

（2）演播室质量的普通电视。其分辨率采用 CCIR 601 格式。对于 PAL 制式，在正程期间的像素数为 720×576，帧率为 25 帧/秒（隔行扫描），每个像素以 16 比特量化，则总数据率为 166 Mb/s。经 MPEG-2 压缩之后，数据率可达 6～8 Mb/s。

（3）广播质量的电视。它相当于从模拟电视广播接收机所显示出的图像质量。从原理来讲，它应该与演播室质量的电视没有区别，但是由于种种原因（例如，接收机分辨率的限制），在接收机上显示的图像质量要差一些。它对应于数据率在 3～6 Mb/s 左右的经 MPEG-2 压缩的码流。

（4）录像质量的电视。它在垂直和水平方向上的分辨率是广播质量电视的二分之一，经 MPEG-1 压缩之后，数据率约为 1.4 Mb/s（其中伴音为 200 Kb/s 左右）。

（5）会议质量的电视。会议电视可以采用不同的分辨率，我们这里指的是 CIF 格式，即 352×288 的分辨率，帧率为 10 帧/秒以上，经 H.261 标准压缩后，数据率为 128～384 Kb/s（其中包括声音）。在手机等低端设备中进行可视电话或会议时，可采用 QCIF 格式，经 H.263 或 MPEG-4 压缩后，数据率为 64 Kb/s 左右。

声音是另一种对吞吐量要求较高的媒体，它可以分为如下 4 个级别：

（1）话音。其带宽限制在 3.4 kHz 之内，以 8 kHz 采样、8 比特量化后，有 64 Kb/s 的数据率。经压缩后，数据率可降至 32 Kb/s、16 Kb/s，甚至更低，如 4 Kb/s。

（2）高质量话音。相当于调频广播的质量，其带宽限制在 50H～7kHz，经压缩后，数据率为 48～64 Kb/s。

（3）CD 质量的音乐。它是双声道的立体声，带宽限制为 20 kHz，经 44.1 kHz 采样、16 比特量化后，每个声道的数据率为 705.6 Kb/s。在使用 MUSICAM 压缩之后，两个声道的总数据率可降低到 192 Kb/s。MPEG-1 的更高层次的音频压缩方法还可将其速率降到 128 Kb/s，音乐质量仍可接近于 CD；而要得到演播室质量的声音时，数据率则为 CD 质量声音的 2 倍。

（4）5.1 声道立体环绕声道的带宽为 3～20 kHz，采样率为 48 kHz，每个样值量化到 22 比特，采用 AC-3 压缩后，总数据率为 320 Kb/s。

图 6.1 综合表示出了不同媒体对网络吞吐量的要求。其中，高分辨率文档是指分辨率在 4096×4096 以上的图像（例如某些医学图像）。图中 CD 音乐和各种电视信号都是指经过压缩之后的数据率，由图可以看出，文字浏览对传输速率的要求是很低的。

2．传输时延

网络的传输时延（Transmission Delay）定义为信源发送出第 1 个比特到信宿接收到第 1 个比特之间的时间差，它包括电（或光）信号在物理介质中的传播时延（Propogation Delay）和数据在网络中的处理时延（如复用/解复用时间、在节点中的排队和切换时间等）。

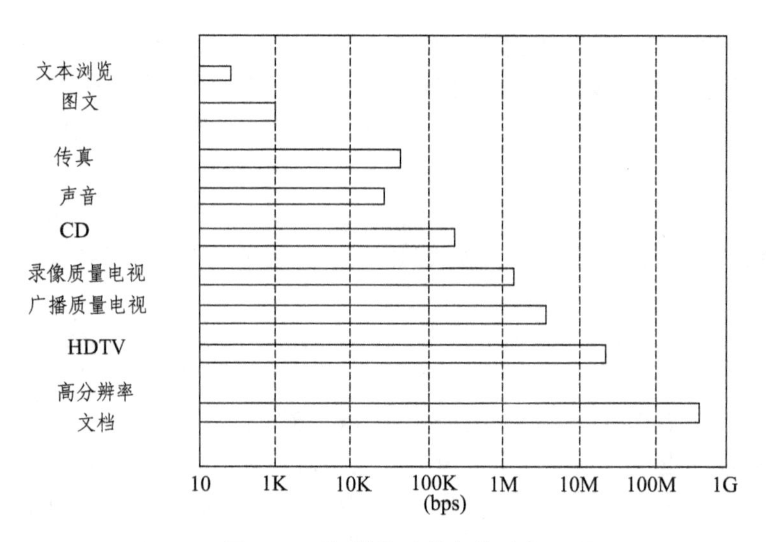

图 6.1 不同媒体对带宽的要求

另一个经常用到的参数是端到端的时延。它通常指一组数据在信源终端上准备好发送的时刻，到信宿终端接收到这组数据的时刻之间的时间差。端到端的时延，包括在发送端数据准备好而等待网络接受这组数据的时间（Access Delay）、传输这组数据（从第 1 个比特到最后 1 个比特）的时间和网络的传输时延 3 个部分。在考虑到人的视觉、听觉主观效果时，端到端的时延还往往包括数据在收、发两个终端设备中的处理时间，例如，发、收终端的缓存器时延、音频和视频信号的压缩编码/解码时间、打包和拆包时延等。

对于实时的会话应用，ITU-T 规定，当网络的单程传输时延大于 24 ms 时，应该采取措施（使用方向性强的麦克风和喇叭、或设置回声抑制电路）消除可听见的回声干扰。在有回声抑制设备的情况下，从人们进行对话时自然应答的时间考虑，网络的单程传输时延允许在 100 ms 到 500 ms 之间，一般应小于 250 ms。在查询等交互式的多媒体应用中，系统对用户指令的响应时间也不应太长，一般应小于 1～2 秒。如果终端是存储设备或记录设备，对传输时延就没有严格要求了。

3．时延抖动

网络传输时延的变化称为网络的时延抖动。度量时延抖动的方法有多种，其中一种就是用在一段时间内（如一次会话过程中）最长和最短的传输时延之差来表示的。

产生时延抖动的原因可能有如下一些情况：

（1）传输系统引起的时延抖动。例如符号间的相互干扰、振荡器的相位噪声、金属导体中传播时延随温度的变化等。这些因素所引起的抖动称为物理抖动，其幅度一般只在微秒量级，甚至于更小。例如，在本地范围之内，ATM 工作在 155.52 Mb/s 时，最大的物理抖动只有 6ns 左右（不超过传输 1 个比特的时间）。

（2）对于电路交换的网络（如 N-ISDN），只存在物理抖动。在本地网络之内，抖动在毫微秒量级；对于远距离跨越多个传输网络的链路，抖动在微秒的量级。

（3）对于共享传输介质的局域网（如以太网、令牌环或 FDDI）来说，时延抖动主要来源于介质访问时间（Medium Access Time）的变化。终端准备好欲发送的信息之后，还必须等到共享的传输介质空闲时，才能真正把信息进行发送，这段等待时间就称为介质访问时间。

（4）对于广域的分组网络（如 IP 网），时延抖动的流量控制的等待时间（终端等待网络准备好接收数据的时间）的变化和存储转发机制中由于节点拥塞而产生的排队时延的变化都会产生时延抖动。在有些情况下，后者可长达秒的数量级。

时延抖动将破坏多媒体的同步，从而影响音频和视频信号的播放质量。例如，声音样值间隔的变化会使声音产生断续或变调的感觉；图像各帧显示时间的不同也会使人感到图像停顿或跳动。人耳对声音的变化比较敏感，如果从你所熟悉的音乐中删去很小的一段，例如 40 ms，便立刻会有所感觉。人眼对图像的变化则没有这样敏感，在熟悉的录像片中间删节掉 1 秒钟（无伴音时）长的一段，你未必能感觉出来。因此，声音的实时传输对时延抖动的要求比较苛刻。尽管可以用一定的方法在终端对网络的时延抖动给予补偿，但补偿需要使用大的缓存器，因而会增加端到端的时延。在考虑到实际应用中对缓存器大小和时延时间所能承受的限制下，下述定量指标（补偿前的数值）可以作为参考：对于经压缩的 CD 质量的声音，网络时延抖动一般应不超过 100 ms；对于电话质量的语声，抖动不应超过 400 ms；对于对传输时延有严格要求的应用，如虚拟现实，抖动不超过 20～30 ms。由于运动图像总是和伴音一起传输的，我们可以从对伴音的要求中推导出对视频信号传输的时延抖动的要求（补偿前的数值）：对于已压缩的 HDTV，网络时延抖动应不超过 50 ms；对于已压缩的广播质量的电视，不超过 100 ms；对于会议电视，不超过 400 ms。

对于文字、图形、图像等静态媒体的传输，网络的时延抖动不产生什么影响。

4．错误率

在传输系统中产生的错误由以下几种方式来度量：

（1）误码率 BER（Bit Error Rate），指在从一点到另一点的传输过程（包括网络内部可能有的纠错处理）中所残留的错误比特的频数。通常 BER 主要衡量的是传输介质的质量。对于光缆传输系统，BER 通常在 10^{-12} 到 10^{-9} 的范围。而在无线信道上，BER 可能达到 10^{-4}～10^{-3}，甚至 10^{-2}。

（2）包错误率 PER（Packet Error Rate）或信元错误率 CER（Cell Error Rate），是指同一个包两次接收、包丢失、或包的次序颠倒而引起的包错误。包丢失的原因可能是由于包头信息的错误而未被接收，但更主要的原因往往是由于网络拥塞，造成包的传输时延过长，超过了应该到达的时限而被接收端舍弃，或网络节点来不及处理而被节点丢弃。

（3）包丢失率 PLR（Packet Loss Rate）或信元丢失率 CLR（Cell Loss Rate），它与 PER 类似，但只关心包的丢失情况。

在多媒体应用中，将未压缩的声像信号直接播放给人看时，由于显示的运动图像和播放的声音是在不断更新的，错误很快被覆盖，因而人可以在一定程度上容忍错误的发生。从另一方面看，已压缩的数据中存在误码对播放质量的破坏显然要比未压缩的数据中的误码要大，特别是发生在关键地方（如运动矢量）的误码要影响到前、后一段时间和（或）空间范围内的数据的正确性。此外，误码对人的主观接收质量的影响程度还与压缩算法和压缩倍数有关。下面我们给出了在一般情况下获得“好”的质量所要求的误码率指标。对于电话质量的语声，BER 一般要求低于 10^{-2}。对于未压缩的 CD 质量的音乐，BER 应低于 10^{-3}；对已压缩的 CD 音乐，应低于 10^{-4}。对于已压缩的会议电视，BER 应低于已压缩的广播质量的电视，应低于 10^{-9}；对已压缩的 HDTV，则应低于 10^{-10}。如果对已压缩的视频码流采用前向纠错技术，可允许的误码率则大约为上述数据乘以 10^{4}。

与声音和运动图像的传输不同，有时数据传输对误码率的要求很高。例如，银行转账、股市行情、科学数据和控制指令等的传输都不容许有任何差错。虽然物理的传输系统不可能绝对不出差错，但是可以通过检错、纠错机制（例如，利用所谓自动重发请求（Automatic Repeat reQuest，ARQ）协议）在检测到差错、包次序颠倒或超过规定时间限制仍未收到数据时，向发端请求进行数据重传，使错误率降为零。

6.1.2 网络功能

1．单向网络和双向网络

单向网络指信息传输只能沿一个方向进行的网络。例如，传统的有线电视（CATV 网）信息只能从电视中心向用户传输，而不能反之。支持在两个终端之间、或终端与服务器之间互相传输信息的网络称为双向网络。当两个方向的通信信道的带宽相等时，称该通信信道为双向对称信道；而带宽不同时，则称该通信信道为双向不对称信道。由于多媒体应用的交互性，多媒体传输网络必须是双向的。

上述概念是从信道的角度来定义的。在有关通信的书籍中，还常常遇到单工、半双工和全双工的概念，这是从传输方法的角度来定义的。单工是信号向一个方向传输的传输方法；半双工是信号双向传输的传输方法，但在某一时刻只会朝一个方向传输；全双工是同时双向传输的传输方法。支持半双工传输的网络，例如传统的以太网，我们也认为它是双向网络。

2．单播、多播和广播

单播（Unicast）是指点到点之间的通信；广播（Broadcast）是指网上一点向网上所有其他点传输信息；多播（Multicast）或称为多点通信，则是指网上一点对网上多个指定点（同一个工作组内的成员）传输信息。

6.1.3 服务质量的保障

1．QoS 定义

服务质量 QoS（Quality of Service）是多媒体网络中的一个重要的概念。在传统的通信网中，没有提出 QoS 的概念，这是因为传统的网络都是与专项业务相关的，例如电话由公用电话网传输，计算机数据用基于 X.25 的数据网传输。为某种业务服务的网是针对该业务的要求而设计的，例如，一路电话占有固定的带宽（或时隙），当终端进行呼叫时，网络不需要再询问终端对带宽的要求。而且一旦网络将此呼叫接通，在整个会话过程中，终端一直拥有这一带宽，服务质量也就自然是恒定地得到保障了。但是在一个支持综合业务的网上，由于要在同一个网络上支持不同的业务，而不同的业务对网络的性能又有着不同的要求，因此有必要在开始实际的信息传输之前，将某项业务的特定要求告知网络，由此 QoS 的概念也就随之出现。在多媒体传输网络中，QoS 的概念则更进一步地受到了重视。

ITU 将 QoS 定义为决定用户对服务的满意程度的一组服务性能参数。这些参数可以用多种方式来描述。例如，确定性方法和统计描述方法：

确定性描述方法 $QoS\_Parameter \leqslant \text{Upper\_bound}$

$$QoS\_Parameter \geqslant \text{Lower\_bound}$$

统计描述方法 $\text{Prob}[QoS\_Parameter \leqslant \text{Upper\_bound}] \geqslant \text{Prob\_bound}$

$$\text{Prob}[QoS\_Parameter \geqslant \text{Lower\_bound}] \geqslant \text{Prob\_bound}$$

6.1.1 节中介绍的吞吐量、传输时延、时延抖动和错误率则是常用的 QoS 参数。我们第 5 章中介绍过同步规范，其中，同步容限规定了所允许的同步偏差，同步容限也常被称为同步 QoS 参数。从时延抖动对同步的影响，可以看出同步 QoS 参数与网络数之间存在着一定的关系。

2．定量 QoS 服务和定性 QoS 服务

从提供的服务种类来区分，QoS 服务可以分为定量和定性两种。所谓定量服务，是指用户用确定性描述方法，或统计描述方法提出具体的 QoS 指标，网络在数据传输过程中保证满足这些指标。在定性服务中，对 QoS 参数不指定具体的指标，但是网络能够对某些应用提供比另一些应用更“好”的服务。一个典型例子就是网络提供不同优先级的服务，高优先级的数据优先得到服务而具有较小的时延，或较少的丢包率。

3．针对流和针对包类型的 QoS 服务

从服务对象来区分，QoS 服务可以分为针对流（Per-flow）和针对包类型（Per-class）两种。前者是网络对某一个应用产生的数据流提供同样（定量或定性）的 QoS 服务。显然，能够提供针对流服务的网络必须首先能够识别和区分不同应用所产生的流。在针对包类型的服务中，所有的用户数据都根据某种准则，如应用类型、QoS 要求或协议簇等，被划分为几种类型，网络对相同类型的数据包（无论是哪个应用产生的）提供同样的服务。显然，这样的网络首先必须具备区分包类型的能力；针对包类型的服务通常是定性的 QoS 服务，为了能够与定量保障带宽或时延的 QoS 服务相区别，也常称为 CoS（Class of service）服务。

4．QoS 机制

不同的多媒体应用对网络的性能有不同的要求。在通信起始时，用户向网络提交的 QoS 参数实际上描述了应用对网络资源的需求，网络可以以此作为对网络内部共享资源（如带宽、处理能力、缓存空间等）进行管理的依据。如果网络资源不能满足用户的 QoS 要求，或者接纳一个新的用户，要侵犯预留给正在进行通信的用户的资源、从而降低这些通信的 QoS 的话，网络将不接纳这个新用户。这种机制通常称为连接接纳控制 （Connection Admission Control，CAC）。一旦网络接纳了某个用户的呼叫，它就有责任在整个会话过程中保障该用户所提出的 QoS 要求。因此，网络要为这个呼叫预留资源调整，当资源不能保障用户的 QoS 要求时，通知有关的用户，直至中止相关的通信。目前只有一些网络实现、或部分地实现了这些功能，QoS 保障的问题尚处于研究和发展之中。

6.2 网络类别

在本节中将从不同的角度对现有的网络进行归类，以便对不同网络对多媒体信息传输的支持情况有一个总的了解。

6.2.1 电路交换网络和分组交换网络

根据数据交换的方式，可以将现有的网络分成电路交换和分组交换两大类型。所谓交换是指在网络中给数据正确地提供从信源到信宿的路由的过程。

在电路交换的网络中，一旦两个终端之间建立起了通信联系，它们就独占了一条物理信道。在频分复用（FDM）的信道中，这个“物理信道”意味着一个固定的频带；而在时分复用（TDM）系统中，则意味着一个固定的时隙。即使这一对用户进行信息交换的速率低于信道提供的速率，甚至停止信息交换（如说话的间隙，此时信道处于空闲状态），只要用户不通知网络撤销这个链接，该信道就不能为其他用户所使用。同时，这一对用户开始通信后，不管网络变得多么繁忙，该用户所独占的资源（传输速率）也不会被其他后来的用户所侵占。当网络不能给更多的用户提供信道时，则只能简单地不接纳后来的呼叫。普通公用电话网（PSTN）、窄带综合业务网（N-ISDN）、数字数据网（DDN）和早期的峰窝都属于电路交换网络。

从多媒体信息传输角度来考虑，电路交换网络的优点是：

（1）在整个会话过程中，网络所提供的固定的比特率是得到保障的。

（2）路由固定，传输时延短，时延抖动只限于物理抖动。这些都有利于固定比特率的连续媒体的实时传输。

电路交换网络的缺点是不支持多播，因为这些网络原来是为点到点的通信而设计的。当多媒体应用需要多播功能时，必须在网络中插入特定的设备，称为多点控制单元（Multipoint Control Unit，MCU）。

分组交换也称为包交换。在分组交换网络中，信息不是以连续的比特流的方式来传输的，而是将数据流分割成小段，每一段数据加上头和尾，构成一个包、或称为分组（在有的网络中称为帧、或信元），一次传输一个包。如果网络中有交换节点的话，节点先将整个包存储下来，然后再转发到适当的路径上，直至到达信宿，这通常称为存储/转发机制。分组交换网络的一个重要特点是，多个信源可以将各自的数据包送进同一线路，当其中一个信源停止发送时，该线路的空闲资源（带宽）可以被其他信源所占用，也就是说，其他信源可以传输更多的数据，这就提高了网络资源的使用效率。但是这种复用一般来说是统计性的。在某个信源的通信过程中，如果有过多的其他信源加入网络，则该信源的资源可能被其他信源所侵占，导致它所要求的比特率得不到保障，传输时延加长；如果在某个时刻多个信源同时送进过多的数据，还可能造成网络负荷超载的情况。

根据节点对包处理方式的不同，分组交换可以分两种工作模式：数据报（Datagram）和虚电路（Virtual Circuit）。在数据报模式中，为了将同一线路上的不同的数据包区分开，每个数据包的包头中都含有信宿的标志，网络根据此标志将数据包正确地送至目的地。由于节点为每个包独立地寻找路径，因此往同一信宿的包可能通过不同的路径传到信宿。在虚电路模式中，两个终端在通信之前必须通过网络建立逻辑上的连接，连接建立后，信源发送的所有数据包均通过该路径顺序地传输到信宿，通信完成后拆除连接。这与电路交换的方式很相似，但其根本的区别是，节点对包的处理采用的仍是存储/转发机制。这个逻辑上的连接称为虚电路，也称为逻辑信道。

以太网、无线局域网（WLAN）、帧中继和 IP 网都属于分组交换网络。分组交换网络的最大优点是复用的效率高。此外，在有的分组交换网中允许在一次连接中建立多条逻辑通道，这对多媒体信息的传输很有利。实时媒体和静态媒体对网络性能的要求有很大的差异，用同一个通道传输，则该通道的每一项指标都必须满足各成分数据中要求最高的那一种，才能保证各种媒体的良好传输。如果采用不同的逻辑通道分别传输的具有不同 QoS 要求的媒体数据，则网络资源可以得到更合理的利用。分组交换网对多媒体信息传输不利之处是网络性能的不确定性，即比特率、传输时延和时延抖动随网络负荷变化而变动。

6.2.2 面向连接方式和无连接方式

电路交换和分组交换讨论的是信息在网络内部是如何传输的，现在要讨论的则是连接问题，即在什么条件下网络才接收数据。

在面向连接的网络中，两个终端之间必须首先建立起网络连接，即网络接纳了呼叫并给予连接，然后才能开始信息的传输。在信息传输结束后，终端还必须发出拆除连接请求，网络释放连接。电话是一个典型的例子，只有在网络响应了振铃并接通线路之后，通话才能开始。通话结束，用户挂机后，网络才释放这条电路。在无连接的网络中，一个终端向另一个终端传输数据包并不需要事先得到网络的许可，而网络也只是将每个数据包作为独立的个体进行传递。例如，分组交换中的数据报模式。

电路交换网络是面向连接的。连接可以通过呼叫动态地建立，也可以是永久性、或半永久性的专线连接。分组交换网络则可分为面向连接的和无连接的两种。帧中继和 ATM 都属于面向连接的网络，而以太网、WLAN 和 IP 网则是无连接的。在面向连接的网络中，网络在建立连接时，有可能为该连接预留一定的资源；当资源不够的时候，还可以拒绝接纳用户的呼叫，从而使 QoS 得到一定程度的保障。在无连接的网络中，由于网络“觉察”不到连接的存在，资源的预留就显得困难。不过“无连接”也省去了呼叫建立所产生的时延，这就是它的优点。

6.2.3 资源预留、资源分配和资源独享

任何一个网络上总有许多对通信过程同时存在，它们以某种方式共享着网络的资源。资源的管理与 QoS 保障有着密切的关系，现在我们从这个角度来区分不同的网络。

网络为某个特定的通信过程预留（Reserve）资源是指它从自己的总资源（如吞吐量、节点缓存器容量等）中规划出一部分给该通信过程，但是这部分资源并没有“物理地”给予该通信过程，网络只是通过资源预留来对自己的资源进行预算，以决定是否接纳新的呼叫。由于预留的资源并不等于通信过程所实际消耗的资源，“超预算”的事情很可能发生，因而通信过程的 QoS 也只是从统计的意义上来说得到保证。

资源分配（Allocated）则比资源预留进了一步，它是把一部分资源实际分配给了通信过程。但是，当网络发现该通信过程没有充分地利用分配给它的资源时，或者网络重拥塞时，可能动态地将部分已分配给它的资源重新分配给其他的通信过程。因此该通信过程的 QoS 保障可能是确定的，也可能是统计意义上的。

网络在建立通信过程时就把一部分资源“物理地”划归该通信过程所有，并在该通信过程结束之前，不会将划归给它的资源让其他通信过程分享，也不会再重新分配给他人，这就是资源独享（Dedicated）的情况。此时，该通信过程的 QoS 是得到了确定性保障的。在电路交换的网络中，分配给一对终端使用的带宽就是独享的。

如果网络既不给通信过程预留、也不给它们分配资源，只是利用自己的全部资源尽力而为地为所有的通信过程服务，那么，这些通信过程的 QoS 就与网络的负荷有关，也就是说，QoS 是没有保障的。这样的网络通常称为“尽力而为”（Best-Effort）网络，传统的共享介质的以太网和 IP 网都属于这种类型。

6.3 现有网络对多媒体通信的支撑情况

目前的通信网络大体上分为三类：一类为电信网络，如公用电话网（PSTN）、分组交换公用数据网（PSPDN）、数字数据网（DDN）、窄带和宽带综合业务数字网（N-ISDN 和 B-ISDN）等；一类为计算机网络，如局域网（LAN）、广域网（WAN）、光纤分布式数据接口（FDDI）、分布列队双总线（DQDB）等；一类为电视传播网络，如有线电视网（CATV）、混合光纤同轴网（HFC）、卫星电视网等。这些通信网络虽然可以传输多媒体信息，但都不同程度地存在着这样那样的缺陷，因为这些网络都是在一定历史条件下为了某种应用而建立的，有的是网络本身的结构不适合传输多媒体信息，有的则是网络协议不能满足多媒体通信的要求。

从总体上来说，一个真正能为各种多媒体信息服务的通信网络必须达到数据速率大于 100 Mb/s，连接时间从秒级到几个小时这两个主要方面的要求。还需要增加语音、数据图像、视频信息的检索服务以及有用户参与控制和无用户参与控制的分布服务能力；增加网络控制能力以适应不同媒体传输的需要，提供多种网络服务以适应不同应用要求，提高网络交换能力以适应不同数据流的需要。根据这些要求，下面对现有通信网络对多媒体通信的支撑情况进行分析。

1．公共交换电话网（PSTN）

PSTN 是目前普及程度最高、成本最低的公用通信网络，它在网络互连中有着广泛地应用。PSTN 以电路交换为基础，即通过呼叫，在收、发端之间建立起一个独占的物理通道，该通道有固定的带宽。由于路由固定，时延较低，而且不存在时延抖动问题，这对保证连续媒体的同步和实时传输是有利的。但是电话信道带宽较窄，且用户线是模拟的，多媒体信息需要经过调制解调器（Modem）接入。

V.90 标准的 Modem 传输速率可达 56 Kb/s，这给开放低速率的多媒体通信业务（例如，低质量的可视电话和多媒体会议）提供了可能性。当然，可以通过对用户双绞线作技术改造（如 xDSL、ISDN 等技术），使用户线带宽增加到 2 Mb/s 甚至更高，基本上可以支撑多媒体通信的所有业务。

2．分组交换公众数据网（PSPDN）

PSPDN 是基于 X.25 协议的网络，它可以动态地对用户的信息流分配带宽，有效地解决了突发性、大信息流的传输问题，需要传输的数据在发送端被分割成单元（分组或称打包），各节点交换机存储来自用户的数据包，等待电路空闲时发送出去。由于路由的不固定和线路繁忙程度的不同，各个数据包从发送端到接收端经历的时延可能不相同，而且网络由软件完成复杂的差错控制和流量控制，造成较大的时延，这些都使连续媒体的同步和实时传输成为问题。随着光纤越来越普遍地作为传输媒介，传输出错的概率越来越小，在这种情况下，重复地在链路层和网络层实施差错控制，不仅显得冗余，而且浪费带宽，增加报文传输延迟。由于 PSPDN 是在早期低速、高出错率的物理链路基础上发展起来的，其特性已不再适应目前多媒体应用所需要的高速远程链接的要求，因此，PSPDN 不适合于开放多媒体通信业务。

3．数字数据网（DDN）

DDN 利用电信数字网的数字通道传输，采用时分复用技术，提供固定或半永久连接的电路交换型链接，传输速率为 $n\times 64$ Kb/s（n=1～31）或更高，其传输通道对用户数据完全“透明”，可支持其他协议。它的时延低且固定，带宽较宽，适于多媒体的实时传输。但是，无论开放点对点、还是点对多点的通信，都需要网管中心来建立和释放连接，这就限制了它的服务对象必须是大型用户。

4．帧中继网络（FR）

FR 是一种简化的帧交换模式，由于信息转移仅在链路层处理，因此简化了交换过程和协议，具有较高的吞吐量和较低的时延，同时利用统计复用技术向用户动态提供网络资源，提高了网络资源的利用率。同时可靠性高、灵活性强，对中高速、突发性强的多媒体业务具有吸引力。尤其是利用 FR 作为多媒体用户接入方式是经济有效的方案。在当前 LAN 迅速发展以及帧中继网不断完善的情况下，帧中继网络将是开放会议电视业务的 LAN 远程互联的一种优选技术。

5．交换多兆比特数据服务（SMDS）

SMDS 是由远程通信运营者设计的服务，可满足对高性能无连接局域网互连日益增长的需求。SMDS 是高速服务，用户利用它可通过交换 SMDS 数据报进行通信。SMDS 是面向无连接的网络，被交换信息块的长度可变。用户可借助路由器通过 SMDS 连接不同的局域网。为了避免无连接服务专用性方面的问题，SMDS 提供了一个封闭的用户组服务，可提供多点广播服务。SMDS 控制了用户接口输出的比特率、规定用户必须服从的速率从 1.5 Mb/s～45 Mb/s。SMDS 的比特率、延迟和多点广播性能适合大多数多媒体应用。

6．窄带综合业务数字网（N-ISDN）

N-ISDN 也是以电路交换为基础的网络，因此也具有时延低而固定的特点。它的用户接入速率有两种：基本速率（BRI）144 Kb/s（2B+D）和基群速率（PRI）2.048 Mb/s（30B+D）。由于 ISDN 实现了端到端的数字连接，从而可以支持包括话音、数据、图像等各种多媒体业务，能够满足不同用户的要求。通过多点控制单元建立多点连接，在 N-ISDN 上开放较高质量的可视电话会议和电视会议是目前最成熟的技术。

7．计算机局域网（LAN）

LAN 是在许多范围内（例如大的部门、系统及集团中）普遍使用的网络。LAN 的特点首先是利用一个单独的媒体将所有的端系统连接起来；其次是以基带方式传输，在这种模式中，时间片被分给所有站和每个站的所有通信。之后，数据流被分成帧，利用帧进行传输。以太网、令牌环传输网和 FDDI 为 3 种常见的共享媒体 LAN。

（1）100Base-T 快速以太网：使用常规以太网存取共享媒体的模式（CSMA-CD），但它却运行于 100 Mb/s 工作段。现在 100Base-T 快速以太网已有两种变形：一种是运行在优质的非屏蔽双绞线上；而另一种则适合于低质的双绞线。

（2）100VG-AnyLAN：不同于 100Base-T，它仅仅使用以太网的帧格式，而不是面向连接的 CSMA-CD 媒体的存取方法。所有的段都被连接到一个集线器上。这种技术有一种支持基于服务的多媒体应用的潜能，其复杂点是内部集线器的连接容量有可能成为瓶颈。同步 FDDI 和令牌环是完全适合已有硬件的软件机制，它们提供对环的有界存取时间和每个站的平均比特率的保证，因此，提供了一个不错的对完全等时性机制的近似方法。

（3）FDDI-II：又称等时 FDDI。它是一项完全不同的技术，和 FDDI 不兼容，用来处理实时多媒体服务。它在每信道 6 Mb/s 的 16 个宽带信道上支持完全的等时性机制（这是一种专用带宽技术，设计支持等时的固定位速率（CBR）应用）。这些信道与线路类似而且完全适合要求固定比特率的多媒体应用。

从上面的 LAN 技术可以看出，LAN 在其通信机制下，实现多点连接不成为问题，但是每个包的延迟时间不能保证相等，它与网络拥塞程度有着很大的关系，这显然不适合于连续媒体的实时传输。为了解决这个问题，将目前通信领域中较为先进的 ATM 交换技术引入 LAN 的主干网，解决了主干网的带宽、等待时间和时延抖动等问题，这就是 ATM 局域网仿真技术（LANE），这种方法允许现有应用软件在 ATM 局域网上运行，可采用不同的技术在 ATM 网上仿真局域网。LANE 支持传统局域网数据帧结构以无连接模式传输，也支持局域网多点发送与广播发送的功能。

8．Internet 网

Internet 网是路由器和专线构成的数据网，它可以通过电话网、分组网和局域网接入。Internet 网以其丰富的网上资源、方便地浏览工具和快捷的电子邮件等特点在世界范围内得到迅速发展与普及。另一方面，Internet 在发展初期并没有考虑在其网络中传输实时多媒体通信业务，其使用的通信协议为 TCP/IP，由于该协议难以保证多媒体业务所要求的实时性，因此，在 Internet 网络上开展实时多媒体应用存在一定问题。为了解决这个问题，IETF （Internet 工程任务组）制定了一些新的补充协议（例如 RSVP 和 RTP），以解决在 Internet 网上连续媒体的同步和实时传输问题。

9．有线电视（CATV）网

CATV 网是已经建立起来的伸展到千家万户的宽频带网络，能否利用这一设施提供宽带多媒体服务自然是人们关心的问题。但是 CATV 网是分配型的网络，不具备电信网的交换功能，因此难以开展非分配型（例如多媒体会议）的多媒体业务。要解决这个问题，必须对 CATV 网络进行双向改造。当光纤铺设到小区后，结合经双向改造后的 CATV 网络，从小区到用户的短距离同轴电缆的带宽可以拓宽到 750 MHz 以上，然后通过频分多路复用技术，可以实现电话、模拟电视广播和交互式数字点播电视（VOD）等业务共网传输，从而实现宽带多媒体业务。

6.4 ATM 网对多媒体信息传输的支持

异步传输模式（Asynchronous Transfer Mode，ATM）是 ITU-T 为宽带综合业务数字网（B-ISDN）所选择的传输模式。B-ISDN 是国际电联在 20 世纪 80 年代提出的概念，其目标是以一个综合的、通用的网络来承载全部现有的和未来可能出现的业务。但是，由于 B-ISDN 在许多方面，例如交换设备、终端设备、传输模式和用户接入等，与旧有的通信系统有较大的不同，而整个系统的改造并非易事，因此，尽管国际电联为其制定了一系列标准，但 B-ISDN 并未得到预期的发展。不过 ATM 作为一种高速包交换和传输技术在构建多业务的宽带传输平台方面今天仍具有一定的位置。

ATM 的底层传输系统可以是准同步数字系列（Plesiochronous Digital Hierachy，PDH），但一般是同步数字系列（Synchronous Digital Hierachy，SDH）。PDH 的各级时分复用设备的时钟不必严格同步，它可能有的比特率层次（以 64 Kb/s 的倍数递增）由 ITU-T 的 G.703 标准所规定。SDH 则要求传输网络是同步的，这在进行数字信号的切换时尤为重要。SDH 的比特率层次由 ITU-T 在 G.709 中规定，例如，STM-1 接口速率为 155.52 Mb/s、STM-4 为 622.080 Mb/s 等。在美国，类似于 SDH 的结构称之为 SONET（Synchronous Optical Network）。

6.4.1 ATM 原理

ATM 是一种快速分组交换技术，它采用的数据包是固定长度的，称为信元。信元的长度固定有 2 方面的原因：一方面，虽然选用固定长度的信元，在有些情况下（如传输几个字节的短消息时）会因信元填充不满而有所浪费，但信元长度的固定有利于快速交换的实现，以及纠错编码的实施。另一方面，长度大的包由于附加信息（包头）占的比例小而效率较高，但是在节点逐级存储/转发的过程中，整个包必须完全被接收下来之后才能转发，从而导致延迟增长。此外，长度大的包如果丢失，信息损失肯定比长度小的包要多。考虑到上述种种因素的折中，ATM 确定了信元长度为 53 字节，其中 5 个字节为信元头，48 个字节为数据。图 6.2 表示出用户/网络接口和网络/网络接口两种 ATM 信元头，VCI 和 VPI 分别是虚通道（Virtual Channel）和虚路径（Virtual Path）的标志符，而虚通道和虚路径则是 ATM 的 2 种虚连接方式；数据类型 PT 域（Payload Type）用来标志信元所携带数据的类型；信元丢失优先级域 CLP（Cell Loss Priority）标识在网络拥塞被丢弃的优先程度；而通用流量控制 GFC（Generic Flow Control）是为了在用户网络接口 UNI 处的流量控制的需要而准备的；错误检测域 HEC（Header Error Correction）则用于对信元头误码的检测和校正。此外，信元头中还有一个预留域 RES（Reserved）。

ATM 是面向连接的网络，终端（或网关）通过 ATM 的虚通道相互连接，两个终端（或网关）之间的多个虚通道可以聚合在一起，称为虚路径。图 6.3 给出了虚通道和虚路径的例子。如图所示，在连接两个终端的虚路径中包含了多个相互独立的虚通道，这就是说，ATM 允许在一个链接中建立多个逻辑通道，ATM 的虚连接可以由动态的呼叫建立，此时称为交换式虚连接（Switched Virtual Connection，SVC），也可以通过网络的运营者建立永久性或半永久性虚连接（Permanent Virtual Connection，PVC）。

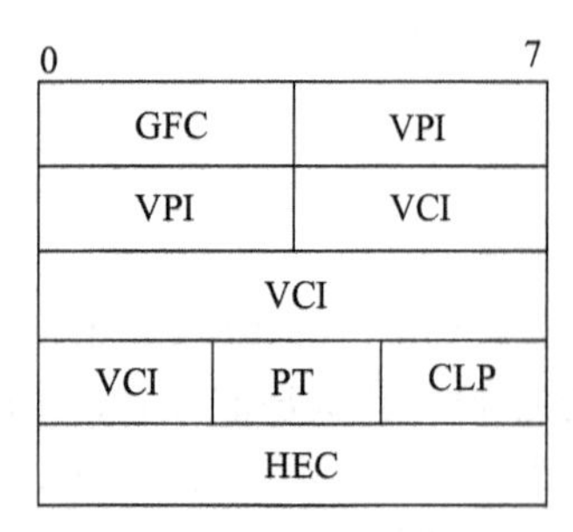

（a）用户/网络接口

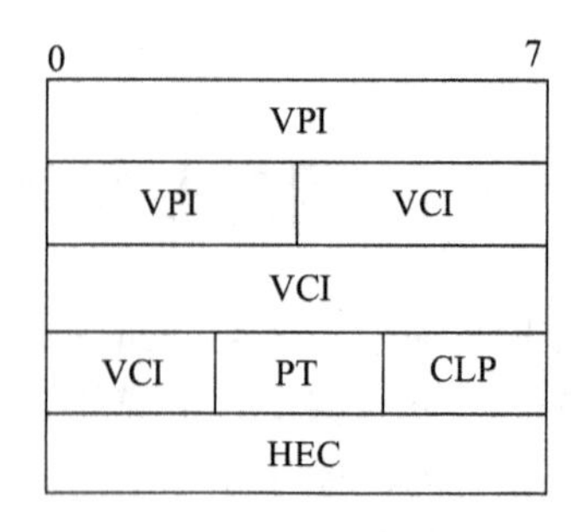

（b）网络/网络接口

图 6.2　ATM 信元头

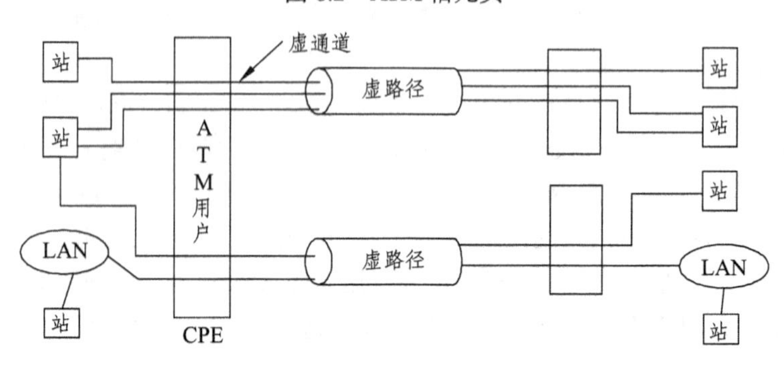

图 6.3　虚通道与虚路径

ATM 继承了电路交换网络中高速交换的优点，信元在硬件中交换。当发送端和接收端之间建立起虚通道之后，沿途的 ATM 交换机直接按虚通道传输信元，而不必像一般分组网的路由器那样，利用软件寻找每个数据包的目的地址，再寻找路由。

ATM 继承了分组交换网络中利用统计复用提高资源利用率的优点，几个信源可以结合到一条链路上，如图 6.4，网络给该链路分配一定的带宽。当其中一个信源发送数据的速率低于它的平均速率时，它所剩余的带宽可为该链路上的其他信源享用。ATM 与一般的分组交换网络有所不同的是，它有一定的措施防止由于过多的信源复用同一链路、或信源送入过多的数据而导致网络的过负荷。换句话说，ATM 网具有对流量进行控制的功能。ATM 流量控制功能中最基本的两项为连接接纳控制（Connection Admission Control，CAC）和使用参数控制（Usage Parameter Control，UPC）。CAC 根据网络资源决定接受、或者拒绝用户的呼叫；UPC 对信源输出速率是否超过约定值进行监测和管理，ATM 的流量控制对用户的 QoS 要求得到统计性的保障有着重要的意义。

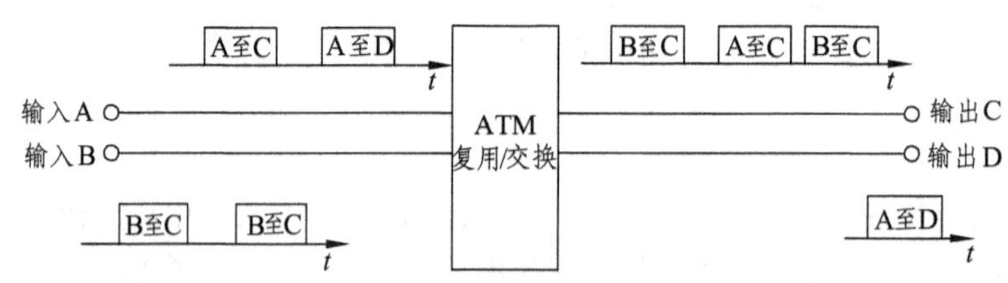

图 6.4　统计复用

ATM 正如其名称所表示的一样，是异步传输模式。所谓异步是指终端可以在任何时刻（等待分配给它的特定的时隙）向网络传输信元。需要指出的是，ATM 的下层（物理层）通常是同步的传输系统（SDH 或 SONET）。同步意味着信元中的每个比特必须按收、发同步的时钟所规定的时刻进行传输。换句话说，ATM 在信元层是异步的，而在物理层（比特层）则是同步的，如图 6.5 所示。

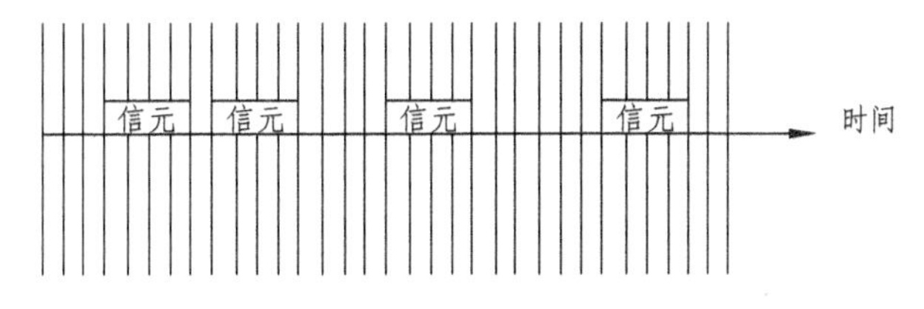

图 6.5　异步传输模式

由于在 ATM 网中，允许从某个通道来的信元的到达时刻是不规则的，这就给信源以很大的灵活性，它们不必在固定时刻以固定速率产生信元，只在需要时产生信元就可以了。ATM 这种可以接收变速率信源信息的特性，特别有利于传输压缩后的变比特率（VBR）视频信号。

6.4.2　ATM 协议结构

B-ISDN 的协议结构如图 6.6 所示。虽然它与 ISO 的 OSI 参考模型很相似，但它们之间准确的对应关系并不明确。该协议结构分为用户、控制和管理 3 个层面。用户平面给出了传输用户数据所涉及的协议；控制平面关系到呼叫控制和连接管理功能；而管理平面又分为层管理和面管理，层管理包括各个协议层的管理协议，面管理是对整个系统的管理。在每个平面内又分为 3 层：物理层用来传输比特流（或信元）；ATM 层完成交换、路由选择和复用；ATM 适配层负责将业务信息适配成 ATM 信元流。

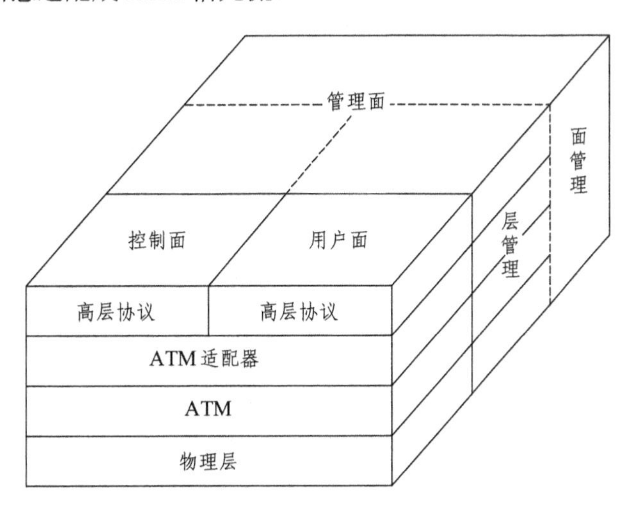

图 6.6　B-ISDN 协议参考模型

物理层又分为物理介质（Physical Medium，PM）子层和传输会聚（Transmission Convergence，TC）子层。PM 层规定光或电接口，负责正确的比特传输、比特位校准和线路编码等；TC 层负责信元和物理层帧之间的拆装、信元头的错误检测、序列产生/验证等。它还能够插入或去除空信元，以使比特流速率与信道速率相匹配，这称为信元速率去耦。

ITU 定义了 2 种物理层接口速率，即 155 Mb/s 和 622 Mb/s。ATM 论坛（一个由相关公司和研究单位组成的机构）又附加了 52 Mb/s、25 Mb/s（3 类双绞线）和 155 Mb/s（5 类双绞线）3 种接口。

ATM 层负责 ATM 信元的复用/解复用、翻译 VPI/VCI 标志、拆装信元头和在 UNI 进行流量控制。不过，如何进行流量控制还没有明确的规定。为了实现高速交换，物理层和 ATM 层的功能在 ATM 交换机中是用硬件来实现的。

ATM 适配层（ATM Adaptation Layer，AAL）只在终端上存在，它将针对特定服务类型的协议映射到与服务类型无关的 ATM 层协议上去。AAL 也分为两个子层：拆装子层（Segmentation and Reassembly，SAR）和会聚子层（Convergence Sublayer，CS）。在发送端，SAR 将应用程序所产生的高层数据分装进信元；在接收端拆开信元，重新组装好数据交给高层。CS 的功能是与业务类型有关的，它进行消息识别和时钟恢复等。根据服务类型的不同，AAL 分为几种，下面我们将进一步讨论。

6.4.3 ATM 服务类型和 ATM 适配层

ATM 与传统分组网络最显著的区别是它有定义明确的服务等级。ATM 的服务等级由图 6.7 所示。第 1 类称为 CBR 服务，它提供带宽固定、时延确定的服务。由于它与电路交换信道的性能相近，因此，常称为电路仿真模式。此类服务适合于电话以及恒定速率的实时媒体的传输。当信源要求 CBR 连接时，它必须将它的峰值速率通知给网络，这个速率在整个通信过程中都为该信源使用。第 2 类称为实时 VBR（VBR-RT）服务，它提供时延确定、带宽不固定的服务，特别适合于经压缩编码后的声音或视频信号的传输。当信源要求 VBR 连接时，它需要通知网络它的平均速率、峰值速率和突发的最大长度（峰值速率的持续时间）等参数。第 3 类称为非实时 VBR 服务，它适合于没有时延要求、而突发性强的数据传输。与第 2 类服务一样，它需要通知网络它的平均速率、峰值速率和突发最大长度等参数。前 3 类服务均能提供限定信元丢失率的保障。第 4 类为 UBR（Unspecified Bit Rate）服务。它不提供带宽、时延和信元丢失率的保障，适合于对信元丢失有一定容忍程度的应用。在连接建立时可以提出、也可以不提出对峰值速率的要求。第 5 类为 ABR（Available Bit Rate）服务，它与第 4 类相似，只是网络能在拥塞时向信源反馈信息，从而使信源能够适当降低自己的输出速率。ABR 即使在拥塞时也能保障最小的带宽，但没有时延的保障。ABR 的主要目的在于将网络闲置的带宽利用起来，它仿真 LAN 的无连接方式，这使得利用 ABR 通过 ATM 的 LAN 互连变得和通过路由器互连的方式一致。

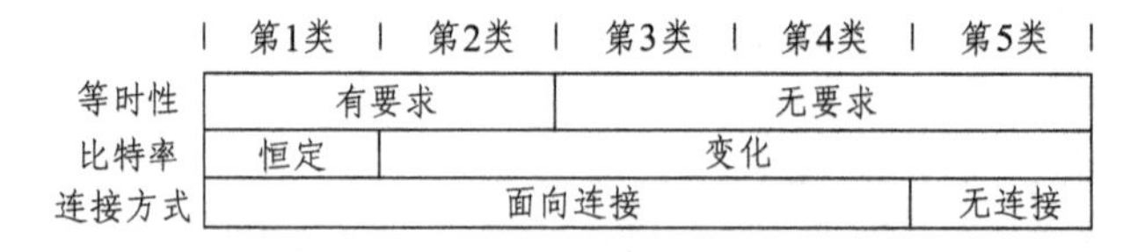

图 6.7　ATM 服务等级

AAL 规定了几种不同的协议以支持不同的服务。每一种协议定义一种 AAL 头，AAL 头占用信元用户数据（48B）的一部分位置。AAL1 用于支持 CBR 业务；AAL2 用于支持 VBR-RT 业务。AAL3 和 AAL4 在发展过程中逐渐趋于合并，称之为 AAL3/4。AAL3/4 用于支持面向连接的或无连接的突发数据业务，它的最大特点是允许多用户发送的长数据包复用在一个

ATM VC 上。但是 AAL3/4 复用和它的复杂协议在许多应用中并不需要，从而产生了 ALL 5，ALL5 是为面向连接的数据传输而设计的，它是开销较小、检错较好的 AAL。AAL5 不需要再附加 AAL 头，只将上层传递下来的用户数据单元加上 8B 的“尾”和一定的填充字节凑成信元用户数据 48B 的整数倍，然后分割成信元传输，由于 AAL5 的简单有效，它被越来越广泛地应用于 TCP/IP 数据和低造价的实时媒体的传输。

6.4.4 ATM 性能

ATM 网具有高吞吐量、低时延和高速交换的能力。它所采用的统计复用能够有效地利用带宽、允许某一数据流瞬时地超过其平均速率，这对于突发度较高的多媒体数据是很有利的。此外，它具有明确定义的服务类型和同时建立多个虚通道的能力，既能满足不同媒体传输的 QoS 要求，又能有效地利用网络资源。

在 ATM 网上进行多媒体信息传输时值得注意的问题是信元丢失率。ATM 通常在误码率很低的光纤线路上运行，因此它只对信元头采取简单检错和纠错措施。当发生在信元头的错误得不到纠正时，交换/复用设备可能为其选择错误的路由。如果错误的信元头正好与另一个连接的信元头相同，则其中一个连接丢失了信元，而另一个连接收到一个不属于它的信元；如果错误的信元头是一个不存在的信元头值，则将该信元丢弃。在 ATM 网中，丢弃信元并不通知终端，终端自己对信元的丢失情况进行检测，并决定是否要求对方重发。这种方式降低了传输时延，对有一定容错能力的实时数据的传输是有利的。值得注意，信元丢失的原因不只限于信元头出现误码，还可能是由于网络的拥塞。当若干统计复用的数据流在某个瞬间同时接近于自己的峰值速率时，信元将在节点处发生拥塞，节点来不及处理过多的信元，致使信元在节点缓存器中的等待时间加长，某些信元甚至被迫丢弃。如果由于网络拥塞，信元到达终端的时延超过了终端所能容忍的时限时，终端也认为这样的信元已经丢失。一般来说，ATM 网的信元丢失在 10^{-10}～10^{-8}。

ATM 标准支持多播，但是 ATM 全网的多播目前并没有实现，只有某些 ATM 交换机具有局部的复制信元的功能。

6.5 基于 IP 的宽带通信网络对多媒体信息传输的支持

为了适应多媒体通信业务的不断发展，提供一个可扩展的多媒体通信网络来支撑多媒体业务的发展，是通信服务提供者以及相关技术人员追求的目标。随着基于 IP 的业务种类的增加，采用基于 IP 的宽带网络技术建立支持多媒体业务的统一网络平台已经成为一种经济的、高效率的做法。

基于 IP 的宽带网络是以光纤为传输介质，大容量的密集波分复用（DWDM）为传输通道，SDH/SONET、ATM 或千兆以太网为组网模式，第三层/第四层路由交换机为交换平台，综合提供基于 IP 的各种多媒体业务的数据通信网络。这种宽带 IP 网络是一个真正的综合业务网，它可以提供数据、语音、视频的综合传输业务，并能为企事业单位以及个人用户接入因特网提供多种宽带接入。

新一代的宽带网络技术必须建立在当前最先进的网络传输和交换的基础之上。目前实现宽带的 IP 网络的典型技术有：IP over SDH、IP over ATM、IP over WDM、IP over DWDM 等。

6.5.1 IP over ATM 技术

IP over ATM 的基本原理和工作方式为：将 IP 数据包在 ATM 层全部封装为 ATM 信元，以 ATM 信元形式在信道中传输。当网络中的交换机接收到一个 IP 数据包时，它首先根据 IP 数据包的 IP 地址通过某种机制进行路由地址处理，按路由转发。随后，按已计算的路由在 ATM 网上建立虚电路（VC）。以后的 IP 数据包将在此虚电路 VC 上以直通（Cut-Through）方式传输，再经过路由器，从而有效地解决了 IP 的路由器的瓶颈问题，并将 IP 包的转发速度提高到交换速度。

用 ATM 来支持 IP 业务有两个必须解决的问题：其一是 ATM 的通信方式是面向连接的，而 IP 是面向无连接的，要在一个面向连接的网上承载一个面向无连接的业务，有很多问题需要解决，如呼叫建立时间、连接持续期等等；其二是 ATM 是以 ATM 地址寻址的，IP 通信是以 IP 地址来寻址的，而 IP over ATM 是以 ATM 网络来承载 IP 数据包的，因此，IP 地址和 ATM 地址之间的映射是一个很大的难题。IP over ATM 分层模型与封装如示意图 6.8 所示。

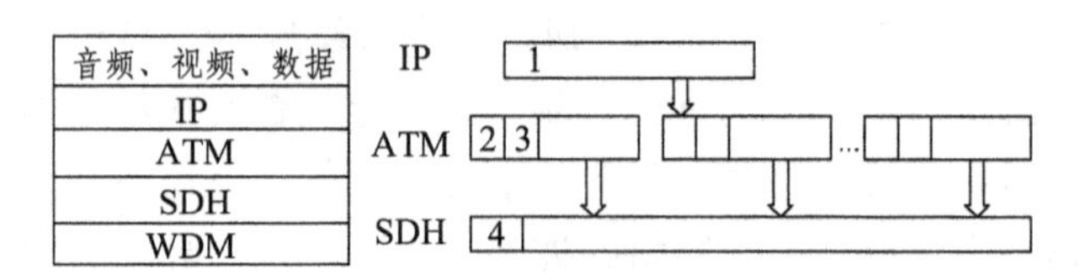

图 6.8　IP over ATM 分层模型与封装示意图

1．迭加模式

迭加模式是指 IP 网的寻址是迭加在 ATM 寻址的基础上的，通俗一点说，在迭加模式中 ATM 的寻址方式是不变的，IP 地址在边缘设备中映射成 ATM 地址，IP 包据此传向另一端边缘设备。迭加模式的最大特点是在 ATM 网中不论是用户网络信令还是网络间信令均不变，对 ATM 网来说，IP 业务只是它承载的业务之一，ATM 的其他功能照样存在，不受影响。迭加模式的优点是采用标准的 ATM Forum 或 ITU-T 的信令标准，与标准的 ATM 网络及业务兼容。缺点是传输 IP 包的效率较低。迭加模式最典型的有局域网仿真（LANE）、在 ATM 上传输传统的 IP（Classical IP Over ATM，CIPOA）和 ATM 上的多协议（Multiprotocol Over ATM，MPOA）等。但该技术对组播业务的支持仅限于逻辑子网内部，子网间的组播需通过传统路由器，因而对广播和多发业务效率较低。

（1）Classical IP Over ATM（CIPOA）。CIPOA 的目的是把 ATM 作为 IP 的低层数据链路层，而应用层还是基于传统的 IP。最初在传统 IP 网中实现 ATM 只是用 ATM 替代了 LAN 线，正因如此，ATM 网络需要分割成不同的逻辑子网（Logical IP Subnetwork，LIS），LIS 之间通信需要路由器。在 ATM 网中没有广播功能，因此，传统的广播地址解析协议（Address Resolution Protocol，ARP）被基于客户/服务器模式的 ATM ARP 协议所取代。

CIPOA 的每个包需要经过特别封装后才能在 ATM SVC/PVC 链路上传输，而封装所遵循的协议为“路由 LLC/SNAP”。一个缺省的逻辑链路/子网接入协议（LLC/SNAP）封装 8 字节段，用来在ATM上传输IP和ATM ARP包，这些包用AAL5封装适配后直接映射到ATM信元中，这些信元用虚连接（预定的PVC或交换式的SVC）传输。对于SVC的呼叫建立，需要ATM论坛的UNI3.1/4.0或ITU-T的Q.2931信令。由于采用了“路由LLC/SNAP”封装协议，CIPOA的传输效率比“VC Muxing”封装方式更高，并且由于使用了SVC或PVC，因此其组网方式也比较灵活。

当然，CIPOA也存在不足之处，主要有两点：第一是CIPOA在建立连接和传输IP数据包的过程中，若要跨LIS，则就要经过路由器，因此，如果网络的范围越大，可能经过的路由器越多，网络时延就越大。由于路由器层成为了网络性能的瓶颈，因此，CIPOA仅适合小型ATM网络。其次是CIPOA不支持多址传递和广播业务，若要在ATM网络上传输IP广播包，则不能使用CIPOA。

（2）LANE局域网仿真。LANE是ATM论坛推出的用来在ATM网上仿真Ethernet/802.3和Token Ring/802.5。利用局域网仿真，现有的LAN应用能在ATM网上进行通信，就像在传统的用MAC地址进行寻址的LAN上一样，可提供组播和广播数据传输。LANE运行在MAC层，任何第三层协议可在其上运行，相反，CIPOA只能运行IP协议。

ATM网络上提供局域网仿真LANE目的，是实现LAN通过ATM网络进行互联的同时，为LAN从共享媒体到ATM网络的平稳过渡，基于这两点考虑，LANE可以放置于路由器中或者是本地的LAN的服务器。LANE设计时有两个基本出发点：

① LANE协议的设计不应该影响到现有的LAN的工作方式，即在LAN的内部不应该发生任何改动，LAN的终端用户仍旧可以使用原有的应用程序进行工作，并不需要作任何更改，保护原有的硬件和软件的投资。

② LANE协议的实现不应该包含在ATM交换机中，因为LANE显然是一种过渡策略，是为ATM网络和局域网互联设立的一种协议方式，不应该进入ATM交换机，否则随着时间的增长，不同的适配协议都将进入交换设备，使得交换软件变得非常复杂和难以管理。因此在ATM网络上的LANE下信息的传输应该作为无差别的数据。

这样最直接的方式是将LANE协议放入路由器中，不同LAN通过相应的LANE路由器和远端的LAN进行相连，这是一个非常不错的主张。考虑到LAN通过路由器可能会和远端的服务器相连，同时在LANE环境中远端服务器可能还需完成其他以下局域网的操作，提供多个局域网互联情况下的虚拟局域网VLAN（Virtual Local Area Network）的业务，即多个LAN中的用户可以组成虚拟网络，好像它们是在同一个LAN上工作，所有远端服务器上还必须运行相应的LANE的软件。图6.9给出LANE仿真协议结构，在这个结构中，ATM-LAN之间的转换部分并没有命名为LANE路由器，是因为该部分只进行了MAC协议转换。

在LANE运行环境中，用户设备（工作站或计算机）是直接与传统的局域网相连的。局域网通过LAN/ATM转换设备与ATM交换机相连，然后再和远端的ATM主机相联系。在LAN主机向ATM主机传输信息的过程中，LAN/ATM转换设备接收到局域网分组后，去除帧校验序列校验（Frame Check Sequence，FCS），并加上标志头，送往AAL5协议分拆成适合ATM网络传输的信元形式。在ATM主机端可以执行相逆的操作过程，将信元形式的数据通过AAL5重新组装成LANE形式。由于LANE是工作在第二层，可以支持不同上层协议（如IPX、TCP/IP、DEC网络等），因此，这种方式可以非常方便地建立各种LAN的互联。

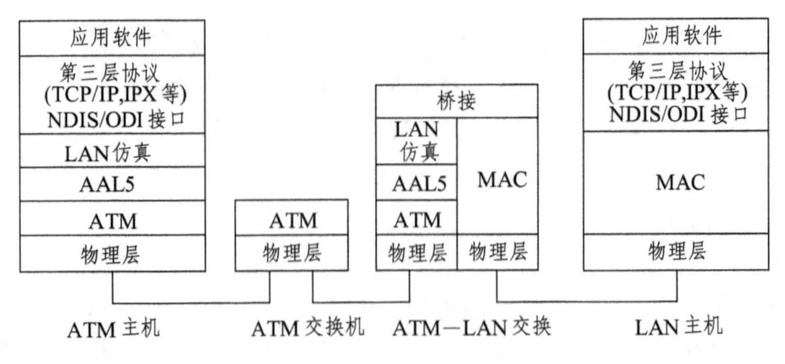

图 6.9　LANE 协议结构

根据上面的分析我们可以看到，LANE 是已有的局域网、ATM 交换网络以及 LANE 设备为基础组成的一个网络平台，这个网络平台能够使不同 LAN 网络互通时传输速率大大提高，而且能够给用户提供原有局域网所能提供的所有服务。可以认为，LANE 是在传统 LAN 网络上叠加一层高速局域网。

LANE 协议采用的是客户机/服务器（Client/Server）模式，原有 LAN 主机运行的客户机程序，执行简单操作；ATM 主机相当服务器，完成对整个 LANE 网络的配置，执行模拟广播操作等功能。根据加载的设备和运行功能的具体功能不同，LANE 协议可分为：局域网仿真客户机（LAN Emulation Client，LEC）、局域网仿真服务器（LAN Emulation Server，LES）以及局域网仿真配置服务器（LAN Emulation Configuration Server，LECS）和广播未知服务器（Broadcast and Unknown Server，BUS），其中最为重要的是 LEC 和 LES 两部分软件。LANE 的组成逻辑配置如图 6.10 所示，下面分别介绍 LANE 的协议组成。

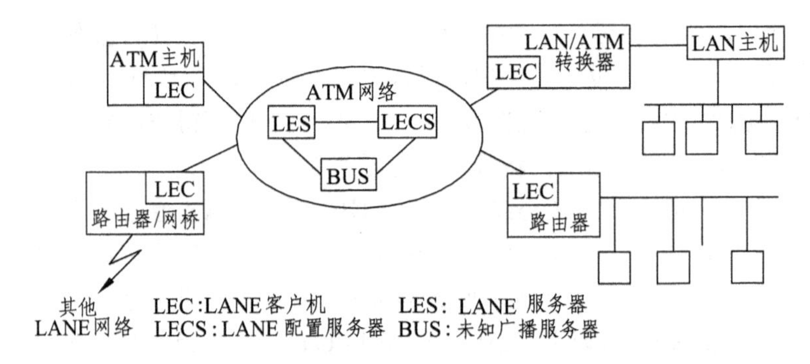

图 6.10　ATM 局域网仿真配置结构

LEC：在 LANE 中组成单元是 LAN，LEC 是作为 LAN 和 ATM 主机等 LANE 的端点系统的代理（Agent）接入 LANE 网络，主要完成 MAC 地址和 ATM 地址的转换，因此每个 LEC 都有相应的 ATM 地址标号，作为 ATM 网络中进行通信的基础。

LES：LES 为一个特定的 LANE 的控制和管理软件，完成动态登录和 MAC 地址转换工作，是 LANE 在 ATM 网络上顺利运营的基础。

LECS：LECS 负责提供整个 ATM 网络的配置消息，包括向 LEC 提供 LES 地址。

BUS：BUS 用于完成广播（点到多点）数据传输功能，用于传输未知目标地址信息流或是特定的广播信息，对于前者类似于局域网的广播传输机制。

LES、LECS 和 BUS 作为 LANE 的服务器软件，在整个 LANE 中的位置非常灵活，ATM

论坛并没有规定这些软件运行的位置，实际上它们可以运行于 ATM 交换机、ATM 主机和 ATM/LAN 转换设备。为了保证维护和管理的方便并且提高系统的可靠性，大多数厂家需在网络设备上实施这些服务器软件，而一般不在工作站上实现。

尽管 LANE 可以大大简化网络配置和维护，并且支持各种联网协议，但它仍有许多不足之处：由于 LAN 是以支持数据业务为主，因此，其所有发起的 ATM SVC 连接都属于没有指定比特率的连接，QoS 级别较低。所以，当网络数据流量较大时，LAN 不适宜于实时性较强的应用，比如话音和视频等。

（3）MPOA。MPOA（Multiple Protocol Over ATM）可以认为是对 LANE 和 CIPOA 的进一步扩展，目的是提供一种高性能、低延迟，并可以承载多种高层协议的网络互联技术，实现网络层协议和 ATM 协议的映射，建立网络层上的 VPN（Virtual Private Network），从而充分利用 ATM 提供的各种服务性能。为实现上述目标，MPOA 采用了虚拟路由器（Virtual Router）的概念：首先，由于 LANE 路由器在链路层上完成协议转换，导致路由器的处理能力低，因此，MPOA 的路由器将基于网络层建立地址映射。其次，由于 LANE 网络中存在 LES，可以在 ATM 网络中直接建立 LANE 路由器之间的互联。显然，MPOA 中应该设置相应的路由器 RS（Router Server）以完成全网的路由选择。最后，由于 RS 已具备了寻径功能，传统的网络层路由器可退化为信息转发设备（称为边缘设备），从而降低网络互联的成本。

MPOA 克服了 CIPOA 和 LANE 的主要缺点，就是不同子网之间通信的中间路由器，中间路由器需要把信元组装成第三层的包，进行路由选择后再把包分段封装成 ATM 信元进行转发，MPOA 允许在不同的子网用户之间直接建立一条较短的 VCC 连接，而不需要中间的重组和分段，在同一子网内，MPOA 和 LANE 相同。

MPOA 包括 MPOA 客户机和 MPOA 服务器。MPOA 客户机可以是 ATM 主机或通过边缘设备与 ATM 相连的非 ATM 网段主机，边缘设备之间可以进行第二层的桥接或第三层的转发，通过短路径的 VCC 传输。MPOA 客户机具有监视第三层的分组流的功能，当检测到去往某一特定目的地的连续的分组流时，MPOA 客户机向 MPOA 服务器查询目的地 ATM 地址或去往目的地的 ATM 边缘设备的 ATM 地址，用来建立短路径 VCC。

MPOA 服务器用 IETF 定义的下一跳解析协议（NHRP）沿着相应的路由传播解析包，直至到网络目的地的出口 ATM 地址解析到。MPOA 使用分布式虚拟路由技术，连接 ATM 子网和传统的 LAN 子网的边缘设备类似于虚拟路由器的接口卡，而与边缘设备相连的整个 ATM 网则是虚拟路由器的转发背板。分组转发功能和路由计算功能相分离，路由计算由路由服务器完成，这种分离与传统的路由器相比，提高了转发效率和吞吐量。分组使用 LANE 或 LLC/SNAP 封装格式，用 AAL5 直接适配成 ATM 信元，可使用 SVC 连接。

2．集成模式

集成模式是指将 IP 网设备和 ATM 网设备集成在一起。在集成模式中，ATM 网的寻址已不再是独立的，ATM 网中的寻址将要受到 IP 网设备的干预。在集成模式下，IP 网的设备和 ATM 网设备是集成在一起的，IP 网的控制设备一般可称为 IPC，它具有传统路由器的功能，能完成 IP 网的路由功能，并具有控制建立 ATM 虚通路的能力。IPC 是一个逻辑功能块，它可以是一个独立的物理设备，也可以不是一个独立的物理设备，而是 ATM 交换机中的一个功能模块，但它是必不可少的。

ATM 交换设备一般仍为普通 ATM 交换机，但它也有十分重大的改变，最大的变化在于信令（UNI 和 NNI），它们之间的信令已不再是 ATM Forum 或 ITU-T 的信令，而是一套特别的控制方式。其目的在于能快速建立连接，以满足无连接 IP 业务快速切换的要求。集成模式的实现技术主要有：Ipsilon 公司（已被 Nokia 收购）提出的 IP 交换（IP Switch）技术、Cisco 公司提出的标记交换（Tag switch）技术和 IETF 推荐的多协议标签交换（MPLS）技术。

（1）IP Switch 技术。IP Switch 技术的目的是在快速交换硬件上获得最有效的 IP 实现，将无连接的 IP 和面向连接的 ATM 的优点互补。IP 交换是标准的 ATM 交换加上连接于 ATM 交换机端口上的智能的软件控制器，即 IP 交换控制器实现的。IP 交换机将数据流的初始分组交给标准的路由模块（IP 交换机的一部分）处理，当 IP 交换机发现一个流中有足够的分组时，认为它是长期的，就同相邻的 IP 交换机或边缘设备建立流标记，后续的分组就可以高速地标记交换，将缓慢的路由模块旁路。IP 交换网关或边缘设备负责从非标记分组向标记分组和分组到 ATM 数据的转换。

为了以无连接形式操作每一次交换过程，IP Switch 完全改变了 ATM 的控制软件，移走了信令软件、ATM 路由协议、LAN 仿真服务器、路由服务器、地址解析服务器等。Ipsilon 开发了一个简明的底层控制协议即通用交换管理协议（General Switch Management Protocol，GSMP），允许 IP Switch 控制器直接访问 ATM 硬件。另外，还开发了 Ipsilon 流量管理协议（Ipsilon Flow Management Protocol，IFMP），以便把 IP 流与 ATM 的 VC（Virtual Channel）关联起来。不能划分为流的 IP 包在控制器的控制下按传统路由器的方式转发，而 IP 流则可以在 ATM 交换引擎中交换。IP Switch 的结构如图 6.11 所示。

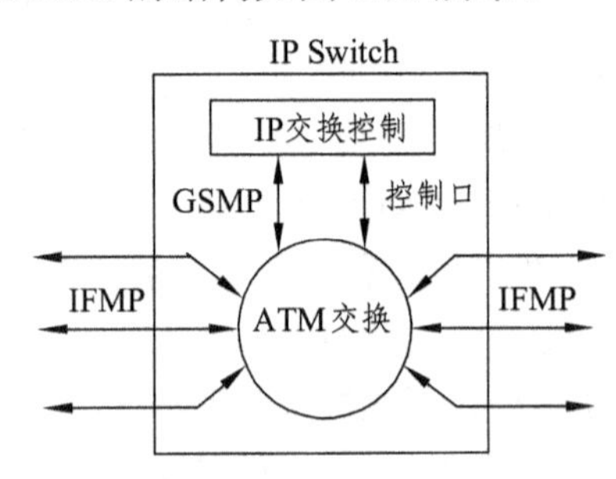

图 6.11　IP Switch 的结构示意图

由于采用了 GSMP 和 IFMP 协议，允许 IP Switch 直接控制 ATM 交换机硬件并直接处理 IP 包头部信息，因而简化了地址映射，如图 6.12 所示。而减少地址映射的步骤可以节约带宽，减少延迟和复杂性，同时也使 IP 流映射到 VC 交换成为可能。

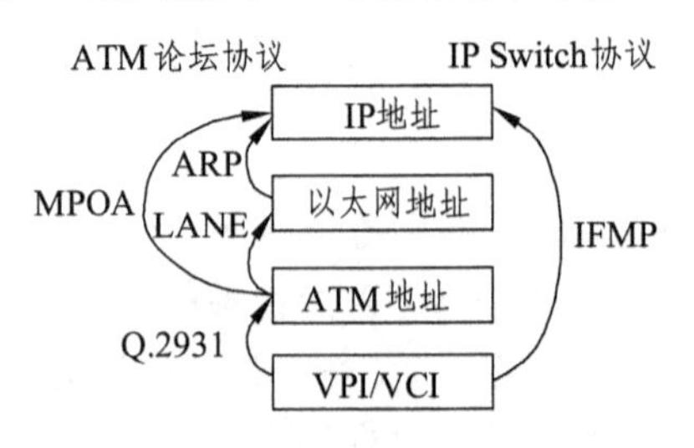

图 6.12　ATM 与 IP Switch 地址映射比较

IP Switch 技术也支持不同的 QoS 要求，当然这是“直通”发生以后，通过 ATM 不同的

QoS 保证 PVC 虚电路要求来实现的，具体的 QoS 实现由 ATM 交换机来完成。为了保证端到端的QoS，IP Switch网关要求支持RSVP协议，并可以把RSVP指定的QoS要求映射到IP Switch技术的 QoS 级别上。尽管 IP Switch 技术在保留原 IP 网络的基础上引入了“直通”技术，大大提高了 IP 网络的性能，但也存在一些不足之处：首先，没有充分利用 ATM 网络的灵活性（SVC 交换虚电路）和动态路由带来的好处；其次，IP Switch 对 QoS 的支持也是不完全的。虽然 IP Switch 技术可以为不同种类的 IP 流提供不同的 QoS 级别，但是，对于属于同一 IP 流种类的各个连接而言，其 QoS 的要求是得不到保证的（因为可能会产生“队头阻塞”现象）。

（2）Tag switch 技术。Tag Switch 是由 Cisco 公司提出的一种多层交换技术。Tag Switch 网络工作示意图如图 6.13 所示。其主要思想是将第二层 ATM 交换技术与第三层路由技术相结合，充分利用 ATM 的 QoS 特性，提高传输效率。与 IP Switch 不同的是，Tag Switch 不是依赖数据流的驱动来建立标签转发表项的，而是依赖于控制驱动（有一个相当于 ATM 协议的控制平面）。Tag Switch 网络由 Tag Edge Routers 和 Tag Switching Routers 组成。IP 包在 Tag Edge Routers 上进行标记封装，下一跳的路由确定依赖于标准路由算法（如 OSPF、BGP 等）。标记的绑定和分布采用标记分布协议（Tag Distribution Protocol，TDP）。

Tag Switch 网络既不运送 ATM 信元，也不运送 TCP/IP 包，网络内部进行的只是 Tag 交换，即 Tag 对贴有标记的数据包进行交换。Tag 交换机可以看做是路由器和 ATM 交换机的结合体，Tag 边缘路由器既支持 Tag Switch，也支持传统的 IP 路由网络技术。在 Tag 交换网的外围，传统的 IP 路由网络可以通过 Tag 边缘路由器接入作为骨干的 Tag 交换网络。

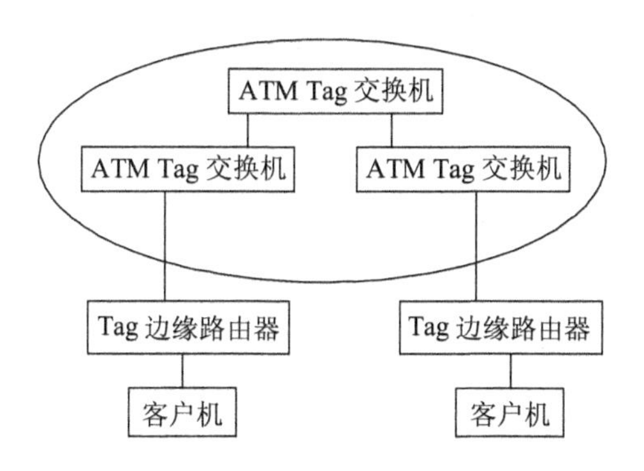

图 6.13 Tag Switch 网络工作示意图

Tag Switch 技术工作过程为：第一步，由 TDP 建立路由和标签映射，类似于 ATM 中的 PVC 的建立。第二步，Tag 边缘路由器接收传统的 IP 数据包，并依据 IP 包的目的地址给数据包打上不同的标记，发送给与它相连的 Tag 交换机，同时，它也完成一些第三层的增值业务。第三步，Tag 交换网络中的 Tag 交换机依据数据包上的标记对数据包进行交换和处理。最后，出口端的 Tag 边缘路由器负责移去数据包上的标记，并向传统 IP 网络送出 IP 数据包。

像 IP Switch 技术一样，Tag Switch 技术支持 IETF 的 RSVP 协议，可以把 RSVP 指定的 QoS 要求映射到 Tag Switch 技术的 QoS 级别上，从而支持端到端的 QoS 保证。Tag Switch 技术可以提高路由器的转发能力，从而提高整个 IP 网络的性能，但是同样存在路由器（将被改造为 Tag 边缘路由器）费用高和管理复杂的问题，而且也增加了 ATM 交换机（将被改造为 Tag 交换机）的费用和复杂性。

（3）MPLS。MPLS 是从 Cisco 的标记交换演变而来的，它给数据包加上标签，并根据标签来转发数据包。标签是一个短的、固定长度的标识符，仅具有局部意义，用来识别特定的转发等价类（FEC）。加到包上的标签标识了这个包所属的转发等价类。通常，根据包的网络层目的地址来决定包应该属于哪个 FEC。

MPLS 网络的构成如图 6.14 所示，MPLS 网络由标签交换路由器（Label Switch Router，LSR）和标签边缘路由器（Label Edge Router，LER）组成。LER 位于 MPLS 网络的边界上，连接着各类用户网络以及其他 MPLS 网络。LER 对到达的 IP 包进行分析，根据路由表和一定的依据（如目的地址前缀的匹配、业务类型等）将包划分为若干 FEC，并为其加上特定的标签，然后再向下一跳转发。MPLS 的中间路由器（LSR）就根据到达包的标签来决定其转发方向，即根据到达包的标签（入标签）检索得到含有出标签和转发方向的下一跳标签转发项，然后根据该项给出的信息以新的标签来转发包。

这个新标签取代旧标签的过程在 MPLS 中称为标签互换，各个中间路由器以相同的方法转发包，直到数据包到达离开 MPLS 域的边缘路由器。在传统 IP 中，每个路由器对同一个 FEC 的每个分组都要进行分类和选择下一跳；而在 MPLS 中，对于一个分组，只是在它进入网络时进行 FEC 分类，并分配一个相应的标记，网络中的 LSR 则不再需要对网络层头进行分析，直接根据标记进行处理。

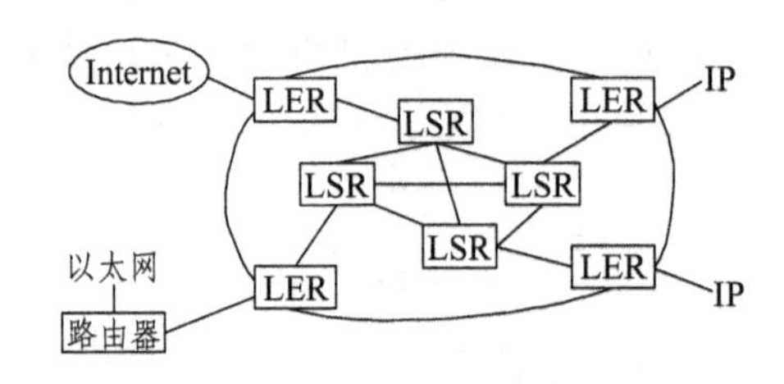

图 6.14　MPLS 的网络结构

LSR 之间通过标签分配协议（Label Distribution protocol，LDP）分配和分发标签信息。标签分配协议是一个 LSR 通知其他 LSRs 关于标记 FEC 绑定信息的一系列过程。一般来说，由下游节点向上游节点分发标记，连成一串的标记就构成了 LSP。在单播中，LDP 有两种方式来进行标记的分发：独立方式（Independent）和受控方式（Ordered）。在独立方式中，任何节点可以在任何时候为每一个它认识的流进行标记分发；在受控方式中，一个流的标记分发从这个流所属的出口节点开始，这样可以保证整个网络内标记与流的映射是完整一致的。不论是独立还是受控方式，都可以采用自由模式（liberal mode）或保守模式（conservative mode）分发标记。在自由模式中，向所有邻近的 LSRs 分发一个 FEC 的标记，而不管自己是否是这些节点在此 FEC 上的下一跳。这样做的优点是当路由发生变化时，可以立即使用预先分发好的标记，但这将消耗更多的标记。保守模式只分发给下一跳是自己的那些节点，这样可以节省标记空间。

MPLS 将面向连接的概念部分引入 IP 网络，数据包在 MPLS 网络中沿着标签交换路径（LSP）转发。LSP 的建立可以两种方式进行：独立的 LSP 控制方式（Independent LSP Control）和顺序的 LSP 控制方式（Ordered LSP Control）。

在独立控制方式中，每个 LSR 针对它所能识别的某个 FEC，各自独立地决定将某个标签绑定在上面，并向对等节点发布该标签（FEC 绑定消息）。这与传统 IP 数据报路由选择方式相似：各个节点独立地决定如何处理各 IP 包，依赖于路由选择算法的迅速收敛来保证每个数据报的正确传递。而在顺序的 LSP 控制方式中，只有在某个 LSR 是特定 FEC 的出节点，或者该 LSR 已经从该 FEC 的下一跳收到一个关于该 FEC 的标签绑定信息时，才将一个标签绑定到该 FEC 上并向上游发布。

对于传统的 IP 网络，可以使用生存时间（TTL）来限制环路（Loop）对网络性能的降低。而用 ATM 交换硬件来实现 MPLS 交换功能时，标签由 VPI/VCI 域携带。由于 ATM 硬件不能进行 TTL 递减操作，因此，无法提供环路保护。另外，ATM 交换机一般不支持多点到点和多点到多点的 VC，因而交换机就无法支持 VC 合并，因此用 ATM 交换机实现 MPLS 的关键是环路的检测预防以及 VC 合并。

3．IP over ATM 的特点

IP over ATM 的优点：

（1）由于 ATM 技术本身能提供 QoS 保证，因此可利用此特点提高 IP 业务的服务质量。

（2）具有良好的流量控制均衡能力以及故障恢复能力，网络可靠性高。

（3）适应于多业务，具有良好的网络可扩展能力。

（4）对其他几种网络协议（如 IPX 等）能提供支持。

IP over ATM 的缺点：

（1）IP over ATM 还不能提供完全的 QoS 保证。

（2）对 IP 路由的支持一般，IP 数据包分割加入大量头信息，造成很大的带宽浪费（20%～30%）。

（3）在复制多路广播方面缺乏高效率。

（4）由于 ATM 本身技术复杂，从而导致管理复杂。

6.5.2 IP over SDH 技术

IP over SDH 以 SDH 网络作为 IP 数据网络的物理传输网络。它使用链路及 PPP 协议对 IP 数据包进行封装，把 IP 分组，并根据 RFC1662 规范简单地插入到 PPP 帧中的信息段。再由 SDH 通道层的业务适配器把封装后的 IP 数据包映射到 SDH 的同步净荷中，然后向下，经过 SDH 传输层和段层，加上相应的开销，把净荷装入一个 SDH 帧中，最后到达光层，在光纤中传输。SDH 是基于时分复用的，在网管的配置下完成半永久性连接的网，在 IP over SDH 中，SDH 只可能有一种工作方式，即 SDH 只可能以链路方式来支持 IP 网。SDH 作为链路来支持 IP 网，由于它不能参与 IP 网的寻址，它的作用只是将路由器以点到点的方式连接起来，提高点到点之间的传输速率，它不可能从总体上提高 IP 网的性能。这种 IP 网其本质上仍是一个路由器网。IP 网整体性能的提高将取决于路由器技术是否有突破性进展。千兆路由器在技术上是有突破的，但是技术的突破带来了设备复杂度的提高，由于这种突破性技术目前并不能广泛地用于普通路由器中，除非全网路由器都采用千兆路由器，否则就不可能从整体上提高 IP 网的水平。另外，SDH 是依靠网管来完成端到端的半永久性连接的配置的，一个大网完全依靠网管来配置是不可想象的。因此，千兆路由器只可能在干线上用，用以疏导高速率数据流。IP over SDH 保留了 IP 面向无连接的特征，其分层模型与封装示意如图 6.15 所示。

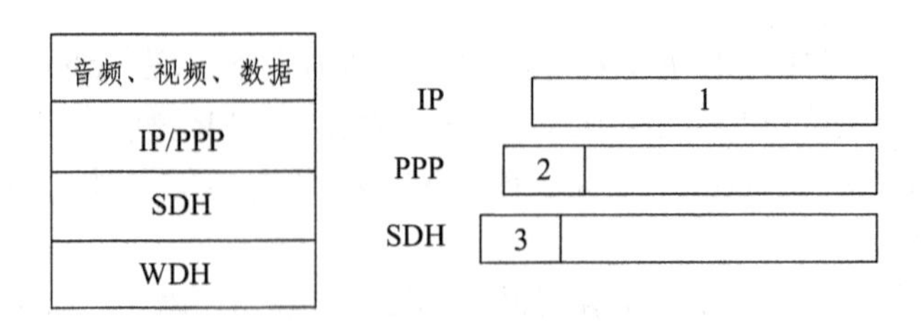

图 6.15　IP over SDH 分层模型与封装示意图

1．PPP 协议

PPP 协议最初是作为在点到点链路上进行 IP 通信的封装协议，它定义了 IP 地址的分配和管理、异步和同步封装、网络协议复用、链路配置、链路质量测试、差错测试等规范。PPP 是一个简单的 OSI 第二层网络协议，其头部只有两个字节，没有地址信息，只是按点到点顺序，是面向无连接的。PPP 协议可将 IP 数据包切成 PPP 帧（符合 RFC1662：PPP in HDLC-Link Framing）以满足映射到 SDH/SONET 帧结构（符合 RFC1619：PPP over SDH）上的要求。

（1）PPP 链路建立过程。PPP 协议中提供了一整套方案来解决链路建立、维护、拆除、上层协议协商、认证等问题。PPP 协议包含：链路控制协议（Link Control Protocol，LCP）、网络控制协议（Network Control Protocol，NCP）、认证协议。认证协议最常用的有口令验证协议（Password Authentication Protocol，PAP）和挑战握手验证协议（Challenge-Handshake Authentication Protocol，CHAP）。

LCP 负责创建、维护或终止一次物理连接。NCP 是一簇协议，负责解决物理连接上运行什么网络协议，以及解决上层网络协议发生的问题。PPP 链路操作过程状态迁移如图 6.16 所示。一个典型的链路建立过程分为三个阶段：创建阶段、认证阶段和网络协商阶段。

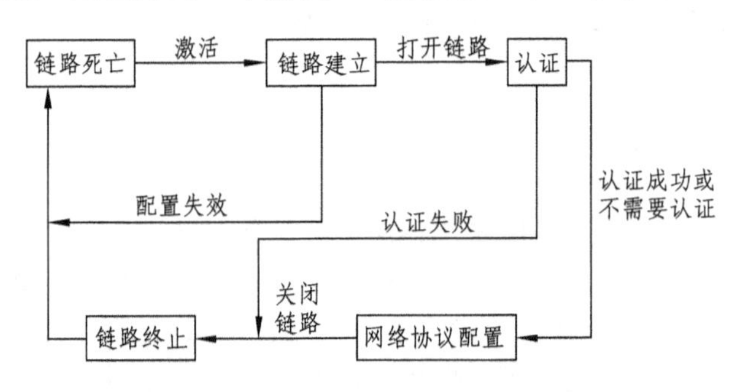

图 6.16　PPP 链路操作过程状态迁移图

① 创建阶段。LCP 负责创建链路。在这个阶段，将对基本的通信方式进行选择。链路两端设备通过 LCP 向对方发送配置信息包。一旦一个配置成功信息包被发送且被接收，就完成了交换，进入了 LCP 开启状态。应当注意，在链路创建阶段，只是对验证协议进行选择，而不作用户验证。

② 认证阶段。在这个阶段，客户端会将自己的身份发送给远端的接入服务器。该阶段使用一种安全验证方式避免第三方窃取数据或冒充远程客户接管与客户端的连接。在认证完成之前，禁止从认证阶段前进到网络层协议阶段。如果认证失败，认证者应该跃迁到链路终止阶段。在这一阶段里，只有链路控制协议、认证协议和链路质量监视协议的信息包是被允许的。在该阶段里接收到的其他的信息包必须被丢弃。

③ 网络协商阶段。认证阶段完成之后，PPP 将调用在链路创建阶段选定的各种网络控制协议。选定的网络控制协议解决 PPP 链路之上的高层协议问题，例如，在该阶段 IP 控制协议可以向拨入用户分配动态地址。

这样，经过三个阶段以后，一条完整的 PPP 链路就建立了起来。

（2）认证方式。认证方式包括：

① 口令验证协议（PAP）。PAP 是一种简单的明文验证方式。网络接入服务器（Network Access Server，NAS）要求用户提供用户名和口令，PAP 以明文方式返回用户信息。PAP 通过两次握手，完成对等实体之间相互身份确认，它只能在链路刚建立时使用，在链路存在期间，不能重复用 PAP 对对等实体之间身份进行确认。在数据链路处于打开状态时，需要认证的一方反复向对方（认证者）传输用户标识符和口令，直到认证者回送一个确认信息或者数据链路被终止。很明显，这种验证方式的安全性较差，第三方可以很容易地获取被传输的用户名和口令，并利用这些信息与 NAS 建立连接获取 NAS 提供的所有资源。因此，一旦用户密码被第三方窃取，PAP 就无法提供避免受到第三方攻击的保障措施。

② 挑战握手验证协议（CHAP）。CHAP 是一种加密的验证方式，能够避免建立连接时传输用户的真实密码。CHAP 通过三次握手的方法周期性地验证对方身份，它不仅在数据链路刚建立时使用，而且可以在整个数据链路存在期间重复使用。在数据链路处于打开时，认证者需要向认证的 PPP 实体发送一个挑战消息，需要认证的 PPP 实体按照事先给定的算法对挑战消息进行计算，将计算结果返回给认证者，认证者将返回的计算结果和自己在本地计算后得到的结果进行比较，若一致，则表示认证通过，给需要认证的 PPP 实体发送认证确认帧，否则，应该终止数据链路。

在不同的认证过程中，必须传输不同的挑战消息，使得每一次返回的计算结果都不相同，防止黑客用上一次截获的计算结果来欺骗认证者。对挑战消息进行计算的方法绝对不能从挑战消息和计算结果中推导出来，一般采用加密计算方法，密钥必须只有认证者和需要认证的 PPP 实体知道，而且不能用明码的方式传输密钥。因此，CHAP 认证协议适用于数据链路两端都能访问到共同密钥的情况。

在保证挑战消息唯一性的同时，必须保证挑战消息的随机性，让黑客不能预测认证者的挑战消息，否则黑客能够冒充认证者向某个 PPP 实体发送预测的挑战消息，并将收到的，根据预测的挑战消息返回的计算结果存储起来，在向认证者登录时，如果认证者发送的挑战消息果真是黑客预测的挑战消息，黑客就能够用存储的计算结果来欺骗认证者。因此，挑战消息的产生算法应该采用产生幻数的随机算法，并保证随机算法种子的随机性。

2. 简化的数据链路协议（SDL）

在 IP/PPP/HDLC/SDH 中，使用的基于 HDLC 的帧定界协议存在一些问题，主要表现在：用户使用 HDLC 帧时，网管需要对每一个输入、输出字节都进行监视。当用户数据字节的编码与标志字节相同时，网管需要进行填充、去填充操作。

为此，Lucent 提出了简化数据链路协议（Simplified Data Link，SDL），用以替代 HDLC 协议，它的链路速率可达到 2.5 Gb/s（OC-48）。SDL 用户对同步或异步传输的可变长的 IP 数据包进行高速定界，可适用于 OC-48/STM-16 以上速率的 IP over SDH。SDL 的帧格式如图 6.17 所示。

数据字段长度指示符	QoS	CRS	用户数据字段
2字段	2字段	2字段	可变长度

图 6.17　SDL 的帧格式

SDL 协议主要应用于点到点的 IP 传输，与 HDLC 的 LAPS 协议实现方式明显不同，它不需要先将以太网 MAC 帧封装成 LAPS 分组形式，而是直接对以太网 MAC 帧进行定界、链路层管理，变成 SDL 协议帧格式，然后将 SDL 帧映射到 SDH 帧。SDL 的帧定界是基于 SDL 帧头中的长度指示符来完成的。定界方式有两种：一种是使用 SDH 通道开销（POH）中的 H4 字节作为指针；另一种是使用 CRC 捕获方法，与 ATM 中使用的方法相同。SDL 协议实现方法简单，链路速率高，可以用于任何类型的数据包（如 IPv4、IPv6 等）。与 HDLC 相比，SDL 更容易应用于高速链路，并且可能提供链路层的 QoS。

3．IP over SDH 的特点

IP over SDH 的优点：

（1）对 IP 路由的支持能力强，具有很高的 IP 传输效率。

（2）符合 Internet 业务的特点，有利于实施多路广播方式。

（3）能利用 SDH 技术本身的环路，即可利用自愈环（Self-healing Ring）能力达到链路纠错；同时又利用 OSPF 协议防止链路故障造成的网络停顿，提高网络的稳定性。

（4）省略了不必要的 ATM 层，简化了网络结构，降低了其运行费用。

IP over SDH 的缺点：

（1）仅对 IP 业务提供好的支持，不适于多业务平台。

（2）不能像 IP over ATM 技术那样提供较好的服务质量保障（QoS）。

（3）对 IPX 等其他主要网络技术支持有限。

6.5.3　IP over WDM 技术

IP over WDM 也称光因特网，其基本原理和工作方式是：在发送端，将不同波长的光信号组合（复用）送入一根光纤中传输。在接收端，又将组合光信号分开（解复用）并送入不同终端。IP over WDM 是一个真正的链路层数据网。在其中，高性能路由器通过光 ADM 或 WDM 耦合器直接连至 WDM 光纤，由它控制波长接入、交换、选路和保护。

IP over WDM 的帧结构有两种形式：SDH 帧格式和千兆以太网帧格式。

目前，主要的网络再生设备大多数采用 SDH 帧格式，此格式报头载有信令和足够的网络管理信息，以便于网络管理。但相对而言，在路由器接口上针对 SDH 帧的拆装分割（Segmentation And Ressembly，SAR）处理耗时，影响网络吞吐量和性能，所以采用 SDH 帧格式的转发器和再生器造价昂贵。

在局域网中主要采用吉比特以太网帧结构，此结构报头包含的网络状态信息不多，但由于没有使用一些造价昂贵的再生设备，因而成本相对较低。由于使用的是“异步”协议，对抖动和时延不那么敏感。同时由于与主机的帧结构相同，因而在路由器接口上下需要对帧进行拆装操作和为了使数据帧和传输帧同步的比特插入操作。

一般峰值波长在 1～10 nm 量级的 WDM 系统被称为 DWDM（密集波分复用）。在此系统中，每一种波长的光信号称为一个传输通道。每个通道都可以是一路 155 Mb/s、622 Mb/s、2.5 Gb/s 甚至 10 Gb/s 的 ATM、SDH 或是千兆以太网信号等。DWDM 提供了接口的协议和速率的无关性，在一条光纤上，可以同时支持 ATM、SDH 和千兆以太网，保护了已有投资，灵活性极大。但 DWDM 缺乏通信处理的能力。

IP over DWDM 的有四种网络模式。

（1）宽大路由器模式（Big Fat Router Model）。作为一个 IP over DWDM 的网络模式，宽大路由器是一种极端的情况。这种模式把 IP 层作为每一件事的主管，DWDM 的服务仅仅是提供大量的宽管道（Fat Pipes）。缺点是光与电的结合能力进展得相当慢。

（2）客户/服务器模式（Client/Server Model）。在客户/服务器模式中，DWDM 网络被处理作为一个分离的智能网络层，给多个高层协议像 IP 和 ATM 提供电路交换服务。在 DWDM 层和高层之间没有路由信息交换。代替的是客户端（像 ATM 交换机和 IP 路由器）提交传输参数给光纤连接控制器（OCC）。OCCs 保持所有的有关这一光纤传输网络的拓扑和可用的源信息。OCC 提供光纤通路以满足要求，客户包通过有 SONET/SDH 式数字 Wrapper 帧的光纤通路来载荷。

（3）扩展模式（Augmented）。扩展模式是介于客户/服务器模式和对等模式之间的。该模式保持光纤域（DWDM）和客户域（IP）的控制平台的分离，但是它允许路由信息在这些层之间的有限交换。

（4）对等模式（Peer to Peer）。在这种 IP over DWDM 的对等模式中，边界路由和光交叉连接被等同对待，这种统一的控制平台支持完全的信息交换。这种网络模式通过开放设备市场鼓励竞争，使得网络资源得到充分利用。

从以上分析可以看出，IP over WDM 具有以下特点。

（1）IP over WDM 的优点：

① 充分利用光纤的带宽资源，提高带宽和相对的传输速率。

② 对传输码率、数据格式及调制方式透明，可以传输不同码率的 ATM、SDH/Sonet 和千兆以太网格式的业务。

③ 不仅可以与现有通信网络兼容，还可以支持未来的宽带业务网及网络升级，并具有可推广性、高度生存性等特点。

（2）IP over WDM 的缺点：

① 目前，对于波长标准化还没有实现。一般取 193.1 THz 为参考频率，间隔取 100 GHz。

② WDM 系统的网络管理应与其传输的信号的网管分离。但在光域上加上开销和光信号的处理技术还不完善，从而导致 WDM 系统的网络管理还不成熟。

③ 目前，WDM 系统的网络拓扑结构只是基于点对点的方式，还没有形成“光网”。

根据网络宽带化、光学化的发展趋势，随着 WDM 或 DWDM 技术的不断进步，不少专家指出：新建的宽带综合业务网（尤其是大型骨干统的网）应是架构在 DWDM 系统上的 IP 网络（IP Over DWDM）。基于 DWDM 的 IP 网主要通过适当的数据链路层格式将 IP 包直接映射到密集波分复用光层中，省去了中间的 ATM 层和 SDH 层，消除了功能重复。由于该技术方案可充分利用 DWDM 通道巨大的传输带宽和 G/T 比特路由交换机强大的交换能力，在 IP 层和光学层之间能合理配置流量工程、保护恢复、网管、QoS 等功能，因而是目前最优的网络体系结构。

从目前来看，宽带 IP 网络的业务架构应是一个混合结构，应综合汇聚以上技术方案的优点，在宽带 IP 网的核心层，应采用 IP over DWDM 或 IP over SDH 技术建骨干网，提供充足的主干带宽，提供全网的关键业务和运营管理；而在其边缘汇聚层，可采用 IP over SDH 技术来汇集各种业务。在网络的接入层，应采用吉比特以太网技术提供和局域网的平滑过渡。应该说，IP over DWDM 将代表着宽带 IP 主干网的明天。

6.6 蜂窝移动通信网对多媒体信息传输的支持

计算机和通信技术的发展使得任何人在任何时间和任何地方以低成本互相进行通信的理想距离现实越来越接近，无线通信则由于能够提供方便的个人通信服务（Personal Communication Service，PCS）而逐渐成为其中的核心技术之一。使用无线电波作为传输介质的传输网络都称之为无线网络。按照系统使用的通信体制和技术，无线网络可以划分成蜂窝移动通信、寻呼移动通信、集群移动通信、卫星通信、微波传输、无线局域网和无线城域网等。在本节中我们最关心的是，在终端移动过程中能够保持通信的蜂窝移动通信系统。

6.6.1 蜂窝移动通信的基本概念

蜂窝移动通信系统起源于移动电话业务。早期的移动电话网由一个大功率的基站和移动终端组成。基站的覆盖范围可达 50 km。移动终端与基站通过全双工无线连接进行通信，基站通过有线连接接入到骨干网中。终端在通信过程中不能离开基站的电波覆盖范围，即没有漫游和越区切换的功能。

蜂窝概念的提出可以说是移动通信的一次革命。它的基本思想是，试图用多个小功率发射机（小覆盖区）来代替一个大功率发射机（大覆盖范围）。如图 6.18 所示，每个小覆盖区分配一组信道，对应于使用一组无线资源（例如频率）。相邻小区使用不同的无线资源（如图中标号所示），使之相互不产生干扰，相距较远的小区可以重复使用相同的无线资源，这就形成了无线资源的空间复用，从而使系统容量大为提高。

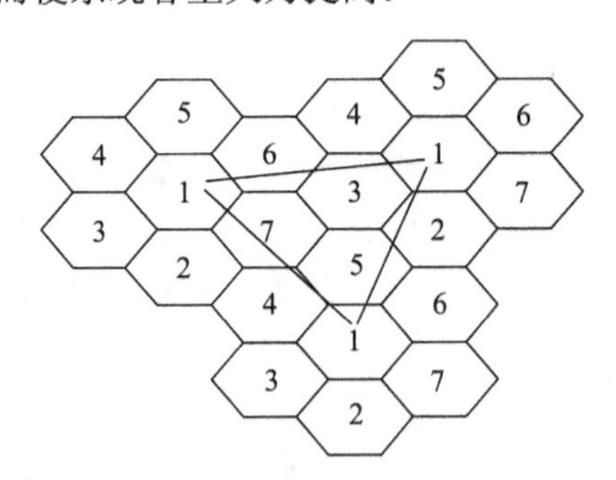

图 6.18 蜂窝的概念

使用不同无线资源的 N 个相邻小区构成一个簇，在图 6.18 中，N=7，我们称 N 为重用系数。N 越大，使用相同资源的小区距离越远，相互干扰越小，但分配给一个小区使用的资源（总资源的 1/N）越少。

在蜂窝小区中，移动终端之间不能直接互通，需要通过基站转接。终端向基站的发送称为上行线路，反之，称为下行线路。终端与基站之间的接口称为无线接口，也称为空中接口。基站除空中接口外，还有一个与骨干网连接的接口。

在蜂窝的概念提出来之后，由于系统的覆盖区内有多个小区而用户终端又可以任意移动，这就带来了两个问题：第一，系统如何能够确定用户当前的位置；第二，通信过程中，移动终端从一个小区进入另一个小区，提供服务的基站发生变化，如何保持通信不中断。这两个问题合起来统称为移动性管理的问题。

此外，蜂窝系统中多个用户之间相互通信还涉及交换的问题，它们与蜂窝系统外的用户进行通信涉及与固定通信网的互通问题。因此，蜂窝系统除基站外，还有基站控制器、移动交换中心、与其他网络互通的节点（网关）、一些用于位置和身份管理的数据库，以及完成鉴权、认证功能的节点等。这些设备合起来构成了蜂窝移动系统的基础设施，或称为蜂窝系统的骨干网。

同一小区内的众多用户终端如何共同使用分配给该小区的一组无线资源，称为多址接入问题。在蜂窝网中采用的方法则是：将资源划分成子信道，每一个子信道分配给一个用户终端使用。根据信道划分方法的不同，有以下 3 种接入方式：频分多址（FDMA）、时分多址（TDMA）和码分多址（CDMA）。

6.6.2 蜂窝移动通信的发展

1. 模拟移动通信网

第一代移动通信系统采用模拟技术和 FDMA。在北美的标准称为 AMPS（Advanced Mobile Phone System），在欧洲和亚洲的标准称为 TACS（Total Access Communication System）和 NMT（Nordic Mobile Telephone）。以 AMPS 为例，系统工作在 800～900 MHz，其中上行和下行线路分别占用 824～849 MHz 和 869～894 MHz 频段。这两个频段分别分成两部分，以分配给两个网络运营商。AMPS 使用模拟调制技术将一路电话调制到 30 kHz 的信道上，因此一个网络运营商总共可以支持 $25\text{MHz}/(2\times30)\text{kHz}=416$ 个双向（上行和下行）信道。AMPS 使用重用系数 N 为 7 的频率复用蜂窝结构，每个小区支持的双向信道数为 416/7。衡量蜂窝系统的一个指标是频带利用率（Spectrum Efficiency），它代表一个小区每 MHz 带宽支持的话路数。AMPS 的频带利用率为 $(416-21)/(7\times25)=2.26$，式中减去的是 21 个控制信道，而 25 MHz 是上、下行总共占用的频带宽度。在第一代移动网上，数据传输需要使用调制解调器，其典型的数据率为 9.6 Kb/s。

2. 第二代移动通信网

第二代移动通信网使用数字技术，而在接入方式上则分为 TDMA 和 CDMA 两大类。采用 TDMA 的欧洲标准为 GSM（Globle System for Mobile Communications），北美标准为 IS（Interim Standard）系列（IS-54/136）；由美国 Qualcomm 公司首先提出的 CDMA 成为北美的 IS-95 标准。我国的第二代系统采用了 GSM 和 CDMA 两种标准。

GSM 是一个 TDMA/FDMA 混合系统，它的上、下行信道分别占用 890～915 MHz 和 935～960 MHz 频段（它也可以在 1800 MHz 频段上应用）。上、下行的 25 MHz 带宽分别被分成 124

个载波，每个相距 200 kHz。每个载波按时间分成 120 ms 的多帧，一个多帧包含 26 个帧，每个帧包含 88 个时隙。每个用户的通话周期性地在指定的时隙中传输，最高可达到的数据率为 13 Kb/s。GSM 仍然采用频率复用的蜂窝结构。由于对数字话音采取了纠错措施，因此 GSM 的重用系数可以取 3 或 4。一个话路最多可占用多帧中每一帧的一个时隙，124 个载波可支持 124×8=992 个信道。在重用系数为 3 时，频带利用率为 992 / (3×50) = 6.61 话路/小区/MHz。

IS-95 是一个 CDMA 标准，它使用与 AMPS 相同的频段，可以支持 CDMA 与 AMPS 双模工作方式。IS-95 的一个信道的信号经伪随机码扩频，其频带从 30 kHz 扩展到 1.23MHz。在 IS-95 中，所有基站通过卫星定位系统 GPS 保持同步。它所支持的单个用户的最高数据率为 14.4 Kb/s。由于采用了语音静默检测技术，所以可以使用较低的发射功率，这进一步降低了相邻站的干扰，有可能支持更多的话路。IS-95 的频带利用率 B 为：12.1 话路/小区/MHz< B <45.1 话路/小区/MHz。

3．第三代移动通信网

短信的成功和因特网无线接入的需求，推动了蜂窝网的无线接入从电路交换向分组交换的方向转化；在另一方面，多媒体业务的潜在需求对蜂窝网的传输速率提出了更高的要求。同时，新的频段也被划分给移动通信使用。因此，国际电联于 1998 年提出了 IMT-2000（International Mobile Telecommunication-2000）的需求建议书。此后，该项目被称为 3G 或 UMTS（Universal Mobile Telecommunications System）。一些地区性组织和工业联盟据此分别提出了相关的标准建议。目前国际电联已经接受的第三代移动通信标准主要有 3 种：WCDMA、CDMA 2000 和 TD-SCDMA。它们都是基于宽带 CDMA 的技术。在 3G 移动通信网中，典型的数据率对于室内静止应用可达 2 Mb/s，对于室外低速和高速应用，则分别为 384 Kb/s 和 128 Kb/s。因此，真正意义上的多媒体应用只有在 3G 网络上才能得以开展。

4．下一代移动通信网

国际电联在 2005 年为下一代移动通信网提出了 IMT advanced 的需求建议书，并在 2008 年制定标准。目前各个国家和组织正在积极开展这方面的研究。3GPP 和 3GPP2 分别提出了 LTE（Long Term Evolution）和 AIE（Air Interface Evolution）的发展计划。可以预见，3G 之后的核心网将会继续以演进的方式发展，但空中接口则会有革命性的变化。

从支持多媒体业务的角度来看，下一代移动网的主要特点为：

（1）高速移动环境下峰值传输速率为 20～100 Mb/s，低速移动或静止环境下 1 Gb/s；

（2）无线资源管理调配方式灵活，支持用户速率动态变化（10 Kb/s 到 100 Mb/s）；

（3）数据业务上升为主导地位，利用 IP 进行业务传输；

（4）支持业务分类的 QoS 机制；

（5）更高的频率利用率和功率效率等。

6.6.3　无线网络中多媒体传输的特殊问题

如前所述，真正意义上的多媒体应用只有在 3G 蜂窝网络上开展。3G 及其下一代的移动网已经从 1G 和 2G 的电路交换网络转化成为分组交换的网络，特别是在第三代移动通信合作伙伴项目（3rd Generation Partnership Project，3GPP）提出 IP 多媒体系统（IP Multimedia

Subsystem，IMS）的架构以后，所有业务在基于 IP 的平台上开展已经是普遍的共识。

以无线网络（蜂窝网、WLAN 等）作为底层传输机制的 IP 网，从多媒体信息传输的角度看，具有自己特殊的问题，这主要表现在如下几个方面：

1．噪声和干扰引起高的误码率

无线信道上传输的比特错误和突发错误比有线信道上可能高出几个量级。在有线网络上由于传输误码很少，包的丢失主要由网络拥塞引起的节点缓存器溢出造成；而在无线网络上，丢包则主要由信道的传输错误造成。

虽然在无线网络的物理层和数据链路层已经采取差错控制措施，如前向纠错码、自动请求重发等，但误码和丢包仍然是上层多媒体系统需要面对的重要问题。解决这一问题的方式通常包括：打包方式、传输层差错控制和编码层差错控制等，同时，将上述措施与下层的机制，如路由或其他物理层和链路层参数，一起进行优化也是一个重要的途径。后者称为跨层优化技术。

2．衰落引起信道容量的动态变化

从发射端来的直达电磁波和由障碍物反射产生的散射波相叠加，在空间上形成类似于驻波的变化的电磁场，其场强峰值和谷值之间的距离可以小至 1/4 波长，对于典型的蜂窝系统和 WLAN 而言约为几个厘米。在这样的场中，当接收终端的位置发生移动、或者障碍物移动改变了场强的分布，接收信号的质量会发生相当大的变化。这种衰落效应可以看成为无线信道的容量随时间而随机地变化。在现代移动通信系统的物理层采用好的纠错码的情况下，信道容量在传输一个数据包的时间内可以认为是一个不变的常数；而从传输一个数据包到另一个数据包，信道容量的变化则取决于若干因素，例如接收终端的移动速度。同时对于许多系统而言，如果在某个时刻信道容量显著高于或低于典型值，则至少在数个数据包的传输期间都会保持该值，显然，当移动系统的数据传输速率大于信道容量时产生丢包；而发生一连串的丢包则相当于信号中断。

解决衰落引起信道容量动态变化问题的一种有效方法是，让数据通过相互独立的多种途径到达接收端，如果一种途径的失败概率为 p，2 种途径失败的概率则降低到 p^2；当 p 较小时性能的改善是显著的。因此，几乎所有现代移动通信系统都从不同角度引入了数据传输方式多样性的思想。

（1）时间多样性。对信号进行分组纠错编码，即将 k 个信息符号加上（$n-k$）个冗余符号构成具有一定纠错能力的符号组进行传输，可以看做是实现时间多样性的一种方法。此时，分组码分组长度的选择应该使得传输一个分组的时间能够覆盖衰落时间变化的范围。

（2）频率多样性。衰落是与频率相关的，因此采用多个频带或者一个带宽足以覆盖各种衰落条件的频带进行传输可以提高数据接收的可靠性。

（3）天线多样性。发送终端或接收终端或者二者使用多个天线，这就为信息传输提供了多条空间传输的路径。近年来，多天线技术已经在移动通信系统的设计中受到广泛的重视。

（4）路径多样性。它与多天线系统一样为数据传输提供多条空间传输路径，不同之处在于它使用位于不同地点的发射机进行发送，这些发射机通过有线网络获得数据。显然，要使这些发射机同步地发射同一数据是困难的，也是浪费的，因此我们更感兴趣的是发射机分别发送互补信息的情况。研究表明，将适当的信源编码和纠错编码与多路径传输（包括多天线的情况）相结合可以提高视频传输的质量和鲁棒性。

3．漫游和小区切换引起的包丢失

当移动终端在通信过程中漫游并从一个小区切换（Handoff）到另一个小区时，可能发生短时间的传输路径中断，使得一连串的数据包丢失。在另一方面，当移动终端进入新的小区时，可能由于前后两个小区的接入技术不同（如 WCDMA 和 WLAN）或用户数量的不同，终端的可利用带宽发生变化，或者还可能造成新小区内的网络拥塞，从而导致数据包的丢失。因此在切换过程中减少包丢失，并使视/音频流自适应地平滑调整到新的可利用带宽是研究者目前仍在工作的课题。已经提出的思路包括：（1）新的网络层移动性管理技术以减少传输路径中断引起的包丢失。（2）新的传输层技术以避免拥塞并保证数据的可靠传输。（3）接收终端在小区切换之前对切换时间进行估计，然后通过加大发送端发送速率、或降低接收端播放速率在接收端缓存器中为切换期间准备足够的数据，以避免视/音频流播放的中断。例如，在欧洲手持设备电视标准 DVB-H 中，采用了类似于时分复用的时间片技术，每一个时间片以全部带宽突发传输一种业务（例如一个频道）的数据，接收某一种业务的终端只在特定时间片接收和缓存数据，在其他时间片可以对邻近蜂窝进行监测并进行平稳无缝的切换。

4．终端处理能力和功率的限制

移动通信系统的终端是可移动的，并可以在任何地方和任何时间使用，因此经常以电池作为电源，其功率和寿命受到限制。同时，终端设备体积较小，这就使得它在内存容量和数据处理能力方面受到限制。多媒体通信系统的设计必须考虑到这些限制。

终端功率的限制也使得功率控制成为除拥塞控制和差错控制之外，在无线多媒体系统的 QoS 控制和跨层优化等方面需要考虑的另一个重要问题。

6.7 下一代网络

6.7.1 网络融合模型

许多年来，我们所获得的各种信息服务是通过不同的网络提供的，移动电话、普通电话、计算机业务和电视分别由蜂窝移动网、电话网、计算机网和广播电视网所支持。每个网络有自己独立的接入系统、骨干传输和交换系统，这种提供多种业务的方式如图 6.19（a）所示，称为垂直模型。垂直模型显然不利于提供各种媒体集成在一起的多媒业务。近年来通信网、计算机网和广播电视网络融合的趋势正在改变这种模型，不同类型的传输技术和接入技术将逐渐统一到一个框架下，各种业务都在 IP 之上提供。图 6.19（b）给出了下一代网络的示意图，图中不同的终端通过这个统一的传输网络传输。图 6.19（c）给出了（b）的层次结构，这种模型称为水平模型。水平模型的好处是，应用、控制和传输完全分离，各个层可以独立于其他层进行演变和改进。

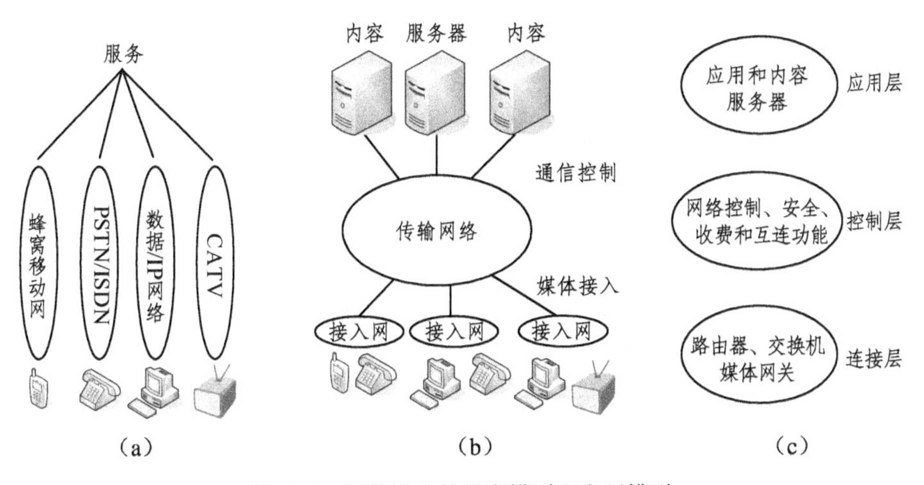

图 6.19　网络融合的垂直模型和水平模型

6.7.2　IP 多媒体子系统

IMS 是 3GPP/3GPP2 为 3G 移动网提供移动多媒体业务提出的一个标准。它体现了水平模型的思想，由于采用了统一的控制层，使得采用不同传输技术的承载网和接入网相对于业务层是透明的，从而可以通过一个统一的传输平台向用户提供综合的多媒体业务。由于 IMS 网络结构的灵活性，该标准已被包括 ITU-T 在内的其他国际组织所接受并扩展到有线网络，使之正在成为网络融合和核心控制层发展的一项重要技术。

1. **IMS 网络结构**

IMS 核心网络是基于 IP 的，一个 IMS 用户终端需要支持 IPv6（或 IPv4）和会话发起协议（Session Initialization Protocol，SIP）。SIP 是 IETF 制定的信令协议。IMS 终端可以通过 xDSL、有线电视网、以太网、WLAN、WiMAX 或 3G 移动网等多种形式接入。普通电话机、H.323 终端和非 IMS 的 IP 电话终端则需要通过相应的网关接入。

图 6.20 为 IMS 网络结构的简化示意图。最高层的应用服务器提供各种增值业务。控制层中的归属用户服务器（Home Subscriber Server，HSS）保存着有关用户和应用服务器信息的数据库，完成用户的认证和鉴权。由于 IMS 是支持漫游的，所以 HSS 还负责提供有关用户物理位置的信息。呼叫控制功能（Call Session Control Function，CSCF）是控制层最重要的部分，它负责处理会话初始化协议（Session Initiation Protocol，SIP）信令。当收到发送端请求通信的 SIP 消息后，CSCF 从 HSS 获得必要的定位信息，建立起收、发端的连接，并提供会话控制服务，在通话后负责释放连接。

图中用带箭头的双虚线表示建立 A、B 通话的 SIP 信令的传输路径；用带箭头的双实线代表媒体流的传输路径，我们看到媒体流不经过信令路径而是通过承载层直接在 A、B 之间传输。公共电话网、移动电话网或其他电路交换的网络需要通过网关才能与基于 IP 的 IMS 网络相连。图中媒体网关（Media Gate Way，MGW）负责媒体流的互通，并在两边网络协议和媒体格式不同时（如音频或视频压缩格式不同）进行必要的转换；MGCF（Media Gateway Control Function）则通过 ITU-T H.248 协议完成对媒体网关的控制。

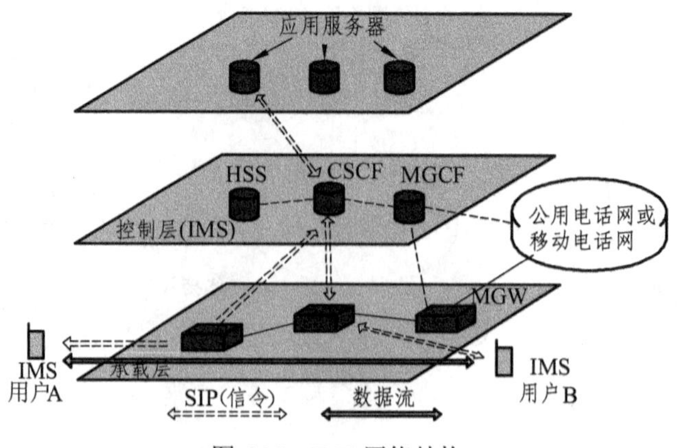

图 6.20 IMS 网络结构

2. IMS 支持的业务

通过 IMS 实现的网络融合使得运营商可以通过统一的业务层和控制层向不同接入方式的用户提供多种业务，也就是说，电话、移动电话、电视以及各种多媒体业务不再必须由多个运营商通过多个独立的网络提供。不仅如此，网络“无缝”的连接还使得用户有可能在一项通信过程中使用不同的终端设备跨越不同的接入网获得不中断的服务。

IMS 的网络融合框架激发了应用和业务的融合。IMS 允许将各种业务（包括未来的新业务）作为一个整体来进行管理，因此可以期望，未来可能出现更为复杂的多媒体应用。

6.7.3 下一代网络框架

2004 年 ITU-T 在它的两个建议中对下一代网络（Next Generation Network，NGN）的基本特征作了定义，其中主要包括：（1）它是一个包交换的网络；（2）具有 QoS 机制；（3）与业务有关的功能独立于底层与传输有关的技术；（4）能够让用户自由地通过有线和无线宽带网络接入他们想要的业务；（5）支持固定和移动的终端，为用户提供无处不在的一致的服务。在此基础上，许多国际标准化组织和产业联盟进行了对 NGN 的研究，其中比较著名的结果有欧洲电信院 ETSI（European Telecommunication Standard Institute） TISPAN 小组提出的以 IMS 为核心的架构。ITU-T 的 FGNGN（Focus group on NGN）小组吸取了上述成果并于 2005 年发布了有关 NGN 框架研究的第一个版本，后续的工作现在由 ITU-T GSI（Global Standard Initiative）小组继续进行。

图 6.21 为 ITU-T 和 TISPAN 提出的 NGN 功能框架的示意图。其中业务层主要包括 IMS 核心子系统、PSTN/ISDN 仿真子系统、流媒体子系统和其他 NGN 业务子系统，以及可以应用于各子系统的公共功能，如应用接入、计费、用户、安全和路由的管理。传输层为用户提供基本的 IP 连接能力，其中的网络附着控制功能（Network Attachment Control Function，NACF）和资源与接纳控制功能（Resource Admission Control Function，RACF）屏蔽了 IP 层以下的接入网和核心网所使用的具体传输技术，并提供 QoS 能力。由图看出，整个框架以 IMS 技术为核心，各种接入网和核心网技术都集成在统一的框架下，所有的业务都通过 IP 提供（其中传统的窄带业务是通过电路仿真系统接入的）的。

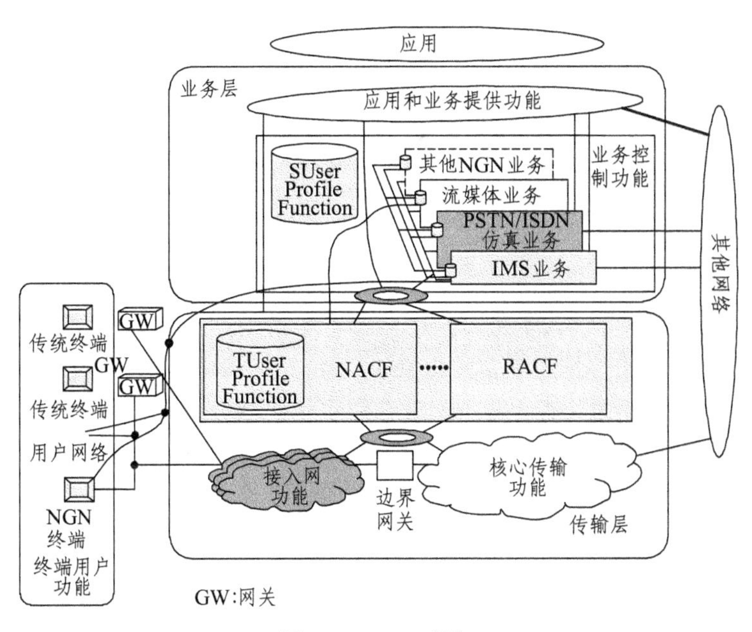

图 6.21 NGN 框架

练习与思考题

1．从通信建立时间、传输时延、时延抖动、带宽利用率、对实时业务的支持、包传输次序及丢失和 QoS 保障等方面对下列网络进行比较：

（1）电路交换与分组交换网络。

（2）面向连接与无连接网络。

2．多媒体通信对通信网络提出了哪些要求？

3．分析网络对多媒体通信的支撑情况应从哪几个方面入手？现有通信网络对多媒体通信的支撑情况如何？

4．ATM 的信元结构如何定义？它的传输模式是什么？它与 OSI 模型如何对应？

5．ATM 与 IP 结合都有哪些技术，各自的思路是什么？

6．目前实现宽带的 IP 网络的典型技术有哪些？它们优缺点是什么？

7．无线网络中多媒体传输存在的特殊问题是什么？

第 7 章　多媒体通信用户接入技术

目前，宽带多媒体业务进入千家万户的瓶颈在于通信网络进入用户前的部分，即通常所说的“最后一公里”。对于传统的电信网络来说，用户线（即最后一级交换设备到用户的连接线）目前还是采用双绞铜线，是最后一个没有数字化的部分，它严重地影响了多媒体业务的应用，接入网技术就是解决如何将带宽较小的用户双绞线改造成能够传输宽带多媒体业务的网络。

7.1　接入网基础

接入网（Access Network，AN），也称为用户接入网，是由业务节点接口（Service Node Interface，SNI）和相关用户网络接口（User to Network Interface，UNI）之间的一系列传输实体（例如线路设施和传输设备）组成的。根据 ITU-T 建议，接入网的功能结构如图 7.1 所示。它位于交换局端和用户终端之间，可以支持各种交换型和非交换型业务，并将这些业务流组合后沿着公共的传输通道送往业务节点。其中包括将 UNI 信令转换成 SNI 信令，但接入网本身并不解释和处理信令的内容。

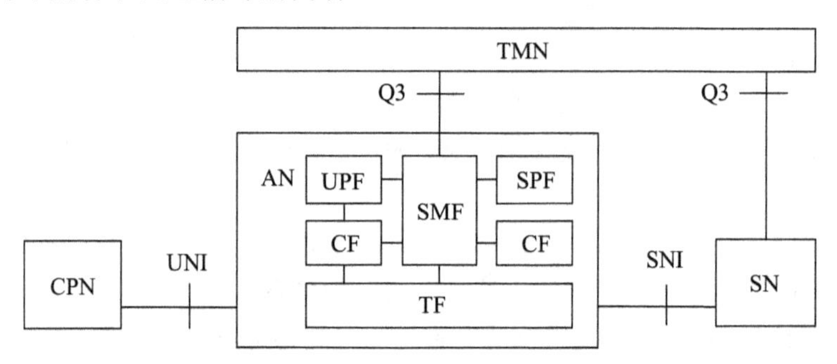

AN：接入网；TMN：电信管理网；Q3：维护管理接口；UNI：用户网络接口；SNI：业务节点接口；SN：业务节点；CPN：用户室内网络。

图 7.1　接入网功能结构

接入网的物理参考模型如图 7.2 所示。对于电话用户线来说，各段分界点就是熟知的配线架、交接箱、分线盒和电话插座。在一般情况下，传输媒体可以是双绞铜线、同轴电缆、光纤、无线通道或它们的组合。其中，灵活连接点（FP）和分配点（DP）是非常重要的两个信号分路点，大致对应传统铜线用户线的交接箱和分线盒。在实际应用与配置时，可以有各种不同程度的简化。最简单的一种就是用户与端局直接相连，这对于离端局不远的用户是最为简单的连接方式。但在大多数情况下，连接方式是介于上述两种极端配置的方式之间。

接入网按垂直方向可分解为三个独立的层次。其中，每一层为其相邻的高层提供传输服务，同时又使用相邻低层所提供的传输服务。

（1）电路层。电路层（CL）网络涉及电路层接入点之间的信息传递，并独立于传输通道层。电路层网络直接面向公用交换业务，并向用户直接提供通信业务。例如，电路交换业务、分组交换业务和租用线业务等。按照提供的业务的不同又可以分出不同的电路层网络。

（2）传输通道层。传输通道层（TP）网络涉及通道层接入点之间的信息传递，支持一个或多个电路层网络并为其提供传输服务。通道的建立可由交叉连接设备负责。

（3）传输媒质层。传输媒质层（TM）与传输媒质（如光缆、微波等）有关。它支持一个或多个通道层网络，为通道层网络节点（如 DXC）之间提供合适的通道容量。若作进一步划分，该层又可细分为段层和物理层。

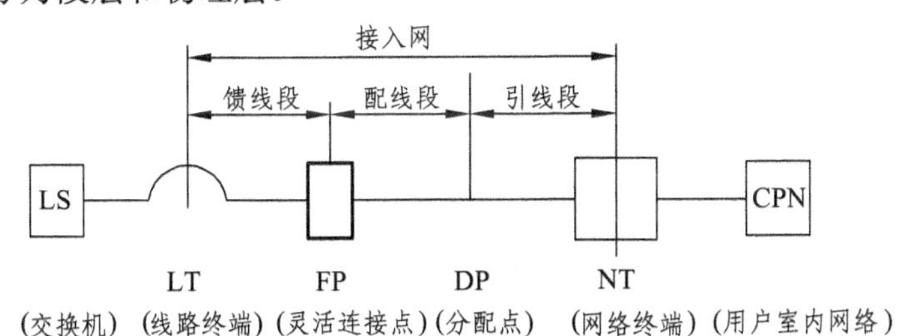

图 7.2　接入网物理参考模型

以上三层之间相互独立，相邻层之间符合客户/服务者关系。这里所说的客户是指使用传输服务的层面；服务者是指提供传输服务的层面。例如，对于电路层与通道层来说，电路层为客户，通道层为服务者。

对于接入网而言，电路层上面还应有接入网特有的接入承载处理功能层（AF），再加上层管理和系统管理功能后，就构成了如图 7.3 所示的接入网通用协议参考模型。

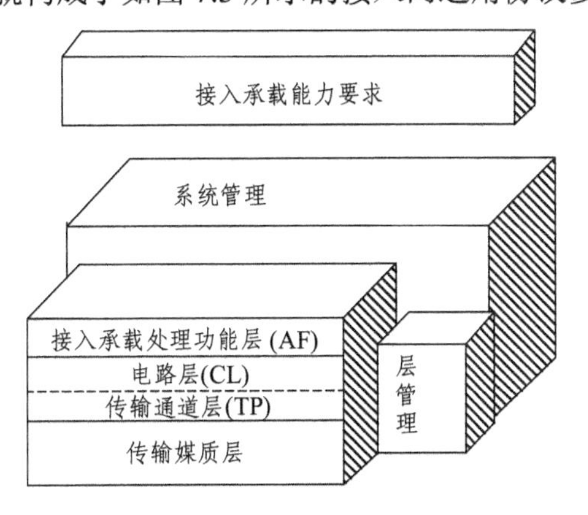

图 7.3　接入网的通用协议参考模型

1. 接入网主要接口与业务支持

（1）接口类型。

① UNI。UNI 位于接入网的用户侧，应支持各种业务的接入。对不同的业务，采用不同的接入方式，对应不同的接口类型。UNI 分为独立式和共享式两种。共享式 UNI 是指一个 UNI 可以支持多个业务节点。每个逻辑接入通过不同的 SNI 连向不同的业务节点。

UNI 主要包括普通老式电话业务（Plain Old Telephone Service，POTS）模拟电话接口、ISDN

基本速率（2B+D）接口、ISDN 基群速率（30B+D）接口、模拟租用线 2 线接口、模拟租用线 4 线接口、E&M（Ear & Mouth）模拟中继接口、E1 数字中继接口、V.24 接口、V.35 接口、CATV（RF）接口等。

② SNI。SNI 位于接入网的业务侧，对不同的用户业务，要提供相对应的业务节点接口，使其能与交换机相连。交换机的用户接口分模拟接口（Z 接口）和数字接口（V 接口）两种。为了适应接入网内的多种传输媒质、多种接入配置和多种业务接入，V 接口经历了从 V1 接口到 V5 接口的发展过程。V5 接口是本地数字交换机——数字用户接口的国际标准。它能同时支持多种用户业务接入，可再分为 V5.1 和 V5.2 接口。

SNI 主要有两种：一种是模拟接口（Z 接口），对应于 UNI 的模拟 2 线音频接口，可提供普通电话业务或模拟租用线业务；另一种是数字接口（V5 接口），含有 V5.1 接口和 V5.2 接口，以及对节点机的各种数据接口或针对宽带业务的各种接口。

③ Q3 接口。Q3 接口是电信管理网（TMN）与电信网各部分相连的标准接口。作为电信网的一部分，接入网的管理也必须符合 TMN 的策略。接入网通过 Q3 与 TMN 相连，实施 TMN 对接入网的管理与协调，从而提供用户所需的接入类型及承载能力。

（2）支持的主要业务。接入网所能支持的业务种类繁多，可归纳如下：

① POTS 普通老式电话业务：支持普通模拟电话和 G3 传真、拨号上网等，支持各项必选和可选的业务，如呼叫转移、三方通话等。

② 窄带 ISDN 业务（基本速率接入和基群速率接入）：支持数字电话和 G4 传真、拨号上网等，支持 ISDN 各项补充业务。

③ DDN 专线业务（V.24、V.35 等）：支持 X.50、X.58 帧复用技术。V.24 支持速率为 300 Kb/s，600 Kb/s，1 200 Kb/s，2 400 Kb/s，4 800 Kb/s，9 600 Kb/s，19 200 Kb/s 等，支持同步和异步接口。V.35 支持速率为 $N \times 64\text{Kb/s}(N = 1 \sim 31)$。DLL 数字租用业务：支持成帧的和不成帧的 2 048 Kb/s 接口。

④ PSPDN 业务：支持 POTS 用户拨号或专线方式接入 PSPDN 网；支持 ISDN 用户以拨号或专线方式接入 PSPDN 网。对以上两种用户类型均可提供分组型与非分组型终端的接入方式。

⑤ Internet 接入业务：支持 POTS 用户以拨号方式接入 Internet 网（如 CHINANET——中国公众多媒体网）；支持 IDSN 用户以拨号或专线方式接入 Internet；支持 DDN 用户以专线方式接入 Internet。

⑥ 2 线和 4 线音频专线业务：提供寻呼中心到无线发射机之间的通道，提供专线接入交换机的方式。

⑦ CATV 业务：支持以模拟方式同轴电缆、光纤传输。

⑧ ADSL 业务：支持全速率的 ANSI Tl. 413 Issue Ⅱ，ITU-T G.992.1 标准。

⑨ LAN 业务：支持 l0Base-T，l00Base-Tx 接口。

⑩ ATNI 接口：支持 ATM over SDH 方式。

⑪ 高速 Internet 接入业务：支持通过上述各类宽带接口接入 Internet。

⑫ Internet 旁路接入业务：支持 Internet 旁路接入，不破坏交换机的话务量模型。

⑬ CATV 数字化传输业务：通过 ATM 接口接入 MPEG-2 编/解码器，实现 CATV 的数字化传输，实现 CATV 与宽带业务的一体化综合传输。

2. 接入技术分类

总体来说，接入网可以分为有线接入网、无线接入网和综合接入网。有线接入网包括铜线接入网、光纤接入网和混合光纤/同轴电缆接入网；无线接入网包括固定无线接入网和移动接入网。各种方式的具体实现技术多种多样，且各具特色，见表 7.1。

表 7.1 接入网传输系统分类

<table>
<tr><td rowspan="7">接入网</td><td rowspan="2">有线接入网</td><td>铜线接入网</td><td colspan="2">数字线对增益（DPG）
高比特数字用户线（HDSL）
不对称数字用户线（ADSL）</td></tr>
<tr><td>光纤接入网</td><td colspan="2">光纤到路边（FTTC）
光纤到大楼（FTTB）
光纤到户（FTTH）</td></tr>
<tr><td colspan="4">混合光纤/同轴电缆接入网（HFC）</td></tr>
<tr><td rowspan="3">无线接入网</td><td rowspan="2">固定无线接入网</td><td>微波</td><td>一点多址（DRMA）
固定无线接入（FWA）</td></tr>
<tr><td>卫星</td><td>甚小型天线地球站（VSAT）
直播卫星</td></tr>
<tr><td>移动接入网</td><td>无绳电话
蜂窝移动电话
无线寻呼
卫星通信
集群调度</td><td></td></tr>
<tr><td>综合接入网</td><td colspan="3">交互式数字图像（SDV）
有线+无线</td></tr>
</table>

7.2 铜线接入技术

7.2.1 铜线传输系统

由于历史的原因，从市话局至各用户之间的传输线主要是采用双绞铜线对，并一直沿用了下来。随着技术的进步和需求的提高，已逐渐暴露出了许多问题，必须加以改进和提高。

1. 铜线传输系统的基本构成

传统的电话用户接入网结构如图 7.4 所示。

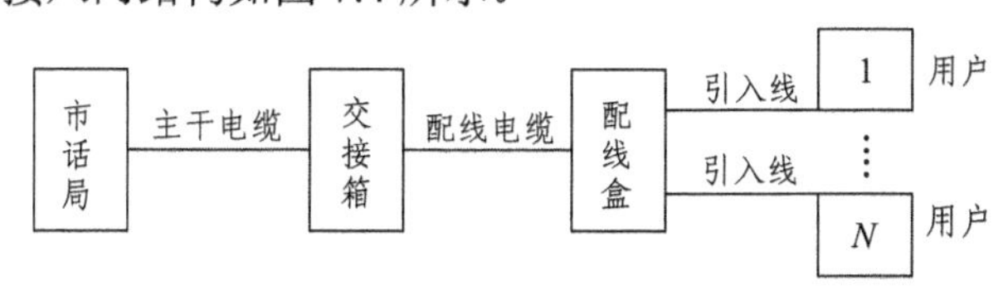

图 7.4 传统的电话用户接入网

由市话局至用户端的传输线是整个通信网的重要组成部分，它占接入网中机线设备总投资的50%以上。而这其中主干电缆占2/3以上的长度，其投资额又占传输线投资额的70%～80%。因而它们的作用与影响都是不容忽视的。

这种传统的电话用户接入网在结构上具有以下特点：

（1）根据市话局服务区域的不同，从交换机到用户之间的双绞铜线对的长度也参差不齐，从几十米至十几公里长短不等，但一般都在3～4 km左右。

（2）与局间中继线相比，它的线径较细，一般为0.4 mm或0.5 mm。

（3）分布区域广，涉及面大。

（4）从市话局至用户间的某一条线对的线径也有可能不相同。

（5）在某一条线对上有可能有桥接配线和加感线圈。

2．传统的铜线存在的传输问题

前面简述了传统的铜线传输系统的结构和特点，在实际应用时，该系统会出现以下问题：

（1）用户和交换机之间的线对长度视地理环境差别很大，且线径多有失配，从而导致信号传输所经历的中继器数量不等，信号质量受到影响。

（2）各双绞铜线对在较长距离内都是紧紧贴在一起的，信号中高频成分的电感应容易造成不同线对之间的串音，影响通话质量。

（3）双绞铜线对在信号低频部分的相应频率特性呈非线性，因而信号在传输过程中，将产生群时延失真，造成码间干扰。

（4）双绞铜线对在信号高频部分的衰减量很大，会引起信号失真。

（5）铜线电缆的传输频带较窄。

（6）使用场合受到一些条件的制约。

另外，铜线传输还存在着重量大、难铺设等问题。虽然以上这些问题可通过一些技术手段加以解决，例如，利用双绞铜线对铺设T1/E1线路时，可选择无加感线圈和桥接配线的铜线对，多加一些中继器，施加有利的屏蔽方式等，但这样做的代价很大，如初期投资多、施工周期长、维护费用高和经济负担大等。因此如何从根本上解决这些问题，并充分利用好这些现有的资源，使其能够传输高速率宽带信息且经济、安全、高效和可靠，一直是通信界研究的焦点课题之一。下面介绍一些较有代表性的解决方式与相关技术。例如，DPG（数字线对增容）技术和xDSL技术。它们以较为优良的性价比将获得广泛地应用，当然决定它们今后发展的因素是多方面的，如标准的制定、高速的DSP（数字信号处理），以及各种高速接入方式的市场需求、价格等。

7.2.2 数字线对增容技术

数字线对增容（Digital Pair Gain，DPG）技术是最早提出并得以应用的一种改进原有传输技术的手段，它仍以铜线为传输媒质，但容量较之以前已大有提高。

1．基本结构与工作原理

DPG技术是指利用原有普通铜线在交换机与用户之间传输多路电话复用信号的一种方

式，它借助于交换机的 U 接口采用 TDMA 数字传输技术、高效话音编码技术、高速自适应信号处理技术等，较好地均衡全频段的线路损耗，消除串音，抵消回波，从而达到提高用户线路传输能力的目的。它可实现在一对用户线上双向传输 160～1 024 Kbit/s 的用户信息，距离可达 3～6 km。

与一般的用户环路载波系统相比，DPG 系统的突出优点是能够充分利用原有的电话线来实现系统的增容，而且可以将 8～16 套线对增容传输系统集成在一个机架内。它的体积小，抗干扰能力强，通信质量较好，且易于扩容。其缺点是不带 V5 接口，业务不透明，传输容量不是很大。

DPG 系统结构如图 7.5 所示。它主要由 DPG 系统局端设备、远端设备及用户双绞铜线对构成。

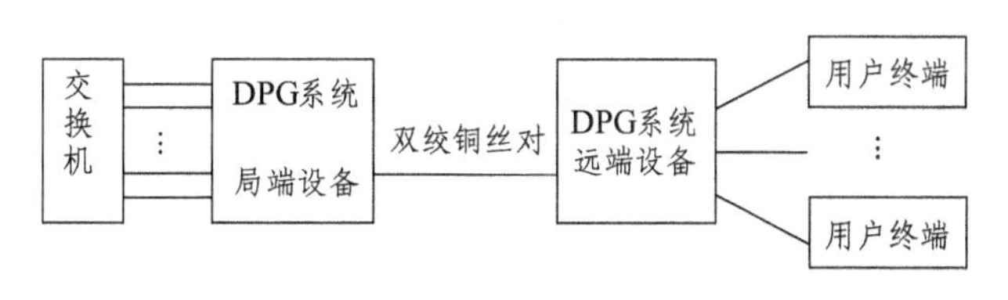

图 7.5　DPG 系统结构

（1）局端设备的主要功能。

DPG 系统中的局端设备主要有以下功能：将交换机输出的用户模拟话音信号转换成数字话音信号；检测交换机输出的振铃信号，并将其转换成 DPG 系统的信令，传输到远端设备；检测远端设备送来的用户摘机/挂机信号，送至交换机；必要时向远端设备供电。

（2）远端设备的主要功能。

DPG 系统中的远端设备主要有以下功能：将局端设备送来的数字话音信号转换成模拟话音信号；将局端设备送来的振铃信号（信令）转换成铃流，并向用户振铃；检测用户送来的摘机/挂机信号，并对其编码，送到局端设备；检测用户送来的拨号信令，并对其进行编码，送到局端设备。

2．主要技术要求

如图 7.5 所示，连接局端设备和远端设备的传输线均不加感，并且线对 80 kHz 时的损耗不应超过 40 dB，线路传输阻抗为 135 Ω，传输距离为 5 km（用户线径为 0.5 mm，全程无桥接）。通信方式采用全双工方式。

对于局端设备至远端设备来说，远端环回的环路电阻小于 1 300Ω，传输码型为 2B1Q，传输速率为 160 Kbit/s。对于远端设备至用户端来说，终端环回的环路电阻小于 200Ω，空闲信道噪声小于或等于 62 dB。

DPG 系统所涉及的接口主要包括 Z 接口和 U 接口，网络管理部分可由 RS-485 或 RS-422 报告给交换局。DPG 系统中局端设备的供电由交换机供电系统完成，远端设备可采用远供方式供电或本地供电，用户终端可由远端设备供电或就近解决。

7.2.3　xDSL 技术概述

xDSL 技术就是用数字技术对现有的模拟电话用户线进行改造，使它能够承载宽带业务。

DSL 是数字用户线（Digital Subscriber Line）的缩写。而字母 x 表示 DSL 的前缀可以是多种不同字母，用不同的前缀表示在数字用户线上实现的不同宽带方案。xDSL 的几种类型见表 7.2。

其中 ADSL（Asymmetric Digital Subscriber Line）是不对称数字用户线，HDSL（High Speed Digital Subscriber Line）是高比特率数字用户线，SDSL（Single Pair Digital Subscriber Line）是 1 对线的数字用户线，VDSL（Very high Speed Digital Subscriber Line）是甚高数据速率数字用户线。表中的最大传输距离与用户线的线径有很大的关系。

表 7.2　xDSL 的几种类型

xDSL	对称性	上行带宽	下行带宽	最大传输距离
ADSL	非对称	64 Kbit/s	1.5 Mb/s	4.6～5.6 km
ADSL	非对称	640 Kbit/s～1 Mb/s	6～8 Mb/s	2.7～3.6km
DSL（ISDN）	对称	160 Kbit/s	160 Kbit/s	4.6～5.6 km
HDSL（1 对线）	对称	768 Kbit/s	768 Kbit/s	2.7～3.6 km
HDSL（2 对线）	对称	1.5 Mb/s	1.5 Mb/s	2.7～3.6 km
SDSL	对称	384 Kbit/s	384 Kbit/s	5.6 km
SDSL	对称	1.5 Mb/s	1.5 Mb/s	3 km
VDSL	非对称	1.6～2.3 Mb/s	12.96 Mb/s	1.5 km
VDSL	非对称	1.6～2.3 Mb/s	25 Mb/s	0.9 km
VDSL	非对称	1.6～2.3 Mb/s	52 Mb/s	0.3 km

在以下的几节中，将对 ADSL，HDSL 和 VDSL 进行介绍。

1．**高比特率数字用户线技术**（HDSL）

为了进一步改善通信质量，充分发挥出现有市话电缆的作用，解决用户线不足和高速业务需要的矛盾，诞生了高比特率数字用户线技术，使得迫切需要网络及多媒体业务高速传输的用户重新考虑现有铜线的应用。

（1）HDSL 基本结构与工作原理。HDSL 的系统结构如图 7.6 所示。HDSL 线路终端单元（Line Terminal Unit，LTU）和 HDSL 网络终端单元（Network Terminal Unit）是 HDSL 系统的局端设备，其中 LTU 提供交换机与系统网络侧的接口，并将来自交换机的信息流透明地传输给远端用户侧 NTU。NTU 的作用是为 HDSL 系统提供远端的用户侧接口，它将来自交换机的下行信息经接口传输给用户设备，并将用户设备的上行信息经接口传向业务节点。

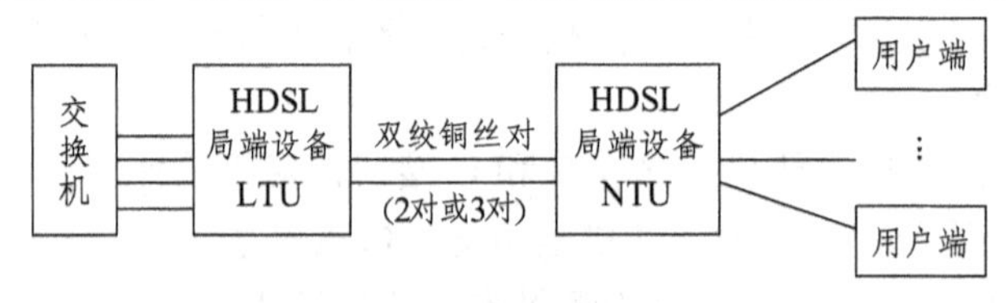

图 7.6　HDSL 系统结构

HDSL 系统采用了先进的数字信号自适应均衡技术和回波抵消技术来消除传输线路中近端串音、脉冲噪声、电源噪声以及因线路阻抗不匹配而产生的回波对信号的干扰，从而能够在现有的电话双绞铜线对上全双工地传输 T1/E1 速率的数字信号。与以往系统相比，其无中继传输距离可延伸 3～6 km（线径为 0.4～0.6 mm），同时适应性和兼容性都较好。

目前 HDSL 系统制式有两种类型，一种是美国国家标准化委员会（ANSI）制式的规范。另一种是欧洲电信标准化委员会（ETSI）制定的规范。

下面以 ETSI 建议的 2 线对系统为例进一步说明工作原理。

HDSL 系统中局端设备和远端设备的组成框图如图 7.7 所示，主要由发送器、接收器、混合线圈接口、回波消除器、接口等组成。

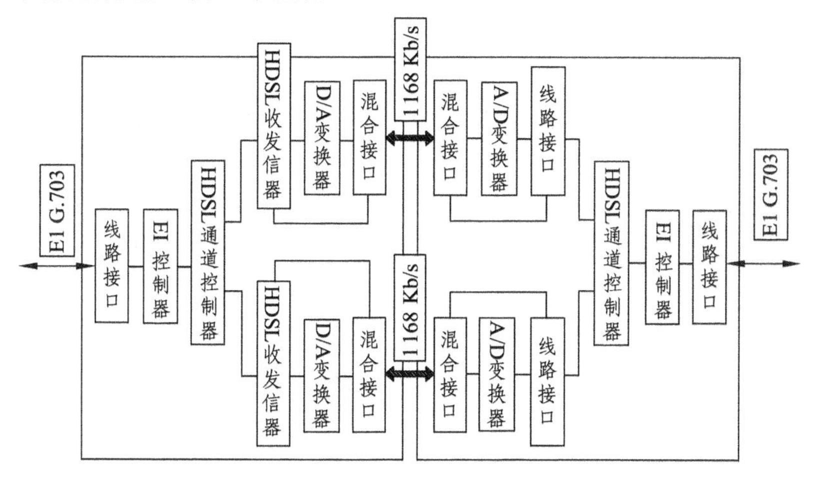

图 7.7　HDSL 系统中的设备

在发送端，El 控制器将经接口送入的 E1（2 048 Kbit/s）信号进行 HDB3 码解码和帧调节后输出。通道控制器的作用十分关键，它在保留 E1 原有帧结构的基础上，将其分成两路（每路码速为 1 168 Kbit/s），经过加扰和适当的线路编码后输出。后经收发信器的脉冲整形和 D/A 的传输方式，这种传输方式中收发信号是叠加在一起传输的，因而在每一传输方向上的速率可以降低一倍，从而减小了信号带宽和线路中信号的衰减幅度，因此增加了传输距离。

在接收端，来自线路上的模拟信号经混合接口电路后，通过 A/D 变换器，将其变成脉冲码。由收发信器对其进行回波抵消、数字滤波与自适应均衡，以抵消回声、噪声及各种干扰。处理后的脉冲码经通道控制器的解码和去扰，合而为一。再经控制器进行帧调节和 HDB3 编码，由接口送出 E1 信号。

线路上的传输码率比 E1 速率稍高一些，其附加部分用于系统本身的组帧及维护管理。

（2）主要特点。

HDSL 系统的主要特点为：

① 可在现有的无加感线圈的双绞铜线对上以全双工的方式传输高达 1 554 Kbit/s 或 2 048 Kbit/s 的信号。

② 距离短时一般不需要加装中继器或其他设备，HDSL 系统可实现无中继传输 3～6 km（线径为 0.4～0.6 mm）。

③ 不必拆除原有的有桥接配线的线对，HDSL 信号可以在上面较好的传输。

④ 因为若在同一电缆内 99%的线对上加入干扰源，HDSL 系统至少仍能提供 6dB 的近端串音，因此，各线对无需配置在不同的屏蔽束内。

⑤ HDSL 系统的数字信号与普通的电话信号互不干扰，提高了运行可靠性和传输质量。

⑥ 经济实用，安装方便，应用灵活，适应性强。

（3）应用方式。

① 基于 HDSL 系统具有如上所述的技术特点，因而可为电信运营部门带来良好的经济效益和社会效益。下面简述 HDSL 系统的基本运营方式。

② HDSL 系统最基本的应用是组成 1 544 Kbit/s 或 2 048 Kbit/s 传输系统，不同系统的传输距离见表 7.3。

③ HDSL 系统可以一端接 IDSN 交换机，远端接用户数据终端设备，传输 ISDN 基本数率信号。

④ HDSL 系统可连接局域网（LAN）和广域网（WAN），传输数据、图文及影视等信息，而且路由器和远端桥接器不再需要帧中继或 X.25 等 WAN 所需的协议。

⑤ 在以往的 T1/E1 传输系统中，共有 24/32 路 64 Kbit/s 信道。如果用户只需几条 64 Kbit/s 信道，也必须租用整条 Tl/E1 线路系统，既造成资源浪费，也增加用户负担。但 HDSL 系统可以提供多种数据接口，以便用户按需租用，同时也可使一条 T1/E1 线为多用户服务，提高线路利用率。

⑥ HDSL 系统还可用于无线通信系统和网络管理系统中。

表 7.3　HDSL 系统在不同线径下的传输距离

铜线线径/mm	2 线对系统的传输距离/km	3 线对系统的传输距离/km	4 线对系统的传输距离/km
0.4	3.5	4.0	4.6
0.5	4.5	5.0	5.6
0.6	6.0	5.7	6.5

总之，利用现有规模庞大的铜线用户网，挖掘潜力，以较少投资，实现多业务通信，在一定程度上提高了双绞铜线对的利用率。

2．不对称数字用户线技术（ADSL）

由于 Internet 视频信号等业务的特殊性，下行信号数据量大，上行数据量少，双向数据流量不对称。电缆传输的信号频带主要取决于下行信号。如果采用频分复用（FDM）方式，把上下行信号频带分开，可大大减少了近端串音的影响。因此，可以采用不对称的传输速率来实现用户高速接入 Internet。在这种情况下，不对称数字用户线（Asymmetric Digital Subscriber Line，ADSL）系统应运而生。

（1）基本结构与工作原理。ADSL 系统是利用双绞铜线对作为传输媒质，但采用了先进的技术来提高传输速率，可向用户提供单项宽带业务（如 HDTV）、交互式中速数据业务和普通电话业务，它与 HDSL 系统相比，最主要的优点是能够实现宽带业务的传输，能为只具有普通电话线又希望具有宽带视频业务的分散用户提供服务。

ADSL 的系统结构如图 7.8 所示。图中所示的双绞线上传输信号的频谱可分为三个频带（对应于三种类型的业务）。POTS；上行信道，通过 144 Kbit/s 或 384 Kbit/s 的控制信息（如选择节目）；下行信道，传输 6 Mbit/s 的数字信息（如高清晰度电视节目）。通过 ADSL 系统中的局端设备和远程设备，即可使一般的交换局向用户提供上述宽带业务。

ASDL 系统中所说的“不对称”是指上行和下行信息速率的不对称，一个是高速，一个是低速。即高速的视频信号沿下行传输到用户，低速的控制信号沿上行从用户传输到交换局，且允许实现双向控制信令，使用户能交互控制输入信息的来源。另外，还可使用户在进行电话联络时不影响数字信号的传输。

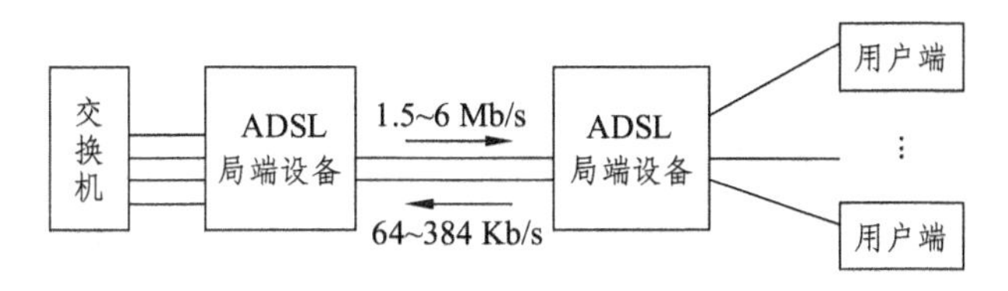

图 7.8　ASDL 系统结构

图 7.9 给出了 ADSL 收发信机的基本结构。从图中可以看出，POTS 是通过将一个特殊的装置 POTS 分离器（包含无源低通滤波器和变压器式分隔器）插入到 ADSL 通路中，因此如果 ADSL 系统出现设备故障或电源中断，并不影响电话通信。

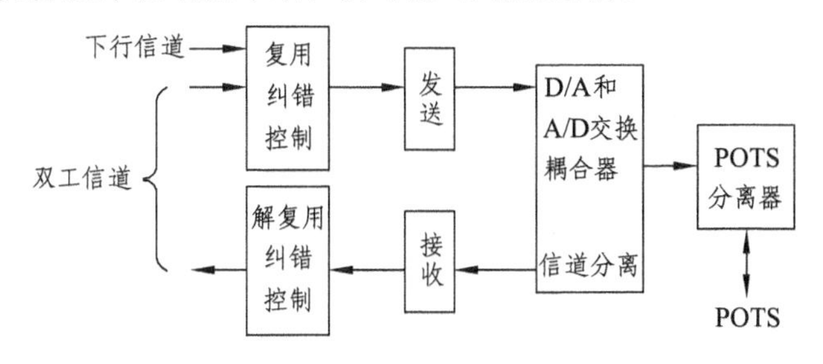

图 7.9　ADSL 收发信机

（2）业务能力。ADSL 系统利用一对双绞铜线可同时提供三类传输业务，即普通电话业务、单向传输的影视业务和双向传输的数据业务。新增的这些业务是以无源方式耦合进普通电话线的，因此，如果 ADSL 系统的相关设备出现故障，并不会影响用户打电话。

表 7.4 给出了相应的业务功能及所需带宽；表 7.5 给出了速率、线径与距离的对应关系。

表 7.4　ADSL 提供的业务及所需带宽

业务种类	所需频带	
	下行信道/（b/s）	上行信道/（b/s）
电视	3～6 M	0
电视点播	1.5～3 M	16～64 K
交互式可视游戏	1.5～6 M	低
电视会议	384 K	384 K
N-ISDN 基本速率	150 k	160 k

表 7.5　ADSL 传输速率、铜线线径及传输距离之间的关系

传输速率/（Mb/s）	铜线线径/mm	传输距离/km
6.0	0.4	1.8
4.6	0.4	2.4
3.0	0.4	2.7
3.0	0.5	3.7
1.5	0.4	5.6

① 下行数字信道传输速率为6Mbit/s左右，可提供4条1 544 Mbit/s的A信道（相当于4条T1业务信道），每条A信道可传输MPEG-1质量的图像；或2条A信道组合起来传输更高质量的图像（如2套实时体育节目转播）；或1套HDTV质量的MPEG-2信号（6 Mbit/s）。

② 双工数字信道最高传输速率为384 Kbit/s，可提供1条384 Kbit/s的ISDN H0双向信道；或1条ISDN基本速率2B+D信道（144 Kbit/s）；还可提供1条信令/控制信道，用于视视频点播时，通过该信道遥控下行A信道上的传输节目，如“快进”、“搜索”、“暂停”等。

③ 普通电话信道，即普通的电话业务占据基带。

综上所述，ADSL系统使用灵活、投资少、见效快，不仅可以提供传统的电话业务，还能为用户提供多种多样的宽带业务，是一种较好的铜线接入方式。它目前存在的主要缺点是：容量尚小，用户的模拟电话机需加机顶盒，环境噪声影响接收机灵敏度、频谱兼容性等。

（3）ADSL组网原则。任何网络的建设都应遵循以下原则：网络建设既要投资少，又要具有可扩充性，以利于将来的发展。对于ADSL业务，在网络建设初期，用户少而分散，但伴随着业务的展开，用户将呈现增长的趋势，网络也将逐步扩大。要以较少的投资适用这种情形，必须选择合适的组网方式。同时，随着光纤逐步到路边或大楼，受用户割接的影响，大部分城市内原有提供服务的范围在不断减小，因此，以小容量的ADSL设备，覆盖大的区域，尽量使有需求的用户都能得到服务，这一点应成为ADSL初期网络建设的指导思想。具体来说可包括以下特点：

① ADSL局端和远端设备之间以现有的用户传输设备相连。一方面可以节约投资，另一方面传输设备与网络的归一更加便于管理。

② ADSL远端设备可以插入2 048 Kbit/s和155 520 Kbit/s接口板，便于用户扩容。

③ 安装灵活，能快速地为有需求地区的用户提供服务。

④ 能充分利用管线割接后的用户线路，保护了原有投资。

⑤ 尤其能满足光纤化后，用户对ASDL业务的需求，对扩大网络覆盖面尤有益处。

3．甚高数据速率数字用户线技术（VDSL）

在国外，尤其在美国，FTTC（光纤到路边）或FTTB（光纤到大楼）的最后一段——光纤网络单元（Optical Network Unit，ONU）到用户端的接入方案，即VSDL技术的实现方案有许多种，各有优劣。目前，线路速率已经比较明确，分为两个等级：51 Mbit/s（线路长度300 m）和25 Mbit/s（线路长度1000 m）。虽然线路速率较ADSL高许多，但是线路长度较短，且应用环境较单纯，不必像ADSL那样面对复杂应用环境，因此实现起来较ADSL要简单一些，成本也会相应低一些。但在上下行的速率之比、采用何种线路码等技术上尚待确定。目前的主要技术方案有以下几种：

（1）“乒乓DMT”技术。在这种技术方案中，上下行方向均采用离散多音频（Discrete Multi-Tone，DMT）线路码，发信机和接收机轮流工作，以时分的“乒乓法”实现双工传输。它的优点是：只需调整发送和接收的时间之比，即可改变上下行的速度；不必使用滤波器来分隔上下行信号，降低了复杂性。缺点是：DMT功耗较大；由于是时分双工，因此收发双方在时间上的同步配合很重要，对定时抖动较敏感；另外收发信机的帧速率是2 kHz，即收发信机轮流工作的交替频率是2 kHz，这将在邻近的线路中引入2 kHz的音频干扰。

（2）频分复用CAP技术。目前某些制造商支持频分复用的无载波振幅相位调制（Carrierless Amplitude/Phase modulation，CAP）方案，上行信道使用的频段低于下行信道，CAP作为下行信道的线路码。

① FTTC 标准方案。由于在低频段，噪声的功率谱较大，尤其是尖峰脉冲噪声，对系统的性能影响很大，为了改善系统的抗噪声性能，FTTC 标准方案将上行信道放在下行信道的频带之上，下行信道占用的频带是 5～26 MHz，传输速率是 51.84 Mbit/s，上行信道占用 1.6 MHz（28.4 ～30 MHz）的带宽，传输 1.62 Mbit/s 的码流，这样就避免了低频带的带宽噪声的影响。且由于高频段的分隔滤波器过滤带容易做得很窄，上下行信道之间不必保留很宽的保护带，因此节省了频带，提高了频谱利用率。但高频段的传播衰减很大，减少了上下行信道的传输速率。

② CAP- DWMT 混合方案。为了统筹兼顾，在上下行方向都取得最佳的传输性能，一些公司提出了一种混合解决方案。该方案将下行通道置于高频段，上行通道置于低频段。

在纯 FTTC 中，由于对下行通道的要求是高速、宽带、低功耗，且在高频段存在业余无线电台的 RF 干扰，因而采用简单、低功耗和抗 RF 干扰性能较好的 CAP 线路码。在低频段的上行信道，存在较大的脉冲干扰，因而采用有卓越的抗脉冲噪声性能的多载波的 DWMT（离散小波多音）线路码，它比 DMT（离散多音频）线路码有更好的性能。而且，在用户端采用多载波线路码的一个突出优越性是可以轻易地支持多个用户终端的同时接入。

4．HomePNA

宽带接入技术总体上分为有线接入和无线接入两类。根据传输介质的不同，有线接入技术可以分为铜线接入和光纤接入两种。其中，铜线接入已经有几种成熟产品投入市场，以 xDSL（常用的 ADSL）和 CABLE MODEM（有线调制解调器）为主。目前，另外一种称之为家庭电话网络联盟（Home Phone- line Network Alliance，HomePNA）的技术悄然崛起，成为第三种主要的铜线接入技术。如果说 xDSL 和 CABLE MODEM 技术是解决“最后一公里”的接入问题，那么 HomePNA 就是解决“最后 100 米”的网络接入问题。

HomePNA 系统位于网络中宽带接入服务器和终端用户之间，通过现有的电话线为每个用户提供 1Mbit/s（HomePNA 1.0 版本）或 10Mbit/s（HomePNA 2.0 版本）的高速数据传输。

HomePNA 主要面向高速 Internet 接入，LAN（局域网）互连等，应用电话线组成局域网是目前组网的一种形式。目前中国的上网家庭的可能的传输数据的线缆主要有三种：电话线缆、有线电视线缆和电力电缆。在不需要重新布线的情况下，利用现有的这三种线缆，以相对较小的代价来实现互联网的宽带接入是目前“最后 100 米”接入的主要解决方案。HomePNA 是利用现有的电话线来实现互联网高速接入的技术。

（1）HomePNA 的技术原理。HomePNA 是基于频分复用的技术，利用频率的不同来分离语音与数据，实现了在一对普通的电话线上同时传输语音和数据业务。我们知道，声音的传输频段在 20 Hz～3.4 kHz 之间，而 xDSL 利用 25 kHz～1.1 MHz 之间的频段，HomePNA 利用 5.5～9.5 MHz 之间的频段，可见 HomePNA 使用比 POTS、ADSL 更高的传输带宽，因此，用户可以利用同一条电话线访问因特网，同时又可以使用电话或收发传真，而互不影响。

（2）HomePNA 的特点和应用。作为一项新的铜线接入技术，HomePNA 有如下一些特点：

① 速度快。采用 HomePNA 解决方案接入速率可达 1Mbit/s（HomePNA 1.0）以及 10Mbit/s（HomePNA 2.0），这是普通的 56Kbit/s Modem 所根本无法比拟的，它可以满足目前用户最迫切的高速上网要求。

② 费用低。相对 ADSL 等技术，HomePNA 无需在局端投资大量的硬件设施，单线成本

较低，用户易于接受。用户在享受互联网服务时不必支付额外的电话费用。

③ 使用方便。随时在线采用频分复用技术，打电话和上网可以同时进行，不会互相干扰。用户不需要拨号上网，开机即在线，用户使用非常方便。

④ 共享网络。当有多台 PC 机时，可以使用多个 HomePNA 控制卡来实现资源共享和 Internet 资源共享。

⑤ 施工简单。HomePNA 使用现有的电话线进行接入，因而无需重新布线，只要在电话线路两端添加简单的 HomePNA 设备，不破坏原有装修、不影响电话的正常使用。

（3）HomePNA 的应用范围。HomePNA 可以在公寓住宅、办公楼或宾馆中使用，可以利用现有的电话线路为每个客户提供不间断的一天 24 小时高速数据传输业务。HomePNA 系统的传输距离还比较有限（HomePNA 1.0 的传输距离约 500 米左右/HomePNA 2.0 的传输距离约 1000 米左右），但 HomePNA 可以与多种宽带接入技术（如 ADSL、光纤接入、DDN、微波、ATM 等）结合起来，为用户提供经济、高速的宽带接入。并且能以最快的速度、最优的性价比发展大量的宽带接入用户，在宽带接入竞争中领先一步。另外，除实现基本的高速上网功能外，还可同时组建单独的社区网络，社区网络内可以实现 VOD、网上教学、网络游戏等多种增值服务。

（4）HomePNA 的不足。同其他铜线接入技术一样，HomePNA 也有一些待解决的问题，主要包括下面几个方面：

① 复杂多样的线路环境。由于这种技术是面对家庭网络环境的，而每个家庭里面的电话线的拉接方式又十分复杂的。对于使用双绞线进行连接的局域网来说，一般是将每台计算机通过五类双绞线与集线器或交换机连接起来。而家庭中的电话线路往往是采用并联或串联的方式连接电话、传真、调制解调器等多种设备。而且这些设备的连接往往很不固定。

② 信号噪声。如果网络环境是在人们的家庭，信号的传输必然要受到其他家电所产生的噪声影响。

③ 其他共用传输介质的设备的影响。由于 HomePNA 设备与电话、传真机等设备直接串联或并联在一个传输介质上面，这些设备的使用必然造成对 HomePNA 传输的影响。比如接听或发送传真时对于线路阻抗的改变。另外，与电话线连接的设备还必须符合 FCC Part 68 规范。因此要求设备使用较低的功耗传输信号，这使得硬件的设计更加复杂化。

7.3 光纤接入技术

光纤接入是指局端与用户之间完全以光纤作为传输媒体。光纤接入可以分为有源光纤接入和无源光纤接入。光纤用户网的主要技术是光波传输技术。目前光纤传输的复用技术发展相当快，多数已处于实用化状态。

根据光纤深入用户的程度，可分为光纤到路边（FTTC）、光纤到小区（FTTZ）、光纤到大楼（FTTB）、光纤到楼层（FTTF）、光纤到办公室（FTTO）、光纤到家庭（FTTH）等。FTTH 是接入网的长期发展目标，各个国家都有明确的发展目标，但由于成本、用户需求和市场等方面的原因，FTTH 仍然是一个长期的任务。目前主要是实现 FTTC，而从光网络单元（ONU）到用户仍利用已有的铜线双绞线，采用 xDSL 等铜线技术传输所需信号。根据业务的发展，光纤逐渐向家庭延伸，从窄带业务逐渐向宽带业务升级。

7.3.1 光纤接入网概述

光纤接入网（Optical Access Network，OAN）由三部分组成：光线路终端（Optical Line Terminal，OLT）、光分配网络（Optical Distribution Network，ODN）和光网络单元（Optical Network Unit，ONU），其结构如图 7.10 所示。

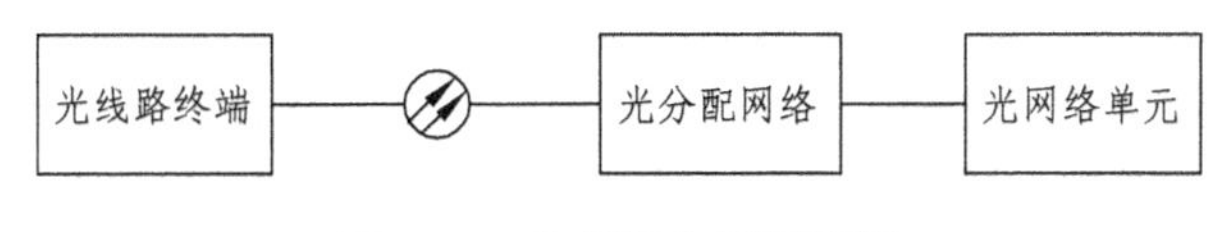

图 7.10　光纤接入网示意图

光纤接入网通过 OLT 与业务节点相连，通过 ONU 与用户连接。在光线路终端一侧，要把电信号转换为光信号，以便在光纤中传输。在用户侧，要使用 ONU 将光信号转换成电信号再传输到用户终端。

光纤接入网主要组成部分是 OLT 和远端 ONU。它们在整个接入网中完成从业务节点接口（SNI）到 UNI 间有关信令协议的转换。接入设备本身还具有组网能力，可以组成多种形式的网络拓扑结构。同时接入设备还具有本地维护和远程集中监控功能，通过透明的光传输形成一个维护管理网，并通过相应的网管协议纳入网管中心统一管理。

OLT 的作用是为接入网提供与本地交换机之间的接口，并通过光传输与用户端的光网络单元通信。它可将交换机的交换功能与用户接入完全隔开。光线路终端提供对自身和用户端的维护和监控，它可以直接与本地交换机一起放置在交换局端，也可以设置在远端。

ONU 的作用是为接入网提供用户侧的接口。它可以接入多种用户终端，同时具有光电转换功能以及相应的维护和监控功能。ONU 的主要功能是终结来自 OLT 的光纤，处理光信号并为多个小企业、事业用户和居民住宅用户提供业务接口。ONU 的网络端是光接口，而其用户端是电接口。因此，ONU 具有光/电和电/光转换功能。它还具有对话音的数/模和模/数转换功能。ONU 通常放在距离用户较近的地方，其位置具有很大的灵活性。

7.3.2 光纤接入网的分类

光纤接入网（OAN）从系统分配上分为有源光网络（Active Optical Network，AON）和无源光网络（Passive Optical Network，PON）两类。

1. 有源光网络

有源光网络又可分为基于 SDH 的 AON 和基于 PDH 的 AON。有源光网络的光线路终端和光网络单元通过有源光传输设备相连，传输技术是骨干网中已大量采用的 SDH 和 PDH 技术，通常以 SDH 技术为主。

（1）基于 SDH 的有源光网络。SDH 是由一整套分等级的标准传输结构组成的，适用于各种经适配处理的净负荷（即网络节点接口比特流中可用于电信业务的部分）在物理媒质如光纤、微波、卫星等上进行传输。

SDH 网是对原有准同步数字系列 PDH 网的一次革命。PDH 是异步复接，在任一网络节点上接入/接出低速支路信号都要在该节点上进行复接、码变换、码速调整、定时、扰码、解扰码等过程，并且 PDH 只规定了电接口，对线路系统和光接口没有统一规定，无法实现全球信息网的建立。随着 SDH 技术引入，传输系统不仅具有提供信号传播的物理过程的功能，而且提供对信号的处理、监控等过程的功能。

SDH 通过多种容器和虚容器以及级联的复帧结构的定义，使其可支持多种电路层的业务，如各种速率的异步数字系列、DQDB、FDDI、ATM 等，以及将来可能出现的各种新业务。段开销中大量的备用通道增强了 SDH 网的可扩展性。通过软件控制使原来 PDH 中人工更改配线的方法实现了交叉连接和分插复用连接，提供了灵活的上/下电路的能力，并使网络拓扑动态可变，增强了网络适应业务发展的灵活性和安全性，可在更大范围内实现电路的保护以及通信能力的优化利用，从而为增强组网能力奠定了基础，只需几秒就可以重新组网。特别是 SDH 的自愈环，可以在电路出现故障后，几十毫秒内迅速恢复。SDH 的这些优势使它成为宽带业务数字网的基础传输网。

在接入网中应用 SDH（同步光网络）的主要优势在于，SDH 可以提供理想的网络性能和业务可靠性。当然，考虑到接入网对成本的高度敏感性和运行环境的恶劣性，适用于接入网的 SDH 设备必须是高度紧凑，低功耗和低成本的新型系统。

（2）基于 PDH 的有源光网络。准同步数字系列（PDH）以其廉价的特性和灵活的组网功能，曾大量应用于接入网中。尤其近年来推出的 SPDH 设备将 SDH 概念引入 PDH 系统，进一步提高了系统的可靠性和灵活性，这种改良的 PDH 系统在相当长一段时间内，仍会广泛地应用。

2．无源光网络

无源光网络在 OLT 和 ONU 之间是光分配网络，没有任何有源电子设备，它包括基于 ATM 的无源光网络 APON 及基于 IP 的 PON。APON 采用基于信元的传输系统，允许接入网中的多个用户共享整个带宽。这种统计复用的方式，能更加有效地利用网络资源。APON 能否大量应用的一个重要因素是价格问题。

基于 IP 的 PON 的上层是 IP，这种方式可更加充分地利用网络资源，容易实现系统带宽的动态分配，简化中间层的复杂设备。基于 PON 的 OAN 不需要在外部站中安装昂贵的有源电子设备，因此，服务提供商可以高性价比地向企业用户提供所需的带宽。

无源光网络是一种纯介质网络，避免了外部设备的电磁干扰和雷电影响，减少了线路和外部设备的故障率，提高了系统可靠性，同时节省了维护成本。无源光网络的优势具体体现在以下几方面：

（1）无源光网体积小，设备简单，安装维护费用低，投资相对也较小。

（2）无源光设备组网灵活，可支持树型、星型、总线型、混合型、冗余型等网络拓扑结构。

（3）安装方便，它有室内型和室外型。其室外型可直接挂在墙上，或放置于“H”杆上，无需租用或建造机房。而有源系统需进行光电、电光转换，设备制造费用高，要使用专门的场地和机房，远端供电问题不好解决，日常维护工作量大。

（4）无源光网络适用于点对多点通信，仅利用无源分光器实现光功率的分配。

（5）无源光网络是纯介质网络，彻底避免了电磁干扰和雷电影响，适合用在自然条件恶劣的地区。

（6）从技术发展角度来看，无源光网络扩容比较简单，不涉及设备改造，只需设备软件升级。

7.3.3 光纤接入网的应用形式

光纤接入网以主干系统和配线系统的交界点——ONU 的位置可划分为：光纤到路边（FTTC）、光纤到小区（FTTZ）、光纤到大楼（FTTB）、光纤到家庭（FTTH）等几类，从运营角度来看，目前常提到的是 FTTC、FTTB 和 FTTH 三类。

FTTC 主要为住宅用户提供服务。ONU 放置在路边，从 ONU 出来用同轴电缆传输视像业务，双绞线对传输普通电话业务，每个 ONU 一般可为 8～32 个用户服务，适合为独门独院的用户提供各种宽带业务，如 VOD 等。

FTTB 可分为两种：一种是为公寓大楼用户服务，实际上只是把 FTTC 中的 ONU 从路边移至公寓大楼内；另一种是为办公大楼服务，ONU 设置在大楼内的配线箱处，为大中型企事业单位及商业用户服务，可提供高速数据、电子商务、可视图文、远程医疗、远程教育等宽带业务。FTTB 与 FTTC 并没有什么根本区别，两者的差异在于服务的对象不同，因而所提供的业务不同，ONU 到用户终端所采用的传输媒介也有所不同。

FTTH 则是将 ONU 放置在住户家中，由用户专用，为家庭提供各种综合宽带业务，如 VOD、居家购物、多方可视游戏等等。FTTH 是接入网的最终解决方案，即从本地交换机到用户全部都是采用光纤线路，中间没有任何铜线，也没有有源电子设备，是一种全透明的网络，从而为用户提供了宽带交互式多媒体业务。

7.3.4 光接入网的优点与劣势

与其他接入技术相比，光纤接入网具有以下优点：

（1）光纤接入网能满足用户对各种业务的需求。特别是 FTTH 光纤接入网，具有频带宽、容量大、信号质量好、可靠性高的优点，可以提供多种业务乃至未来宽带交互型业务，是实现 B-ISDN 的最佳方案等优点，因而被认为是接入网的发展方向。

（2）光纤可以克服铜线电缆无法克服的一些限制因素。光纤损耗低、频带宽，解除了铜线线径小的限制。此外，光纤不受电磁干扰，保证了信号传输质量，用光缆代替铜缆，可以解决城市地下通信管道拥挤的问题。

（3）光纤接入网的性能不断提高，价格不断下降，而铜缆的价格在不断上涨。

（4）光纤接入网提供数据业务，有完善的监控和管理系统，能适应将来宽带综合业务数字网的需要，打破“瓶颈”，使信息高速公路畅通无阻。

当然，与其他接入网技术相比，光纤接入网也存在一定的劣势。其最大的问题是成本还比较高，尤其是光节点离用户越近，每个用户分摊的接入设备成本就越高，普通用户难以承受。尽管 FTTB、FTTC 采用若干用户共用 ONU，以分摊成本、降低平均成本的方式，但却带来供电困难等问题。另外，与无线接入网相比，光纤接入网还需要管道资源。

近几年来，随着技术的进步，光电器件成本下降，FTTH 与 FTTC 之间的成本差距正在逐步缩小。尽管 FTTH 初期投资高于 FTTC，但由于 FTTH 无外部有源设备，因而可靠性高、供电容易且成本低、运营维护费低、规划费用低等。综合考虑系统寿命成本，FTTH 与 FTTC 已不再存在巨大的成本差距，这将促进 FTTC 向 FTTH 的演化。尽管目前各国发展光纤接入网的步骤各不相同，但光纤到户是公认的接入网的发展目标。

7.4 ISDN 用户接入环路

ISDN 是综合业务数字网的简称，它是由电话综合数字网（Integrated Digital Network，IDN）发展而来的，是在现有电话网上开发的一种集语音、数据和图像于一体的综合业务，即能在一对普通电话双绞线上实现多种功能。ISDN 是数字交换和数字传输的结合，它以迅速、准确、经济和有效的方式提供目前各种通信网络中现有的业务，而且将通信和数据处理结合起来，开创了很多前所未有的新业务。

ISDN 是一个全数字的网络，也就是说，不论原始信号是话音、文字、数据还是图像，只要可以转换成数字信号，都能在 ISDN 网络中进行传输。在传统的电话网络中，虽然实现了网络内部的数字化，但在用户到电话局之间仍采用模拟传输，很容易由于沿途噪声的积累引起失真。而对于 ISDN 来说，实现了用户线的数字化，提供端到端的数字连接，传输质量就大大提高了。

7.4.1 ISDN 业务分类

ISDN 电信业务可以分为提供基本传输功能的承载业务和包含终端功能的用户终端业务。除了这两种基本业务外，还规定了变更或补充基本业务的补充业务。这些补充业务为用户的通信带来很大的方便。

承载业务提供在用户之间实时传递信息的手段，而不改变信息本身所包含的内容，这类业务对应于开放系统互连（OSI）参考模型的低层功能。常用的承载业务有：话音业务、3.1 kHz 音频业务和不受限 64 Kb/s 数字业务等等。打电话一般采用话音业务，这种承载业务向网络表明目前用户在打电话，网络可以对其进行语音压缩、回波消除、数字话音插空等处理。3.1 kHz 音频承载业务主要是用调制解调器进行数据传输或模拟传真机发送传真的情况，这类业务可在网络中对信号进行数模转换，但是其他形式的话音处理技术必须禁止。若要使用 ISDN 拨号上网，则需要用不受限 64 Kb/s 数字业务，此时网络对于传输的数据不做任何处理。

用户终端业务把传输功能和信息处理功能结合起来，不仅能够提供 OSI 的低层功能，而且能够提供高层功能。它包括网络提供的通信能力和终端本身所具有的通信能力，可以把用户终端业务理解为用户通过终端的通信所获得的业务，利用电话业务通话或传真业务传输字符都是用户终端业务的例子。由此可知，用户终端业务中必定包含了承载业务的内容。用户终端的种类很多，例如，电话、G4 类传真、数据传输、电视会议、可视图文、用户电报、图文混合方式等，这些业务均需要终端设备的支持。

补充业务则是 ISDN 网络在承载业务和用户终端业务的基础上提供的其他附加业务。通常，一个补充业务可以与一个或多个基本业务结合供用户使用。常见的补充业务有：多用户号码、主叫号码显示、主叫号码限制、子地址、恶意呼叫识别、呼叫转移、呼叫等待、呼叫保持、会议呼叫、三方通信等等。

如果说承载业务定义了对网络功能的要求，并且由网络功能来提供这类业务，那么用户终端业务既包括了终端能力，又包括了网络能力。承载业务和用户终端业务两者都可以配合补充业务一起为用户提供服务，但是补充业务可以和一种或多种承载业务或用户终端业务相结合，不能单独使用。

7.4.2 ISDN 用户-网络接口

1. ISDN 用户-网络接口功能

ISDN 用户-网络接口的作用是使用户终端与 ISDN 网络之间或网络与用户之间能够相互交换信息，该接口主要具有以下功能：

（1）利用同一接口提供多种业务的能力：根据用户需求，在呼叫的基础上，选择信息的比特速率、交换方式或编码方式等；

（2）多终端配置功能：多个终端可以连接在同一个接口上，允许同时使用这些不同的终端；

（3）终端的移动性：利用标准插座，使终端能够在通信过程中移动和重新恢复通信的连接；

（4）在主叫用户和被叫用户终端之间进行兼容性检查：为了检验主叫与被叫终端能够相互通信，例如，保证电话与电话终端、传真与传真终端等高层的一致性，需要具有兼容性检验的功能。

2. ISDN 用户-网络接口配置

用户-网络接口是用户设备与通信网的接口。ISDN 用户-网络接口和业务接入点配置如图 7.11 所示。用户-网络接口的参考配置是国际电信标准化组织为上述接口进行标准化而建立的一种抽象化的接口安排，它给出了需要标准化的参考点（R、S、T）和与之相关的各种功能组（NT1、NT2、TE1、TE2、TA）。功能组是在 ISDN 用户接入口上可能需要的各种功能的组合和安排。在实际应用中，用户-网络接口的配置根据用户的要求可能是多种多样的，若干个功能群可能由一种设备来实现。

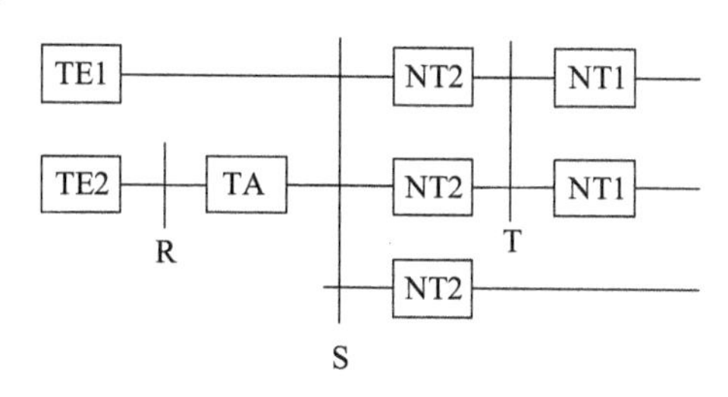

图 7.11 用户-网络接口和业务接入点配置

参考点是划分功能组的概念性参照点，它可以是用户接入中各设备单元间的物理接口。当多个功能组组合在一个设备中实现时，它仅在概念上存在，而实际上没有物理接口存在。R 和 T 参考点是 ISDN 标准化的对象。R 参考点涉及所有非 ISDN 终端与适配器的相接点，范围极广，没有统一的规范。

在参考配置的基础上，用户-网络接口的实际配置可能是多种多样的。五个功能组可以分别由一种设备来实现，这时三种参考点都将作为物理接口而实际存在，但这不是必须的，可以将某些或全部功能群组合在一个设备中实现。例如，可以将 NT2 和 NT1 组合在一个设备中实现，这时 T 参考点在物理上将不复存在；也可以将 TA 和 NT2 组合在一起来实现，这时 S 参考点在物理上将不存在。

NT2 是用户的网络设施，不是所有用户都需要用户交换机或局域网等网络设施。当用户不需要 NT2 时，可以将用户终端直接与 NT1 相接。这样，工作于同一速率上的 S 接口和 T 接口的特性在规范上是完全相同的。S 接口与 T 接口将重叠在一起，称为 S 或 T 接口。ISDN 用户-网络接口参考配置图对设备的数量也未作限制。例如，用户可以有多个 NT1，一起供 NT2 使用。至于用户终端的数量，可以有从一至成千上万个。

7.4.3　ISDN 的通道及用户接入方式

1．ISDN 通道

通道是提供给业务用的具有标准传输速率的传输信道。通道有两种主要类型：一种类型是信息通道，它为用户传输各种信息流；另一种是信令通道，它为进行呼叫控制传输信令信息。根据 ITU-T 标准，通道有以下类型：

（1）B 通路：传输速率为 64 Kb/s，供传递用户信息使用；

（2）D 通路：传输速率为 16 Kb/s 或 64 Kb/s，供传输信令和分组数据使用；

（3）H_0 通路：传输速率为 384 Kb/s，供传递用户信息使用（如立体声节目、图像和数据等）；

（4）H_{11} 通路：传输速率为 1 536 Kb/s，供传递用户信息使用（如高速数据传输、会议电视等）；

（5）H_{12} 通路：传输速率为 1 920 Kb/s，供传递用户信息使用（如高速数据、图像和会议电视等）。

使用最普遍的是 B 通路。它可以利用已经和正在形成中的 64 Kb/s 交换网络传递语音、数据等各类信息，还可以作为用户接入分组数据业务的入口信道。在 B 通道上可以建立以下四种类型的连接。

（1）电路交换。这是目前常用的交换式数字服务，用户通过呼叫与网络中的另一个用户建立电路交换连接，但建立电路交换连接的呼叫控制信息不是经过 B 通道，而是经过 D 通道。

（2）分组交换。用户连接到分组交换节点并和网络中的其他用户通过 X.25 交换数据。

（3）帧中继模式。用户连接到帧中继交换节点并和网络中的其他用户通过帧中继承载业务链路接入规程（Link Access Procedure for Frame-mode Bearer Service，LAPF）交换数据。

（4）半永久连接方式。与网络中其他用户的连接事先建立，不需要呼叫控制协议，这种方式等同于点对点专用线路。

2．ISDN 用户接入方式

从速率和用户配置上可以将 ISDN 用户接入方式划分为以下两种类型。

（1）基本速率接入。基本速率接口是把现有电话网的普通用户线作为 ISDN 用户线而规定的接口，它是 ISDN 最常用、最基本的用户-网络接口。它由两个 B 通路和一个 D 通路（2B+D）

构成。B 通路的速率为 64 Kb/s，D 通路的速率为 16 Kb/s，因此，用户可以利用的最高信息传递速率是 $64\times2+16=144$Kb/s 。

这种接口是为广大用户使用 ISDN 而设计的。它与用户线二线双向传输系统相配合，可以满足千家万户对 ISDN 业务的需求。使用这种接口，用户可以获得各种 ISDN 的基本业务和补充业务。

（2）一次群速率接入。一次群速率接入方式主要提供给有大容量通信要求的用户。例如，数字化 PBX 和局域网的出口等。一次群速率接口的传输速率与 PCM 的基群相同。由于国际上有两种规格的 PCM 制式，即 1.544 Mb/s 的 T1 和 2.048 Mb/s 的 E1，因此，ISDN 一次群速率接口也有两种速率。

一次群速率用户-网络接口的结构根据用户对通信的不同要求可以有多种安排。一种典型的结构是 nB+D。n 的数值对应于 2.048 Mb/s 和 1.544 Mb/s 的基群，分别为 30 或 23。在此，B 通路和 D 通路的速率都是 64 Kb/s。这种接口结构，对于 NT2 为综合业务用户交换机的用户而言，是一种常用的选择。当用户需求的通信容量较大时（例如，大企业或大公司的专用通信网络），一个一次群速率的接口可能不够使用，这时可以多装备几个一次群速率的用户-网络接口，以增加通路数量。当存在多个一次群速率用户-网络接口时，不必要每个一次群用户-网络接口上都分别设置 D 通路，可以让 n 个接口合用一个 D 通路。

那些需要使用高速率通路的用户可以采用不同于 nB+D 的接口结构。例如，可以采用 $m\mathrm{H}_0$+D、H_{11}+D 或 H_{12}+D 等结构。还可以采用既有 B 通路又有 H_0 通路的结构：$n\mathrm{B}+m\mathrm{H}_0+\mathrm{D}$，这里 $m\times6+n\leqslant30$ 或 23。在可以合用其他接口上的 D 通路时，$(m\times6+n)$ 可以是 31 或 24。

7.4.4 ISDN 协议

所谓通信协议，是指为保证在两个通信设备之间进行通信而规定的信息表示形式以及必要的控制规程。ISDN 的通信协议分为两类：一类是同等功能层间的通信规约，即终端和网络同一层之间的通信规则，这是为了完成该功能层的特定功能，双方都必须遵守的规定；另一类是不同功能层之间的通信规约，称为接口或服务，它规定了两层之间的接口关系以及利用下层功能提供给上层的服务。

ISDN 用户-网络接口中用户信息和信令信息的通路是各自独立的，即采用带外方式传输号码等呼叫控制信息。这与传统电话网中用户信息和信令信息的传递方式截然不同。在电话网中，用户信息与信令信息在同一条道路中传输，这种信号方式称作带内信令，也就是我们通常所说的随路信令。与此相反，ISDN 采用独立的 D 通路传输全部呼叫控制信息即通信协议，由于使用了编码的数字信号，终端与网络之间和网络与终端之间可以相互传递内容丰富的信令。此外，由于采用了带外方式，即使在通信过程中也能够传输信令信息。

1．ISDN 协议结构

作为一个网络，ISDN 不涉及 OSI 协议的 4～7 层，因为这些层协议是用户用来交换信息的，网络访问只涉及 1～3 层。第一层由 I.430 和 I.431 定义，规定了基本速率和一次群速率的物理接口，B 通道和 D 通道在同一物理接口上时分多路复用，因此物理层标准对 B 通道和 D 通道都是一样的，但 B 通道和 D 通道的 2～3 层协议是不一样的。对于 D 通道，链路层协议使用了为它定义的链路层标准：D 通道链路接入规程（Link Access Procedure on the D Channel,

LAPD），这个标准也是基于 HDLC 的，但为适应 ISDN 的要求而作了一些修改。

用户设备和 ISDN 交换设备都是以 LAPD 帧格式经过 D 通道相互交换信息的，D 通道链路层支持三个应用：控制信令、分组交换和遥测。对于控制信令应用，已经定义了呼叫控制协议（I.451/Q.931），它是用户和网络之间的协议，用于建立、维持和终止 B 通道的连接。图 7.12 给出了 ISDN 协议结构。

用户层						
传输层				TCP		
网络层	Q.391呼叫控制协议	X.25分组层	其他	IP		X.25分组层
链路层	LAPD			PPP	帧中继	LAPB
物理层	I.430 基本速率接口和 I.431 一次群速率接口					
	控制信令	分组交换	遥测	电路交换	帧中继	分组交换
	D通道			B通道		

图 7.12　ISDN 用户-网络接口协议结构

D 通道对用户提供分组交换服务，这种情况下，使用 X.25 分组层协议。X.25 分组以 LAPD 的格式通过 D 通道进行传输的，用 X.25 分组层协议在 D 通道上建立虚电路，以便用户通过 D 通道上的虚电路交换分组数据。

B 通道能够用于电路交换、半永久连接电路和分组交换。对于电路交换，通过 D 通道的呼叫控制协议，在 B 通道上建立传输电路，一旦传输电路建立，用户之间可以通过传输电路交换数据。对于电路交换连接，数据传输通道对终端系统是透明的。无论是电路交换连接还是半永久连接电路，被连接终端看到的是一条直接的、全双工的物理链路，可以自由选择在 B 通道上使用的帧格式、协议和帧同步技术，因此，从 ISDN 的角度来看，用电路交换和半永久连接电路的 B 通道，没有定义 2～7 层的协议。

对于分组交换，通过 D 通道的呼叫控制协议，在 B 通道上建立一条用户和分组交换网络节点之间的电路交换连接，即数字终端设备（Digital Terminal Equipment，DTE）和数字电路终端设备（Digital Circuit-terminating Equipment，DCE）之间的电路连接，这种连接一旦建立，用户可以用 X.25 协议和其他用户通过 B 通道和分组交换网络建立虚电路，并随后通过该虚电路，以 X.25 分组交换网络的 2～3 层报文格式在用户之间交换数据。在这种情况下，ISDN 在 B 通道上建立的电路交换连接作为用户设备接入 X.25 分组网络的接入线路。

帧中继技术既可以用在 H 通道（H_0、H_{11}、H_{12}）上，也可以用在 B 通道上。如果在 B 通道上使用帧中继技术，首先通过 D 通道的呼叫控制协议，在 B 通道上建立一条用户和帧中继交换网络节点之间的电路交换连接，这种连接一旦建立，用户可以用 LAPF 协议和其他用户通过 B 通道和帧中继交换网络在用户之间相互交换数据。在这种情况下，ISDN 在 B 通道上建立的电路交换连接作为用户设备接入帧中继交换网络的接入线路。

2．D 通道链路接入规程：LAPD 协议

ISDN 用户-网络接口链路层协议称为 D 通路链路接入协议（LAPD）。通常把 ISDN 的链路层和网络层协议一起称为 D 通路协议，ITU 称为 1 号数字用户信令（DSS1）。链路层即第二层的功能是通过 D 通路在网络和终端之间可靠有效地传输第三层以上的信息。

（1）LAPD 的功能概要。LAPD 是指在 ISDN 基本接口或一次群接口的 D 通路上建立链路，

以帧为单位传递第三层的信息或第二层的控制信息。当检测出传输差错时，通过重发等措施进行恢复。LAPD 也具有流量控制的功能。流量控制是指当链路过载时，可以暂时停止该链路发送帧信息。

LAPD 的主要功能如下：

① 在 D 通路上提供一个或多个数据连接；

② 以帧为单位传输控制信息及用户信息，能够进行帧的分界和定位；

③ 能够进行顺序控制，即保持通过数据链路连接的各帧的发送和接收顺序；

④ 能够检测出数据链路连接上的传输差错、格式差错和操作差错；

⑤ 根据检测到的传输差错、格式差错和操作差错进行恢复；

⑥ 能够将不可恢复的差错通知给管理实体；

⑦ 进行流量控制。

（2）LAPD 的操作类型。LAPD 的操作类型有两类，一类是证实操作，另一类是无证实操作。

① 证实操作。证实操作是一种最常用的操作方式，通常用于点到点的信息传输。证实操作需要对每个命令进行确认。在 ISDN 协议中，证实操作用于传递第三层的呼叫控制信息，同时进行差错校验和流量控制。证实操作的信息传输形式称为多帧操作。

② 无证实操作。无证实操作是指不经过确认的帧的传输过程。这种操作不能保证由一个用户发送的数据一定能够送到所需要的终端用户。无证实操作可以用于点到点的连接，也可以用于广播式的连接。由于在这种操作中接收端不需要进行确认，所以在检测出传输或格式差错时，也不能进行恢复。此外，无证实操作没有流量控制的功能。

（3）LAPD 的帧结构及地址和链路标识。LAPD 的帧结构是以 HDLC 的帧格式为基础构成的，即由标志序列、地址字段、控制字段或信息字段、帧校验序列构成的。各帧以 8 bit 的字节为单位，一个帧的起始首先由表示帧头的标志序列开始，其次是识别链路的地址字段，然后是表示帧类型的控制字段。在控制字段之后依次是信息字段和检测传输差错的帧校验序列（FCS），最后是表示帧结束的标志序列。不是信息帧的各类控制帧的结构，除不含有信息字段之外，其他部分与信息帧完全相同。LAPD 帧结构的示意图如图 7.13 所示。

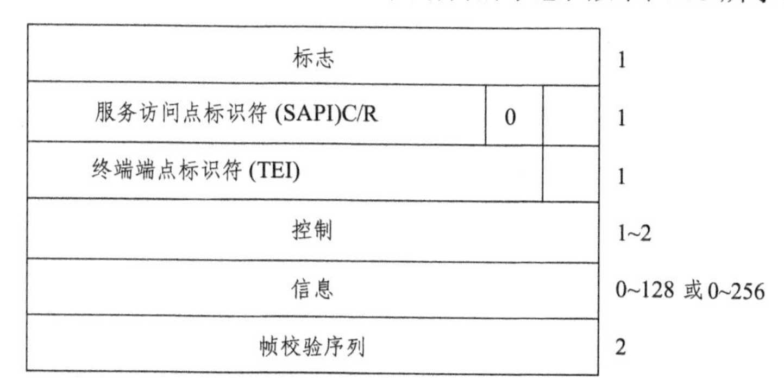

图 7.13　LAPD 帧结构示意图

一个数据链路连接由每帧的地址字段中的数据链路连接标识符（Data Link Connection Identifier，DLCI）来识别。LAPD 与 LAPB 的不同之处就在于 LAPD 能够支持多个链路连接，即具有复用功能，而复用功能的实现是由 DLCI 来完成的。DLCI 由两部分组成：业务接入点标识 SAPI（Service Access Point Identifier）和终端端点标识 TEI（Terminal end–point Identifier）。SAPI 用来识别用户-网络接口的网络侧或用户侧的服务接入点，而 TEI 用来识别在一个服务接入点内的一个特定连接端点。SAPI 和 TEI 分配见表 7.6。

表 7.6　SAPI 和 TEI 分配

SAPI 分配	
SAPI 的值	相关的协议或管理实体
0	呼叫控制协议
1	保留给采用 Q.931 呼叫管理协议进行分组方式通信时使用
16	符合 X.25 协议的分组通信
63	管理协议
其他	保留
TEI 分配	
TEI 值	用户终端类型
0～63	手工分配给用户设备的 TEI 范围
64～126	自动分配给用户设备的 TEI 范围
127	建立广播链路的用户设备

SAPI 是识别数据链路层实体给第三层管理实体提供数据链路层服务的接入点。SAPI 规定允许有 64 个业务接入点。

对于点到点数据链路，TEI 值仅与终端设备有关。一个终端设备可以包含一个或多个传输点到点数据的 TEI 值。广播式数据链路连接的 TEI 值是 127。点到点数据链路连接的 TEI 值 0～63 表示非自动分配给用户设备的 TEI 范围。非自动 TEI 值由用户选定，这些值的分配也由用户来完成。64～126 是自动分配给用户设备 TEI 范围。自动 TEI 值由网络选定，这些值的分配也是由网络来完成的。

一个 SAPI 值与一个 TEI 值一起构成一个第二层数据链路的地址。也就是说，对于一个给定的 TEI，必须有一个 SAPI 相对应，二者共同来标识一条逻辑连接。SAPI 和 TEI 的组合称为 DLCI。在任意时刻，LAPD 可以提供多条逻辑连接，每条连接都有一个唯一的 DLCI。

（4）帧的分类及构成。LAPD 共有四类帧，它们是用于传递信息的信息帧，用于监视状态的监视帧，无顺序编号的无编号帧和用于连接管理的控制信息交换帧。

① 信息帧：信息帧的功能是通过数据链路连接有序地传输包含信息字段的编号帧。通常信息帧在点到点数据链路连接的多帧操作中使用。

② 监视帧：监视帧包括 RR（接收准备好）帧、RNR（接收未准备好）帧和 REJ（拒绝）帧。RR 帧和 RNR 帧用于监视数据链路连接的状态，以便进行流量控制。RR 帧表示存放接收帧的缓存器空闲，可以接收对端发来的帧。RNR 表示缓存器全被占用，不能接收外来的帧。REJ 表示由于传输线路等故障接收端检测出对端发来的信息帧有差错，因而要求对端重新发送信息帧。

③ 无编号帧：无编号帧没有顺序编号，共有六种。其中，SABME 在请求建立多帧操作时发送；DISC 帧在要求结束多帧操作时发送；DM 帧可向对端显示二层处于拆线状态，无法

执行多帧操作；UA 帧是对 SABME 和 DISC 等帧的响应帧；FRMR 帧可向对端显示不正常的状态；UI 帧是无证实操作方式下传递的信息帧，用于进行不加编号的信令传输。

④ 控制信息交换帧：控制信息交换帧用于两端之间进行与协议有关的参数的商议。

3．ISDN 网络层协议

ISDN 用户-网络接口网络层（第三层）利用链路层的信息传递功能，在用户和网络之间发送、接收各种控制信息，并根据用户要求对信息通路的建立、保持和释放进行控制。

对网络层做出规定的是 I.450 标准和 I.451 标准（或 Q.930 和 Q.931 标准）。这些标准规定了第三层的功能概要、呼叫控制过程应具有的各种状态、消息类型、消息构成及编码和基本电路交换的呼叫控制程序及分组交换的程序。

（1）功能概要。第三层的控制功能可以分为电路交换呼叫控制和分组交换呼叫控制。电路交换呼叫控制是指终端和网络之间通过 D 通路交换信令信息，利用 B 通路建立电路交换的连接，传输用户信息。分组呼叫的控制通过 D 通路实施，但分组数据信息可以通过 B 通路，也可以通过 D 通路来传输。

ISDN 用户-网络接口的第三层协议执行的功能主要包括以下各项：

① 处理与数据链路层通信的原语；

② 产生和解释用于同层通信的第三层消息；

③ 管理在呼叫控制程序中使用的定时器和逻辑实体（如呼叫参考）；

④ 管理包括 B 通路和分组层逻辑通路在内的各种接入资源；

⑤ 检查所提供的业务是否符合要求，包括承载能力、地址和高低层兼容性检查等。

（2）呼叫控制。第三层的基本呼叫控制程序是由多个状态的迁移来完成的。在呼叫控制过程中，第三层完成某一事件。例如，一个消息的发送或接收，就进行一次状态的迁移。用户侧的状态和网络侧的状态应该是相对应的。

第三层的呼叫控制信息是以消息的形式进行传递的。以电路方式连接控制的消息为例，消息共分为四大类：第一类是呼叫建立消息，用于启动一个新的呼叫；第二类是呼叫信息阶段的消息，用于在通话期间传递各类消息；第三类是呼叫清除消息，用于呼叫的释放；第四类是其他消息，用于询问呼叫状态和传输一些通知信息等。

控制 ISDN 补充业务的通用协议描述了在用户与网络之间申请和操作补充业务的通用过程。通用的概念是指对每种不同的补充业务的控制过程都能够适用。Q.932 标准对这些通用协议作了详细规范，规定了三种通用协议：键盘协议（Keypad Protocol）、特征键管理协议（Feature Key Management Protocol）和功能协议（Functional Protocol）。其中，键盘协议和特征键管理协议是激励型（Stimulus）协议，功能协议是功能型协议。

激励型协议将补充业务的控制智能集中在网络上，用户通过终端向网络发送特定的字符。为了识别和处理相关的补充业务，需要由网络对接收到的字符进行识别、翻译并发出相应的指令信息。采用这种协议，终端设备不需要知道补充业务的申请、操作过程，从而减少了终端的复杂性。

功能型协议将补充业务的控制智能集中在终端上，终端设备必须知道各种补充业务的申请及操作过程。采用这种协议比较灵活，不需要扩展新的消息，只需使用大量变量就可以完成处理过程，易于标准化。虽然不同的补充业务可以使用不同的协议进行操作，但作为一个原则，功能型协议是控制 ISDN 补充业务应该使用的基本协议。

7.5 HFC 接入技术

混合光纤/同轴电缆 （Hybrid Fiber/Coax，HFC）接入网是一种综合应用模拟和数字传输技术、同轴电缆和光缆技术、射频技术、高度分布式智能型的接入网络，是电信网和有线电视（CATV）网相结合的产物，是将光纤逐渐向用户延伸的一种新型、经济的演进策略。

7.5.1 HFC 系统结构

1．工作原理

HFC 系统采用适当的调制技术和模拟传输方式，可综合接入多种业务信息（如话音、视频、数据等）。当传输数字视频信号时，可采用 64QAM（正交幅度调制）或 QFDM（正交频分复用）；当传输话音和数据信号时，可采用 QPSK（正交相移键控）或 QFDM；当传输模拟广播视信号时，可采用 AMVSB (Amplitude Modulation Vestigial Sideband)残留边带调幅方式。

如图 7.14 所示，交换机向用户输出的话音信号，经局端设备中的调制器 I 调制为 5～30 MHz 的线路频谱，并经电/光变换，形成调幅（AM）光信号，经光纤传输到光节点（ON）处经光/电变换后，形成射频（RF）电信号，由同轴电缆送至分支点，利用用户终端设备中的调制解调器 I 将射频信号恢复成基群信号，最后解出相应的话音信号。

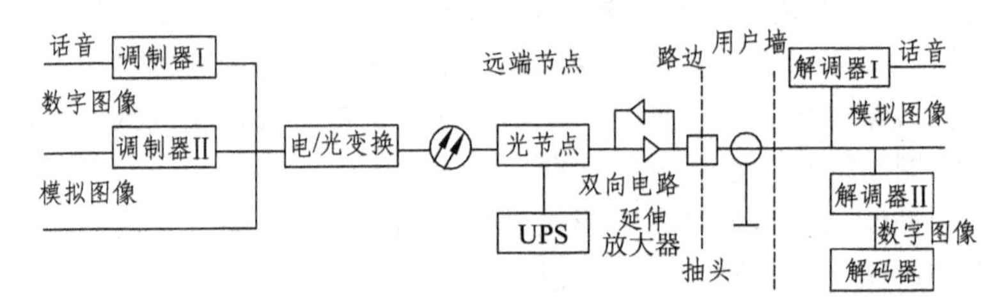

图 7.14 HFC 系统原理示意图

当传输视频点播（VOD）业务时，可先将视频信号经编码器按 MPEG-2 标准进行编码，由局端设备中的调制器 II 将 MPEG-2 编码数字视频信号以 64QAM 调制成 582～710 MHz 的模拟线路频谱，经电/光变换形成光信号，并在光纤中传输。在光节点处完成光/电变换后，形成射频信号，由同轴电缆传输到用户终端设备中的解调器 II，解出 64QAM 数字视频信息，再通过解码器，还原出视频信号送给用户。

2．系统配置

HFC 的参考配置如图 7.15 所示。其中的综合业务单元（ISU）可分成单用户（H-ISU）和多用户（M-ISU）两类。为了适合网络配置的要求，M-ISU 一般可分成多个等级。网络配置中可同时具有 H-ISU 和 M-ISU，也可以只具有 H-ISU 或 M-ISU。其接口有多种选择，如二线模拟话音接口、2B+D 接口、$n\times 64$ Kb/s 接口、2 048 Kb/s 接口等。而电信业务和 CATV 业务既可以在同一根光纤中传输，也可在不同的光纤中传输。若在同一根光纤中传输，可采用波分复用（WDM）方式。

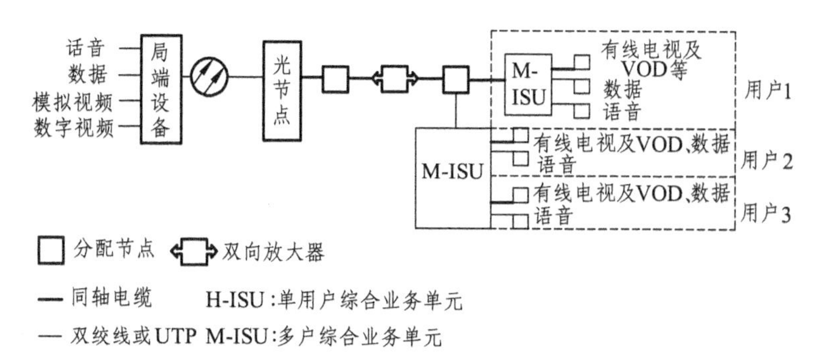

图 7.15 HFC 体统参考配置

图 7.15 所示的结构中，各模块的功能如下。

① 局端设备的功能包括：对各业务节点完成接口；将各种业务射频信号混合；提供监控接口功能；完成电/光变换。

② 光节点的功能包括：完成光/电变换；将各种业务射频信号混合；提供监控接口功能；对 ISU 供电。

③ 综合业务单元的功能包括：对各业务终端完成接口；提供监控接口；对电信业务提供断电保护。

7.5.2 HFC 网络的特点及业务支持

HFC 网络可传输多种业务，具有较为广阔的应用领域，尤其是目前绝大多数用户终端均为模拟设备（如电视机），与它的传输方式能够较好地兼容。

1．主要特点

HFC 网络以其明显的特色，为用户开拓了一条通向宽带通信的新途径。

（1）传输频带较宽。HFC 具有双绞铜线对无法比拟的宽带传输。其分配网络的主干部分采用光纤，其间可以用光分路器将光信号分配到各个服务区，在光节点处完成光/电变换，再用同轴电缆将信号分送到各用户家中。这种方式兼顾到了提供宽带业务所需带宽及节省建立网络开支两个方面的因素。

（2）与目前的用户设备兼容。HFC 网络的最后一段是同轴网。它本身就是一个 CATV 网，因而视频信号可以直接进入用户的电视机，以保证现在大量的模拟终端可以使用。

（3）支持宽带业务。HFC 网络支持现有的和发展的窄带及宽带业务，可以很方便地将话音、高速数据及视频信号经调制后送出，从而提供了简单的、能直接过渡到 FTTH 的演变方式。

（4）成本较低。HFC 网络的建设可以在原有网络基础上改造，根据各类业务的需求逐渐将网络升级。例如，若想在原有 CATV 业务基础上增设电话业务，只需安装一个设备前端，以分离 CATV 和电话信号；而且何时需要何时安装，十分方便与简捷，成本也较低。

（5）全业务网。HFC 网络的目标是能够提供各种类型的模拟和数字通信业务，包括有线和无线、数据和话音、多媒体业务等，并称之为全业务网（FSN）。

2．**业务支持能力**

HFC 能开通的数字业务主要包括：POTS；n×64 Kb/s 租用线业务；E1（成帧与不成帧）信号；ISDN 基本速率接口（ISDN-BRA）；一次群速率接口（ISDN-PRA）；数字视频业务（如 VOD）；可提供 2 048 Kb/s 以下的低速数据通道和 2 048 Kb/s 的高速数据通道；个人普通业务（Personal Communication Services，PCS）。

HFC 能够展开的模拟业务主要包括模拟广播电视和调频广播节目。

7.6 有线电视网络

有线电视系统是通过有线线路在电视中心和用户终端之间传输图像、声音信息的闭路电视系统。有线电视网络可分为广播型和双向交互型两大类。

7.6.1 广播式有线电视网络

CATV 系统由三部分组成：前端放大器（信源）、电缆分配网络（信道）和用户终端（信宿）。

前端放大器实际上是 CATV 网络中心，主要产生各种电视节目信号，有接收和转播来自无线、微波或卫星的电视信号，有来自摄像机、录像机、CD-ROM 或电影电视等自办的节目。CATV 网络中心将所有的这些节目信号转换到 CATV 电缆工作的频带内，然后由混合器加以混合，再由电缆分配网络传输到各处的用户终端。

电缆分配器由传输线、分配器和分支线组成。CATV 中的电缆一般采用 75Ω 的同轴电缆。对远距离干线传输和宽带系统，光缆将逐步取代同轴电缆。为了补偿电缆传输的损耗，在电缆分配网络中，每隔一定的距离就要设置一个放大器，如干线放大器、分配放大器、分支放大器等。

最普通的用户终端就是家用电视机。在某些加密的 CATV 系统中，除电视机外，还得有解码器。如果是双向 CATV 系统，则还需增加上行通信的发射机和接收机。如果 CATV 系统中具有按需电视 （Video On Demand，VOD）功能，则用户端还需要设置 VOD 解码器。

7.6.2 双向有线电视网络

在双向有线电视系统中，一般采用频率分割的方式传输。经同一电缆，用不同的频段分别传输上、下行信号。比较常用的一种频率分割的安排，如图 7.16 所示，频带的主要部分 70～450 MHz 用于传输从电视中心到用户的下行视频信号；10～50 MHz 较低的频段作为用户向中心传递信息的上行线路。

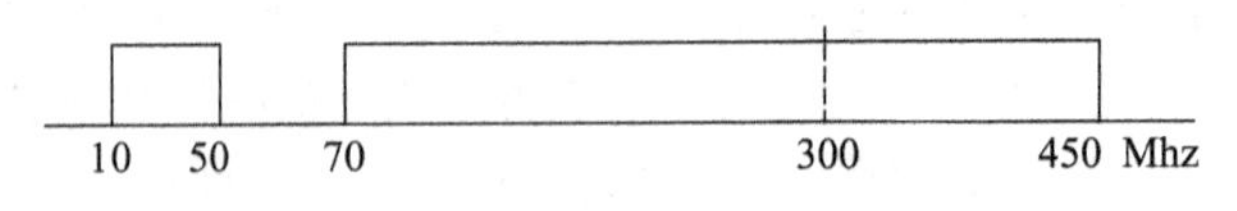

图 7.16 有线电视系统的频率分割

为了实现终端之间的双向通信，需要在中心设置频率变换器。它将来自终端的上行信号变换为下行信号，传输给其他终端。因为双向有线电视系统是一个多终端公用传输线路的系统，为了避免终端之间的竞争，需要进行通信控制。通信控制，首先是通过分配不同的信道来实现的，但在众多的终端之间共用一个频道时，则需要以时分的方式进行。时分通信中控制方法有三种。第一种是查询方式，即中心按顺序对各终端查询有无数据送出。第二种是CSMA/CD方式，即不断地检测线路上有无载波，只在线路空闲状态下允许传输数据。若检测到正在传输数据，则待下次检测出空闲再准予传输。第三种为令牌控制方式。在这种方式中，中心巡回地把令牌分配于网络内各个终端。在同一时刻，只允许拥有令牌的终端传输数据。对于以中心为主导的、信息量较少的双向数据通信系统（如用户管理系统），宜采用查询方式。对于各终端需要给予同等通信机会的情况，CSMA/CD方式或令牌环方式更为合适。

7.6.3 有线电视网络用户端设备

有线电视网络的用户端设备主要有Cable Modem和机顶盒。

1. 电缆调制解调器（Cable Modem）

Cable Modem 的中文名称是电缆调制解调器。它近几年随着网络应用的扩大而发展起来的，主要用于有线电视网进行数据传输。

有线电视网络所使用的是 HFC 网络。电视信号的传输，乃是使用 50～550 MHz 的 Waveband 频带。如果要使用 HFC 混合光纤同轴网络提供双向的多媒体数据服务的话，就必须使用 50～550 MHz 以外的频带。

其实 Cable Modem 就是把计算机的数码数据，转换为模拟的 Waveband 频带信号，经 HFC 网络传输。一般来说，可通过这网络使用由 10 Mb/s 至 38 Mb/s 的下载速度，而上载则是由 768 Kb/s 高至 10 Mb/s 的速度。由于一般家庭用户的使用习惯都是以下载为主，所以虽然上载的速度不及下载大，但反而十分适合上网使用。

Cable Modem 与以往的 Modem 在原理上都是将数据进行调制后，在 Cable 的一个频率范围内传输，接收时进行解调。传输机理与普通 Modem 相同，不同之处在于它是通过有线电视 CATV 的某个传输频带进行调制解调的。而普通 Modem 的传输介质在用户与交换机之间是独立的，即用户独享通信介质。Cable Modem 属于共享介质系统。其他空闲频段仍然可用于有线电视信号的传输。

Cable Modem 本身不单纯是调制解调器。它集 Modem、调谐器、加/解密设备、桥接器、网络接口卡、SNMP 代理和以太网集线器的功能于一身。它无须拨号上网，不占用电话线，可永久连接。服务商的设备同用户的 Modem 之间建立了一个 VLAN（虚拟专网）连接。大多数的 Modern 提供一个标准的 l0BaseT 以太网接口同用户的 PC 设备或局域网集线器相连。

Cable Modem 系统包括前端设备 CMTS 和用户端设备 Cable Modem（CM）。这两个设备通过双向 HFC 网络连接。系统的主要性能分为上行通道和下行通道两部分。下行通道的频率范围为 88～860 MHz。每个通道的带宽为 6 MHz，采用 64QAM 或 256QAM 调制方式，对应的数据传输速率为 30.34 Mb/s 或 42.884 Mb/s。上行通道的频率范围为 5～65 MHz。每个通道的带宽可为 200 kHz、400 kHz、800 kHz、1 600 kHz、3 200 kHz。采用 QPSK 或 16QAM 调制方式，对应的数据传输速率为 320～5 120 Kb/s 或 640～1 024 Kb/s。系统的每一个下行通道可支持 500～2000 个 Cable Modem 用户。工作时每个 Cable Modem 用户实时分析下行数据中的地址，通过地址匹配确定数据的接收。当用户数量较多时，下行数据量增大，每个用户的平均速度下降。在上行通道中，数据传输速率比下行通道低。整个通道被分成多个时间片。每个 Cable Modem 根据前端设备提供的参数，确定使用相应的时间片。上行通道的带宽可根据所需的数据传输速率设定。在同样的带宽内，QPSK 调制的速率比 16QAM 调制方式低，但其抗干扰性能好，适用于噪声干扰较大的上行通道，而 16QAM 调制适用于信道质量好，且要求高速传输数据的场合。

2．机顶盒

机顶盒（Set Top Box，STB）是为扩展现有模拟电视机的功能而配备的一种终端设备。它可以把卫星直播数字电视信号、地面数字电视信号、有线电视网数字信号，甚至互联网的数字信号转换成模拟式电视机可以接收的信号。

根据不同的分析角度，机顶盒可以有以下几种分类方法。

第一种，模拟型机顶盒和数字型机顶盒。模拟型机顶盒接收和处理模拟信号。这意味着数据解码和数/模转换的功能需要在传输之前由视频服务器进行；同时对网络的传输能力也有很大的要求。数字型机顶盒接收的信号是压缩数字视频信号，因此，机顶盒本身需要解压缩和模拟电视信号编码的能力。其价格要大大低于模拟型机顶盒。采用模拟型机顶盒的系统把费用由机顶盒转向了服务器。由于机顶盒的数量很多，所以系统整体的价格降低了。但是，服务器解码能力有限，所以限制了用户数量。目前的交互式电视系统使用的，基本上是数字型机顶盒。

第二种，非智能型机顶盒和智能型机顶盒。非智能型机顶盒对于用户的交互式请求，只负责将其传输到服务器，所有交互服务的处理都在服务器中完成。由于服务器具有大容量的虚存（物理磁盘），应用程序的开发可以按常规的方法进行。智能型机顶盒本身执行一部分应用程序，对于高度交互的服务（如交互式视频游戏）可以提供立即的响应。智能型机顶盒需要大容量的内存和较高的处理能力。

第三种，基于计算机的机顶盒和基于电视机的机顶盒。机顶盒的设计可以基于一台工作站或 PC 的硬件，并在计算机的屏幕上进行输出；也可以单独设计，连接到电视机上，并用遥控器进行控制。

机顶盒的硬件结构设计有两种不同的模型。硬件处理模型中，每种功能有相应的专用硬件模块完成，如 MPEG 解码芯片完成 MPEG 数据解压缩等；软件处理模型中以高速处理器为基础，具有大容量的内存，用软件完成各种相应的功能。后一种方法提供了更大的灵活性，有可能成为将来的发展方向。但目前由于费用过高，其实现有待于半导体工业的进一步发展。目前的交互式电视机顶盒基本上采用了硬件处理模型。

机顶盒的软件设计可以采用一个层次的结构。其优点在于使底层的硬件对上层软件透明，增加和替换硬件不用修改高层的软件。上层软件修改时不必了解硬件的结构。这样升级和扩展起来十分方便。

7.7 宽带无线接入

在用户稀疏或铺设有线网络困难的地区，使用无线接入是一种很好的替代方式。传统的无线宽带接入技术主要有本地多点分配系统（Local Multipoint Distribution Systems，LMDS）和多信道多点分配系统（Multi-Channel Multiple Point Distribution Systems，MMDS）。近年来出现的 IEEE 802.16 系列，通常也称为 WiMAX（Worldwide Interoperability for Microwave Access），是为无线城域网（WMAN）制定的标准。相比于 MMDS 和 LMDS，它在系统的铺设、设备和运营等方面有更高的性价比，在可以预见的未来，是将占主导地位的更具生命力的宽带无线接入技术。

7.7.1 MMDS 与 LMDS

在 MMDS 和 LMDS 的覆盖范围内，两者都采用全方向的微波发射机，提供与同轴电缆网络类似的业务。两个系统的主要差别是传输覆盖范围的大小和支持信道数目不同。

典型的 MMDS 工作频带为 2.15～2.7 GHz，其地理覆盖范围较广，通常在发射机和电缆头端之间用电缆直接相连。MMDS 支持多个 6～8 MHz 的下行信道，用于模拟电视广播，或通过合适的调制解调器进行数字电视广播；当与上行信道结合在一起时，支持包括宽带因特网接入等的交互式多媒体业务。

在较高频段运行的 LMDS，覆盖半径为 5km。通常发射机与 HFC 网络的光纤节点相连，其无线传输部分相当于 HFC 网中的同轴电缆。LMDS 与同轴电缆有类似的带宽，提供的业务也类似。MMDS 和 LMDS 的参数见表 7.7。

表 7.7 MMDS 和 LMDS 参数

系统	频带（带宽）		覆盖范围
	下行	上行	
MMDS	2.15～2.348 GHz（198 MHz）	2.66～2.70 GHz（4 MHz）	50 km 半径（60 cm 天线）
LMDS	27.5～28.35 GHz（850 MHz）	29.2～29.35 GHz（150 MHz）	5 km 半径（30 cm 天线）

7.7.2 WMAN

这里我们将介绍 802.16 的基本原理。

1．系统结构

图 7.17 是 802.16 系统的简要结构图。初期的 802.16 工作在 10～66 GHz 频段，其目标是在基站天线的覆盖范围内，对众多的用户站点提供宽带接入。它是一个一点到多点的协议，用户站点需要通过基站进行连接，相互之间不能直接进行通信。由于工作波长很短，因此必须保证电波在空间能够直线（Line Of Sight，LOS）传播，粗略地说，也就是在基站和用户站点天线之间的连线（实际上是连线周围一定区域内）应该不受地球曲率或其他物体的阻挡。

显然，在满足这个条件的设计中，基站和用户站点都是固定不可移动的。初期的 802.16 标准在频道带宽为 28 MHz 时，支持 32～134 Mb/s 的数据传输速率。

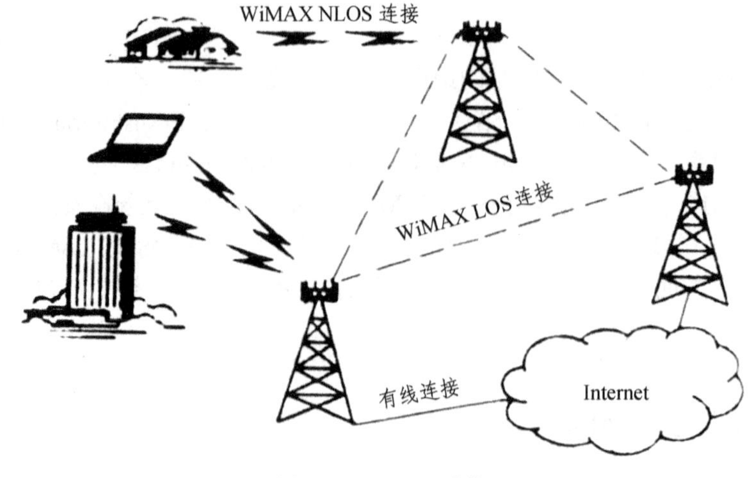

图 7.17　802.16 系统

随后制定的 802.16a 工作在较低的频段（2～11 GHz），支持最高 75 Mb/s 的数据率。在此标准下，站点间可以互连，也不限于电波的直线传播。

在图 7.17 中，建筑物内部或园区内的用户可以通过 802.11 WLAN 或 802.16a 连接。802.16 的基站还可以与蜂窝移动通信的基站相连，作为蜂窝系统基站间的传输手段。由此可见，802.16 提供了从替代 DSL 和电缆的“最后一公里”接入到替代有线骨干网的一套完整的无线城域网解决方案。

2．协议栈

与 802.11 类似，802.16 只包含对物理层和 MAC 层的定义，其中 MAC 层又分为业务特定会聚子层（Service Specific Convergence Sublayer，CS）、MAC 通用子层（Common Part Sublayer，CPS）和安全子层（Security Sublayer，SS）。CS 层将收到的网络层数据转换成 MAC 数据包，完成网络层到 MAC 层业务流识别符和连接识别符的映射等。802.16 标准支持多种类型数据的传输，为此它定义了两种 CS：ATM CS 和分组 CS，其中分组 CS 可以完成 IP v4、IP v6、以太网和虚拟 LAN 到 802.16 的转换。MAC CPS 完成接纳控制、ARQ、带宽分配、连接建立和管理等功能。SS 提供认证、密钥交换和加密等功能。

3．物理层

802.16 的物理层具有很强的鲁棒性，它提供表 7.8 所示的几种形式，以便在不同的环境下能以最少的相互干扰在最长的距离上提供最大的带宽。其中单载波方案适于点到点的基站之间的骨干连接；OFDM 则适于点到多点的“最后一公里”的无线宽带接入。

802.16 物理层的鲁棒性还表现在，它可以针对每个用户站点进行以帧为基础的调制方式和信道纠错编码方案的自适应调整。例如在小区中心信号较强的区域内，使用支持高传输速率但易受干扰的 64QAM 调制；在小区的中间地带使用 16QAM；在小区边沿地区使用传输速率较低但抗干扰能力较强的 QPSK。基站则在上行和下行信道周期性地发送特定的消息帧向用户说明当前上、下行信道所使用的调制方式和前向纠错码的类型。

表 7.8　802.16 物理层

	频率	传播方式	双工模式
单载波	10～66 GHz	LOS	TDD，FDD
	2～11 GHz	NLOS	TDD，FDD
OFDM	2～11 GHz	NLOS	TDD，FDD

对多天线系统的定义是 802.16 标准的另一个特点。例如，在自适应天线系统中，基站使用天线阵列形成方向性波束，即波束的主瓣对准某个用户站点，而旁瓣几乎为零，不受其他站干扰，也不对其他站产生干扰。除自适应天线系统外，802.16 标准还支持空时编码（Spacetime Codes）多天线和多输入多输出（MIMO）天线系统。

4．介质接入和 QoS 支持

802.16 MAC 层是面向连接的。所有的业务，包括无连接业务，都要映射到连接上。每一个业务流和它所对应的连接分别有特定的标识符标识，这为定义基于流或连接的 QoS 参数和带宽分配提供了条件。

802.16 MAC 层在很多方面借鉴了电缆数据传输标准 DOCSIS。例如在介质接入方面，上/下行信道的分配都由基站控制。下行（从基站到用户站点）信道采用广播方式，各用户站点只选择接收基站分配给自己的子信道（时隙）上的信号。在上行信道上，用户站点在每个传输周期中的规定时间区间内，向基站提出使用上行信道的请求；基站根据请求分配给接纳的站点以所需的带宽（时隙），因此，与 DOCSIS 一样，用户上行数据的传输不存在竞争，而只有在规定的请求时间区间内才可能存在多个用户请求消息的冲突。当发生请求消息的碰撞时，802.16 也采用截断二进指数回退窗算法解决。

用户站点需要为每一个连接发出申请上行信道的请求消息，请求中所申请的带宽可以是需要的总带宽，或是在已有带宽的基础上希望再增加的带宽。请求消息可以在规定的有竞争的时间区间内，也可以在已分配的无竞争的时隙中传输。申请附加带宽的消息还可以以捎带（piggyback）的方式传输。基站收到请求后，根据该连接所申请的带宽、该连接上的业务流所需的 QoS 参数（时延、带宽）和当前可利用的网络资源为该连接分配时隙。在有些情况下，基站只为用户站点分配带宽；用户站自己再负责将此带宽分配给本站所有的连接。同时，802.16 还借鉴了 DOCSIS 的业务流调度技术，它能够像 DOCSIS 一样支持：（1）主动提供传输机会；（2）实时邀请；（3）非实时邀请；（4）尽力而为等不同 QoS 等级的服务。按需动态分配带宽和对多类别 QoS 的支持是 802.16 区别于其他无线网络的一个重要特点。

5．802.16 标准的发展

802.16 标准还在发展之中，表 7.9 给出到目前为止，已有的 802.16 系列标准。

802.16a 将标准扩展到较低的频段（2～11GHz）上，同时允许用户站点相互之间直接通信，从而可以构成网状（Mesh）网。支持网状网时，路由选择、碰撞回避和解决等都要复杂一些。802.16a 引入了频带利用率和抗干扰能力更高的 OFDM 和 OFDMA（OFDM Access）技术，其中 OFDMA 与 OFDM 相似，只是 OFDM 在一个子信道上传输数据，而 OFDMA 可同时在几个子信道上传输数据。802.16d 是 802.16 和 802.16a 的改进版本。802.16e 则为标准增加了有限的移动性和小区间的漫游，它可以应用在校园内部这样不需要快速移动的场合。802.16m 是正在制定的标准，它采用 MIMO 多天线技术，在终端静止和低速运动的情况下，下行数据传输速率可达 1 Gb/s；在终端高速移动的情况下，传输速率也可保持在 180 Mb/s，这与下一代移动网的性能处于基本相同的水平。

表 7.9　802.16 标准

	802.16d（802.16—2004）		802.16e	802.16m
	802.16	802.16a		
频带	10～66 GHz	2～11 GHz	2～6 GHz	2.6～5.8 GHz
传播方式	LOS	NLOS	NLOS 和移动	NLOS 和移动
传输速率	32～134 Mb/s（28 MHz 信道）	75 Mb/s（20 MHz 信道）	15 Mb/s（5 MHz 信道）	1 Gb/s（20 MHz 信道）
调制方式	QPSK，16QAM，64QAM	OFDM，OFDMA QPSK，16QAM，64QAM	OFDM，OFDMA QPSK，16QAM，64QAM	OFDM、OFDMA、MIMO
移动性	固定	固定或手提	游牧、中低车速	固定和低、中、高速
小区半径	2～5 km	7～10 km，最大 50 km（点到点，且取决于天线高度、功率等）	2～5 km	

练习与思考题

1．分析接入网的结构并简述其基本功能。
2．简述 xDSL 的原理、关键技术、种类及其应用范围。
3．简述 HDSL 和 xDSL 的原理及其典型应用。
4．光纤接入技术的基本结构是什么？它的基本功能块是什么？
5．简述光纤接入技术特点及其发展趋势。
6．简单阐述 ISDN 技术的特点、接口方式、协议、应用场合以及提供的业务。
7．简述 HFC 系统的功能工作原理。
8．在有线电视网络中都需要哪些设备？试比较它们各自实现的功能。
9．MMDS 和 LMDS 的区别是什么？
10．简述 802.16 的基本原理。

第8章　流媒体技术及实时通信协议

网络技术、多媒体技术的迅猛发展对Internet产生了极大的影响。随着宽带化成为建设信息高速网络架构的重点，许多城市的城域网的接入都实现了宽带化，架构了以IP为基础的无阻塞数据承载平台，网络的宽带化使人们可以在宽阔的信息高速路上更顺畅地进行交流，使网络上的信息不再只是文本、图像，而是视频和语音（一种更直观更丰富的新一代的媒体信息表现形式）。

尽管网络带宽进一步扩展，但是面对有限的带宽和拥挤的拨号网络，实现网络的视频、音频和动画传输最好的解决方案就是流式媒体的传输方式。通过流方式进行传输，即使在网络非常拥挤或很差的拨号连接的条件下，也能提供较为清晰、连续的影音给用户，就实现了网上动画、视音频等多媒体文件的实时播放。

8.1　流媒体

8.1.1　流媒体概述

在流媒体出现之前，人们若想从网络上观看影片或收听音乐，必须先将音视频文件下载至计算机储存后，才可以播放。这不但浪费下载时间、硬盘空间，而且无法满足用户使用方便及迫切的需要。

流媒体（Streaming Media）的发展，克服了这些不足。流媒体是一种可以使音频、视频和其他多媒体能在Internet及Intranet上以实时的、无需下载等待的方式进行播放的技术。流式传输方式是将动画、视音频等多媒体文件经过特殊的压缩方式分成一个个压缩包，由视频服务器向用户计算机连续、实时地传送。在采用流式传输方式的系统中，用户不必像非流式播放那样等到整个文件全部下载完毕后才能看到当中的内容，而是只需经过几秒或几十秒的启动时延，即可利用相应的播放器或其他的硬件、软件对压缩的动画、视音频等流式多媒体文件解压后进行播放和观看，多媒体文件的剩余部分将在后台的服务器内继续下载。当然，流媒体的使用者必须事先安装播放流媒体的软件。

通常，流包含两种含义：广义上的流是使音频和视频形成稳定和连续的传输流和回放流的一系列技术、方法和协议的总称，习惯上称之为流媒体系统；狭义上的流是相对于传统的下载-回放（Download-Playback）方式而言的一种媒体格式，能从Internet上获取音频和视频等连续的多媒体流，客户可以边接收边播放，时延会大大减少。

总的说来，流媒体技术起源于窄带互联网时期。由于经济发展的需要，人们迫切渴求一种网络技术，以便进行远程信息沟通。从1994年一家叫做Progressive Networks的美国公司成立之初，流媒体开始正式在互联网上登场亮相。1995 年，他们推出了 C/S 架构的音频系统 Real Audio，并在随后的几年内引领了网络流式技术的汹涌潮流。1997 年 9 月，该公司更名为 Real Networks，相继发布了多款应用非常广泛的流媒体播放器 RealPlayer 系列，在其鼎盛时期，曾一度占据该领域超过 85%的市场份额。Real Networks 公司可以称得上是流媒体真正意义上的始祖。

8.1.2 流媒体的优点

与单纯的下载方式相比，这种对多媒体文件边下载边播放的流式传输方式具有以下优点。

1．启动时延大幅度地缩短

用户不用等待所有内容都下载到硬盘上才开始浏览，我们现在可以用 10 Mb/s 到桌面的校园网络来进行视频点播，无论是上班时间还是晚上，速度都相当快。一般来说，一个 45 分钟的影片片段在一分钟以内就开始显示在客户端上，而且在播放过程中一般不会出现断续的情况。

2．存储空间少

流媒体运用了特殊的数据压缩解压缩技术（CODEC），与同样内容的声音文件（.Wav）以及视频文件（.Avi）相比，流媒体文件的大小只有它们的 5%左右。另外，由于它采用的是“边传输边播放边丢弃”技术，流媒体数据包到达终端后经过播放器解码还原出视频信息后即丢弃，只需要少量的缓存，不需要占用很多存储空间。

3．所需带宽小

由于流媒体文件经压缩后体积大大缩小，因此传输的带宽要求也较低，用普通 Modem 拨号上网的用户也可进行视频点播。

4．可双向交流

流媒体服务器与用户端流媒体播放器之间的交流是双向的。服务器在发送数据时还在接收用户发送来的反馈信息，在播放期间双方一直保持联系。用户可以发出播放控制请求（跳跃、快进、倒退、暂停等），服务器可自动调整数据发送。

5．版权保护

由于流媒体可以做到在数据播放后即被抛弃，因此流媒体可以有效地进行版权保护，因为流媒体根本没有在用户的计算机上保存过。而对于下载文件，不可能做到这一点。因为下载后文件在用户的硬盘上，在没有进行加密或者数字版权管理（DRM）前，根本无法防范盗版。

8.1.3 流媒体系统的组成

1．流媒体的工作原理

实时流式传输（Real-time streaming transport）和顺序流式传输（Progressive streaming transport）是在网络上实现流式传输音视频等多媒体信息的两种方法。两者皆为流式传输。

顺序流式传输即顺序下载，在下载文件的同时可观看在线媒体，在给定的时刻用户只能观看自己下载的部分，而不能跳到还未下载的后续部分。顺序流式传输适合高质量的短片段，如片头、片尾和广告。由于该文件在播放前观看的部分是无损下载的，因而这种方法保证了电影播放的最终质量，这意味着用户在观看前必须经历延迟，对于较慢的连接尤其如此。

实时流式传输必须保证媒体信号带宽与网络连接匹配，使媒体可被实时看到，需要专用的流媒体服务器与传输协议。当网络拥挤或出现问题时，由于出错丢失的信息被忽略掉，因而视频质量相对较差。如果欲保证图像的质量，顺序流式传输也许更好些。

流式传输的实现需要两个条件：一是合适的传输协议，二是缓存。

使用缓存系统能消除时延和抖动的影响，以保证数据包的顺序正确，从而使媒体数据能够连续输出。如图 8.1 所示，流式传输的过程如下：

（1）用户选择某一流媒体服务后，Web 浏览器与 Web 服务器之间使用 HTTP/TCP 交换控制信息。

（2）Web 浏览器启动音视频客户程序，使用 HTTP 从 Web 服务器检索相关的参数以对音视频客户程序初始化，这些参数可能包括目录信息、音视频数据的编码类型或与音视频检索相关的服务器地址。

（3）音视频客户程序及音视频服务器运行实时流协议，以交换音视频传输所需的控制信息。实时流协议提供执行播放、快进、快倒、暂停及录制等命令的方法。

（4）音视频服务器使用 RTP/UDP 协议将音视频数据传输给音视频客户程序，一旦音视频数据抵达客户端，音视频客户程序即可播放输出。

在流式传输中，使用 RTP/UDP 和 RTSP/TCP 两种不同的通信协议与音视频服务器建立联系，目的是为了能够把服务器的输出重定向到一个非运行音视频客户程序的客户机的目的地址。

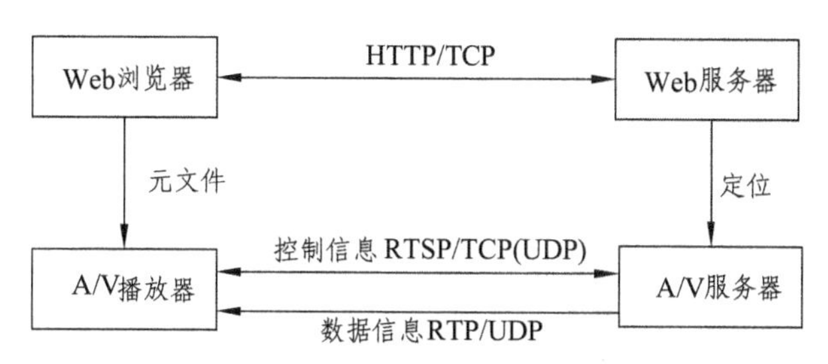

图 8.1　流式传输的基本原理

2．流媒体系统的组成

流媒体系统由以下几个部分组成：

（1）编码工具。编码工具的作用主要是创建、捕捉和编辑多媒体数据，形成流媒体格式。它的核心部分是对音视频数据进行压缩。压缩的标准主要有 MPEG-4、H.263、H.264 等。

（2）服务器。服务器不仅需要存放和控制流媒体的数据，而且服务器端软件应该具有强大的网络管理功能，支持最大量的互联网用户群与流媒体商业模式。面对越来越巨大的流应用需求，系统必须拥有良好的可伸缩性。随着业务的增加和用户的增多，系统可以灵活地增加现场直播流的数量，并通过增加带宽集群和接近最终用户端的边缘流媒体服务器的数量，以增加并发用户的数量，不断满足用户对系统的扩展要求。

（3）网络协议。流媒体的传输协议主要有实时传输协议族RTP与RTCP、实时流协议RTSP和资源预订协议RSVP。

①实时传输协议（Real-time Transport Protocol，RTP）：在Internet上针对多媒体数据流的一种传输协议。

②实时传输控制协议（Real-time Transport Control Protocol，RTCP）：和RTP一起提供流量控制和拥塞控制的服务。

③实时流协议（Real-time Streaming Protocol，RTSP）：定义了一对多的应用程序如何有效地通过IP网络传送多媒体数据。

④资源预订协议（Resource Reserve Protocol，RSVP）：Internet上的资源预订协议。为多媒体数据流传输预留一部分网络资源（即带宽），在一定程度上为流媒体的传输提供QoS。

（4）播放器。播放器是供客户端浏览流媒体的软件，主要功能是充当解码器。播放器支持实时音频和视频直播和点播，可以嵌入到流行的浏览器中，可播放多种流行的媒体格式，支持流媒体中的多种媒体形式，如文本、图片、Web页面、音频和视频等集成表现形式。在带宽充裕时，流式媒体播放器可以自动侦测视频服务器的连接状态，选用更适合的视频，以获得更好的效果。

（5）媒体内容自动索引检索。媒体内容自动索引检索系统能对媒体源进行标记，捕捉音频和视频文件并建立索引，建立高分辨率媒体的低分辨率代理文件，从而可以用于检索、视频节目的审查、基于媒体片段的自动发布，形成一套强大的数字媒体管理发布应用系统。

①索引和编码。该系统允许同时索引和编码，使用先进的技术实时处理视频信号，而且可以根据内容自动地建立一个视频数据库（或索引）。

②媒体分析软件。该系统可以实时地根据屏幕的文字来进行识别，并且可以通过实时语音识别来鉴别口述单词、说话者的名字和声音类型，而且还可以感知出屏幕图像的变化，并把收到的信息归类成一个视频数据库。媒体分析软件还可以感知到视觉内容的变化，可以智能化地把这些视频分解成片段并产生一系列可以浏览的关键帧图像，用户用这些信息索引还可以搜索想要的视频片段。使用一个标准的Web浏览器，用户可以像检索互联网其他信息一样来检索视频片段。

（6）媒体数字版权加密系统（DRM）。这是在互联网上以一种安全方式进行媒体内容加密的端到端的解决方案，它允许内容提供商在其发布的媒体或节目中指定时间段、观看次数以及对相关内容进行加密和保护。服务器鉴别和保护需要保护的内容，DRM认证服务器支持媒体灵活的访问权限（时间限制、区间限制、播放次数和各种组合），支持其他具有完整商业模型的DRM系统集成，包括订金、VOD、出租、B to B的多级内容分发版权管理领域等，是运营商保护内容和依靠内容赢利的关键技术保障。

8.1.4 流媒体实现原理

简单地说流媒体实现原理就是首先通过采用高效的压缩算法，在降低文件大小的同时，也伴随质量的损失。让原有的庞大的多媒体数据适合流式传输，然后通过架设流媒体服务器，修改通用Internet邮件扩充（Multipurpose Internet Mail Extensions，MIME）标识。通过各种实时协议传输流数据。其原理框图如图 8.1 所示。

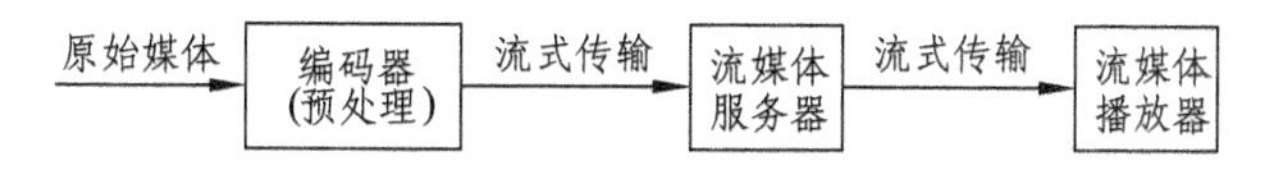

图 8.2　流媒体实现原理

1．预处理

多媒体数据必须进行预处理才能适合流式传输，这是因为目前的网络带宽相对于多媒体巨大的数据流量来说还显得远远不够。预处理主要包括两方面：一是采用先进高效的压缩算法；二是加入一些附加信息把压缩媒体转为适合流式传输的文件格式。其技巧在于压缩原始的 A/V 内容，使其能够在窄带或宽带通道上以流的方式传给用户。预处理在编码器内完成。编码方式的选择可以是多种多样的。

Microsoft、RealNetworks、Apple Computer 以及其他各方均提供关于编码、流式传送以及客户观看等方面的、享有专用权的方案。常规视频编码速度的范围从 20 Kb/s 到目前的 300 Kb/s，并且有望达到 1 Mb/s 及以上的速度。音、视频编码器在功能上有相当大的差别。

最终的编码资料可以利用文本、图形、脚本形式进行多路传输，并且放在能够实现流的方式的文件结构中。也就是意味着该文件有时间标记以及其他易于实现流的方式的特点，然后再在客户端进行解码。 编码过程应该综合考虑不同编码速度的定制性能、包损失的容错性与网络的带宽波动、最低速度下好的 A/V 品质、编码/流式传送的成本、流的控制以及其他方面。

2．支持流媒体传输的网络协议

流媒体的传输协议主要有实时传输协议族 RTP 与 RTCP、资源预订协议 RSVP 以及实时流协议 RTSP。

3．识别流媒体类型的途径

Web 服务器和 Web 浏览器可通过 MIME（Multipurpose Internet Mail Extensions）来识别流媒体并对其进行相应的处理。MIME 不仅用于电子邮件，还能用来标记在 Internet 上传输的任何文件类型。Web 服务器和 Web 浏览器都基于 HTTP，而 HTTP 都内建有 MIME。HTTP 正是通过 MIME 来标记 Web 上繁多的多媒体文件格式。

8.1.5　流媒体传输方式

流媒体的传输技术主要有三种：单播、组播和广播。

1．单播

单播即点对点的连接。在单播中流媒体的源和目的地是一一对应的，即流媒体从一个源（服务器端）发送出去后只能到达一个目的地（客户端），在客户端与媒体服务器之间只建立一个单独的数据通道，从一台服务器送出的每个数据包只能传送给一个客户机。单播连接提供了对流的最大控制，但这种方式由于每个客户端各自连接服务器，从而会迅速用完网络带宽。单播传输方式只适用于客户端数量较少的情况，如视频点播。

2．组播

组播也称为多播，它是一种基于“组”的广播，其源和目的地是一对多的关系，但这种一对多的关系只能在同一个组内建立。也就是说，流媒体从一个源（服务器端）发送出去后，任何一个已经加入了与源同一个组的目的地（客户端）均可以接收到，但该组以外的其他目的地（客户端）均接收不到。对于内容相同的数据包，服务器向一组特定的用户只发送一次。使用多播的优势在于原来由服务器承担的数据重复分发工作转到了路由器中来完成，由路由器负责将数据包向所连接的子网转发，每个子网只有一个多播流。这样就减少了网络上所传输信息包的总量，使网络利用率大大提高，成本也大为降低。多播更适用于现场直播。

3．广播

广播的源和目的地也是一对多的关系，但这种一对多的关系并不局限于组，也就是说，流媒体从一个源（服务器端）发送出去后，同一网段上的所有目的地（客户端）均可以接收到。在广播过程中，客户端接收流，但不能控制流。例如，用户不能暂停、快进或后退该流。广播可以看做是组播的一个特例。

广播和组播对于流媒体传输来说是很有意义的，因为流媒体的数据量往往都很庞大，需要占用很大的网络带宽。如果采用单播方式，那么有多少个目的地就得传输多少份流媒体，所以所需的网络带宽与目的地数目成正比。如果采用广播或组播方式，那么流媒体在源端只需传输一份，组内或同一网段上的所有客户端均可以接收到，这就大大降低了网络带宽的占用率。

8.1.6 当前流媒体的主要厂商

到目前为止，流媒体的主要提供厂商有 Microsoft、Real Networks、Apple 等。它们所提供的流媒体解决方案分别是 Microsoft 公司的 Windows Media Technology，Real Networks 公司的 Real System 和 Apple 公司的 QuickTime，它们是当前流媒体解决方案的三大主流。

1．Windows Media Technology

Microsoft 提出的信息流式播放方案是 Windows Media Technology，其主要目的是在 Internet 和 Intranet 上实现包括音频、视频信息在内的多媒体流信息的传输。其核心是 ASF（Advanced Stream Format）文件。ASF 是一种包含音频、视频、图像以及控制命令、脚本等多媒体信息在内的数据格式，这些数据通过被分成一个个的网络数据包在 Internet 上传输，实现流式多媒体内容的发布。因此，我们把在网络上传输的内容就称为 ASF Stream。ASF 支持任意的压缩/解压缩编码方式，并可以使用任何一种底层网络传输协议，具有很大的灵活性。Microsoft 已将 Windows MediaTechnology 捆绑在 Windows 2000 中，并打算将 ASF 用作将来的 Windows 版本中多媒体内容的标准文件格式，这无疑将对 Internet 特别是流式技术的应用和发展产生重大影响。

2．Real System

Real System 由媒体内容制作工具 Real Producer、服务器端 Real Server、客户端软件（Client Software）三部分组成。其流媒体文件包括 Real Audio、Real Video、Real Presentation 和 Real Flash

四类文件，分别用于传送不同的文件。Real System 采用 Sure Stream 技术，自动并持续地调整数据流的流量以适应实际应用中的各种不同网络带宽需求，轻松地在网上实现视音频和三维动画的回放。

Real 流媒体文件采用 Real Producer 软件制作。系统首先把源文件或实时输入变为流式文件，再把流式文件传输到服务器上供用户点播。

3．QuickTime

Apple 公司于 1991 年开始发布 QuickTime，它几乎支持所有主流个人计算平台和各种格式的静态图像文件、视频和动画格式，具有内置 Web 浏览器插件（Plug-in）技术，支持 IETF 流标准以及 RTP、RTSP、SDP、FTP 和 HTTP 等网络协议。

QuickTime 包括服务器 QuickTime Streaming Server、带编辑功能的播放器 QuickTime Player（免费）、制作工具 QuickTime 4 Pro、图像浏览器 Picture Viewer 以及使 Internet 浏览器能够播放 QuickTime 影片的 QuickTime 插件。QuickTime 4 支持两种类型的流：实时流和快速启动流。使用实时流的 QuickTime 影片必须从支持 QuickTime 流的服务器上播放，它是真正意义上的 Streaming Media，使用实时传输协议（RTP）来传输数据。快速启动流可以从任何 Web Server 上播放，使用超文本传输协议（HTTP）或文件传输协议（FTP）来传输数据。

8.1.7 流媒体技术的主要应用

1．数字图书馆

数字图书馆采用现代高新技术所支持的数字信息资源系统，被认为是互联网上信息资源理想的管理和运作模式。通俗地说，数字图书馆将是一个不受时空限制、多功能、便于使用、超大规模的信息资源中心，而在传统图书馆向多功能数字图书馆演变过程中我们必然会碰到的一个很重要的问题——多媒体信息资源的数字化问题。因为多媒体信息本来就占据信息资源的很大部分，而且在传统图书馆中，现有的多媒体信息主要保存在录影带、磁带、CD、VCD、DVD 等载体上，这些载体不仅难于长期保存，而且难于查询和使用，更不用说能够在网络上传输并提供给全球的网民使用。因此，流媒体技术的产生和发展将为数字图书馆解决多媒体信息的处理难题提供一套完整的解决方案。

2．远程教育

在流媒体技术产生之前，“先下载后播放”的信息处理模式显然不能处理实时信息，因为对现场直播的信息来说，信息在源源不断地产生，信息如果在产生结束后才能在用户端输出，就失去实时的意义了。基于这种情况，网络远程教学采用的是异步授课，即利用 Web 浏览技术，教师事先将制作好的课件放到网上，学员可以在任何时间学习，这种方式牺牲了授课的实时交互性，师生之间基本上没有直接交流，使得教学的生动性大打折扣。流媒体技术的出现使得网络远程实时授课成为可能，进行实时讨论时，教学过程中的教师与学生之间、学生与学生之间的信息是即时传递与反馈的，教师可以直接指导和监督学生的学习过程，并亲自给出教学建议，还可及时根据学生的反馈信息调整教学方法，从而收到良好的教学效果。随着网络及流媒体技术的发展，越来越多的远程教育网站开始采用流媒体作为主要的网络教学方式。

3．宽带网视频点播

视频点播 VOD 技术已经不是什么新鲜的概念了，最初的 VOD 应用于卡拉 OK 点播，当时的 VOD 系统是半自动的，需要人工参与。随着计算机的发展，VOD 技术逐渐应用于局域网及有线电视网中，此时的 VOD 技术趋于完善，但有一个困难阻碍了 VOD 技术的发展，那就是音视频信息的庞大容量。这样，服务器端不仅需要大量的存储系统，同时还要负荷大量的数据传输，导致服务器根本无法进行大规模的点播。同时，由于局域网中的视频点播覆盖范围小，用户也无法通过互联网等网络媒介收听或观看局域网内的节目。此时流媒体技术出现了，在视频点播方面我们完全可以遗弃局域网而使用互联网。由于流媒体经过了特殊的压缩编码，使得它很适合在互联网上进行传输。客户端采用浏览器方式进行点播，基本无需维护。由于采用了先进的集群技术，可以对大规模的并发点播请求进行分布式处理，使其能适应大规模的点播环境。

8.2 实时通信协议

在 Internet 上实现实时多媒体通信是 Internet 发展到一定阶段后的必然趋势。然而，Internet 原本并不是用于实时通信的，由于 TCP/IP 协议并不能确保实时通信所需要的带宽，传输延迟所造成的时间抖动将使实时通信的质量严重下降。另外，TCP 协议负责数据的流量控制，保证传输的正确性，具有数据重发功能，这一点也不适合于实时通信。因此在 Internet 上传送多媒体信息时，采用的都是 UDP/IP 协议，而 UDP 和 IP 均不能提供链接保证，数据传输的可靠性没有保障。为了解决这个问题，IETF 提出了多种实时通信协议，这里主要介绍应用比较广泛的实时传输协议（RTP)、实时流协议（RTSP）和资源预留协议 RSVP)。

8.2.1 实时传输协议

实时传输协议 RTP 是一种独立于应用程序的协议规范，是用来解决在 IP 网上传送实时数据包的一种 IETF 标准协议。开发 RTP 的目的就是为了满足用于音频和视频这类连续媒体数据的实时通信的要求，在会话中提供协同工作和控制的能力，为具有实时特性的数据传送提供服务。

RTP 可以支持各种实时通信的应用，比如同步的恢复、信号丢失的监测、安全保密和内容的识别等。RTP 具备一种时间戳控制机制，可以实现带有定时特性的不同信息流之间的同步，RTP 采用基于速率的流量控制机制，使得发送方与接收方之间协同工作。

RTP 由两个紧密相关的部分组成：实时传输协议（RTP）和实时传输控制协议（RTCP)。为了可靠、高效地传送实时数据，RTP 和 RTCP 必须配合使用，通常 RTCP 包的数量占所有传输量的 5%。

RTP 主要用于承载多媒体数据，并通过包头时间参数的配置使其具有实时的特征。RTCP 主要用于周期地传送 RTCP 包，监视 RTP 传输的服务质量。在 RTCP 包中，含有已发送的数据包的数量、丢失的数据包的数量等统计资料。因此，服务器可以利用这些信息动态地改变传输速率，甚至改变有效载荷类型，实现流量控制和拥塞控制服务。下面将对 RTP 和 RTCP

分别进行描述。

1．实时传输协议（RTP）

RTP 提供端对端网络传输功能，适合通过组播和点播传送实时数据，如视频、音频和仿真数据。RTP 没有涉及资源预订和质量保证等实时服务。

RTP 数据报文格式中包括固定的 RTP 报文头、可选用的作用标识（CSRC）和负载数据。如果 RTP 所依赖的底层协议对 RTP 数据报文格式有所要求，则必须对 RTP 数据报文格式进行修改或重新定义。通常，单一的底层数据报文仅包含单一的 RTP 报文。

0　1	2	3	4 … 7	8	9 … 15	16 … 31
版本	填充	扩展	CSRC 计数	标记	负载类型	序列号
时戳标记						
同步源标识(SSRC)						
贡献源标识(CSRC)						

图 8.3　RTP 数据报头格式

图 8.3 为 RTP 数据报头格式。

（1）版本（V）：RTP 协议版本号，占用 2 bit。

（2）填充（P）：指明负载区最后是否有填充数据。如果有填充数据，则负载区的最后一字节中装载填充数据的长度，占用 1 bit。

（3）扩展（X）：指明 12 个字节后是否存在扩展部分，占用 1 bit。

（4）CSRC 计数（CC）：指明 CSRC 的个数，占用 4 bit。

（5）标记（M）：根据装载数据类型的不同而不同，例如，对于视频信号表示一帧数据结束，而对于音频信号表示两个静默区之间的通话开始，占用 1 bit。

（6）负载类型（PT）：表示负载类型和媒体的编码方式，占用 7 bit。

（7）序列号（Sequence Number，SN），接收端可通过序列号检测数据包在传输过程中的丢包情况以及失序情况。序列号的初始值是随机分配的。每发送一个 RTP 数据包，序列号就加 1。为了通信过程的安全性，第一次生成 RTP 包时，序列号的初始值是一随机数，而不是 0。SN 占用 16 bit。

（8）时间戳（Timestamp）：描述 RTP 包中数据的采样时刻，主要用于同步和计算时延。时钟频率和数据格式有关，不能使用系统时钟。对固定速率的音频来说，每次取样时间戳时钟增 1。与包序列号一样，时间戳的初始值也是一随机数。如果多个连续的 RTP 包在逻辑上是同时产生的，那么它们的时间戳相同。时间戳占用 4 byte。

（9）同步源标识（Synchronization Source Identifier，SSRC）：用于标识同步资源。SSRC 是随机选取的。在一个 RTP 会话中，两个 SSRC 不能有相同的值。SSRC 占用 4 byte。

（10）贡献源标识（Contributing Source Identifiers，CSRC）：用以识别与 RTP 包中负荷相关（提供负荷）的源。由于 CC 项只有 4 位长，当贡献源超过 15 个时，只能识别 15 个。CSRC 由混合器（Mixer）通过贡献源的 SSRC 识别符插入到 RTP 包中。CSRC 包含 0～15 项、每项占 4 byte。

在所有 RTP 报文中，开始 12 个字节的格式完全按照 RTP 报文头定义的格式，而 CSRC 标识列表仅出现在混合器插入时。

标准的 RTP 数据报文头部参数对 RTP 支持的所有应用类的共同需要是完整的。然而，为了维持应用层分帧（Application Layer Framing，ALF）设计原则，报文头部还可以通过改变、增加参数实现优化，或适应特殊应用的需要。

由于标志位和负载类型段携带特定设置信息，所以很多应用都需要它们，否则要容纳它们，就要增加另外 32 位字。因此，标志位和负载类型允许分配在固定头中，包含这些段的八进制可通过设置重新定义以适应不同要求。例如，采用更多或更少标志位。如果有标志位，既然设置无关监控器能观察报文丢失模式和标志位间关系，我们就可以定位八进制中最重要的位。

如果 RTP 协议需要负载其他特殊格式（如视频编码）的音视频数据，所要求的信息应该携带在报文的数据负载部分。所需信息也可以出现在报文头部，但必须总是在载荷部分开始处，或在数据模式的保留值中指出。如果特殊应用类需要独立负载格式的附加功能，则应用运行设置应该在现存固定报文头部的 SSRC 参数之后，定义附加固定段。这些设置能使客户端迅速而直接访问附加段，同时与监控器和记录器无关的设置仍能通过仅解释开始 12 个八进制来处理 RTP 报文。

2. 实时传输控制协议（RTCP）

RTP 本身并不能为按顺序传送数据包提供可靠的传送机制，也不提供流量控制或拥塞控制，RTCP 能提供这些服务。

RTP 的 RTCP 通过在会话用户之间周期性地递交控制报文来完成监听服务质量和交换会话用户信息等功能。根据用户间的数据传输反馈信息，可以制定流量控制策略，而针对会话用户信息的交互，可以制定会话控制策略。

RTCP 将控制包周期性地发送给所有连接者，应用与数据报文相同的分布机制。底层协议提供数据与控制包的复用，如使用单独的 UDP 端口号。

RTCP 执行下列四大功能。

（1）提供数据发布的质量反馈，这是 RTCP 最主要的功能。作为 RTP 的一部分，它与其他传输协议的流和阻塞控制有关。反馈对自适应编码控制直接起作用。反馈功能由 RTCP 发送者和接收者报告执行。

（2）发送带有称作规范名字（CNAME）的 RTP 源持久传输层标识。如发现冲突，或程序重新启动，即使 SSRC 标识可改变，接收者也需要 CNAME 跟踪参加者，同时需要在 CNAME 与相关 RTP 连接中给定几个数据流联系。

（3）用于控制 RTCP 包数量的数量用语。前两种功能要求所有参加者发送 RTCP 包，因此，为了 RTP 扩展到大规模数量，速率必须受到控制。

（4）传送最小连接控制信息。如参加者辨识、最可能用在“松散控制”连接，那里参加者自由进入或离开，没有成员控制或参数协调，RTCP 充当通往所有参加者的方便通道，但不必支持应用的所有控制通信要求。

RTCP 报文格式与 RTP 报文格式类似，包括固定的报文头部分和可变长结构元素，结构元素的意义由 RTCP 报文的类型决定。因为 RTCP 包通常非常小，一般把多个 RTCP 包合并为一个 RTCP 包，然后利用一个底层协议所定义的报文格式进行发送。

区分 RTCP 报文头部参数首先要区别携带不同控制信息的 RTCP 报文的类型，RTCP 报文的类型主要有以下几种。

（1）SR（Sender Report）：发送报告，当前活动发送者发送、接收统计。

（2）RR（Receiver Report）：接收报告，非活动发送者接收统计。

（3）SDES（Source Description）：源描述项，包括 CNAME。

（4）BYE（Goodbye）：表示结束。

（5）APP（Application-defined）：特定应用函数。

其中，最主要的 RTCP 报文是 SR 和 RR。通常 SR 报文占总 RTCP 包数量的 25%，RR 报文占 75%。类似于 RTP 数据包，每个 RTCP 报文以固定的包头部分开始，紧接着的是可变长结构元素，但是以 32 位长度为结束边界。在 RTCP 报文中，不需要插入任何分隔符就可以将多个 RTCP 报文连接起来形成一个 RTCP 组合报文。由于需要底层协议提供整体长度来决定组合报文的结尾，因此在组合报文中没有单个 RTCP 报文的显式计数。

RTCP 控制报文的发送周期是变化的，与报文长度 L、用户数 N 和控制报文带宽 B 相关；周期 $P=L \cdot N/B$。RTP 被设计成允许应用自动扩展的模式，连接数可从几个到上千个。在一般的音频会议中，因为同一时刻一般只有两个人说话，所以数据流和控制流都是内在限制的，控制流不会对传输造成影响。而在组播发送模式下，给定的连接数据率独立于用户数，仍是常数，但控制流量不是内在限制的。如果每个参加者以固定速率发送接收报告，控制流量将随参加者数量是线性增长，因此，速率必须按比例下降。

3．RTP 的实现

RTP 仅仅实现了网络传输层的功能，要真正实现流媒体的网络传输，网络层和会话层协议也是必不可少，图 8.4 中描述的是典型的服务器端 RTP 的实现方式：在会话层，RTSP 和 SIP 协议完成会话控制；在传输层，为实现真正的端对端传输，RTP 还必须以 UDP 或 TCP 为底层协议；在网络层，IP 完成网络寻址等最基本的网络层功能。

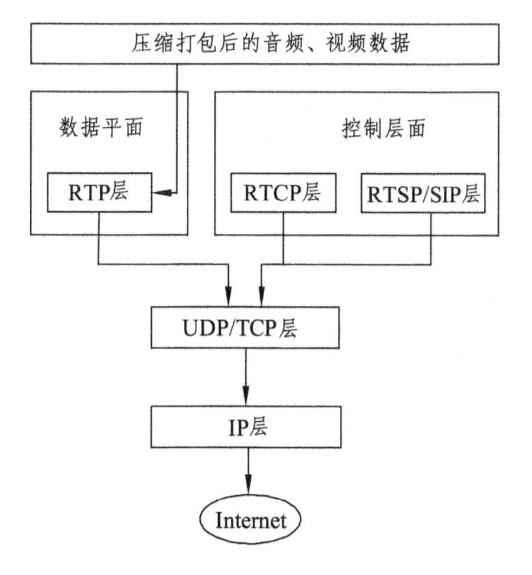

图 8.4　服务器端的 RTP 实现框图

在数据平面，服务器端将压缩打包后的音视频数据按照 RTP 的报文格式装入 RTP 报文的数据负载段，同时配置 RTP 报文头部的时间截、同步信息、序列号等重要参数，此时的数据报文已经具有典型的时间特征，即被“流化”了。在 UDP/TCP 层，RTP 报文作为负载数据装入 UDP/TCP 报文中，最后，由 IP 层负责最后的报文头部配置，以实现网络传输。在客户端，实现方式相反，各网络层依次去除报文头部，并读取相关的控制参数和时间参数，最终获取可以实时播放的音视频数据。

在控制平面，RTCP 和 RTSP 报文通过 UDP/TCP 层后，同样由 IP 层负责发送。RTSP 的主要功能是实现停滞、暂停、快进等 VCR 控制操作，SIP 与 RTSP 功能类似，RTCP 仅负责控制 RTP 报文的传输。

8.2.2 实时流协议

1. RTSP 简介

实时流协议 RTSP 是由 RealNetworks 和 Netscape 及哥伦比亚大学共同提出的。它是从 RealNetworks 的“RealAudio”和 Netscape 的“LiveMedia”的实践和经验发展起来的。该协议定义了一对多应用程序如何有效地通过 IP 网络传送多媒体数据。

在体系结构上 RTSP 位于 RTP 和 RTCP 之上，它使用 TCP 或 RTP 完成数据传输。HTTP 与 RTSP 相比，HTTP 传送 HTML，而 RTSP 传送的是多媒体数据。HTTP 请求由客户机发出，服务器作出响应；使用 RTSP 时，客户机和服务器都可以发出请求，即 RTSP 可以是双向的。

RTSP 是一个应用层协议，用来控制具有实时特性的数据的传送。它提供了一种可扩展框架，使得可控的、点播的实时数据的传送成为可能。数据源可以是直播数据或者存储的媒体片断。此协议被设计用来控制多个传送会话，实现传送通道（如 UDP）的选择。TCP 或 UDP 的多播，可以使用基于 RTP 的传送机制。

RTSP 建立并控制一个或几个时间同步的连续流媒体。尽管连续媒体流与控制流是可以交叉的，但是通常它本身并不发送连续流。也就是说，它通常是充当媒体服务器的网络远程控制的角色。RTSP 的连接没有绑定到传输层连接，如 TCP。在 RTSP 连接期间，用户可以打开或关闭多个对服务器的可靠传输连接，用来发送 RTSP 请求。此外，可使用无连接传输协议，如 UDP。RTSP 控制的数据流可以使用 RTP，但是 RTSP 的操作并不依赖于这种传送连续媒体的机制。此协议在语法和操作上与 HTTP/1.1 类似，因此很多 HTTP 的扩展机制通常都可以被加到 RTSP 上。

RTSP 支持以下三种操作。

（1）从媒体服务器上检索媒体。用户可以通过 HTTP 或其他方法提交一个演示描述。如果演示是多播，演示描述就包含用于连接媒体的多播地址和端口。如果演示仅通过单播发送给用户，用户为了安全应提供目的地址。

（2）邀请媒体服务器进入会议。媒体服务器可被邀请参加正进行的会议，或回放媒体，或记录其中的一部分，或全部。这种模式在分布式远程教育应用上很有用处，会议中几方可轮流远程控制按钮。

（3）将媒体加到现成讲座中。服务器告诉用户可获得附加媒体内容，这对现场讲座显得尤其有用。RTSP 请求可由代理、通道与缓存处理。

2. RTSP 的特点

RTSP 是应用层协议，与 RTP、RSVP 一起设计来完成流式服务。RTSP 有很大的灵活性，可被用在多种操作系统上，它允许客户端和不同厂商的服务平台交互。

RTSP在体系结构上位于RTP和RTCP之上，它使用RTP完成数据传输，可控制流式媒体数据通过网络传输到客户端。RTSP可以保持用户计算机与传输流业务服务器之间的固定连接，用于观看者与单播（Unicast）服务器通信并且还允许双向通信，观看者可以同流媒体服务器通信。提供类似“VCR”形式的例如暂停、快进、倒转、跳转等操作。操作的资源对象可以是直播流也可以是存储片段。

RTSP还提供选择传输通道，如使用UDP还是多点UDP或是TCP。

8.2.3 资源预留协议

1．RSVP的基本概念

RSVP是一个资源预约协议。提供一种有效的资源预约方式，可以有效地描述应用程序对资源的需求。RSVP建立在IP协议之上，可以利用IP数据报传输RSVP消息。RSVP是一个单工协议，只在一个方向上预订资源。特别地，RSVP是一个面向用户端协议，由信宿负责资源预订，可以满足点到多点群通信中客户端异构的需求，每个客户端可以预订不同数量的资源，接收不同的数据流。

RSVP还提供了动态适应成员关系的变化和动态适应路由变化的能力。RSVP可以满足大型点到多点通信群的资源预订需求。为了建立并维护分组数据传输通道中各个交换机的状态，RSVP建立了一个信宿树。信宿树以信宿为根结点，以信源为叶结点，信源和信宿之间的通道作为树的分支。资源预订消息由信宿开始，沿信宿树传输到各个信源结点。为了理解RSVP协议的设计思想，现简单介绍一下流、路径消息、预留消息的概念。

（1）流（Flow）。流是以单播或多播方式在信源和信宿间传输的数据码流，它为不同服务提供类似连接的逻辑通道。在RSVP协议中，发送端点简单地以多播方式传送数据；接收端点如欲接收数据，将由网络路由协议系统（IGMP协议等）负责形成在信源和信宿间转发数据的路由，也就是由路由协议配合形成数据码流。流在RSVP协议中占有至关重要的位置，RSVP协议的所有操作几乎都是围绕流而进行的。

（2）路径消息（Path Message）。路径消息由源端定时发出，并沿流的方向传输，其主要目的是保证沿正确的路径预留资源。路径消息中含有一个Flowspec（流规约）对象，主要用来描述流的传输属性和路由信息。路径消息可用来识别流，并使节点了解流的必要信息，以配合预留请求的决策和预留状态的维护。为使下游节点了解流的来源，上游节点将路径消息中last hop（上级节点）域改写为该节点的IP地址，预留消息正是利用路径消息中last hop的信息实现逐级向上游节点预留资源。

（3）预留消息（Reservation Message）。预留消息由接收端定时发出，并沿路径消息建立的路由反向传输，其主要目的是接收端为保障通信服务质量请求各级节点预留资源。预留消息主要由flowspec及filterspec（流过滤方式）对象组成。flowspec是预留消息的核心内容，它用来描述流过滤后所需通信路径的属性（如资源属性）；filterspec则指定了能够使用预约资源的数据分组，即表明了接收端希望接收各独立发送端流的特定部分，主要由发送端列表和流标描述。

2．RSVP 协议的特点

RSVP 协议的特点有：

（1）RSVP 为单播和多点到多点组播应用进行资源预留，对变化的与会组员关系以及变更的路由进行动态地适应。

（2）RSVP 是单向的，即数据流的接收器为单向数据流进行预留。

（3）RSVP 是面向接收器的，即由数据流接收器发起和维护用于该流的资源预留。

（4）RSVP 在路由器和主机中维持软状态以对动态的与会组员变化关系提供适合的支持和对路由的变更进行自动的适应。

（5）RSVP 本身不是路由协议，要通过现有的路由协议来工作，RSVP 通过查询路由来获取路由信息的变化。

（6）RSVP 传送和维护不透明的业务控制和政策控制参数。

（7）RSVP 提供几种预留模式或“类型”以适应各种应用。

（8）RSVP 能够透明地通过不支持 RSVP 的节点，无须采用额外的隧道技术。不支持 RSVP 的路由器将通路信息包当做普通的信息包传送给接收方。

（9）RSVP 对 IPv4 和 IPv6 都支持。

3．RSVP 协议基本框架

RSVP 协议包含决策控制（Policy control）、接纳控制（Admission control）、分类控制器（Classifier）、分组调度器（Scheduler）与 RSVP 处理模块等几个主要部分，如图 8.5 所示。决策控制用来判断用户是否拥有资源预留的许可权；接纳控制则用来判断可用资源是否满足应用的需求，主要用来减少网络负荷；分类控制器用来决定数据分组的通信服务等级，主要用来实现由 filterspec 指定的分组过滤方式；分组调度器则根据服务等级进行优先级排序，主要用来实现由 flowspec 指定的资源配置。当决策控制或接纳控制未能获得许可时，RSVP 处理模块将产生预留错误消息并传送给收发端点，否则将由 RSVP 处理模块设定分类与调度控制器所需的通信服务质量参数。

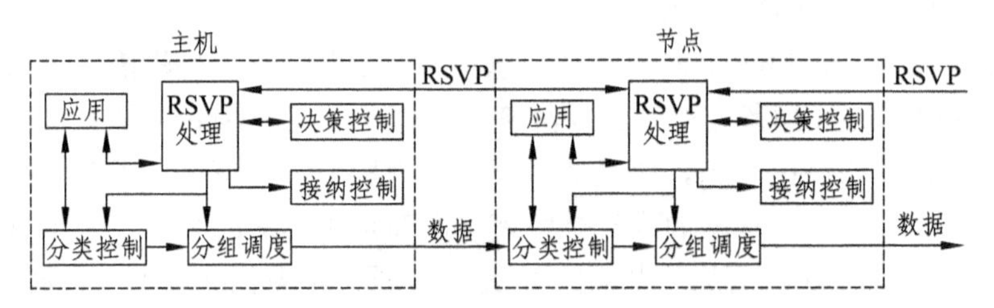

图 8.5　RSVP 协议的相关组成

4．RSVP 协议工作原理

在大型多播群组通信中，新的接收端点通过送出 IGMP Report 消息请求加入多播群组，由 IGMP 等路由协议形成转发路由，并在各相关节点中建立 OSPF 连接状态，然后发送端多播码流和路径消息以无资源预留的方式转发给接收端点。利用接收到的路径消息中的流描述信息，接收端点根据自身网络和终端的能力产生一个预留消息以选择接收某些发送端流的特定分组（例如，黑白或彩色）。

当预留消息根据路径消息中的路由信息转发给发送端时，中间节点对预留信息进行检查，当节点中包含与预留请求相同过滤方式（发端列表相同）的预留时，新的接收端点只需简单地加入当前节点的流分布树，否则接收端点需逐级向上游节点预约资源，直至信和信源宿路径上所有节点都预约到所需资源。预留建立后，接收端点定时发送预留消息，而发送端点则定时发送路径消息以维护预留状态。当发送端点或接收端点欲退出连接时，发送端点或接收端点发出路径或预留拆除（Teardown）消息，以删除路径状态释放预留资源。

简言之，RSVP 协议就是通过在中间节点间传输预留信息以创建和维护多播传输路径网的分布预留状态，从而实现资源的预约和释放的请求，最终依赖节点的资源管理机制，实现资源的配置和释放。

5. RSVP 协议设计原则

RSVP 协议独特的设计原则是该协议在资源预留方式上极具弹性的主要原因。

（1）服务分类的原则。传统的 IP 网络协议只能提供简单的点到点的 best-effort（尽力而为）服务，且服务类型唯一。所有应用不加区分地得到相同的 best-effort 服务，这显然不利于 QoS 需求敏感的实时媒体业务。为提供多媒体通信的多点功能和 QoS 支持，就必须对传统网络结构和服务模型进行扩展。RSVP 协议设计的主要目的正是为了改善实时业务的处理能力，从而实现综合业务 Internet 的构想。因此，RSVP 协议实际上根据应用的需求实现了业务分类的原则。

（2）面向无连接的原则。RSVP 协议在服务分类思想的具体实现时选择了无连接的方式。这种实现方式使 RSVP 协议在预留资源的共享方面更具有灵活性。因此，RSVP 协议与 IP 的基本思想具有高度一致性。在无连接的方式下，为了识别不同的服务，RSVP 协议引入了流的概念。通过指定流的 flowspec 实现流的资源预留。flowspec 描述了发送端码流的传输特性以及应用的 QoS 需求，从而决定流所需的网络资源。RSVP 协议通常并不需要理解 flowspec 含义，而只需沿流的路径在主机和各节点间传输，由主机和各节点检查 flowspec 信息以决定是否允许预约资源。

（3）面向接收端的预留思想。RSVP 协议面向接收端的预留方式，也就是由数据流的接收端点在 QoS-spec 中描述其资源需求，并以预留消息的形式传输，由信源和信宿之间所有相关通信设备依据此信息保留所需通信资源。接收端驱动的预留思想是 RSVP 协议区别于其他预留协议的主要特点和优势。首先，接收驱动的预留使 RSVP 协议在多播通信群组中能够支持不同能力接收端的异构需求，使接收端点能依据终端能力和应用需求，提出恰如其分的预留资源请求，有利于提高资源利用率；其次，避免了大型多播群组通信时发送端驱动造成的发送端瓶颈效应，有利于改善多播组成员的动态管理并提高群组的扩充能力；最后，通过过滤机制可合并公共连接的预留请求，有利于改善带宽等网络资源的管理和减少网络负荷。

（4）软状态的原则。为了能根据终端和应用调整资源预约，RSVP 协议在各节点中采用软状态维护预留信息。软状态是指在节点中可被定时更新的预留信息。在 RSVP 协议中，软状态区分为路径状态和预留状态两类状态信息，由发送端点和接收端点定时发送基本的 RSVP 控制消息以维护节点的软状态。发送端定时发送路径消息以维护节点的路径状态，并使节点和新的接收端点了解流的属性；接收端点则定时发送预留消息以维护节点的预留状态，并使节点了解流的存在及其所需资源的变化。

（5）分组过滤的原则。分组过滤由 filterspec 指定了能够使用预留资源的数据分组，资源预留则由 flowspec 指定了通信所需资源的容量。分组过滤与资源预留相分离的设计原则是

RSVP 协议的重要特点，此原则使 RSVP 协议能够支持如下几种预留方式。

①通配过滤方式：为通用类型的流预留资源。所有流共享预留资源，即指定会话的所属流不经任何过滤，所属发送端流的数据分组全部转发给接收端。通配过滤方式适用于多媒体会议中语音媒体，通常，由于语音交流的特性，最多同时只有两人使用资源。

②固定过滤方式：为单个特定流预留资源。在资源预留期间，根据初始固定的发送端列表对所有发送端流进行过滤。固定过滤方式适用于多媒体会议中视觉媒体。

③动态过滤方式：为多个指定流预留资源。在资源预留期间，可随时改变流的过滤方式以选择接收不同的流。

分组过滤有三个重要目的。首先，它提供了对异构接收端的支持，低速连接或终端能力较弱的接收端通过采用分组过滤机制限制流部分传输而参与群组通信；其次，通配过滤方式与动态过滤方式提供了在多个流间共享预留资源的机制，而且动态过滤方式还允许接收端更改流的属性、实现“信道”切换的功能，接收端藉此功能可不必重新进行接纳控制检测而直接使用相同的预留资源选择来自不同流的图像，但因流属性可变，因而不能合并动态过滤方式的预留请求；最后，对通配过滤方式与固定过滤方式而言，分组过滤可被用来合并具有相同过滤方式的预留请求。

练习与思考题

1．举例说明实时流式传输与顺序流式传输的不同。

2．利用流媒体技术传输音视频信号与利用传统技术传输音视频信号有何区别和联系？信号在发送端应做哪些特殊处理？

3．简述流媒体系统结构及主要协议。

4．结合某种具体应用简述流媒体工作原理。

5．什么是流媒体？流媒体有什么文件格式？流媒体有什么播放方式？

6．分析 RTP、RTSP、RSVP 在多媒体通信中的作用。

第 9 章　多媒体通信终端技术

多媒体通信终端是处理多种媒体信息并将它们同步地显现出来，具有交互功能的通信终端，是集计算机终端技术、声像技术和通信技术于一体的高技术产物，是整个多媒体通信系统中一个重要的组成部分。终端设备的功能与业务类型有着密切的关系，也与通信网的性能直接相关。虽然多媒体计算机有许多技术可以直接用于多媒体通信终端，但两者还有很大的不同，多媒体计算机不等于多媒体通信终端。

9.1　多媒体通信终端的构成

9.1.1　多媒体终端的构成

多媒体终端设备是组成通信网络的重要因素之一，它的功能与通信网的性能直接相关，也与自身的业务类型有着密切关系。多媒体终端是计算机终端技术、声音技术、图像技术和通信技术的高科技集成产物。多媒体通信终端是挂在通信网络上的一个个节点，是各种媒体信息交流的出发点和归宿点，是人机接口界面所在，因此，它是整个多媒体通信系统中的一个重要组成部分。

多媒体终端是由搜索、编解码、同步、准备和执行等五个部分以及 I 协议、B 协议、A 协议等三种协议组成的，如图 9.1 所示。

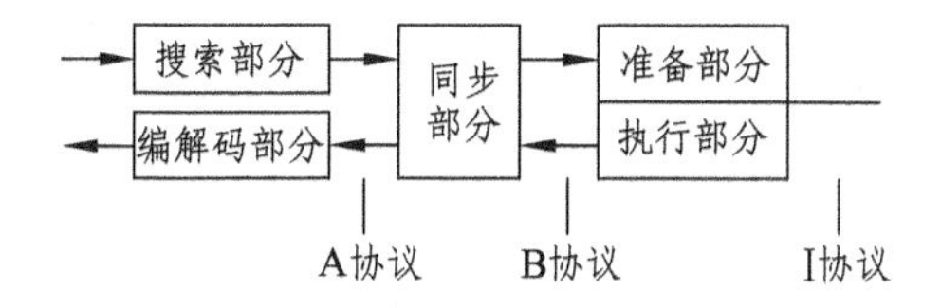

图 9.1　多媒体终端的构成框图

搜索部分是指人-机交互过程中的输入交互部分，包括各种输入方法、菜单选取等输入方式。

编解码部分是指对多种信息表示媒体进行编解码，编码部分主要将各种媒体信息按一定标准进行编码并形成帧格式，解码部分主要对多媒体信息进行解码并按要求的表现形式呈现给人们。

同步部分是指多种表示媒体间的同步问题，多媒体终端的一个最大的特点是多种表示媒体通过不同的途径进入终端，由同步部分完成同步处理，送到用户面前的就是一个完整的声、文、图像一体化的信息，这就是同步部分的重要功能。

准备部分的功能体现了多媒体终端所具有的再编辑功能。例如，一个影视编导可以把从多个多媒体数据库和服务器中调来的多媒体素材加工处理，创作出各种节目。

执行部分完成终端设备对网络和其他传输媒体的接口。

I 协议又称为接口协议，它是多媒体终端对网络和传输介质的接口协议。

B 协议又称为同步协议，它传递系统的同步信息，以确保多媒体终端能同步地表现各种媒体。

A 协议又称为应用协议，它管理各种内容不同的应用。例如，ITU-T T.105 协议即为 ISDN 中的可视图文的 A 协议。

9.1.2 多媒体通信终端的特点

多媒体通信终端由于要处理多种具有内在联系的媒体信息，因此，它与传统的终端设备相比，有以下几个显著的特点。

（1）集成性：指多媒体终端可以对多种信息媒体进行处理和表现，能通过网络接口实现多媒体通信。这里的集成不仅指各类多媒体硬设备的集成，而且更重要的是多媒体信息的集成。

（2）同步性：指在多媒体终端上显示的图、文、声等以同步的方式工作。它能保证多媒体信息在空间上和时间上的完整性。它是多媒体终端的重要特征。

（3）交互性：指用户对通信的全过程有完整的交互控制能力。多媒体终端与系统的交互通信能力给用户提供了有效控制使用信息的手段。它是判别终端是否是多媒体终端的一个重要准则。

9.1.3 多媒体通信终端的关键技术

多媒体通信终端的关键技术包括以下几部分。

（1）开放系统模式。为了实现信息的互通，多媒体终端应按照分层结构支持开放系统模式，其模式设计的通信协议要符合国际标准。

（2）人-机和通信的接口技术。多媒体终端包括两个方面的接口：即与用户的接口和与通信网的接口。多媒体终端与最终用户的接口技术包括汉字输入的有效方法和汉字识别技术、自然语言的识别技术及最终用户与多媒体终端的各种应用的交互界面。多媒体终端与通信网的接口包括电话网、分组交换数据网、N-ISDN 和 B-ISDN 等通信接口技术。

（3）多媒体终端的软、硬件集成技术。多媒体终端的基本硬件、软件支撑环境，包括选择兼容性好的计算机硬件平台、网络软件、操作系统接口、多媒体信息库管理系统接口、应用程序接口标准及设计和开发等。

（4）多媒体信源编码和数字信号处理技术。终端设备必须完成语音、静止图像、视频图像的采集和快速压缩编解码算法的工程实现，以及多媒体终端与各种表示媒体的接口，并解决分布式多媒体信息的时空组合问题。

（5）多媒体终端应用系统。要使多媒体终端能真正地进入使用阶段，需要研究开发相应的多媒体信息库、各种应用软件（如远距离多用户交互辅助决策系统、远程医疗会诊系统、远程学习系统等）和管理软件。

9.2 多媒体通信终端相关标准

9.2.1 概述

ITU-T 从 20 世纪 80 年代末期开始制定了一系列多媒体通信终端相关标准，主要框架性标准如下。

（1）ITU-T H.320：窄带可视电话系统和终端（N-ISDN）；

（2）ITU-T H.323：不保证服务质量的局域网可视电话系统和终端；

（3）ITU-T H.322：保证服务质量的局域网可视电话系统和终端；

（4）ITU-T H.324：低比特率多媒体通信终端（PSTN）；

（5）ITU-T H.321：B-ISDN 环境下 H.320 终端设备的适配；

（6）ITU-T H.310：宽带视听终端与系统。

上述标准分别适用于在 N-ISDN、B-ISDN、LAN、PSTN 等不同网络上开展视听多媒体通信，每个框架性 H.300 系列标准都包括了相应的视频、音频、通信协议、复用/同步、数据协议（T.120 系列标准）等 ITU-T 的 H.200 系列标准，见表 9.1。

目前互联网上的多媒体通信终端大多数都采用 H.323 和 SIP 协议。H.323 协议由 ITU 制定，详细全面，并借鉴了 H.320 体系，是成熟的协议。SIP 协议是由因特网工程任务组（Internet Engineering Task Force，IETF）提出的应用层控制协议，它灵活简单，在 VoIP 的应用上得到了较好的发展，非常适合点到点的通信，它和即时通信（Instant Messaging，IM）以及呈现业务（Presence Service，PS）相结合，在软终端上得到了很好的应用，发展势头良好。

表 9.1 基于各种网络的多媒体通信终端系列标准

网络类型	N-ISDN	ATM B-ISDN	保证质量的 LAN	非保证质量的 LAN	PSTN
框架性标准	H.320	H.321/H.310	H.322	H.323	H.324
通道能力	< 2 Mb/s	< 600 Mb/s	< 6/16 Mb/s	< 10/100 Mb/s	< 33.6 Kb/s
音频编码	G.711/G.722/G.728	G.711/G.722/G.728	G.711/G.722/G.728	G.711/G.722/G.723/G.728	G.723.1
视频编码	H.261	H.261/H.262	H.261	H.261/H.263	H.261/H.263
数据	T.120 等	T.120 等	T.120 等	T.120 等	T.120 等
系统控制	H.242	H.242	H.242	H.245	H.245
复分接	H.221	H.221	H.221	H.225.0 TCP/IP	H.223
信令	Q.931	Q.931	Q.931	Q.931	国家标准

9.2.2 T.120 系列标准

ITU-T 的 T.120 系列标准是 1993 年以来 ITU-T 陆续推出的用于声像和视听会议的一系列标准，又称为“多层协议（Multi-Layer Protocol，MLP）”。此标准是为支持在多点和多媒体会议系统中发送数据而制定的，既可包含在 H.32x 视频会议标准框架之中，对现有的视频会议进行了补充和增强，也可独立地支持声像会议（传输语音、静止图像、白板、加注等信息的实时会议）。T.120 系列标准之间的关系如图 9.2 所示。

T.120 系列标准大致如下所述。

（1）T.120：多媒体会议的数据协议标准系列（T.120 系列）概貌。

（2）T.121：常规应用范本。它是声像会议系列标准中，所有应用规程和细节方面所涉及的通用程序要素的说明。

（3）T.122：用于声像会议和视听会议的多点通信服务（MCS）。T.122 标准确定了声像会议和视听会议业务中多点通信的数据传输、令牌管理的机制及原理，包括 MCS 模型、MCS 连接和域的建立、MCS 互通、MCS 的基本原理以及 MCS 域管理原语等。

（4）T.123：用于声像会议和视听会议应用的网络特定传输规程。T.123 标准确定了终端相应各种网络（ISDN，PSDN，PSTN，Internet）所对应的一种规程堆栈，包括开放系统互连（OSI）模型中多至七层的一系列规程。

（5）T.124：用于声像和视听终端、多点控制单元的通用会议控制（General Conference Control ，GCC）。GCC 功能包括会议的建立、保持与退出，管理会议登记，管理应用登记，应用登记服务，会议指挥等。

（6）T.125：用于声像会议和视听会议的多点通信服务规程的详述，提供一个通过多点通信域所定义的协议操作，用于完善 MCS。

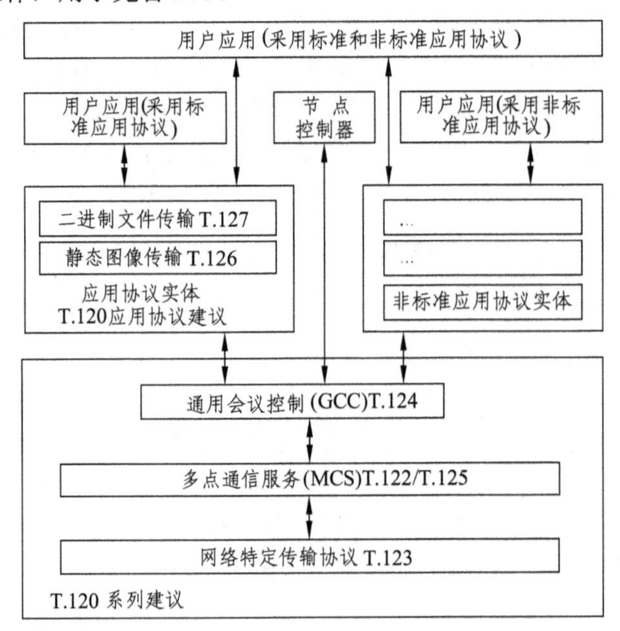

图 9.2　T.120 系列标准之间的关系

（7）T.126：定义了用于浏览和标注两个应用之间传输的静态图像的协议，支持不同平台上的应用系统之间进行可视化信息共享。采用该协议可以实现多个用户之间一定程度的交互操作和协同工作。协议中的静态图像来源于应用程序所显示的信息。例如，WORD 文件或投影片。但 T.126 协议只为共享信息提供了最小集合，仅能实现静态图像的传输和简单的注释，不能提供诸如对象嵌入等协同交互操作。

（8）T.127：多点二值文件传输规程。它是有关二值文件在多点环境下进行广播、选择性分发与确认、对远程索引簿的访问、压缩档案的转移等的应用规程。它能实现多点交互、协同工作的计算机文件的同步编辑、同步更新，以确保协同工作和交互操作的文档同步修改、存储和一致性。同时，该协议也是共享应用的基础。

9.2.3　H.221 复接/分接标准

1．单路 B（64 Kb/s）信道帧结构

单路 B（64 Kb/s）信道的帧结构如图 9.3 所示。一个单路 64 Kb/s 通道（亦称时隙 TS）由速率为 8 kHz 的 8 比特组组成，图中每一行由左到右共 8 比特，组成一个 8 比特组，由上到下共 80 个 8 比特组。每行中的每一个比特由上至下构成一个子信道。前 7 个子信道可作为视频、音频或数据的信道。第 8 个子信道用来作为公务信道（Service Channel，SC），主要运载端到端的信令，包括帧定位信号（Frame Alignment Signal，FAS）、比特率分配信号（Bit rate Allocation Signal，BAS）及必要时的加密控制信号（Encryption Control Signal，ECS）等，它们分别占用 8 比特，剩下的 25～80 比特位可作为数据或部分音频、视频信号用。具有 SC 通道的 64 Kb/s 时隙称为“I”通道。

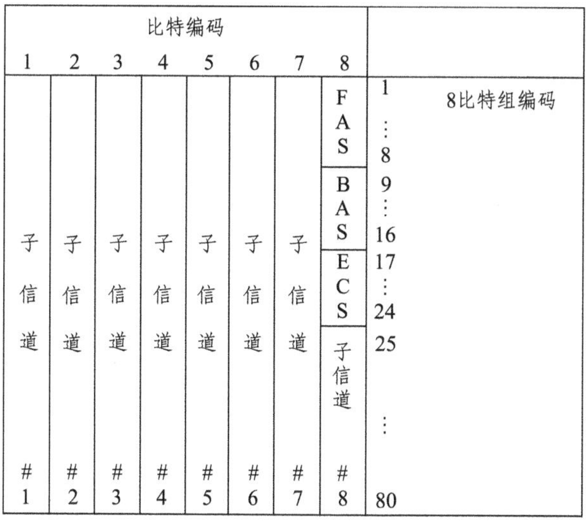

比特编码								
1	2	3	4	5	6	7	8	
子信道 #1	子信道 #2	子信道 #3	子信道 #4	子信道 #5	子信道 #6	子信道 #7	FAS	1 … 8　8比特组编码
							BAS	9 … 16
							ECS	17 … 24
							子信道 #8	25 … 80

图 9.3　单路 B（64 Kb/s）信道帧结构示意图

（1）帧定位信号（FAS）。FAS 信号占用 1～8 比特位，它可以组成各含 80 个比特组的许多个帧（由上至下 1～80 比特位为一帧），以及 16 个帧为一复帧的多个复帧（MF）。每个复帧由 8 个子复帧组成，每个子复帧由两个帧组成。因此，从 FAS 结构来考虑帧定位信号又可分为帧定位和复帧定位信号。帧和复帧定位的作用是实现帧、复帧的定位，亦即解决帧与帧之间、复帧与复帧之间的同步问题。

（2）比特率分配信号（BAS）。比特率分配信号是指每帧 SC 信道的 9～16 比特位的 8 个比特信号。该信号可以用来传输表示终端性能的一些码字。例如，某一终端通信开始时应该把它的传输速率之为多少、视频采用何种图像压缩编码、音频采用何种编码等“性能”告知对端设备，这些不同的性能便是用 BAS 码来表征的。另外，BAS 码也用来作为多种控制信号

的指示信号。例如，某一终端发送控制信号给另一终端，使它的运动图像冻结（静止）。

表 9.2 BAS 码 b0，b1，b2 的含义

特征比特值 b_0，b_1，b_2	含　义
000	音频指令
001	传输速率指令
010	视频和其他指令
011	数据指令
100	音频性能和传输速率性能
101	数据性能和视频性能
110	保留
111	换码

8 比特的 BAS（b_0～b_7）码安排在偶数帧中，与它相配合起纠错作用的 8 个纠错比特安排在相同的 8 比特组编号的奇数帧中。BAS 码的前 3 个比特（b_0，b_1，b_2）表示多种“含义”，也可理解为表明笼统的“性能”或“指令”。后面 5 个比特（b_3～b_7）表示 32 个确定值或表明具体的“指令”及“性能”。b0，b1，b2 的含义见表 9.2。例如，当 b_0，b_1，b_2 为“000”时，其含义为音频指令，若其后 b_3～b_7 为“00100”时，则表示该音频信号为 PCM 编码方式的 *A* 律，即是 G.711 标准的音频信号，而不是 G.722 标准的音频信号。

（3）加密信号（ECS）。ECS 占用 SC 的 17～24 比特位，它在需要加密时才选用。ECS 信道可用于传输控制信息给解密单元，以便响应该标志而完成对加密数据的解密。除此以外，还可以传输初始向量，用于数据的加密与解密的同步。

2．单路 H0、H11、H12 的信道帧结构

单路 H_0（384 Kb/s）、H_{11}（1 536 Kb/s）、H_{12}（1 920 Kb/s）信道帧结构如图 9.4 所示。n=1 时为单路 H_0 信道，此信道由 6 个 B（64 Kb/s）信道组成，上述的 FAS、BAS、ECS 信道只在 TS_1 时隙中发送。对于多个（2～6）H_0 连接时，在每个 H_0 的 TS_1 时隙含有 SC 信道，其他 TS 不含有 SC 信道。

n=4 时为单路 H_{11} 信道，此信道由 24 个 B 信道组成。在此信道中，仅在 H_{11} 的 TS_1 时隙才含有 SC 信道。

n=5 时为单路 H_{12} 信道，此信道由 30 个 B 信道组成。在此信道中，仅在 H_{12} 的 TS_1 时隙才含有 SC 信道。

3．2 048 Kb/s 信道上的 n×384 Kb/s（n=1～5）速率的帧结构

在 PCM30（2 048 Kb/s）线路上开通多媒体通信业务，视其 H_0 通道的个数不同，在 PCM30 上的安排也不同，具体帧结构如图 9.5 所示。

例如，如果利用 PCM30（2 048 Kb/s）线路开通 2 Mb/s 的会议电视业务，亦即 5 个 H_0 通道（1 920 kb/s），此时 TS_1～TS_{15}，TS_{16}～TS_{31} 可安排 H.221 的帧结构的时隙，即 H.221 帧结构的 TS_1（含有 SC 信道的 FAS，BAS 等）安排在 PCM30 帧结构的 TS_1 位置上，PCM30 帧结构的 TS_2～TS_{15}，TS_{17}～TS_{31} 可安排 H.221 帧结构中的图像、语音和数据等信息。

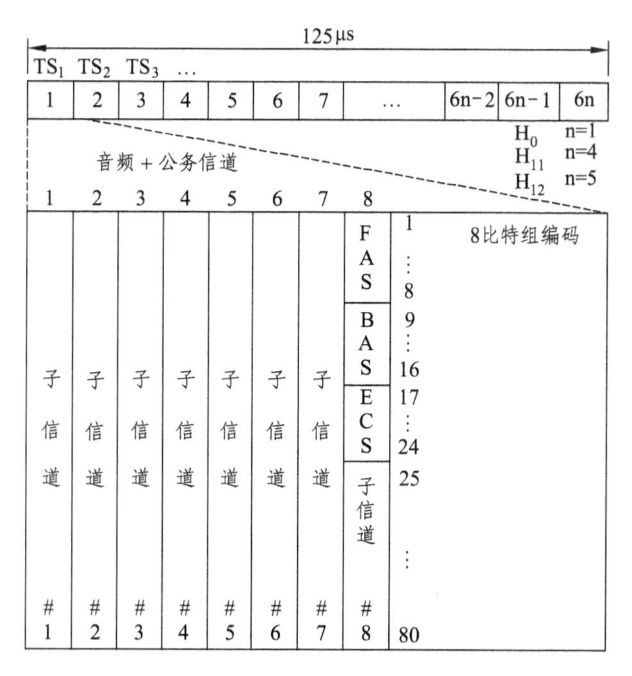

图 9.4　H_0、H_{11}、H_{12} 信道帧结构示意图

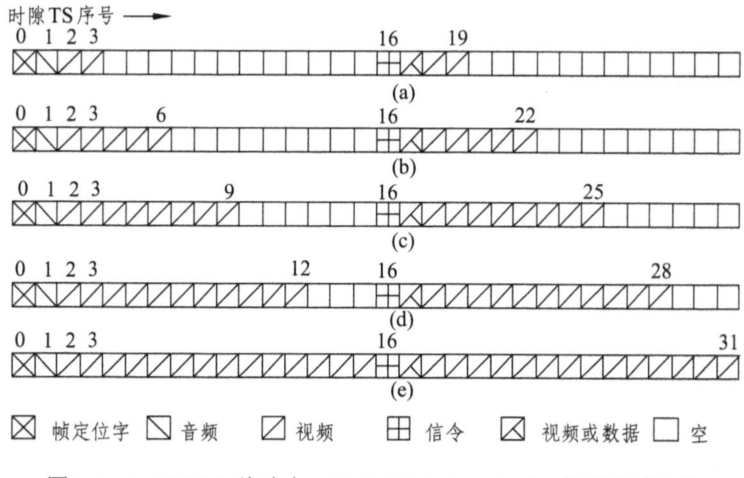

图 9.5　2 048 Kb/s 线路上 $n\times384$ Kb/s（$n=1\sim5$）速率的帧结构

9.2.4　H.222.0 复接/分接标准

H.222.0 标准实际上是 MPEG-2 的系统层（ISO/IEC 13818-1）协议，它主要规定如何将视频、音频以及数据的基本码流组合成一个或多个适合于存储或传输的码流。在 H.222.0 中，首先将不同的媒体流分别按一定的长度分组，每一组码的前面加上包头，然后在同一信道上轮流传输不同媒体类型的包，这可以看成是一种异步的时分复用。在接收端根据包头信息将各种包区分开来，去掉包头重新组合成各自的码流。异步时分复用的带宽分配比较灵活。

H.222.0 标准中有两种不同的输出类型的码流，一种为节目码流（Program Stream），另一种为传输码流（Transport Stream）。H.222.0 标准的系统结构如图 9.6 所示。视频或音频数据经编码后得到的基本码流（Elementary Bit Stream）经过打包器打包（数据分组），形成一个个包基本码流（Packet Elementary Stream，PES），其小包结构长度可变，然后分别送至节目码流复用器或传输码流复用器，最后生成节目码流和传输码流。

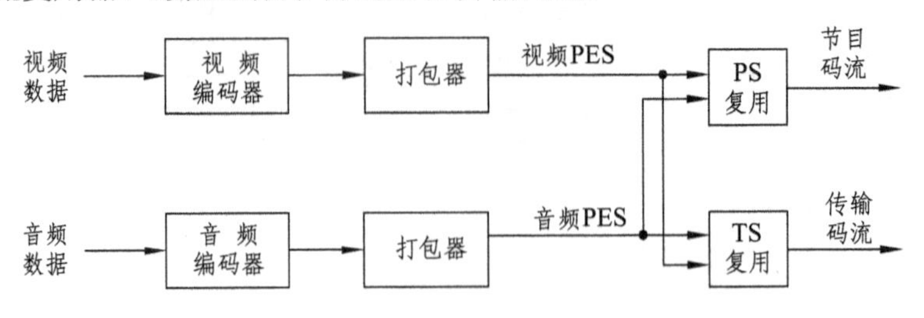

图 9.6　H.222.0 标准的系统结构示意图

节目码流的复用方法是将一个或几个具有公共时间基准的 PES 组合成单一的码流，所有的基本码流就像单个的节目码流那样用同步来解码。节目码流比较适用于几乎无误差的环境。例如，用在存储读出系统中。节目码流中的小包的长度相对比较长，并且是可变的，它的结构形式如图 9.7（a）所示。

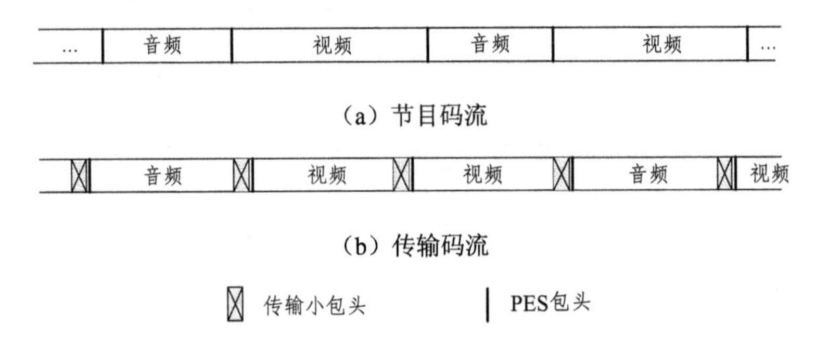

图 9.7　节目码流和传输码流示意图

传输码流也是将一个或几个 PES 组合成单一的码流，这些 PES 可以是有一个公共的时间基准，也可以是几个独立的时间基准。如果有几个基准码流有公共的时间基准，那么这几个基本码流先组合成一组，这叫节目复用，然后由若干个节目复用进行传输复用，所形成的传输码流适合于有误码发生的环境。例如，在噪声的传输通道以及无线通道中传输。传输码流中的小包长度是固定的，总是 188 个字节，这对于处理误码很有好处，它的结构如图 9.7（b）所示。

除了视频和音频数据以外，其他附加数据、控制数据等也可以在经过打包之后复接到同一个信道上。由于传输小包头中含有标识符 PID（Packet Identification），所复接数据的类型不必事先限制，只要给以适当的 PID，就可随时插入。此外，如果在将来出现新业务时，新业务的基本码流也可以很容易地插入而无需作硬件方面的改动。对于接收端来说，不管复接了多少种码流，只要在固定位置上找到包头中的 PID，就可以将它们一一分离出来。

9.2.5　通信控制协议

通信控制的主要功能包括：能力交换与通信模式的确定、子通道（逻辑通道）管理、身份认证、密钥分发、动态模式转换（例如，参加、退出会议，速率转换等）、远程应用功能控制、流量控制和多点会议控制/响应等。所谓能力交换，是指通信双方将自己的能力（如总传输速率、是否具备音频和视频信号同时通信的能力、可处理的压缩编码/解码方式、数据传输是否采用 T.120 协议、实时媒体采用的是复接的 PS 还是 TS，以及 AAL 类型等）互相交换、协商，以确定此次通信采用哪些模式。

通信过程中 QoS 的缩放（例如，传输速率的变化）也通过动态模式转换来实现的。远程应用功能包括对远端摄像机的控制、凝固图像、快速刷新、静噪以及维修时信号的环回等。而多点会议控制则包括会议的申请、加入和退出、发言权控制、主席控制、数据令牌控制和同时打开多个会议等。

ITU-T 最早制定的控制协议是用于 H.320 系统的 H.242/H.243/H.230，而用于其他 H 系列系统的控制协议则为 H.245。此外，针对多媒体会议中的数据传输，即对共享数据的控制，ITU-T 还制定了 T.120 系列的协议。

1．H.242/H.243/H.230 标准

前面在对 H.221 的介绍中我们已经了解到，公务子信道中的 BAS 码携带着通信控制的消息，而 H.242/H.243/H.230 协议则规定了实现控制的过程，两者必须结合使用。由于一个 BAS 码只有 8 比特，所能表达的信息有限，因此，要传输较为复杂的控制信息时，需要采用单字节扩展（Single Byte Extension，SBE）或多字节扩展（Multi-Byte Extension，MBE）的 BAS 码。不过，尽管可以扩展，但使用 BAS 码的方式所能表达的控制消息仍然是有限的，此外，扩展也不够灵活。

由于 BAS 码是与连续媒体复接在一个帧内传输的，连续媒体对误码的要求不高，但控制信息的传输却需要保证可靠性。因此，一个 BAS 码除了 8 个信息比特外，还加上了 8 个纠错比特，以使其在有一定误码的条件下能够正常工作。

H.242/H.243/H.230 能够实现的主要控制功能包括：能力交换与通信模式确定、模式转换、远程应用功能控制和多点会议控制。早期的视听业务着重于语声和会话者图像的传递，数据的交互是很少的。因此，这组协议具有良好的实时性，发送端和接收端可以同步地进行模式转换，适合于对连续媒体流的通信控制。但是，它对数据的多点控制能力较差。这组协议广泛地应用于目前的会议室系统，实现起来也比较简单。

2．H.245 标准

H.245 是 H.310、H.323 和 H.324 终端系统的控制协议，同时它也在 V.70（使用调制/解调器的）多媒体终端中采用。它的设计思想与 H.242 有着显著的区别。首先，它与复接标准不相关，通信控制消息和通信控制过程均在 H.245 中定义。其次，控制消息在一个专有的逻辑通道中传输，该通道在通信一开始就打开，在整个通信过程中不关闭。这种采用专有的逻辑通道显然可以比 BAS 码传输更多种类和更复杂的控制信息。同时，该信道总是建立在可靠的传输层服务之上，因此，在定义控制消息和过程时不需要考虑差错控制。

H.245 分为 3 个基本部分，即句法、语义和过程。句法部分是用 ASN.1 定义的控制消息句法。语义部分描述句法元素的含义，并提供句法的制约条件。过程部分则用规格和描述语言（Specification and Description Language，SDL）图定义交换控制消息的协议。在句法中规定了扩展标志和标识版本号的协议标识（Protocol Identifier）域，以便于将来将 H.245 功能进行扩展和应用于新类型的系统。过程部分不仅定义了正常操作，还定义了异常事件的处理。

H.245 实现的控制功能主要有：能力交换与通信模式确定，对特定的音频和视频模式的请求及模式转换，逻辑通道管理，对各个逻辑通道比特率的控制，远端应用控制，确定主、从终端和修改复接表等。不同的控制功能对应于不同的实体，每个实体负责产生、发送、接收和解释与该功能有关的消息。实体间相对独立，相互之间只通过与 H.245 的使用者间的通信进行联系。模块化的结构与封装使得 H.245 具有良好的扩展性和实时性。

H.245 有管理多个逻辑通道的功能。逻辑通道可以是单向的，也可以是双向的。每一个逻辑信道号代表一个特定的信道。在进行能力交换之后，多媒体数据的实际传输之前，终端通过逻辑信道信令（打开/关闭）为编码/解码分配资源。在要求打开一个逻辑信道的请求中包含着对所要传输的数据类型的描述（例如，6 Mb/s 的 MPEG-2 MP@ML），提供给接收端分配解码资源的要求。发送端收到接收端的肯定确认信号之后，才正式开始数据的传输。接收端也可以拒绝发送端建立逻辑信道的要求。

多个逻辑通道可以按复接标准复接成单一的比特流，因此，H.245 既适合于对连续媒体的控制，也适合于对突发数据和大块数据流的通信控制。H.245 用复接表来描述信息流的复接方式。一个复接表包含 16 个复接项，即 16 种复接方式。转换复接模式时（例如，网络拥塞需要转换到低速率模式时），复接层只需要在这 16 种方式中选一种即可，因此，模式转换速度很快。H.245 考虑了加密控制，可以打开/关闭加密控制逻辑通道。在模式转换的速度和加密控制两个方面，H.245 与 H.242 同样具有较好的性能。

9.3　基于 N-ISDN 网的多媒体通信终端

H.320 是 ITU-T 关于 N-ISDN 网络中会议终端设备和业务的框架性协议。它描述了保证服务质量的多媒体通信和业务。它是 ITU-T 最早批准的多媒体通信终端框架性协议，因此，也是最成熟、在 H.323 终端出现前应用最广泛的多媒体应用系统。图 9.8 是 H.320 框架示意图。

<table>
<tr><td colspan="9">会议应用和用户界面</td></tr>
<tr><td colspan="4"></td><td>前处理</td><td>后处理</td><td>AEC
AGC
噪声抑制</td><td>关键时间应用</td><td>文件共享应用</td></tr>
<tr><td rowspan="3">H.230
CTR
&
IND</td><td rowspan="3">H.KEY</td><td rowspan="3">H.242</td><td rowspan="3">H.243</td><td colspan="2" rowspan="2">H.261
(VIDEO)</td><td rowspan="2">G.711
G.722
G.728
(AUDIO</td><td>H.281
远端摄像控制</td><td>T.126
T.127
T.124
T.125</td></tr>
<tr><td>H.224</td><td>T.123</td></tr>
<tr><td colspan="5">H.233... 加密 (DES,FEAL)</td></tr>
<tr><td></td><td colspan="8">H.221... 比特流协议和成帧</td></tr>
<tr><td colspan="9">传送(ISDN、64Kb/s 交换网、DDN 等)</td></tr>
</table>

图 9.8　H.320 框架示意图

会议电视终端的基本功能是能够将本会场的图像和语音传到远程会场。同时，通过终端还能够还原远程的图像和声音，以便在不同的地点模拟出在同一个会场开会的情景。因此，任何一个终端必须具备视音频输入/输出设备。视、音频输入设备（摄像机和麦克风）将本地会场图像和语音信号经过预处理和 A/D 转换后，分别送至视频、音频编码器。

视频和音频编解码器依据本次会议开会前系统自动协商的标准（如视频采用 H.261 或者 H.263，音频采用 G.711、G.722 或者 G.728），对数字图像和语音依据相关标准进行数据压缩，然后将压缩数据依据 H.221 标准复用成帧传输到网络上。同时，视频和音频编解码器还将远程会场传来的图像和音频信号进行解码，经过 D/A 转换和处理后还原出远程会场的图像和声音，并输出给视、音频输出设备（电视机和会议室音响设备）。这样，本地会场就可以听到远程会场的声音并看到远程会场的图像。

但是，在完成以上任务以前，系统还需要其他相关标准来支持。如果是两个会场之间，不经过多点控制单元 MCU 开会，就需要用 H.242 标准来协商系统开会时用何种语言或者参数。如果是两个以上会场经过多点控制单元 MCU 开会，终端就需要 H.243、H.231 等标准来协商开会时会议的控制功能，如主席控制、申请发言等功能。如果使用的是可控制的摄像机，一般而言，还需要 H.281 标准实现摄像机的远程遥控。如果系统除开普通的视音频会议之外，还需要一些辅助内容（如数据、电子白板等）功能，系统就需要采用 T.120 系列标准。

依据网络的不同，所有数据进入网络时需要依据相关的网络通信标准进行通信，如 G.703 或者 I.400 系列协议。可见，一个完整的 H.320 终端的结构和功能相当复杂，图 9.9 为基于 H.320 标准的多媒体电视会议系统终端结构示意图。

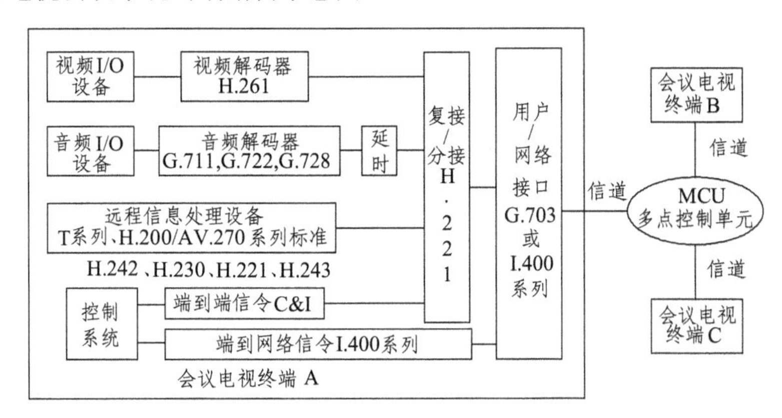

图 9.9 H.320 终端设备结构

从图 9.9 中可以看出，H.320 多媒体通信终端所涉及的标准相当多，这些标准主要有：

（1）ITU-T H.320：窄带电视电话系统和终端设备。

（2）ITU-T H.261：关于 P×64 Kb/s 视听业务的视频编解码器。

（3）ITU-T H.221：视听电信业务中 64～1920 Kb/s 信道的帧结构。

（4）ITU-T H.233：视听业务的加密系统。

（5）ITU-T H.230：视听系统的帧同步控制和指示信号（C&I）。

（6）ITU-T H.231：用于 2 Mb/s 数字信道的视听系统多点控制单元：该标准规定了有关视频、音频、信道接口、数据时钟以及 MCU 的最大端口数等接口标准，还规定三种切换方式。

（7）ITU-T H.242：使用 2 Mb/s 数字信道的视听终端间的通信系统，实际为端到端之间的互通规程。

（8）ITU-T H.243：利用 2 Mb/s 通道在二个或三个以上的视听终端建立通信的方法，实际为多个终端与 MCU 之间的通信规程。

（9）ITU-T H.281：会议电视的远程摄像机控制规程。它是利用 H.224 实现的。

（10）ITU-T H.224：利用 H.221 的 LSD/HSD/MLP 通道单工应用的实时控制。它主要规定了在帧结构中的低速数据（LSD）信道、高速数据（HSD）信道、多层协议（MLP）通道的能力，规定了在上述三种信道中选择一种信道来传输远程摄像机控制规程。它必须和 H.281 配合使用。

（11）ITU-T H.332：广播型视听多点系统和终端设备。

（12）ITU-T T.120 系列：作为 H.320 框架内的有关声像（静止图像）会议的相关标准。

（13）ITU-T G.703：脉冲编码调制通信系统网络数字接口参数。

（14）ITU-T G.704：用于 2.048 Mb/s 等速率的数字元通信帧结构。

（15）ITU-T G.711：脉冲编码调制（音频编码）。

（16）ITU-T G.722：自适应差分脉冲编码（音频编码）。

（17）ITU-T G.728：低时延码本激励线性预测编码（音频编码）。

（18）ITU-T G.735：工作在 2 Mb/s 并提供同步 384 Kb/s 数字接口和/或同步 64 Kb/s 数字接入的基群复用设备的特性。

根据我国的具体情况，结合 H.320 框架制定的国家标准为：国标 GB/T15839-1995“64～1920 Kb/s 会议电视进网技术要求”。

9.4 基于 IP 网络的多媒体通信终端

随着网络技术的迅速发展，特别是 Internet 的巨大发展和广泛应用，基于 IP 的网络（Internet、LAN、Intranet 等）已成为多媒体通信的重要网络，因此，基于 IP 网络的多媒体通信终端已成为多媒体通信终端的研究热点。H.323 标准就是 ITU-T 为基于 IP 网络的多媒体通信制定的终端标准。

H.323 是 ITU-T 的一个标准簇，它于 1996 年由 ITU-T 的第 15 研究组通过，最初是叫做“工作于不保证服务质量的 LAN 上的多媒体通信终端系统”。1997 年底通过了 H.323 v2，改名为“基于分组交换网络的多媒体通信终端系统”。H.323 v2 的图像质量明显得到了提高，同时也考虑了与其他多媒体通信终端的互操作性。1998 年 2 月正式通过时又去掉了版本 2 的“v2”称呼，就叫做 H.323。

1999 年 5 月，ITU-T 又提出了 H.323 的第三个版本。由于基于分组交换的网络逐步主宰了当今的桌面网络系统，包括基于 TCP/IP、IPX 分组交换的以太网、快速以太网、令牌网、FDDI 技术。因此，H.323 标准为 LAN、MAN、Intranet、Internet 上的多媒体通信应用提供了技术基础和保障。

1．H.323 标准的分层结构

H.323 系列标准的分层结构示意图如图 9.10 所示。

由于视频和音频媒体能容忍一定程度的包出错率（Packet Error Rate，PER）和位出错率（Bit

Error Rate，BER)，因此，对这些连续媒体不应采取传统的遇错重发的纠错策略，而利用多层协议对媒体信息服务进行监控，必要时可以通过采用调整缓冲区的大小、传输速率、编码方式等适当措施来调整出错率，使它满足在连接建立之初所商定的 PER、BER 等参数指标。

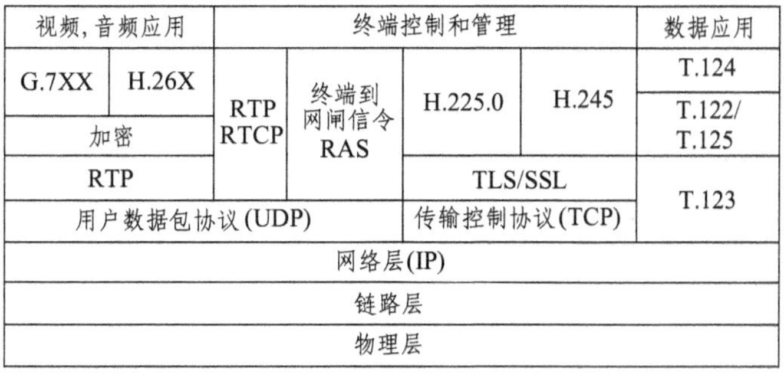

<table>
<tr><td colspan="2">视频,音频应用</td><td colspan="4">终端控制和管理</td><td>数据应用</td></tr>
<tr><td>G.7XX</td><td>H.26X</td><td rowspan="3">RTP
RTCP</td><td rowspan="3">终端到
网闸信令
RAS</td><td rowspan="2">H.225.0</td><td rowspan="2">H.245</td><td>T.124</td></tr>
<tr><td colspan="2">加密</td><td>T.122/
T.125</td></tr>
<tr><td colspan="2">RTP</td><td colspan="2">TLS/SSL</td><td rowspan="2">T.123</td></tr>
<tr><td colspan="4">用户数据包协议(UDP)</td><td colspan="2">传输控制协议(TCP)</td></tr>
<tr><td colspan="7">网络层(IP)</td></tr>
<tr><td colspan="7">链路层</td></tr>
<tr><td colspan="7">物理层</td></tr>
</table>

图 9.10　H.323 标准的分层结构

为了解决连续媒体的延迟敏感性，可以采用优先控制策略，即连续媒体优先于离散媒体传输，音频连续媒体优先于视频连续媒体传输，利用连续媒体对错误率的不敏感性，在发生传输错误的情况下，可以选择重新传输或者不再重新传输。在 H.323 标准中，网络层采用 IP 协议，负责两个终端之间的数据传输。由于采用无连接的数据包，路由器根据 IP 地址（不需信令）把数据传送到对方，但不保证传输的正确性。而在 IP 的上层 TCP（传输控制协议）能保证数据顺序传输，发现误码就要求重发，因此，TCP 不适用于实时性要求较高的场合，而对误码要求高的数据传输，则可以采用 TCP，诸如 H.245 通信协议及 H.225 呼叫信令的传输等。UDP（用户数据包协议）采取无连接传输方式，它的协议简单，用于视音频实时信息流。如果有误码，则把该包丢掉，因为较少的等待时间对实时信息传输而言比误码纠正更为重要，对实时音频和视频来说，丢掉少量错误的数据包并不影响视听。而对数据需采用 RTCP 协议，如果有误码，为了保持音频和视频等信息包之间彼此正确衔接，则应采用反馈重发方式。采用 RTP 协议则可在在每个从信源离开的数据包上留下了时间标记以便在接收端正确重放。RTP（实时传输协议）在 UDP 的上层，相当于会话层，提供同步和排序服务，对网络的带宽、时延、差错有一定的自适应性，其数据包头中包含一些控制信息，以保证实时的数据传输。它的主要作用是：首先，在多媒体数据头部加上定时标志，对于视听业务，丢失几个包不会使质量降低很多，而时延和抖动却严重影响 QoS。尽管数据包有 0.25 s 的时延，但依靠定时标志可使在接收端的数据包的定时关系得以恢复，从而降低了网络引起的时延和抖动。其次，RTP 提供包内数据类型的标志，说明媒体信息所采用的编码方式。例如，对视频信息流是采用 H.261 还是 H.263 标准。最后，RTP 具有排序服务。包序号可用来在接收端建立正确的包顺序，从而便于判断丢失了多少数据包。

2. H.323 多媒体通信终端构成

H.323 多媒体通信终端的构成如图 9.11 所示。

（1）系统控制。系统控制功能是 H.323 终端的核心，它提供了 H.323 终端正确操作的信令。这些功能包括呼叫控制（建立与拆除）、能力切换、命令和指示信令以及用于开放和描述逻辑信道内容的报文等。整个系统的控制由 H.245 控制通道、H.225.0 呼叫信令信道以及 RAS 信道提供。

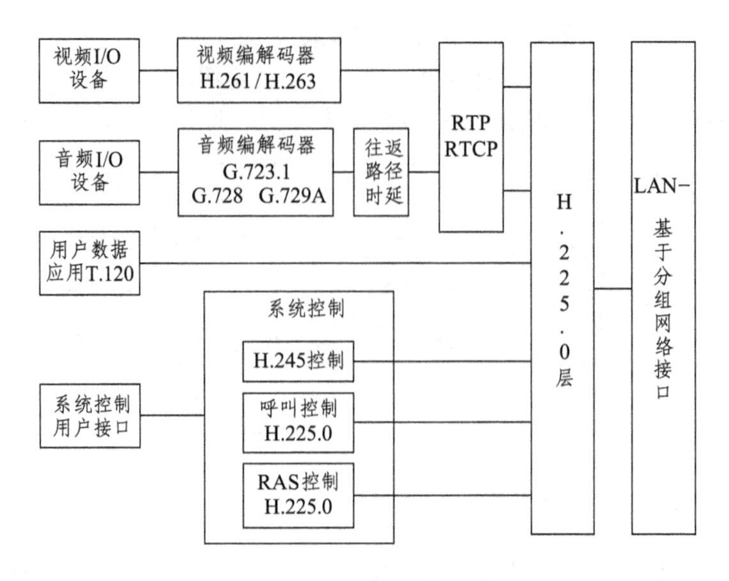

图 9.11 H.323 终端结构示意图

H.245 控制能力能通过 H.245 控制通道承担管理 H.323 系统操作的端到端的控制信息，包括通信能力交换、逻辑信道的开和关、模式优先权请求、流量控制信息及通用命令的指示。H.245 信令在两个终端之间、一个终端和 MCU 之间建立呼叫。运用 H.225 呼叫控制信令来建立两个 H.323 终端间的连接，首先是呼叫通道的开启，然后才是 H.245 信道和其他逻辑信道的建立。

（2）分组与同步。H.225.0 标准描述了无 QoS 保证的 LAN 上媒体流的打包分组与同步传输机制。H.225.0 对传输的视频、音频、数据与控制流进行格式化，以便输出到网络接口，同时从网络接口输入报文中补偿接收到的视频、音频、数据与控制流。另外，它还具有逻辑成帧、顺序编号、纠错与检错功能。

（3）音频。音频信号包含了数字化和压缩的语音。H.323 支持的压缩算法都符合 ITU 标准。为进行语音压缩，H.323 终端必须支持 G.711 语音标准，也可选择性的采用 G.722、G.728、G.729.A 和 G.723.1 进行音频编解码。因为视频编码处理所需时间比音频长，为了解决唇音同步问题，在音频编码器上必须引入一定的时延。H.323 标准规定其音频可以使不对称的上下行码率进行工作。编码器使用的音频算法是通过使用 H.245 的能力交换到的。每个为音频而开放的逻辑信道应伴有一个为音频控制而开放的逻辑信道。H.323 终端可同时发送或接收多个音频信道信息。

（4）视频。视频编码标准采用 H.261/H.263，为了适应多种彩电制式，并有利于互通，图像采用 SQCIF、QCIF、CIF、4CIF、16CIF 等公用中间格式。每个因视频而开放的逻辑信道应伴有一个为视频控制而开放的逻辑信道。H.261 标准利用 P×64 Kb/s（P=1，2，…，30）通道进行通信，而 H.263 由于采用了 1/2 像素运动估计技术、预测帧以及优化低速率传输的哈夫曼编码表，使 H.263 图像质量在较低比特率的情况下有很大的改善。

（5）数据。由于 T.120 是 H.323 与其他多媒体通信终端间数据互操作的基础，因此，通过 H.245 协商可将其实施到多种数据应用中，如白板、应用共享、文件传输、静态图像传输、数据库访问、音频图像会议等。

3．基于 H.323 的多媒体通信系统

基于 H.323 标准的多媒体通信系统主要由四个部分组成：终端、网关、关守、多点控制单元（MCU）。

（1）终端（Terminal）。分组网络（Packet Based Networks，PBN）中能提供实时性、双向通信的节点设备。所有的终端都必须支持语音通信，而视频和数据通信可选。H.323 规定了不同的音频、视频和/或数据终端协同工作所需的操作模式。它将是下一代 Internet 电话、音频会议终端和视频会议技术的主要标准。

所有的 H.323 终端也必须支持 H.245，H.245 标准用于控制信道使用情况和信道性能。在 H.323 终端中的可选组件是图像编解码器、T.120 数据会议协议以及 MCU 功能。

（2）网关（Gateway）。网关是 H.323 多媒体通信系统的一个可选项。网关能提供很多服务，其中包含 H.323 通信节点设备与其他 ITU 标准相兼容的终端之间的转换功能。这种功能包括传输格式（如 H.225.0 到 H.221）和通信规程的转换（如 H.245 到 H.242）。另外，在 PBN 端和电路交换网络（Switched Circuit Network，SCN）端之间，网关还执行语音和图像编解码器的转换，以及呼叫建立和拆除功能。H.323 终端使用 H.245 和 H.225.0 协议与网关进行通信。采用适当的解码器，H.323 网关可支持符合 H.310、H.321、H.322 等标准的终端。

（3）关守（Gatekeeper）。关守执行两个重要的呼叫控制功能。第一是地址翻译功能，在 RAS 中有定义。例如，将终端和网关的 PBN 别名翻译成 IP 或 IPX 地址；第二是带宽管理功能，在 RAS 中也有定义。例如，网络管理员可定义 PBN 上同时参加会议用户数的门限值，一旦用户数达到此设定值，关守就可以拒绝任何超过该门限值的连接请求。这将使整个会议所占有的带宽限制在网络总带宽的某一可行的范围内，剩余部分则留给 E-mail、文件传输和其他 PBN 协议。关守的其他功能可能包括访问控制、呼叫验证、网关定位等。虽然从逻辑上，关守和 H.323 节点设备是分离的，但是生产商可以将关守的功能融入 H.323 终端、网关和多点控制单元等物理设备中。

（4）多点控制单元（MCU）。MCU 支持三个以上节点设备的会议。在 H.323 系统中，一个 MCU 由一个多点控制器 MC（必需）和几个多点处理器（MP）组成，但也可以不包含 MP。MC 处理终端间的 H.245 控制信息，从而决定了它对视频和音频的通常处理能力。在必要情况下，MC 还可以通过判断哪些视频流和音频流需要多点广播来控制会议资源。MC 并不直接处理任何媒体信息流处理它的是 MP。MP 对音频、视频和/或数据信息进行混合、切换和处理。MC 和 MP 可能存在于一台专用设备中或作为别的 H.323 组件的一部分。图 9.12 为基于 H.323 的多媒体通信系统与其他类型终端互通信示意图。

4．基于 H.323 的多点会议系统

在 H.323 标准中，多点会议的实现有各种不同的方法和配置。

（1）集中式（Centralized）多点会议：需要一个 MCU 来组织一个多点会议。所有终端以点对点的方式向 MCU 发送视频流、音频流、数据流和控制流。

（2）分布式（Decentralized）多点会议：利用多点广播（Multicast）技术。参加会议的 H.323 终端向别的参加会议的终端多点广播视频和音频信息，而无需向 MCU 发送这些消息。注意：多点数据的控制仍然是由 MCU 集中进行，H.245 控制信道信息也仍然以点对点的方式向 MC 传输。

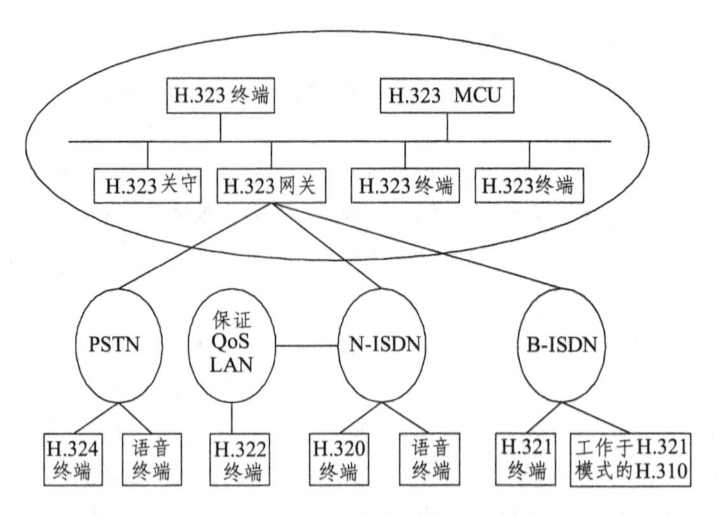

图 9.12　H.323 终端与其他类型终端互通信示意图

（3）混合式（Hybrid）多点会议：集中和分布功能的组合。H.245 信令和视频流（或音频流）以点对点方式传输给 MCU。其余信号（视频或音频）以多点广播方式传输给参加会议的 H.323 终端。

（4）混合型（Mixed）多点会议：一些终端参加集中式会议，其他终端参加分布式会议，并用 MCU 桥接两种会议。终端无需知道会议的混合属性，只需了解它发送和接收信息所在的会议模式。

多点广播有效地利用了网络带宽，但增加了终端的计算负载。终端需要混合、切换它们收到的视频流和音频流。另外，网络交换机和路由器必须支持多点广播。

H.323 限于每个多点会议只有一个 MCU 的网络结构。虽然，理论上会议参加者的数量可以很多，但是人们将会发现，当与会者数量达到或超过 10～20 时，效果不令人满意。

9.5　其他多媒体通信终端

9.5.1　H.321 终端

1．H.321 系统结构

将通过适配器 H.320 终端映射到 B-ISDN 中形成 H.321 终端，其参考结构如图 9.13 所示。

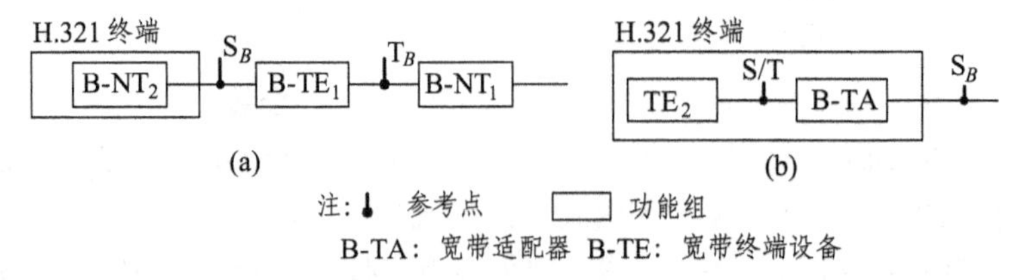

图 9.13　H.320 映射到 B-ISDN 的参考结构图

H.321 终端的实现有两种可能：第一种是一个单一的终端单元，如图 9.13（a）中的 B-TE_1 单元，它包含了 H.320 终端、ATM 适配层和 ATM 功能的综合设计。第二种是包含了 H.320

终端设备和一个宽带终端适配器，如图 9.13（b）中的 TE_2 以及 B–TA 单元。在这种情况下，一个 H.320 终端信号（具有 H.221 帧格式）在 H.320 终端设备（TE_2）和终端适配器（B–TA）之间的接口处被发送。此外，终端到网络的信令在 B-TA 处是通过与 TE_2 的交互来实现的。

2．H.321 终端设备结构

H.321 终端设备结构如图 9.14 所示。与 H.320 终端设备不同之处是：AAL、ATM 和 PHY 单元提供了宽带网络上安置 H.321 终端所需要的适配和接口功能。H.321 终端有与 H.320 终端所支持的同样的带内功能，如在 H.242、H.230、H.221 标准中所定义的功能，同时带外宽带相关信令功能（如协商运用、自适应始终恢复方法等），均由 Q.2931 标准中的消息元来获得。

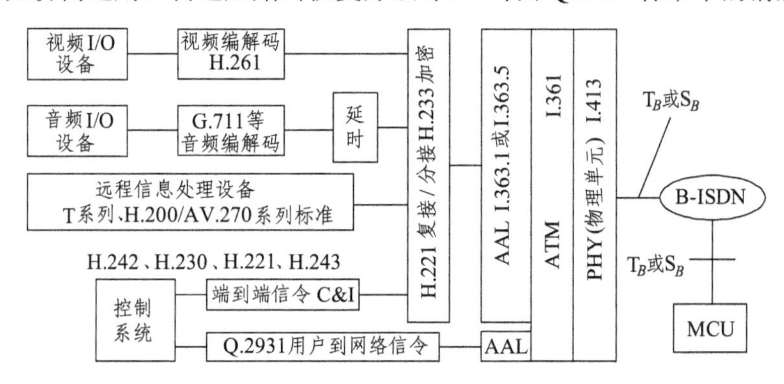

图 9.14　H.321 终端设备结构

H.321 系列标准主要涉及的标准除在 H.320 中介绍的外，还有：

ITU–T I.363：B-ISDN ATM 适配层（AAL）规范；

ITU–T I.361：B-ISDN ATM 层规范；

ITU–T I.413：B-ISDN 用户网络接口；

ITU–T Q.2931：B-ISDN 数字用户信令系统 No.2，基本呼叫/连接控制的用户网络接口三层规范。

9.5.2　基于 H.310 标准的多媒体通信终端

H.310 标准是工作在宽带网络上的视听多媒体系统和终端。H.310 终端设备及系统框架如图 9.15 所示。该系统由 H.310 终端、ATM/B–ISDN 网络部分和多点控制单元组成。H.310 终端的音频、视频编解码器器、用户到网络信令部分、复用/同步单元、端到端信令部分应遵守的相关标准如图 9.15 所示。

由于 H.310 终端是宽带网络下的多媒体通信终端，因此，H.310 终端允许更高质量的视频和音频编码方式。视频标准除了 H.261 外，还可以采用 H.262 压缩编码标准，即可以采用 HDTV 标准规定的一些编码方案。在音频信号方面，可以采用 MPEG 音频，即可以支持多声道的音频编码。

H.310 标准规定其传输速率很高，同时它应该支持 H.320/H.321 所采用的 N–ISDN 的 B、2B 和 H_0 等速率，而 H_{11} 和 H_{12} 是可选的，因此，它支持与 H.320/H.321 标准终端的互通。H.310 通常采用的速率为 6.144 Mb/s 和 9.216 Mb/s 两种，它们分别对应 MPEG–2 标准的 MP@ML 中等质量和 MP@ML 高质量的视频信号。当然，它还可以采用其他速率，这时需要在通信建立时通过 H.245 与接收端进行协商，以保证接收端具备接收该速率的能力。

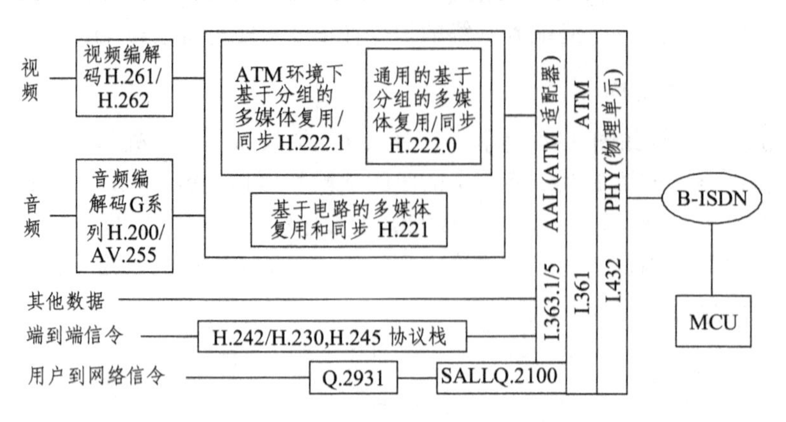

图 9.15　H.310 终端设备结构

9.5.3　基于 H.322 标准的多媒体通信终端

ITU-T H.322 标准是“提供保证服务质量的局域网上的可视电话系统和终端设备”的标准。H.322 终端设备的结构如图 9.16 所示。该终端设备除了具有 LAN 的接口外，其他各单元均与 H.320 终端标准定义相同。

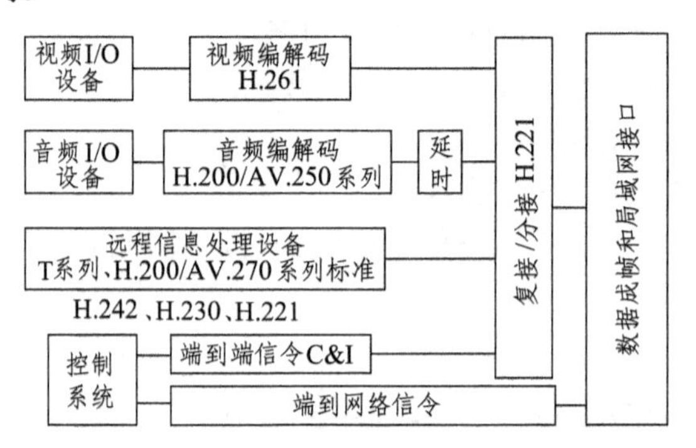

图 9.16　H.322 终端设备结构

9.5.4　基于 H.324 标准的多媒体通信终端

H.324 标准为“低比特率的多媒体通信终端”标准，亦即 PSTN 上的多媒体可视电话。H.324 终端设备结构如图 9.17 所示，一个典型的 H.324 多媒体通信系统主要包括终端设备、话带调制解调器、PSTN、多点控制单元（MCU）和其他系统操作实体。在 PSTN 网上，两个 H.324 终端之间，可以提供实时图像、声音和数据或者任意的组合。两个以上终端通信时，需要使用 MCU 来进行图像、声音、数据等信息的分配。

H.324 与其他多媒体通信终端不同的标准有：

（1）复用/分用协议：ITU-T H.223（用于低比特率多媒体通信的复用协议）；

（2）数据协议：调制解调器链路接入规程（Link Access Procedures for Modems，LAPM）；ITU-T V.14（在同步承载通道上传输起止式字符）；

（3）控制过程：简单再传输规程 LAPM/SRP（Simple Retransmission Protocol）规程；

（4）调制解调器：ITU-T V.25ter（串行同步的自动拨号和控制）；ITU-T V.8（在 PSTN 上开始数据传输会话的规程）；ITU-T V.34（PSTN 和点对点二线租用电话型电路上使用的、以高达 33.6 kb/s 数据信号速率操作的调制解调器）。

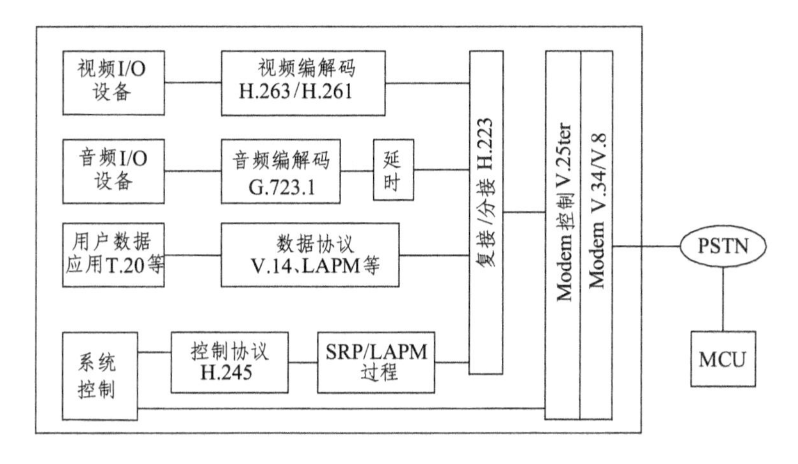

图 9.17　H.324 终端设备结构

9.6　基于不同网络的多媒体通信终端的互通

1．H.300 系列系统间的互通

工作在不同网络上的终端之间的相互通信是 ITU-T 制定标准时着重考虑的因素之一，由于 H.320，H.323，H.324，H.322，H.310，H.321 多媒体通信终端都遵循 ITU-T 相关标准，它们在不同的网络环境下可通过 H.323 网关、H.322 网关、I.580 协议互通单元和 PSTN/ISDN 适配器等互联中继设备进行互操作，其结构如图 9.18 所示。此外，ITU-T T.120 系列标准是上述各终端间进行数据互操作的基础。

2．H.320 和 H.323 两种多媒体通信终端的对比

由于H.320和H.323是目前应用最为广泛的多媒体通信终端，并且它们基于两种不同网络：面向连接的和无连接的网络，具有典型的代表性，因此，这里对这两种多媒体通信终端进行简单的比较，以说明基于面向连接和面向无连接网络的多媒体通信终端的特点。

（1）终端图像与声音的编解码技术。H.320 和 H.323 系统采用的图像和语音的编解码技术具有相同的选项（H.261、G.711、G.722、G.728 等），因此，在图像和声音的表现质量和还原上它们的本质是相同的，同时 H.323 比 H.320 标准具有更多的选择。例如，视频的 H.263、音频的 G.729 和 G.723.1 等，这些选择使 H.323 终端具有更灵活的适应网络的能力。

（2）组网结构。H.323 总线型网络结构不会因为某一个终端出现临时故障而影响整个多媒体通信和网络。H.320 主从星形汇接结构可能因为单点临时故障，而又没有重要节点上的容错备份机制导致许多应用（如网络会议）出现运行不正常的现象。

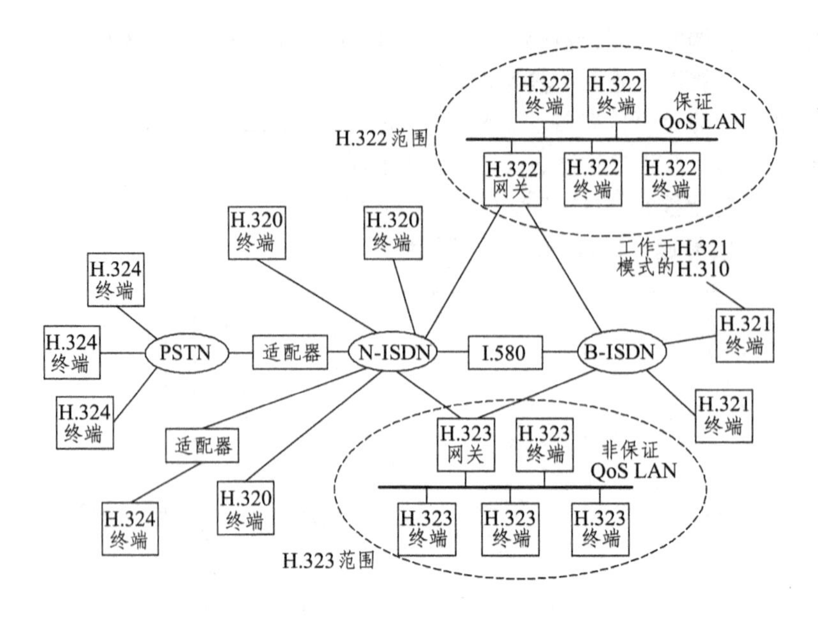

图 9.18　不同网络环境的多媒体通信终端互通示意图

（3）业务发展。H.320 仅仅是对基于电路交换的声像电视会议系统进行了定义，因此，仅能在传输网络平台上开展标准的电视会议应用，而不能扩展为一个多媒体、多应用平台。H.323 技术在网络上可以开发出许多与底层网络传输无关的多媒体应用。例如，多媒体视讯会议、多媒体监控、多媒体生产调度指挥、远程企业培训和教育、多媒体呼叫中心、网上 IP 电话、网上 IP 传真、网上视频点播和广播等，可以利用 H.323 技术将多种应用和业务迭加到同一个传输网络平台上，电视会议仅仅是它的应用之一。

（4）性能价格比。H.320 由于受传统电视系统会议技术体制的限制，不具备灵活性和丰富的功能，而且，无论是 H.320 的终端还是 H.320 的 MCU，它的用户单机成本和用户线路使用费用都较高。H.323 采用了先进的 TCP/IP 技术，在提供相同性能和更多功能的同时，大大降低了用户终端的成本以及用户线路使用费用，具有很高的性能价格比。

（5）数据功能。H.320 系统运用 T.120 标准来实现数据应用功能（如电子白板、文件传输、应用共享），其数据应用是包含在 H.320/H.221 复用通道中的。H.320 系统的 T.120 数据信道最高达到 64 Kb/s。在传输大容量文件、高质量图文时，由于视频通道被抢占，会出现图像表现质量下降和图像短时暂停现象。H.323 标准沿用 T.120 体系下的数据会议标准来实现数据应用功能（如电子白板、文件传输、应用共享），但它的数据应用是独立于 H.323 会话进程的，其数据信道不需要经过复用过程，直接在 TCP 或 UDP（广播时）中开立单独的 T.120 数据信道，此信道带宽可以从几 Kb/s 到数 Mb/s 或数 10 Mb/s 可调，表现了很大的优越性和灵活性。

（6）多点广播。H.323 是基于 TCP/IP 协议之上的，而 IP 协议具备多点广播功能 IP Multicast（RFC1112），从而在网上轻松实现多媒体广播业务，如视频广播。H.320 本身不具备多点广播功能，而且没有有效的下层协议进行支持。因此，H.320 系统不具备多点广播功能，也就是建立广播频道。它只能借助 MCU 来用交互多点实现准广播功能，而非广播频道。

（7）发展方向。随着网络技术的发展，基于 IP 的网络成为通信网络的主流，IP Over SDH/SONET、IP Over ATM 和 IP over WDM 等技术正快速发展并使基于 IP 的网络带宽不断提高。H.320 作为传统的基于电路交换技术多媒体通信终端，以其本身固有的局限性和高成本，已经开始逐渐退出历史舞台。而基于 IP 网络的 H.323 多媒体通信终端则代表未来多媒体视讯会议以及其他网上多媒体应用的发展方向和潮流。

9.7 基于计算机的多媒体通信终端

1. 基于计算机的多媒体通信终端的硬件组成

多媒体通信终端要求能处理速率不同的多种媒体，能和分布在网络上的其他终端保持协同工作，能灵活地完成各种媒体的输入/输出、人机接口等功能。而多媒体计算机是能够对文本、音频和视频等多种媒体进行逻辑互连、获取、编辑、存储、处理、加工和显现的一种计算机系统，并且多媒体计算机还具备良好的人机交互功能。这些特点有利于将其改造为多媒体通信终端。在多媒体计算机系统上，增加多媒体信息处理部分、输入/输出部分以及与网络连接的通信接口等部分，就构成了基于计算机的多媒体通信终端。从这个意义上来讲，可以将基于计算机的多媒体通信终端看成是多媒体计算机功能的扩展。图 9.19 所示是基于计算机的多媒体通信终端组成框图，它主要包括主机系统和多媒体通信子系统两个部分。

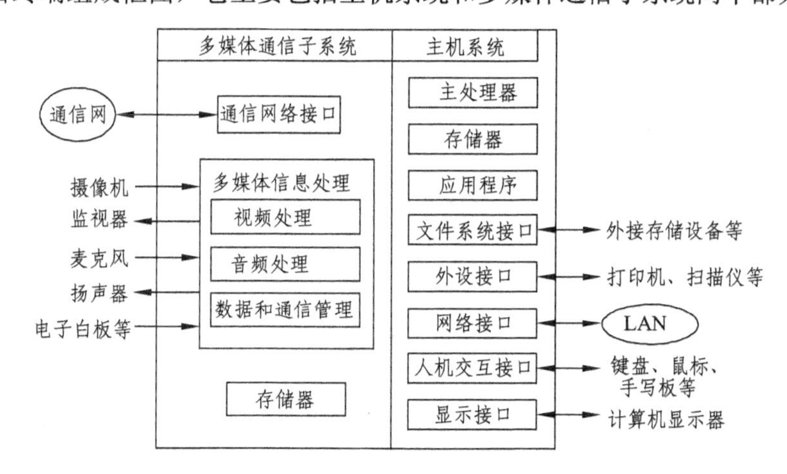

图 9.19 基于计算机的多媒体通信终端框图

主机系统是一台计算机，包括主处理器、存储器、应用程序、文件系统接口、外设接口、网络接口、人-机交互接口和显示接口等等。

多媒体通信子系统主要包括通信网络接口、多媒体信息处理和存储器等部分。其中，多媒体信息处理包括：视频的 A/D、D/A、压缩、编解码，音频的 A/D、D/A、压缩、编解码，各种多媒体信息的成帧处理以及通信的建立、保持、管理等等。用这样的终端设备可作为实现视频、音频、文本的通信终端，例如，进行不同的配置就可实现可视电话、会议电视、可视图文、Internet 等终端的功能。

2. 基于计算机的多媒体通信终端的软件平台

多媒体通信终端不仅需要强有力的硬件的支持，还要有相应的软件支持。只有在这两者充分结合的基础上，才能有效地发挥出终端的各种多媒体功能。多媒体软件必须运行于多媒体系统之中，才能发挥其多媒体功效。多媒体软件综合了利用计算机处理各种媒体的新技术

（如数据压缩、数据采样等等），能灵活地运用多媒体数据，使各种媒体硬件协调地工作，使多媒体系统形象逼真地传播和处理信息。多媒体软件的主要功能是让用户有效地组织和运转多媒体数据。多媒体软件大致可分成四类：

（1）支持多媒体的操作系统；

（2）多媒体数据准备软件；

（3）多媒体编辑软件；

（4）多媒体应用软件。

9.8 会话发起协议 SIP

9.8.1 概述

会话发起协议（Session Initiation Protocol，SIP）最初是IETF针对在IP网上建立多媒体会话业务而制定的一组协议中的一个。这组协议包括：会话发起协议SIP（RFC 3261）、会话描述协议（Session Description Protocol，SDP）（RFC 2327）、会话发布协议（Session Announcement Protocol，SAP）（RFC 2974）和简单会议控制协议（Simple Conference Control Protocol，SCCP）。SIP经过扩展后可以在更多的多媒体应用中使用，如即时通信、网络游戏、邮件或其他事件的通知等。

由于 SIP 的简单、灵活和扩展性好的优点，它已为多个国际组织，如国际电联、3GPP2等所接受。经过扩展的 SIP 已经成为 IMS 中的信令协议，实际上 SIP 是下一代网络中最重要的通信协议之一。

我们看到H.323是国际电联提出的分组网视听业务标准，它从电信的角度出发，将一些电信协议修改之后应用到IP网络上。例如，它完全引用了N-ISDN的Q.931呼叫信令协议。但是在IP网络上建立多媒体会话的机制与电信网的情况并不完全相同。在电信网中，呼叫建立的过程也就是在TDM网络中预留话路（时隙）的过程，一旦呼叫连接成功，就可以开始端到端的通信。而对于建立IP多媒体会话来说，还需要获得双方的RTP地址、进行能力集（如编码方式等）协商等，Q.931并不具备这些功能，因此在H.323中，呼叫成功之后只是打开了一个H.245的控制子信道，通过这个子信道进行H.245的消息交换才能完成上述功能，从而打开音、视频子信道开始端到端的通信。这就造成了H.323会话的建立过程十分复杂。

SIP可以替代H.323的RAS、呼叫建立（Q.931）和系统控制（H.245）协议。而且SIP信令消息在IP网中的传输路径和多媒体数据流的传输路径是相互独立的，这给SIP的应用提供了很大的灵活性，使它能够应用于音视频、数据等多种会话以及网关之间的通信。SIP是一个应用层控制协议，处于传输层之上。SIP消息可通过TCP、SCTP或UDP传输。

9.8.2 SIP 系统

1. SIP 系统的组成

SIP系统包括SIP终端、注册服务器、代理服务器、重定向服务器和定位服务器等。

SIP 终端是宽带网络中一类重要的终端，它采用 SIP 协议作为业务控制协议，完成业务的建立、修改等控制。SIP 终端的结构框架如图 9.20 所示。

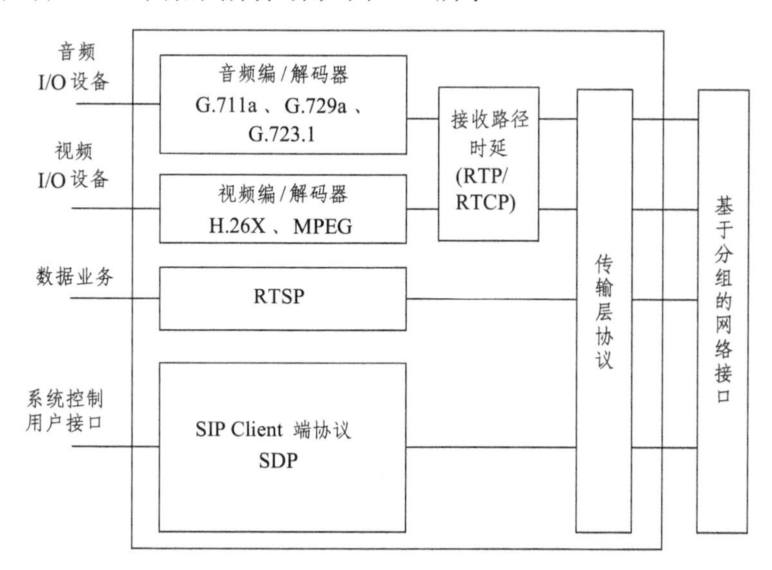

图 9.20 SIP 终端的结构框架

SIP 终端和 H.323 终端一样，同样包括五个部分。只是 SIP 终端的视频和音频编/解码很容易扩展，可以支持 AAC 和 H.264，而系统控制使用 SDP 协议，数据业务使用 RTSP 来进行传输。Internet 通过会话通告将会议的地址、时间、媒体和建立等信息发送给每一个可能的参与者。用户收到此通告后可获知会议的多播组地址和数据流的 UDP 端口号，就可以自由地加入此会议。SDP 就是传输这类会话信息的协议。SDP 定义了会话描述的统一格式，但是并不定义多播地址的分配和 SDP 消息的传输，也不支持媒体编码方案的协商，这些功能均由下层传输协议完成。

注册服务器用于接收用户代理（User Agent，UA）的注册请求，判断 UA 是否是合法设备或合法用户，并获得用户号码和用户地址的捆绑关系。在大型系统中，一般会有一个独立的定位服务器，用来存放号码和地址的匹配关系。注册服务器在 UA 注册后，可获得地址和号码的对应关系，然后将这个信息发送给定位服务器。目前常常把注册服务器和定位服务器放在同一设备中。

代理服务器是 SIP 框架中的一个常见设备，它作为一个网络逻辑实体转发 UA 的请求。代理服务器有两种模式，即不记忆状态模式和记忆状态模式。所谓状态，指的是呼叫的有限状态机，也就是业务逻辑。记忆状态的代理服务器保留呼叫状态，提供相应的业务；不记忆状态的代理服务器则不保留呼叫状态，以提高节点的处理速度和容量。通常在网络边缘的代理服务器处理有限数量的用户呼叫，是有呼叫状态的服务器。在非网络边缘，使用无呼叫状态的服务器和有呼叫状态的服务器来组网，使得网络核心负担大大减轻，加快了呼叫处理的能力，提高了设备性能。

重定向服务器将用户新的位置发送给呼叫方，要求呼叫方重新向这个地址发送呼叫请求。它不转发消息，也不会主动发起或者终止一个呼叫。

在实际产品中，注册服务器、定位服务器、代理服务器和重定向服务器一起构成了软交换设备。

基于 SIP 的多媒体通信过程分成三个阶段：会话建立、会话通信和会话结束。其中会话建立和会话结束是传输信令流的过程，会话通信是使用 RTP 在网络上传输连续媒体数据的过程。

2．SIP 地址

SIP 使用统一定位标识符（Uniform Resource Identifier，URI）来唯一地标识终端，SIP URI 由用户名和主机名两部分组成（用户名@主机名）。为了便于使用，与电子邮件的地址类似，SIP 地址由用户名和域名表示，如 SIP：Wang@lzjtu.cn，表示 Wang 在某机构的 SIP 地址。SIP 还提供安全 URI。使用 SIPS URI 时，从主叫端到被叫端的所有 SIP 消息都经过安全加密传输层 （Transport Layer Security，TLS）传输。经扩展后，SIP 还可以支持其他类型（如普通电话号码等）的地址。每个终端须向本域内的注册服务器注册。注册时，注册服务器完成 SIP 地址和 IP 网中标识主机地址和应用程序的 URI 之间的绑定，同时将此信息记录在位置服务的数据库中。

3．SIP 会话建立

与每个电话局中有一台本地交换机一样，每一个域中有一台 SIP 代理服务器，负责完成 SIP 消息的路由。图 9.21 给出 SIP 终端通过代理服务器进行呼叫的过程。主叫终端中的用户代理客户（User Agent Client，UAC）首先向本地代理服务器发出 Invite 请求消息，请求消息的头字段中包含本次会话的标识符、主叫地址、被叫地址和希望建立的会话类型等。图中主叫和被叫地址分别为 SIP：Wang@lzjtu.cn 和 Wang@ xidian.edu.cn。代理服务器 A 收到请求后，向主叫方回复一个响应消息（Trying），说明收到并正在处理 Invite 消息。代理服务器 A 通过位置服务查询被叫方是否在本域内，如果是，将 Invite 直接转发给被叫方；如果不是，则通过特定类型的域名服务 DNS（见 RFC 3263）或轻量级目录接入协议（Lightweight Directory Access Protocol，LDAP）等提供的位置服务来获得被叫终端所在域的代理服务器 B 的 IP 地址，将 Invite 转发给 B，并在转发前将自己的地址加进 Invite 头的 Via（经由）字段中。B 收到请求消息后，向 A 返回响应消息 Trying，并通过位置服务找到被叫方的 IP 地址（及端口号和传输协议），在 Invite 头的 Via 字段中加入自己的地址后，将请求消息转发给被叫终端的用户代理服务器（User Agent Server，UAS）。

被叫端收到 Invite 消息后发出振铃，并向 B 返回 Ringing 的响应消息，此消息又经 A 后到达主叫端。由于被叫端从 Invite 消息的 Via 字段知道了途径服务器的地址，因此 Ringing 消息无需通过 DNS 和位置服务就能返回到主叫端。在回传过程中，每个代理服务器根据 Via 字段得知下一跳的地址，并删去自己的地址。当 Wang 拿起话机时，被叫终端（UAS）返回 OK 响应消息；如果被叫终端忙或无人应答，则返回一个错误消息。假设 OK 消息返回到主叫端（UAC）；主叫端送一个 ACK 消息给被叫端确认连接的建立。由于主叫端和被叫端已经通过 Invite/OK 消息交换的头信息知道相互的 IP 地址，因此从 ACK 之后消息交换不再经过代理服务器 A 和 B。至此，通过 Invite/OK/ACK 三次握手 SIP 会话建立。

会话建立后，主叫和被叫双方开始进行媒体数据的交换。媒体数据交换直接采用通话双方的 IP 地址，而不必使用原来 SIP 信令消息的路径。会话结束时，Wang 挂机，被叫端送出 Bye 消息；主叫端则以 OK 回应，终结此次会话。

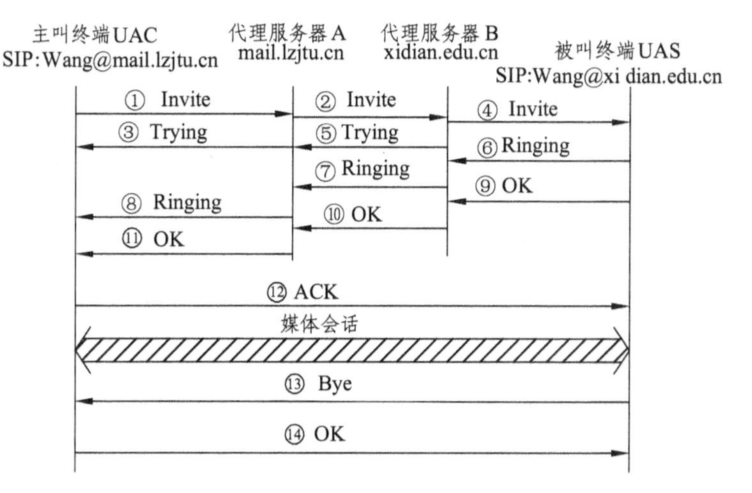

图 9.21　SIP 会话的建立和拆除

需要注意的是：（1）一个 SIP 用户可以注册多个 SIP 网络终端（通常在一个域中）。在这种情况下，代理服务器可按优先级逐个尝试建立会话。如在上例中，如果 Wang 的电话忙，代理服务器 B 可以将从 Zhang 来的 Invite 消息转发给 Wang 的视频电子邮件服务器，这称为呼叫转移。另一种选择是 B 将 Invite 消息同时转发给这两种终端，此种操作称为分支（Forking）。（2）SIP 是一个客户端/服务器协议，如前所述，发起方称为客户（UAC），响应方称为服务器（UAS）。在会话建立过程中，代理服务器需要对终端发送来的请求作临时响应；而相对下一跳代理服务器，代理服务器本身是一个 UAC。因此代理服务器同时具有 UAC 和 UAS 功能。

4. 重定位功能

图 9.22 表示一个 SIP 重定位功能的例子。由于位置的可移动性，用户可能注册多个不在同一域内的 SIP 地址，例如图中 Wang 有 Wang@macro.com 和 Wang@micro.edu 两个地址。当主叫方 Zhang 呼叫 Wang 时，macro 域中的 SIP 代理服务器 B 发现 Wang 不在本域中，则向重定向服务器发出请求（见图中③）。重定向服务器通过位置服务得到 Wang 的另一个 SIP 地址，并将此地址告知主叫方所在域的代理服务器 A（见图中④）。A 通过 DNS 获知新地址域代理服务器 C 的地址，并将主叫端的 Invite 消息直接转发给 C（见图中⑤）。再通过本域的位置服务获得 SIP：Wang@micro.edu 的 IP 地址，将 Invite 消息转发给被叫端（见图中⑥）。在图 9.22 中为了清楚起见，我们没有标明相关的响应消息。

当用户注册有多个位置的地址时，重定向服务器返回一个位置列表，由代理服务器进行所有的用户定位的尝试。

5. 会话模式更改

SIP 允许在通话过程中对会话的特性进行修改。例如，当网络条件变坏时，通话的一方希望关闭视频、只使用音频继续通话，可以这样实现：希望更改会话模式的一方向对方送 Invite 消息，该消息包含对新模式的描述，并且标明当前会话的标识，使对方知道是一条更改消息，而不是一个新的 Invite 请求。收到 Invite 消息的一方回复 OK 消息表示接受更改，回复出错消息表示拒绝。无论对哪种回复，发出更改请求的一方都响应 ACK。若对方接收请求，会话以新模式进行；若拒绝，当前会话仍以原模式进行，并不会中止。

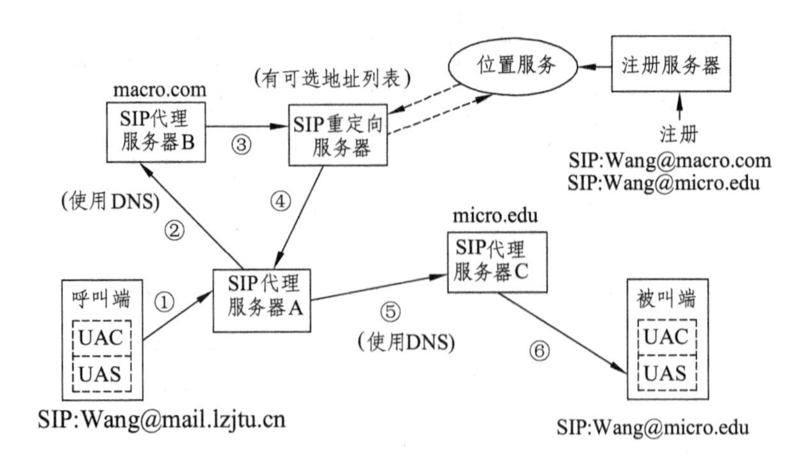

图 9.22　重定位呼叫过程

9.8.3　SIP 和 H.323 的比较

目前 IP 网络中多媒体通信终端的标准主要是 H.323 和 SIP，这两种标准也同时应用在以软交换为核心的 NGN 中。H.323 解决了点到点及点到多点视频会议中的一系列问题，协议栈比较成熟，并在 VoIP 和宽带视频会议领域得到了广泛地应用。SIP 是 IP 网络中实时通信的一种会话控制协议，其中的会话可以是各种不同类型的内容。例如，普通的文本数据、音/视频数据和游戏数据等，其应用具有很大的灵活性。

H.323 和 SIP 都对 IP 电话的系统信令提出了完整的解决方案，是目前广泛应用的多媒体通信的应用层控制协议。它们都使用 RTP 作为传输协议，但是，H.323 是一种集中式和层次式的控制系统，而 SIP 是一种开放式和分布式的控制系统。下面在三个方面对这两个协议作比较。

1．对协议扩展的支持

SIP 引入了一系列兼顾扩展性与兼容性的方法。SIP 允许针对不同应用来对协议进行扩展，并提供应用系统间版本的协调。另外，为了加强可扩充性，SIP 采用层次式数字差错代码，定义了六种响应。每一种响应均用三位数表示，第一位指示类型，另外两位提供一些附加信息，从而增强了协议的兼容性。

H.323 也提供了扩展机制，它是通过在 ASN.1 的相应位置设置“非标准参数”字段来实现的。但是，H.323 的扩展仅局限于这一种方式，而 H.323 终端无法告知对方它可以支持哪些扩展性能。

SIP 和 H.323 的兼容性考虑也有所不同。H.323 要求新的版本具有完全的后向兼容性，这样就使得协议越来越复杂。SIP 可以在以前的头部字段不需要时将其去除，使得协议及其编码简洁清晰。

2．对呼叫转接和移动性的支持

SIP 能很好地支持个人移动业务。对主叫发送的请求，被叫可以重定向到多个点位，这些点位可以是任意一个 URL（Uniform Resource Location），并且电话类型、应用类型和被叫优先级列表等附加信息将被传输回主叫方，这样主叫方可以灵活地选择与哪一个点位进行通话。SIP 还支持多跳搜索用户，当被叫 IP 地址与本地服务器不在同一网段时，服务器将逐级代理呼叫请求，直到找到最终的目的服务器。一个服务器还可以同时将代理请求发送给多个服务器。

H.323 则较为有限地支持用户的移动性。H.323 的信令不包含主叫对被叫的参数选择，不提供环路检测，且不允许将代理请求发送给多个服务器。

3．对呼叫控制和业务扩展的支持

除了基本电话呼叫业务外，SIP 和 H.323 都能够支持媒体能力交换和丰富的补充业务，如呼叫保持、呼叫转接、呼叫等待和会议呼叫等，不过两者补充业务的实现方法不一样。H.323 通过 H.450 对补充业务的流程有严格的规定，不同实现间的互通比较方便。SIP 没有专门的补充业务规范，而是通过 Also、Replaces 和 Location 等头部字段来实现的，这样为设计者提供了较多的自由空间。SIP 支持第三方控制，即呼叫建立方并不参与呼叫，该机制允许一个实体在第三方实体的命令下建立或拆除它到其他实体的呼叫。

H.323 采用的是传统的电话信令模式，符合通信领域传统的设计思想，采用集中式和层次式控制，便于计费和与传统的电话网连接。H.323 的设计目标是专注多媒体的系统控制协议群，H.323 的 IP 电话和多媒体通信的功能体系会更为完备和全面。H.323 的发展趋向于系统的专用性，可能会在相当长的时期内主导视频电话和视频会议以及数据会议的多媒体业务。

SIP 协议继承了互联网的标准和协议的设计思想，在风格上遵循简练、兼容和和可扩展的原则。SIP 的设计目标是通用会话建立和拆除的通用操作协议，IP 电话和多媒体通信只是 SIP 应用的一部分，可以在基本的 SIP 会话过程的基础上进行扩展。SIP 的发展更具有通用性。目前 SIP 还没有完整的视频会议和数据会议系统的协议框架。SIP 在控制非 IP 电话类型的业务中可以发挥出其简单有效的特点，可以灵活地与其他应用结合，形成其他的新型业务。

总之，随着 Internet 的发展，基于 IP 的两个多媒体通信终端标准 H.323 和 SIP 之间不会是对立的关系，而是在不同应用环境中的相互补充。H.323 系统和 SIP 系统的有机结合，可以确保用户在构造相对廉价灵活的 SIP 系统的基础上，实现多方会议等多样化的功能，并可靠地实现 SIP 系统与 H.323 系统之间的互通，最大限度地满足用户对未来实时多媒体通信的要求。

9.8.4 SIP 在 IMS 中的应用

3GPP（3rd Generation Partnership Project）工作组采用 SIP 作为其 IMS（IP Multimedia Subsystem）的工作协议，其目标是对 Internet 所拥有的所有成功服务提供无处不在的接入，将 Internet 和蜂窝网融合在一起。3G 网络被分为三个不同的部分，分别是电路交换域、分组交换域和 IMS。电路交换域的职能是采用电路交换技术继续提供第二代移动通信系统所具有的语音和多媒体服务。分组交换域的职能是为终端提供 Internet 的接入，它主要被视为一种接入技术（在第二代移动通信系统中，通过拨号连接和综合业务数字网 ISDN 连接来实现）。IMS 是 3G 中最重要的组成部分，采用 IMS 可以提供一种有 QoS 保证的实时多媒体会话机制，能够合理地对多媒体会话进行收费，并且其运营商可以向用户提供不同业务的整合。

IMS 的显著特点是采用 SIP 体系，使得通信与接入方式无关、多种媒体业务控制功能与承载能力分离、呼叫与会话分离、应用与服务分离、业务与网络分离以及移动网与因特网业务融合等。IMS 的提出顺应了通信网融合发展的趋势，可以预计，在未来的全 IP 网络中，IMS 将成为基于 SIP 会话的通用平台，既适用于基于 IP 的多媒体业务，也适用于传统语音、数据和视频业务。

IMS 的主要功能实体包括呼叫/会话控制功能（Call/Session Control Functions，CSCF）、归属用户服务器（Home Subscriber Server，HSS）、应用服务器（Application Server，AS）、媒体资源功能（Media Resource Function，MRF）、出口网关控制功能（Breakout Gateway Control Function，BGCF）和 PSTN 网关等。其中最重要的实体是 CSCF 和 HSS。CSCF 主要负责对多媒体会话进行处理，其功能包括多媒体会话控制、地址翻译和对业务协商进行服务转换等，相当于 SIP 服务器。CSCF 分为代理 CSCF（Proxy-CSCF，P-CSCF）、查询 CSCF（Interrogating-CSCF，I-CSCFY）和服务 CSCF（Serving-CSCF，S-CSCF）。P-CSCF 是 IMS 中用户的第一个接触点，所有的 SIP 信令都必须通过 P-CSCF。I-CSCF 提供到归属网络的入口，将归属网络的拓扑隐藏起来，并可通过归属用户服务器 HSS 灵活选择 S-CSCF，将 SIP 信令路由到 S-CSCF。S-CSCF 是 IMS 的核心，它位于归属网络，提供 UE 会话控制和注册服务，在 SIP 会话中它是 SIP 的代理服务器。

一个 IMS 终端开始任何操作前，必须符合一些先决条件。首先，IMS 业务提供者必须授权终端用户使用 IMS 业务。其次，IMS 终端需要接入一个 IP 接入网，获得一个 IPv6 地址。然后，IMS 终端需要发现 P-CSCF 的 IP 地址来作为一个 SIP 代理服务器，所有 IMS 终端发送的 SIP 信令通过 P-CSCF 进行发送。当 P-CSCF 发现流程完成后，IMS 终端就能够向 P-CSCF 发送 SIP 信令。最后，IMS 终端在 SIP 应用层上向 IMS 网络注册，这由常规的 SIP 注册来完成。

在 IMS 中建立一个基本会话时，所有的 SIP 信令都要流经发端 P-CSCF 和发端 S-CSCF。与终端进行所有信令交换时必须有 P-CSCF，因为 P-CSCF 要在和终端的接口处压缩/解压缩 SIP。所有的请求都要流经 S-CSCF，以便允许触发用户请求的服务。在提供服务时，S-CSCF 起到重要作用，它包括一个或多个执行服务逻辑的应用服务器。由于 S-CSCF 总是位于归属网络中，因此无论用户是否在漫游，S-CSCF 对用户业务总是有用的。

一个 IMS 终端与另外一个 IMS 终端之间的基本会话的建立过程为：

（1）IMS 终端发送一个 Invite 请求；

（2）发端 P-CSCF 处理 Invite 请求；

（3）发端 S-CSCF 处理 Invite 请求；

（4）收端 I-CSCF 处理 Invite 请求；

（5）收端 S-CSCF 处理 Invite 请求；

（6）收端 P-CSCF 处理 Invite 请求；

（7）被叫用户终端处理 Invite 请求；

（8）处理 183（会话进程）响应；

（9）主叫方的 IMS 终端处理 183（会话进程）响应；

（10）被叫方的 IMS 终端处理 PRACK 请求；

（11）被叫方振铃。

练习与思考题

1．简述多媒体通信终端的结构、功能及关键技术。

2．简述 T.120 系列标准在多媒体通信中所起的作用以及它们是如何工作的。

3．多媒体通信终端数据复接和分接有多少种类型？简述它们之间的区别和联系。

4．以会议电视系统为例简述基于 H.320 标准的多媒体通信终端的功能。

5．以桌面会议系统为例简述基于 H.323 标准的多媒体通信终端的应用。

6．从多媒体信息处理技术、应用以及发展趋势等方面比较基于 H.320 和基于 H.323 标准的终端。

7．简述多媒体计算机终端与多媒体通信终端的区别。

8．多媒体通信终端标准的主要框架性标准有哪些？

9．简述基于 H.320 标准的多媒体通信终端的功能。

10．简述基于 H.323 标准的多媒体通信终端的基本构成及基于 H.323 标准的多媒体通信系统的组成。

11．简述 SIP 的基本原理并与 H.323 标准进行比较。

第 10 章　多媒体通信的应用

多媒体不是一个单项技术或一类产品的升级换代，而是影响着整个信息产业，标志着计算机进入了一个新的时代。目前，多媒体广泛地应用于社会的各个方面，包括国家的大型工程、多种行业、电视、教育、广告业、电子出版业及 Internet 的各类站点。尤其面向公众的各类应用，已经带来了明显的效益。

10.1　概述

10.1.1　多媒体通信业务的类型

多媒体通信业务种类繁多，而且随着技术的发展和用户要求的提高，今后出现的通信新业务将会具备多媒体通信业务的特点，特别是宽带通信业务则将全部是多媒体业务。根据 ITU-T 的定义，多媒体业务共分为六种。

（1）多媒体会议型业务（Conference Services）：具有多点通信、双向信息交换的特点，如视听会议、声像会议。

（2）多媒体会话型业务（Conversation Services）：具有点到点通信、双向信息交换的特点，如多媒体可视电话、数据交换。

（3）多媒体分配型业务（Distribution Services）：具有点对多点通信、单向信息交换的特点，如广播式视听会议。

（4）多媒体检索型业务（Retrieval Services）：具有点对点通信、单向信息交换的特点，如多媒体图书馆、数据库等。

（5）多媒体消息型业务（Message Services）：具有点到点通信、单向信息交换的特点，如多媒体文件传输。

（6）多媒体采集型业务（Collection Services）：具有多点到点通信、单向信息交换的特点，如远程监控、投票等。

10.1.2　业务框架及支撑各种业务的相关技术

多媒体通信业务的框架结构在 ITU-T F.700 系列标准中作了规定，如图 10.1 所示。该图给出了用户的视界（View）与网络提供者的视界之间的相互关系。图的上部分以业务的属性建议了用户的需要与所使用的网络无关。图的下部分是网络的特定建议，适用于各网络的一般描述，对业务和网络提供者提供一种比较明确的视界，具有实施各种应用属性的价值。

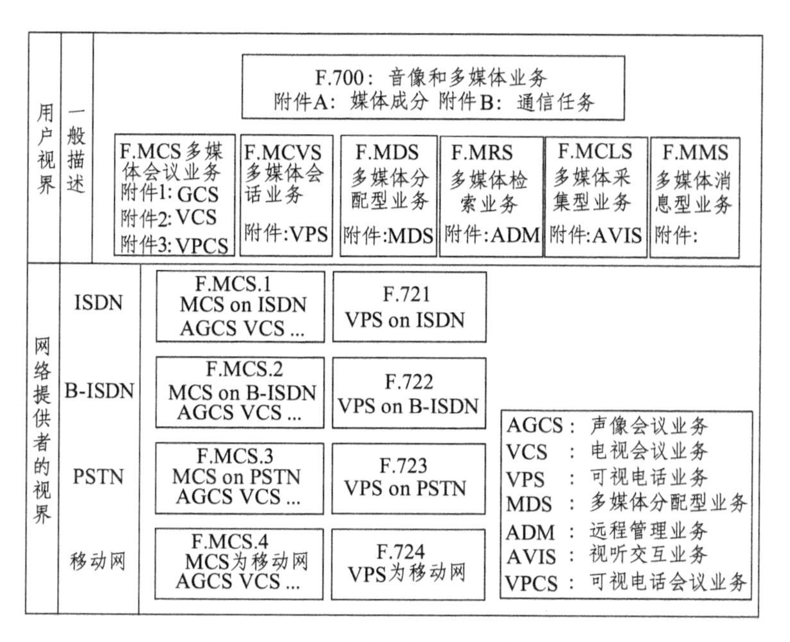

图 10.1　视听和多媒体业务的标准框架

10.1.3　多媒体通信的应用

1．应用领域

一方面，教育、商业、科研等领域都迫切需要利用多媒体通信技术来提高工作效率；另一方面，多媒体通信技术的发展更多地依赖于应用环境的发展。多媒体通信应用领域主要包括：

（1）办公自动化。在办公室常常产生和处理多种形式的信息，还能建立“虚拟办公室”（Virtual office）环境，允许专业人员在不同地点、不同时间共同修改和处理同一文件、图纸，闻其声，见其人，如同在一起办公。

（2）服务行业。教育、财政和医疗服务都是计算技术的大用户。在计算工业中的许多新的开发基本来自这三个领域中的研究。

（3）科学和工程。科学和工程技术方面的应用是指分析信息、推导其内容的结论。在科学和技术应用领域上的研究着重于完全理解信息属性及处理信息的过程。因此使用多媒体通信可支持诸如分布式制造和设计。

（4）家庭。多媒体通信能为家庭用户接入大量的信息服务，如新闻、教育、保健、医疗、休闲、社会活动、消费活动、家庭管理等。

（5）其他应用领域。多媒体通信在军事和保安（指挥、调度、会议与现场监测）、交通管理、金融、保险、房地产等领域也将有广泛的应用。

2．多媒体通信的应用系统

多媒体应用是随着多媒体通信技术的研究开发而发展的，多媒体通信技术在相当程度上是一门应用技术。围绕着多媒体业务类型和针对不同的网络环境，人们开发出了各方面的多媒体通信的应用系统。典型的应用有：多媒体出版系统、多媒体办公自动化系统、多媒体信息咨询系统、交互式电视和视频点播系统、交互式电影与数字化电影、数字化图书馆、家庭信息中心、远程教育与远程医疗、虚拟仿真环境系统等等。

10.2 IP 电话系统

IP 电话系统是目前广泛应用的一种语音通信形式，是一种主要的多媒体通信应用系统。语音质量是衡量音视频会议系统性能的一个主要指标。语音的编解码以及语音与图像的“唇音”同步传输是视频会议系统中的关键技术之一。由 IP 电话、PSTN 网固定电话以及移动手机等音频（或以音频功能为主的）终端所组成的音频会议系统构成了视频会议系统的一个子集。

10.2.1 IP 电话及其特点

1．IP 电话的定义

IP 电话（或者 VoIP）是在整个语音通信进程中，部分或全程采用分组交换技术，通过 IP 网络来传输话音的实时语音通信系统。IP 电话的本质特征是采用语音分组交换技术。

IP 电话技术是建立在 IP 上的分组化、数字化传输技术，其基本原理是：把普通电话的模拟语音信号转变为数字信号，通过语音压缩算法对语音数据进行压缩编码处理，然后把这些语音数据按 IP 协议及相关的其他协议进行打包，通过 IP 网络把数据包传输到目的接收端，经过拆包、解码及解压缩处理后，恢复成原来的模拟语音信号。经过 IP 电话系统的转换及压缩处理，每路电话约占用 8～11 Kb/s 的带宽，这样传统电信网上一路普通电话所使用的 64 Kb/s 传输带宽约可承载四路 IP 电话。

2．IP 电话的特点

（1）网络资源利用率提高。IP 电话采用了分组语音交换技术，数据包排队传输产生的时延较小，基本满足话音通信的要求；路由共享，传输线路动态统计时分复用，资源利用率高；为不同传输速率、不同编码方式、不同同步方式、不同通信规程的用户之间提供了语音通信环境；采用高效语音压缩技术，可使网络资源的利用率更高，从而降低运营成本。

（2）经济性好。IP 电话费用较低，普通用户打 IP 长途电话可以节省长途话费支出；企业用 IP 网络完成所有话音/传真的传输，能极大地降低企业内部跨地域、跨国界的电话/传真成本。同时分组交换设备要比传统的 PSTN 交换机便宜，其运营和维护费用也少，也有利于新业务的推出。

（3）自愈性高。采用分组技术，可以降低传输误码率；从源端到目的端存在多个路由，网络中某一节点发生问题时，分组可以自动选择其他路由，从而保证通信不会中断。

（4）语音服务质量较难保证。IP 协议提供的是面向无连接的服务，协议本身并不适合于对实时性要求较高的语音通信系统。在目前的网络环境下，要提高 IP 电话的语音服务质量，尚有一定的难度。

10.2.2 IP 电话系统的结构

典型的 IP 电话系统结构如图 10.2 所示。系统由多个网络组件构成，主要包括：终端（Terminal）、网关（Gateway）、网守（Gatekeeper）、网管服务器和计费服务器等。网守可分为顶级网守、一级网守和二级网守等，其间可进行级连。

1．终端

终端设备是面向用户提供语音输入/输出的设备，包括普通终端和 IP 终端两大类。普通终端只有模拟语音信号处理功能，如传统的电话机，在 IP 语音通信中只进行模拟语音信号的收发传输。而 IP 终端不仅具有模拟语音信号处理能力，而且具有 IP 网络语音数据包的收发转换和处理能力。

IP 电话终端设备最基本的功能是实现语音通信，此类终端设备种类很多，如专用 IP 电话机、ISDN 终端、多媒体 PC、IP 电话语音卡、IP 语音会议终端等，同时 IP 电话也可以具有可视功能，如 IP 可视电话、视频多媒体会议终端等。

目前，关于 IP 电话尚无统一的分类标准。一般可根据其使用的平台、所采用的传输线路、在网络中的位置以及功能的多少进行分类。

根据其使用平台的不同，可分为硬终端和软终端。

根据其使用的传输线路不同，可分为以太局域网 IP 电话终端、Internet IP 电话终端、ADSL IP 电话终端、SDH IP 电话终端、ATM IP 电话终端、CATV IP 电话终端等。

根据其在网络中的位置的不同，可分为用户终端、IP 电话集线器和媒体网关。

根据其采用的主要协议的不同，可分为 H.323、SIP 和 MGCP 终端。

根据其功能多少，可分为简单终端、标准终端和增强终端。

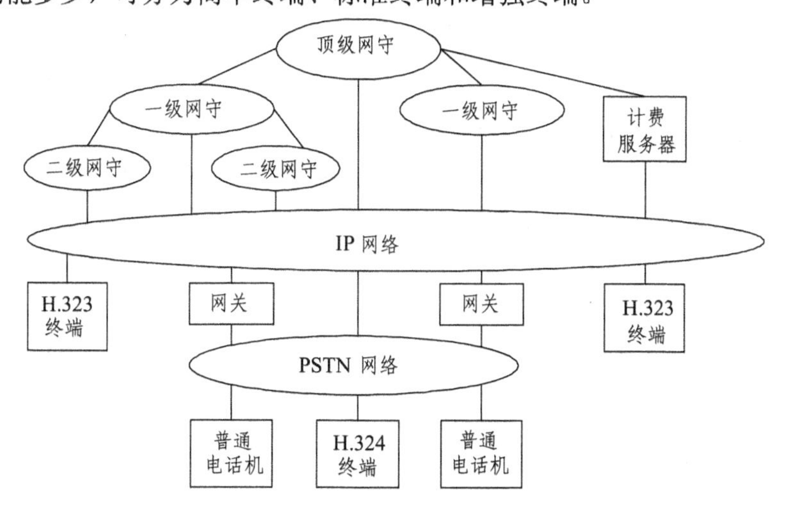

图 10.2　IP 电话系统结构

（1）软终端。软终端是通过运行多媒体终端上相应的 IP 电话软件来实现语音通信功能的，终端设备本身并不是为 IP 电话应用而专门设计的。软终端主要包括多媒体计算机 IP 电话终端和多媒体信息家电终端两大类。

多媒体计算机 IP 电话终端以计算机为基础，以声卡为语音采集和回放设备，以图像采集卡为图像输入设备，以网卡为高速数据传输设备来实现 IP 网络的语音通信。用户在多媒体计算机上安装和运行 IP 电话客户端软件，通过用户界面可快速地进行呼叫，实现 PC 到 PC，PC 到电话机的 IP 语音通信。在计算机上的这种语音通信方式其实并不大符合人们日常打电话的习惯，因此它更多地用于音频或视频聊天。

USB 接口 IP 电话机是一种典型的多媒体计算机 IP 电话终端，它通过 USB 接口连接到计算机，和计算机使用同一个 IP 地址，采用计算机的网卡进行数据传输，从而实现语音通信。在使用时，用户只需在计算机上进行一次软件安装，只要计算机工作，就可拨打和接听 IP 电话，且打电话和计算机上网可同时进行，互不影响。

多媒体信息家电终端是以数字电视接收机为代表的多媒体信息接收设备，具有电视图像接收、图文信息接收、数据广播接收、Internet 网页浏览、IP 视频会议、IP 电话等多种功能，是“三网合一”的主要接收设备。该类设备符合数字电视标准，支持互联网的多数主要协议，采用语音和图像压缩技术，兼容现有的多种音视频压缩标准，提供多种交互式应用服务。

软终端可以采用 H.323 协议，也可以采用 SIP 协议。

（2）硬终端。采用专用 DSP 芯片及嵌入式操作系统的 IP 电话机一般称为硬终端。硬终端按采用的协议也可分为 H.323 协议终端和 SIP 协议终端两大类。

H.323 协议是目前商用 IP 电话的主要协议。H.323 协议十分庞大，由于采用了传统电信网络繁琐的信令概念，使得 H.323 终端无论是从实现技术手段上还是从使用和管理方法上都十分复杂，但由于其系统具有较强的可管理性，故仍然博得了运营商的青睐，成为目前 IP 语音通信市场的主流技术。

H.323 协议终端根据其对协议支持的程度可分为简单音频终端、标准终端和增强终端。

①简单音频终端。简单音频终端有限程度地支持 H.323 协议，主要提供 IP 电话应用 H.323 附件 F 对音频简单终端的功能和协议过程做出规定。它只需要具有 H.323 协议的一个子集功能，完全支持 IP 电话应用，并能和使用常规的 H.323v.2 协议的设备互操作。

简单音频终端只使用有限的资源（如处理能力、通信带宽、存储容量等）。在媒体能力方面，它支持 G.711 或 G.723.1、G.729、GSM 语音编解码和基本的数据通信（非 T.120 功能）。在控制能力方面，它支持 H.323v2 的快速连接过程；支持呼叫信令信道上隧道传输 H.245 消息；支持基于 UDP 的快速连接过程（任选能力）。在缺省情况下，音频 SUD 能参加多点会议，但仅限于电话会议。

以太网接口 IP 电话机是简单音频终端的代表，其核心是一个 H.323 标准的音频编解码器。此类终端外型及功能和普通电话机基本相似，所不同的是其外线接口为 RJ45 形式的以太网接口，通过它连接局域网并通过 ISP 接入互联网，或者连接局域网上的 IP PBX，来实现 IP 语音通信。考虑到目前局域网综合布线系统的特点，一般用户房间只有一个桌面或墙面数据接口插座，为此，有的产品在电话机上内置一个三口交换机，外接两个 RJ45 接口，一个用于连接交换机，一个用于连接 PC，方便用户使用。考虑到用户从 PSTN 到 IP 网过渡过程中的使用问题，有的产品也保留了 PSTN 网接口，可在 IP 与 PSTN 双网中使用。

H.323 移动终端（MT）是一种移动 IP 电话终端，其基本功能与一般的移动终端相同，也包括用户识别模块（Subscriber Identity Module，SIM），但支持 H.323 协议。SIM 卡可插入任何 H.323 移动终端，用户利用此卡可在任何终端上发送和接收呼叫。移动终端由国际移动设备标识（International Mobile Equipment Identity，IMEI）识别，移动用户则由国际移动用户标识（International Mobile Subscriber Identity，IMSI）识别，二者互相独立。SIM 卡中写有 IMSI、认证密钥和一些必要的用户信息。使用 SIM 卡需要密码。H.323 移动终端支持常用的语音压缩编码，还支持多种数据应用协议，包括短消息业务。

移动 IP 电话系统还包括无线接入单元（Wireless Access Unit，WAU）和网守系统。无线接入单元由无线收发信机（WTS）和无线基站控制器（WSC）组成，二者通过标准 IP 接口连接。WTS 处理无线链路协议；WSC 管理无线资源，处理无线信道的建立、跳频和切换。网守系统包括移动服务器网守和访问网守。

②标准终端。标准终端完全符合 H.323 协议，特别是 H.323v2 版本，具有完整的语音呼叫控制能力，在提供电话业务的同时，可选择性地提供图像和数据业务，满足基本语音通信和一般视频通信的使用要求。

标准终端在支持语音的同时，可选择性地支持一定的资源（如处理能力、通信带宽、存储容量等)。在媒体能力方面，它支持 G.711、G.723.1、G.729 语音编解码和基本的数据通信（T.120）功能，支持 H.263 视频编解码，支持单播和多播传输。在控制能力方面，它支持所有的远程访问服务（Remote Access Services，RAS）信令功能；支持 H.323v2 的一般呼叫过程；支持 H.225.0 定义的呼叫信令功能，包括呼叫建立和呼叫释放全过程；呼叫发起时，可以采用一般呼叫建立流程，也可以采用快速连接过程；支持呼叫信令信道上隧道方式传输 H.245 消息；支持 RSVP 协议；支持多点会议的 H.245 消息（可选能力）。

标准终端用于一般的 IP 电话业务时无需支持安全功能。对于会议应用，终端只提供对网守安全控制机制的响应，从而提供一定程度的安全性保证。

可视电话机是标准终端的代表。可视电话机具有多媒体通信的特点，采用部分的多媒体通信协议，功能上以语音通信为主，同时支持低速率（128 Kb/s 以下）图像及数据（如文件、传真及图片）传输。图像传输最大速率一般不超过 15 帧每秒。视频发送和接收由摄像机、视频编解码器和显示器三部分组成。视频输入一般采用内置不带云台的固定焦距摄像机，分辨率较低，具有自动光圈和自动白平衡调整功能。视频编解码器采用 H.263 协议的专用芯片实现。图像显示器一般采用 TFT LCD，尺寸为 4 英寸。在数据功能中也包括用户对电子白板和应用程序的共享，便于用户对文件进行讨论、协商、修改及编辑整理。

可视电话机主要有以太网接口可视电话机和 PSTN 线路接口可视电话机两种。其核心都是一个包含音频、视频、数据及系统控制功能的标准的 H.323 编解码器。以太网接口可视电话机由一个标准的 H.323 编解码器外加一个或多个以太网接口组成。

PSTN 线路接口可视电话机由一个标准的 H.323 编解码器外加一个调制解调器组成，通常又称为 H.324 终端。这是因为在 H.324 建议中规定了 PSTN 线路接口可视电话的系统框架及各项主要功能，同时也规定了各部分之间的相互关系。

③增强终端。增强终端与标准终端基本相同，它提供和标准终端相同的功能时对提供业务的质量有所增强，如高级别 QoS 的语音传输，支持高速率（384 Kb/s 以上）图像传输，不但满足可视电话的要求，而且满足普通视频会议应用，同时它完全支持多种呼叫补充业务和增值业务，如 IP 传真业务、Web 浏览、收发 E-mail 等。在安全性方面，它可支持较高程度的安全性保证机制，如采用 H.233 加密协议。

2. **网关**

IP 电话网关是连接 IP 和 PSTN 的网络，是实现 PSTN – IP – PSTN 语音通信的关键设备。网关可以支持多种电话线路，包括模拟电话线、数字中继线和 PBX 等线路，并提供语音编码、压缩、呼叫控制、信令转换等功能。

IP 电话网关提供 IP 网络和电话网之间的接口，用户通过 PSTN 本地环路连接到网关，网关负责把模拟信号转换为数字信号并压缩打包，成为可以在 IP 网上传输的 IP 分组语音信号，然后通过 IP 网传输到被叫用户的网关端，由被叫端的网关对 IP 数据包进行解包、解压和解码，还原为可被识别的模拟语音信号，再通过 PSTN 传到被叫方的终端。这样就完成了一个完整的电话到电话的 IP 电话通信过程。

IP 电话网关具有路由管理功能，它把各地区电话区号映射为相应的地区网关 IP 地址。这些信息存放在一个数据库中，有关处理软件完成呼叫处理、数字语音打包、路由管理等功能。在用户拨打 IP 电话时，IP 电话网关根据电话区号数据库资料，确定相应网关的 IP 地址，并将此 IP 地址加入 IP 数据包中，同时选择最佳路由，以减少传输时延，IP 数据包经因特网到达目的地 IP 电话网关。

IP 网关包括语音接口卡以及一套功能齐备的呼叫软件，类似网络接口卡。每个 IP 网关都有一个 IP 地址，和 IP 电话终端一样在网守中注册登记。软件的功能包括系统配置、呼叫建立和终止、呼叫管理、语音支持、路由器和广域网优先协议以及内嵌的 SNMP 网络管理等。

（1）网关的组成和功能。IP 电话网关采用了分层模块化结构，可以分成硬件层、软件模块层、维护管理层、控制接口层几个部分。软件模块层又包括语音信号处理、PSTN 呼叫控制、IP 呼叫管理、IP 呼叫控制、数据传输、DSP 管理软件包等。语音信号处理包含了语音编解码、回波抵消和 DTMF 检测等组成功能。IP 电话网关的主要功能如下：

①语音分组和号码查询；

②负责完成 PSTN、ISDN 侧的呼叫建立和释放；

③负责完成 IP 网络的呼叫建立和释放；

④完成语音编码和打包；

⑤回声消除；

⑥静音检测；

⑦收端缓存；

⑧语音编码方式的转换，包括 G.711、G.723.1、G.729、G.729.A 等协议；

⑨采集和传输计费信息；

⑩自动识别语音和传真业务；

⑪实现 T.30 和 T.38 通信规程；

⑫实现 H.323、H.245、H.235、RTP、RTCP、TUP、DSSI、中国一号等协议；

⑬提供用户交互信息和查询；

⑭具有与网管系统相同的接口，完成配置、统计、故障查询、警告等功能；

⑮具有外同步接口，可与现有同步网连接；

⑯提供网络 QoS 测试。

（2）网关分类。目前由于历史和地域的原因，不同国家、不同地区的电话网上使用的协议并不相同。对于不同的业务、不同的 IP 终端，网关必须提供不同的接口和不同的功能，这样，根据不同的网络特点就需要不同类型、不同规模的各种网关。主要的网关有两种形式：一种是基于工控机平台，通过在主机扩展槽中增加语音卡并配合相应软件构成的网关；另一种为独立的网关设备。网关根据其功能强弱大致分为以下五类。

①干线网关：它提供 PSTN 干线交换机与 IP 电话网的接口，需要完成 No.7 和 H.323 信令的转换。

②ATM 语音网关：它与干线网关类似，连接 ATM 和 PSTN 主干网。

③用户网关：它为传统电话机直接接入 IP 电话网提供接口，故又称为媒体网关。

用户网关的形式很多，如 IP 电话集线器、IP 电话语音卡、调制解调器、电话机机顶盒、ADSL 接入设备、宽带无线 IP 电话接入设备等。IP 电话集线器也称 IP 电话 HUB，通常可接 1～4 路电话，采用桌面放置方式。IP 电话语音卡一般采用 PCI 或 ISA 总线形式，可以插入计算机的扩展槽中。单个语音卡一般具有 4 路或 8 路输入端口。端口分 FXS（Foreign Exchange Station）接口和 FXO（Foreign Exchange Office）接口两种类型，均采用 RJ11 接口形式。FXS 用于连接普通电话机或小型 PBX 外线，FXO 用于连接 PSTN 电话线或 PBX 内线。计算机通过以太网接口连接企业的局域网，与语音卡一起构成了 IP 电话语音网关，并和其他上网设备可以通过集线器经路由器或 Modem 与广域网连接，实现设备间的互连和带宽共享。语音网关根据不同的需求可以配置单个或多个语音卡。网卡配置一般为一个 10/100 Mb/s 自适应以太网卡。

IP 电话机顶盒通常用于由 CATV 改造的 IP 网络中。IP 电话机顶盒按照 DOCSIS1.1 标准设计，除具有一般机顶盒的 Cable 接口和 Ethernet RJ45 接口外，还内置了电话机功能，具有音频或视频输入发送功能，可以直接作为有线电视网络 IP 电话终端使用，同时也可连接 PC 机、以太网 IP 电话机等终端。

④接入网关提供传统模拟或数字 PBX 到 IP 网络的接口，它无需处理 No.7 信令的转换，一般是小型的 IP 电话网关。

⑤企业级网关为 IP 电话网提供了一个与传统数字交换机的接口，或者一个综合的“软交换机”接口。

需要指出的是，不同类型的网关并不是物理上独立的，一个网关可以同时具有几个网关的功能。

3. 网守

网守是多点 IP 电话系统组成的主要组件，相当于网络中的智能集线器，它把各个终端及网关智能地结合在一起，进行统一管理、维护、配置和开发。网守具有呼叫控制、地址翻译、带宽管理、拨号计划管理、网络管理和维护、数据库管理及集中账务和计费管理功能。

网守是整个 IP 电话网络的中心，担负着网络管理的任务。网守提供的管理功能有拨号方案管理、安全性管理、集中账务管理、网络管理、数据库管理和备份等。网管系统的功能是管理整个 IP 电话系统，包括设备的控制及配置、数据配置、拨号方案管理、负载均衡及远程监控等。计费系统的功能是对用户的呼叫进行费用计算，并提供相应的单据和统计报表。

网络管理包括自动生成网络各个设备的连接和运行状态报告，同时向网络管理人员提供各种事件的日志，以便运行和维护人员及时查找问题，排除故障。网络管理可以对网络性能进行动态分析、流量控制和错误检测。网络管理可以对网络进行远程控制管理，如设备的配置、参数的修改等。网守应可以自动生成呼叫详细记录（Call Detail Record，CDR）日志，并保证系统所有的呼叫信息集中存放在一个地方，以方便计费。此外，网守还要为第三方计费系统和客户管理系统提供开放的接口。

网守主要有以下功能。

（1）呼叫控制。网守对呼叫终端进行身份和密码验证，只有注册登记的合法用户才可被允许通过，并给予一个可连接的网关地址，完成呼叫的初始化。目前的网守支持 IP 到 IP、IP 到网关和网关到网关的连接控制。

（2）地址翻译。基于 H.323 标准的 IP 电话系统中，在 IP 网络范围的呼叫，可以用一个别名来标记其目的终端的地址；而对于来自网络外的呼叫，如 PSTN，当呼叫到达网关时，网关会收到一个符合 E.164 标准的号码地址来表示目的终端的地址。网守的地址翻译功能就是把这个别名或者 E.164 号码地址转换成可以识别的 IP 地址，方便网络寻址和路由选择。

（3）带宽管理。网守可以通过发送 RAS 消息来支持对带宽的控制功能，这里的 RAS 消息包括带宽请求（Bandwidth Request，BRQ）、带宽确认（Bandwidth Confirm，BCF）和带宽丢弃（Bandwidth Reject，BRJ）等。通过对带宽的管理，可以限制网络可分配的最大带宽，为网络的 IP 语音传输预留资源。

（4）拨号计划管理。网守能够通过对拨号的管理，实现对呼叫路由的全面控制和维护，进而达到为不同的用户提供不同类型的业务，充分利用每个可到达的网关的功能，最大限度地发挥整个网络的效益。

（5）数据库管理。在一个 IP 电话系统中，包含有大量的数据信息，如系统的初始化信息、网络结构信息、网关配置信息、网络连接信息、用户信息和呼叫记录信息等。网络连接信息和呼叫记录信息的数据量都相当大，并且动态增加，这就要求必须有一个性能稳定、安全可靠的大型数据库来做支撑，进行关键数据的备份，从而保证系统运行的安全性。数据库管理是网守的一大功能。一般来讲，网守大都通过集成现有数据库厂商的产品来提供数据库管理功能。

（6）集中账务和计费管理。网守可以为所有的呼叫详细记录提供集中、开放的接口，支持储值卡和预付费方式的计费。

4．网管、计费及增值业务服务器

管理服务器是为网络管理人员提供的一种管理工具，它采用开放式结构。IP 电话网络管理人员可以通过它对各种组件进行管理。各种组件包括终端、网关、网守等；管理的功能包括设备控制、参数配置、端口配置、状态监测、拨号方案设置、负载均衡、鉴权及安全管理等。

计费服务器主要利用网守提供的标准、开放的数据接口，收集用户每一次呼叫产生的详细记录并上传到本地数据库，形成计费信息。通过对计费信息的整理，可自动生成计费清单，为用户提供收费单据。计费服务器并不一定需要 IP 电话系统制造商提供。

语音通信是 IP 电话系统的基本业务，除此之外，也可以利用 IP 电话网来提供一些增值业务，增强 IP 电话的竞争实力，充分发挥 IP 电话网的效益。增值业务是 IP 电话发展的一个主要方向，可分为面向企业应用的业务和基于 H.450 协议的呼叫补充业务两大类。各种增值业务是通过不同的增值业务服务器来实现的。

10.2.3 IP 电话的标准

IP 电话使用了许多通信协议，主要包括基础网络协议、多媒体通信协议、网关控制及互通协议三部分。这些协议标准由不同的组织制定。

1. IP 电话常用协议

（1）基础网络协议。基础网络协议包括：

①IPv4、IPv6、IP 组播和各种选路协议：数据传输和选路的 Internet 网络层标准。

②RTP（实时传输协议）：IETF RFC 1889，数据传输层的实时端到端协议。

③RSVP（RTP 控制协议）：IETF RFC 2205～2209，允许对无连接的数据流进行网络资源预留的信令协议。

④RTCP（资源预留协议）：IETF RFC 1890，在会话过程中监视 QoS 和传输信息的协议，它可以对整个会话过程中的性能和质量进行反馈以便进行修改。

⑤SNMP（简单网络管理协议）：管理者和被管理实体间通信的 Internet 标准。

（2）多媒体通信协议。多媒体通信协议主要有基于 H.323 协议的 IP 电话系统和基于 SIP 协议的 IP 电话系统两大类。

（3）网关控制及互通协议。网关控制及互通协议包括：

①MGCP（媒体网关控制协议）：描述呼叫控制，不在网关内部实现，由呼叫控制单元实现的应用编程接口协议。

②SGCP（简单网关控制协议）：基于 UDP 的简单协议，可以管理端点和端点间的连接。

③IA1.0：VoIP 论坛制定的 VoIP 互操作协议，它在 H.323 的基础上，规定了其他一些 VoIP 技术，如 DTMF 数据传输和再现、目录服务、动态 IP 地址解析机制等。

④iNOW（Interoperability NOW）：iNow 协议于 1999 年由 Lucent、Itexc 和 Vocaltec 三家公司联合制定，主要包括五个方面的内容：网关到网关的互通要求；网守到网守的互通要求；网守到结算中心的互通要求；电话到电话的服务要求；传真到传真的服务要求。iNow 协议基于 H.225.0 附件 G，主要用于 IP 电话设备供应商创建用户需求的互操作平台。

10.2.4 IP 电话的关键技术

对于 IP 电话系统，除了上述的网络传输、呼叫控制信令、资源预留协议等，还包括一些在 IP 电话端设备中广泛使用的其他技术，如语音压缩编解码、静音抑制、回声消除和 QoS 保证等。

1. 语音压缩编解码器

语音压缩是 IP 电话终端的核心技术。IP 电话系统通常采用低比特率的语音编解码器，主要有 G.723.1 和 G.729 两种。这两个标准的编解码原理可见第 3 章。

2. 静音抑制和舒适噪音生成技术

静音抑制技术，是指检测通话过程或传真过程中的安静时段，并在这些安静时段中停止发送语音数据包。大量的统计分析表明，在一路全双工电话交谈中，只有三分之一的时间内信号是活动的或有效的。当一方在讲话时，另一方在接听，而且讲话过程中有大量的停顿时间。通过静音抑制技术，可节省大量的网络带宽以用于其他话音或数据通信。

采用静音抑制控制，当通话终端双方在不讲话时，由于没有数据发送和接受，因而在终端中没有一点声音，这与接听传统电话静音期间的效果完全不同。为了满足人们长期使用传统电话形成的这一条件反射，一般在静音期间由终端通过舒适噪音生成（Comfortable Noise Generation，CNG）技术产生固定电平的舒适噪音送给受话器。静音抑制和舒适噪音生成一般通过对编解码器中的语音活动性检测（Voice Activity Detection，VAD）来实现。

3．回声消除技术

对于 IP 电话终端设备，回声消除（Acoustic Echo Cancellation，AEC）技术是十分重要的，因为 IP 网络的时延较大，一般情况下时延很容易就达到 40～50 ms，这很容易引起回声，特别是在 IP 电话终端处于免提通话方式或在会议室环境应用时，会严重影响通话的语音质量。

（1）IP 网语音通信中回声有下列特点。

①回声源复杂。传统电路交换电话系统中的用户线采用 2 线制，而交换机采用 4 线制，完成 2-4 转换的混合器因阻抗不完全匹配和不平衡，会造成“泄漏”，从而导致了“电路回声”。在 IP-PSTN 的连接方式中，IP 电话网关一端连接 PSTN，另一端连接 IP 网。尽管电路回声产生于 PSTN 中，但同样会传至 IP 电话网关，形成 IP 网语音传输中的回声。扬声器播放出来的声音直接或经多次反射后被麦克风拾取并发回远端，这就使得远端发话者能听到自己的声音，形成 IP 网语音传输中的第二种回声，即“声学回声”。另外，背景噪声也是产生回声的因素之一。

②回声路径的时延大。IP 网中的语音传输时延来源有三种：压缩时延、分组传输时延和处理时延。语音压缩时延是产生回声时延的主要因素，主要与编码方式有关，例如在 G.723.1 标准中，压缩一帧（30 ms）的最大时延是 37.5 ms。分组传输时延也是一个很重要的回声来源，测试表明，端到端的最大传输时延可达 250 ms 以上。处理时延是指语音包的封装时延及其缓冲时延等。

③回声路径的时延抖动大。在 IP 网的语音传输过程中，回声路径、语音压缩时延、分组传输路由等存在诸多不确定因素，而且波动范围较大，时延抖动一般在 20～50 ms 之间。

（2）声学回声消除器的结构和相关算法。IP 电话系统中的回声消除主要采用声学回声消除法。主要的声学回声消除法有以下三种：

①改变声学环境。根据声学回声的产生机理，可以知道声学回声最简单的控制方法是改善扬声器的周围环境，通过控制环境回响时间，尽量减少扬声器播放声音的反射，有效抑制间接声学回声，但这种方法对直接声学回声却无能为力。改变声学环境虽然可以抑制回声，但实际上终端设备的使用环境是无法预测的，并且存在很大的差异。单纯依靠限制使用环境的方法有时是不现实的。

②采用回声抑制器。这是使用较早的一种回声控制方法。回声抑制器是一种非线性的回声消除设备。它通过简单的比较器将接收到的准备由扬声器播放的声音与当前麦克风拾取的声音的电平进行比较。如果前者高于某个阈值，那么就允许传至扬声器，而且麦克风被关闭，以阻止它拾取扬声器播放的声音而引起远端回声。如果麦克风拾取的声音电平高于某个阈值，则扬声器被禁止，以达到消除回声的目的。由于回声抑制是一种非线性的回声控制方法，会

引起扬声器播放的不连续，影响回声消除的效果，因而随着高性能回声消除器的出现，回声抑制器已很少使用了。

③采用回声消除器（AEC）。回声消除器以扬声器信号以及由它产生的多路径回声的相关性为基础，建立远端信号的语音模型，利用模型对回声进行估计，并不断地修改滤波器的系数，使得估计值更加逼近真实的回声。然后，将回声估计值从麦克风的输入信号中减去，从而达到消除回声的目的。AEC 还将麦克风的输入与扬声器过去的值相比较，从而消除由于多次反射形成的长时延声学回声。根据存储器存放的扬声器过去的输出值，AEC 可以消除各种时延的回声。

4. QoS 保证技术

IP 电话的 QoS 直接反映了 IP 电话的语音通信质量，包括语音可懂性、清晰度等。IP 电话的 QoS 主要取决于四个参数：带宽、时延、抖动和丢包率。保证网络带宽，减小时延、抖动和丢包率是保证 IP 电话 QoS 的关键技术。Internet 网的 QoS 机制经历了尽力而为、相对和绝对 QoS 三个阶段，目前主要采用绝对 QoS 保证技术。

从网络的角度出发，保证 IP 电话质量主要有以下措施。

（1）RSVP 协议的 QoS 控制机制。为了保证音频和视频的实时通信，网络必须支持具有一定 QoS 的端到端的承载业务控制功能，这通常采用两种方法：一种是超量工程法，即在网络规划时预留足够的带宽，使任何时候都能获得可接收的 QoS；另一种是定义呼叫接纳控制功能和资源预留协议（RSVP）的综合服务方法，由 IETF 综合服务（Intserv）工作组定义。

RSVP 协议通过 RSVP 消息定义呼叫接纳控制功能。端点应用程序可以提出数据传输全程必须保留的网络资源，同时也确定沿途各路由器的传输调度策略，从而对每个数据流的 QoS 逐个进行控制。RSVP 类似于连接控制信令，通常称它是 Internet 中的信令协议。

RSVP 支持 IETF 提出的 QoS 确保服务和负荷受控服务这两种 QoS 服务，以 QoS 确保服务为主。QoS 确保服务确保数据流的可用带宽，保证其达到规定的端到端时延指标和丢失率指标，主要用于对实时性要求很高的音视频通信。

为了保证实时多媒体通信的质量，H.323v3 给出了利用 RSVP 实现传输层资源预留的信令过程，它主要包括以下三个方面：

①增强的 RAS 过程。当端点向网守发出呼叫请求时，应在 ARQ 消息中指明其是否具有资源预留能力。网守根据端点信息和它所掌握的网络状态信息在下述三种选择中择一做出决定：允许端点自行进行 H.323 会话的资源预留；由网守代表端点进行资源预留；不需要进行资源预留，尽力传输服务就足够了。

决策结果经 ACF 消息传给端点，端点据此建立呼叫。如果端点指示其不能进行资源预留，而网守决定资源预留必须由端点自行控制，此时网守应向端点回送 ARJ 消息。上述功能是通过 H.225.0v3 中 RAS 信令新设的传输 QoS 字段完成的。

②增强的能力交换过程。为了执行 RSVP 过程，收、发端点必须都有 RSVP 支持功能。为此，在建立媒体信道之前，端点之间必须通过能力交换过程确认双方都具有此能力。H.245v5 在终端能力集消息和打开逻辑信道消息中均定义了 QoS 能力数据单元。该数据单元的主要内容是：QoS Mode 指示终端是支持确保 QoS 服务还是负荷受控服务。其他 RSVP 参数即端点的传输资源能力，如带宽大小、允许峰值速率、最大分组长度等。组长度等。

③增强的逻辑信道控制过程。在逻辑信道打开过程中应包含 Path 和 Resv 消息过程，在逻

辑信道关闭过程中应包含 Path Tear 和 Resv Tear 消息过程。

图 10.3 中指出点到点情况下 RSVP 逻辑信道建立的信令过程。

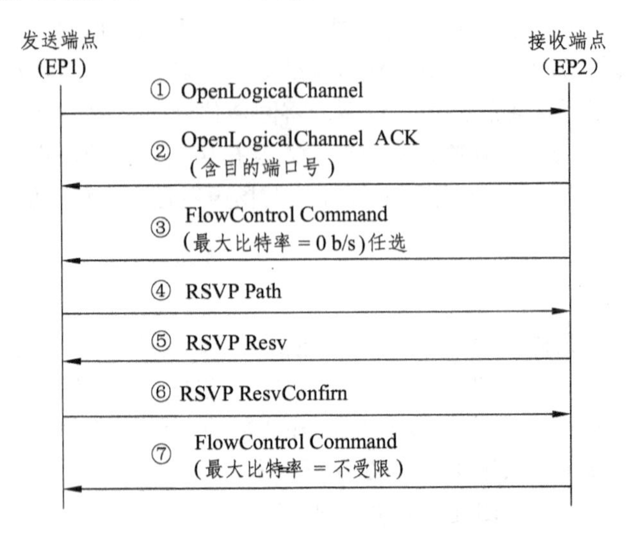

图 10.3　点到点情况下 RSVP 逻辑信道建立的信令过程。

（2）话音时延和抖动处理技术。IP 网络的一个特征就是网络时延与网络抖动，这是导致 IP 电话音质下降的主要因素。根据 ITU-TG.114 建议，语音通信时单向时延门限值为 400 ms，这一要求同样适用于 IP 电话网络。图 10.4 是我国国内 PSTN–IP–PSTN 全程 IP 电话网络时延指标的分配。

网络时延是指一个 IP 包在网络上传输平均所需的时间。网络抖动是指 IP 包传输时间的长短变化，当网络上的话音时延（加上声音采样、数字化、压缩、延迟）超过 200 ms 时，通话双方一般就愿意倾向采用半双工的通话方式，一方说完后另一方再说。如果网络抖动较严重，话音丢包严重，会产生话音的断续和失真。为了防止这种抖动，可采用抖动缓冲技术，即在接收方设定一个缓冲池，话音包到达时首先进入缓冲池暂存，系统以稳定平滑的速率将话音包从缓冲池中取出、解压、播放给受话者。这种缓冲技术可以在一定限度内有效地处理话音抖动，并提高音质。

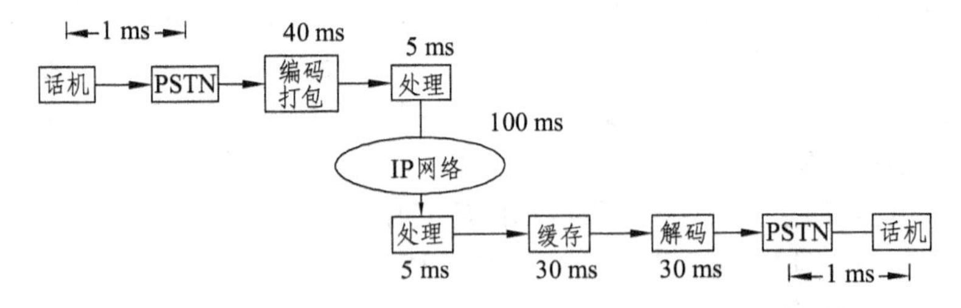

图 10.4　国内 PSTN – IP – PSTN 全程 IP 电话网络时延指标的分配

（3）语音优先技术。语音通信的实时性要求较高。为了保证高音质的 IP 电话通信，在广域网带宽（WAN）不足发生拥挤的 IP 网络上，一般需要采取语音优先技术。

当 WAN 带宽低于 512 Kb/s 时，一般在 IP 网络路由器中设定话音包的优先级为最高，路由器一旦发现话音包，就会将它们插入到 IP 包队列的最前面优先发送。这样，网络的时延和抖动情况对话音通信的影响均将得到改善。

在企业 IP 网上，一般采用优先级技术，而不使用 RSVP。几乎所有品牌的路由器均支持一些优先级技术。将话音包的优先级定为最高级别，任何时候路由器只要发现有话音包就将延迟对数据包的发送。

（4）前向纠错技术。前向纠错技术（Forward Error Correction，FEC）是 IP 语音网关采用的另一项音质保证技术。IP 包在传输过程中有可能损坏或被丢失、丢弃。如果话音包丢失、损坏率较低，IP 电话的音质不会受到明显损害。一般情况下，企业网络均有较低的丢包率、错包率，因而 IP 电话网关仅需将话音包回放为声音即可。

公共 Internet 网络往往有较高的丢包率，这不足以维持高质量的话音通信。在这种情况下，FEC 技术就能够发挥重要的作用。FEC 技术有两级，第一级是 Intra–Packet，第二级是 Extra–Packet。第一级在同一包内加入冗余数据，以便接收方纠错、恢复、还原话音数据，保证音质。第二级在每一个话音包中存放后续包的冗余数据，以便接收方从收到的包中恢复出错或丢失的话音包。

FEC 可以吸收 10%～20%的丢包率，但是 FEC 要多消耗 30%的网络带宽。因此，在企业网内部一般不采用 FEC。

10.2.5 IP 电话系统的质量评价

IP 电话的评价包括基本性能、语音质量和使用可靠性测试等内容，其中语音质量测试是最主要的，也是最复杂的一项内容。语音质量测试是 IP 电话终端和传输网络质量好坏的最直接的反映。下面对 IP 电话语音质量的评价标准和评价方法进行简单的分析和介绍。

1. IP 电话语音质量的评价标准

目前对 IP 电话语音质量的评价主要有三种模型：MOS 模型、PSQM 模型和 E 模型。

（1）MOS 模型。ITU – T 建议 P.830 描述了一种对语音的主观评定方法：MOS（Mean Opinion Score）方法。根据 P.830 建议的要求，特定的发话者与听话者在特定的环境下，通过收集测试者在各种不同情景下的主观感受，根据 P.830 的分析法得出该语音的品质。P.830 对测试的要求非常严格，所有的操作都要严格地服从操作流程，对录音系统、语音采样，语音输入级别、听话者级别、不同发话者（8 男、8 女，8 儿童）、多发话者（多人同时讲话）、差错处理、不同语音编码方式的兼容性、过失、环境噪音、音乐等，都作了详细、严格的规定。测试者的主观感受结果也被分为很多不同的范畴，如听话者感受的网络质量结果、质量降级结果、比较结果等。

（2）PSQM 模型。MOS 方法是一种模糊的评估方法，其测试结果很难对 VoIP 系统的改进和不同 VoIP 设备之间性能的比较作出有实际意义的判别。因此，有人提出借用 ITU -T 在 P.861 中建议的 PSQM （Perceptual Speech Quality Measurement）方法来作为客观质量度量的评估。PSQM 的客观性是指对模仿现实生活中主观声音的感知。PSQM 仿真实验中，主观判断话音编码器的质量，是通过把编码后的信号和源信号进行比较来实现的，PSQM 仍以 MOS 的 5 个级别作为评估结果。PSQM 方法并未摆脱原始的人类主观评估，只是作了进一步的说明。

P.861 定义的 PSQM 算法的评价模型，首先选取符合条件的基准信号源，可以是真实的声音，也可以是规定的人工语音。把基准信号源和经过网络干扰后的信号输入到知觉模型中，知觉模型对信号进行时间-频率映射以及频率和强度偏差处理。从知觉模型输出得到的信号通过差别模型进行处理。为了获得主观和客观之间的较高关联性，信号再输入到认知模型，最后得到质量评分。从这个评价模型可以看出，使用者对语音清晰度的评价主要取决于使用者的认知模型，而使用者的认知模型又受其知觉模型的影响。

（3）E 模型。E 模型最早是由欧洲的 ETSI 标准组织提出的，后来又由 ITU -T 进行标准化形成 G.107 建议。E 模型的思想是将话音信号传输过程中若干因素对语音质量的负面影响综合为参数 R，用以评估该话音呼叫的主观质量。R 的值越大，表明话音质量越好。E 模型的 R 参数由下式确定：

$$R = Ro - Is - Id - Ie + A$$

其中：参数 Ro 表示噪音带来的影响，如背景噪音和电流噪音的干扰；参数 Is 表示与语音信号同时产生的质量影响因素，如由量化、连接噪声和侧音过强带来的干扰；参数 Id 表示由时延造成的质量影响，包括由通话回声和交互性丧失带来的干扰；Ie 包括由使用特殊设备引入的质量损失，如低比特率编解码器的影响和分组丢失的影响，G.729A 的 Ie 为 10，G.723.1 在 5.3 Kb/s 和 6.3 Kb/s 码流速率下的 Ie 分别为 19 和 15；参数 A 为预期值，用以补偿由于用户采用某些便捷接入设备而导致的话音质量的影响，对于传统电话，A 取值为 0，而 GSM 移动电话的 A 值为 10。

根据 E 模型确定可接受话音质量对应的 R 值。编解码器类型、通信模式和传输协议的不同，会使上式中的各个分量有不同的取值，从而得到不同的 R 值。

2．IP 电话语音质量的评价方法

IP 电话业务的主观评定：MOS 评分是由测试人员根据评分标准主观评定的，可简单地由 20～60 个非专职测试者对所听的话音进行综合打分，然后进行统计分析。

IP 电话业务的客观评定：PSQM 评分指标可利用测试仪表进行测试。目前国内外测试仪表厂商已经开发出许多用于 PSQM 评分的测试仪表。Agilent 公司的 TelegraVQT 语音质量测试仪能够测试端到端语音时延、清晰度、静音抑制和 DTMF 音调分析等参数，能够提供专业的端到端的语音质量测试，并对话音质量进行客观分析。美国 Ameritec 的解决方案为利用各种型号的大话务量呼叫器发起呼叫，并在其上配置“Golden Voice”复合音调发生器，利用呼叫产生的标准测试音信号，在被叫端或呼叫经过的网络中进行话音质量的分析和丢包、抖动、沿切割、时延等测试。Spirent 公司的 Abcus 测试仪也能完成 PSQM 评分指标的测试。国内一些公司也开发出了 IP 电话测试仪，采用捕捉协议包的方式实时对 H.323 呼叫过程进行跟踪分析，可进行 IP 语音包的提取及语音质量分析。关于 IP 电话业务的 R 值评分，目前国内外还没有这方面的测试仪表，相关的研究机构和测试仪表厂家正在积极地进行 E 模型的研究与开发。

10.3　多媒体会议系统

自 20 世纪 80 年代多媒体技术问世以来，多媒体信息产生的方式不断创新，种类日益增多，信息量也急剧膨胀。人们不再满足从存储媒体上获取信息，希望在任何时间、任何地点，通过信息终端得到需要的图、文、声信息，享受丰富多彩的多媒体信息服务。这就对声音、图像、文字、数据、视频等多媒体信息的传输、处理和交换，提出了更高的要求，也为通信、数据压缩和网络技术的进一步发展开辟了广阔的领域。多媒体会议系统应运而生，它是计算机和通信技术结合的产物，充分体现信息社会的数字化特点，是一种将计算机技术的交互性，网络的分布性，多媒体信息的综合性融为一体的高新技术，成为主要的分布式多媒体应用系统之一。

10.3.1 多媒体会议系统概述

视频会议（Video Conference）早期亦称会议电视或电视会议，是利用多媒体通信技术和设备通过传输信道在两地或多个地点之间实现图像、语音及数据实时交互的一种可实现远程会议功能的多媒体通信手段。利用摄像机和麦克风将一个地点会场的图像和声音传输到其他的一个或多个地点，并通过电视机显示和扬声器输出，使与会者既能看到对方发言人和会场场景，也能听到对方的声音；若辅以电子白板、共享应用（如共享 PowerPoint 文件或 VGA 屏幕）计算机等辅助设备，还可与对方会场的与会人员进行研讨与磋商，在效果上可以代替现场会议。

视频会议的多媒体通信方式有点到点、一点到多点和多点到多点三种形式。我们所讲的会议方式一般特指后两种，有时也使用“多点会议”这个概念。

在多点视频会议中，会场（参会终端）的身份有主席、听众和选中听众三种。图像用于播放的会场称为“主席”，所有接收主席图像的会场称为“听众”；主席接收图像的发送者称为“选中听众”。会场的身份可以根据会议的需要确定和更改。

10.3.2 视频会议系统的组成

视频会议系统一般由具有不同功能的实体组成，主要的功能实体有终端、网守、多点控制单元（Multipoint Control Unit，MCU）和网关。

1. 终端

终端是视频会议系统的基本功能实体，为会场提供基本的视频会议业务。它在接入网守的控制下完成呼叫的建立与释放，接收对端发送的音视频编码信号，并在必要时将本地（近端）的多媒体会议信号编码后经由视频会议业务网络进行交换。终端可以有选择地支持数据会议。

终端属于用户数字通信设备，在视频会议系统中处在会场的图像、音频、数据输入/输出设备和通信网络之间。由于终端设备的核心是编解码器，因此终端设备常常又称为编解码器。来自摄像机、麦克风、数据输入设备的多媒体会议信息，经编解码器编码后通过网络接口传输到网络，来自网络的多媒体会议信息经编解码器解码后通过各种输出接口连接显示器、扬声器和数据输出设备。

2. 网守

网守是视频会议系统的呼叫控制实体。在 H.323 标准中，网守提供对端点和呼叫的管理功能，它是一个任选部件，但是对于公用网上的视频会议系统来说，网守是一个不可缺少的组件。在逻辑上，网守是一个独立于端点的功能单元，然而在物理实现时，它可以装在终端、MCU 或网关中。

网守相当于H.323网络中的虚拟交换中心，其基本功能是向H.323节点提供呼叫控制服务，主要包括呼叫控制、地址翻译、带宽管理、拨号计划管理。

3．MCU

MCU是多点视频会议系统的媒体控制实体。在进行多点会议时，除视频会议终端外，还需要设置一台中央交换设备，用来实现视频图像及语音信号的合成、分配及切换。

MCU是多点视频会议的核心设备，其作用类似于普通电话网中的交换机，但本质不同。多点控制单元对视频图像、语音和数据信号进行交换和处理，即对宽带数据流（384～1920 Kb/s）进行交换，而不对模拟话音信号或64 Kb/s数字话音信号进行切换。

MCU可以由单个多点控制器（Multipoint Processor，MP）组成。MCU可以是独立的设备，也可以集成在终端、网关或网守中。MC和MP只是功能实体，而并非物理实体，都没有单独的IP地址。

4．网关

网关是不同会议系统间互通的连接实体。例如，要实现一个H.323标准的视频会议系统与一个H.320标准的视频会议系统之间的数字连接，就需要设置一个H.323/H.320网关。

10.3.3 视频会议系统关键技术

视频会议是多媒体通信的一种主要应用形式，因此，多媒体通信中使用的关键技术也是视频会议中的关键技术，主要包括音视频数据压缩技术、同步技术和网络传输技术。

1．音视频数据压缩技术

计算机中的结构化数据（如文字、数值）都是经过编码存放的。同样，对于非结构化数据，如图形、图像、语音也必须转化成计算机可以识别和处理的编码，多媒体计算机实时综合处理声音、文字、视频信息的数据量是非常大的，同时要求传输速度快，考虑到一般通信网络传输速度的限制，要实时处理和传输视频和音频数据，不进行数据压缩是无法实现的。另外，视频和音频信号的原始数据存在很大的冗余度，人的视觉和听觉特性都使得数据压缩得以实现。

从20世纪80年代起，视频会议领域技术进步的中心内容之一，就是如何在保证图像质量和声音质量的前提下，寻求一种更有效的压缩算法，将视频、声音数据量压缩到最小。视频会议系统中常用的视频压缩算法有H.261、H.263、H.263+和H.264等，常用的音频压缩算法有G.711、G.722、G.723.1、G.728和G.729等。

2．同步技术

在视频会议系统中，除了音视频媒体的同步（唇音同步）外，由于不同地区的多个用户所获得的不同媒体信息也需要同步显示，因而一般采用存储缓冲和时间戳标记的方法来实现信息的同步。存储缓冲法在接收端设置一些大小适宜的存储器，通过对信息的存储来消除来自不同地区的信息时延差。时间戳标记法把所有媒体信息打上时间戳，凡具有相同时间戳的信息将被同步显示，以达到不同媒体间的同步。

3. 网络传输技术

现有的各种通信网络可以在不同程度上支持视频会议传输。公共交换网（PSTN）由于信息传输速率较低，因而只适于传输话音、静态图像、文件和低质量的视频图像。传统的共享介质计算机局域网（如以太网、令牌环网、FDDI 网）在基于分组交换的 H.323 标准出台之后，也可胜任视频会议。窄带综合业务数字网（N-ISDN）采用电路交换方式，其基本速率接口可以传输可视电话质量级的音视频信号，基群速率接口可以传输家用录像机质量级和会议电视质量级的音视频信号。理论上，最适用于多媒体通信的网络是宽带综合业务数字网（B-ISDN），它采用异步传输模式（ATM）技术，能够灵活地传输和交换不同类型（如声音、图像、文本、数据）、不同速率、不同性质（如突发性、连续性、离散性）、不同性能要求（如时延、抖动、误码等）、不同连接方式（如面向连接、无连接等）的信息。由于视频会议必然会涉及多点通信和多连接通信等多种连接方式，因此除了对网络传输能力方面的要求之外，还要求网络具备灵活地控制管理能力，包括控制虚信道和虚通道连接的能力，支持点到点、点到多点、多点到多点和广播通信配置，在呼叫过程中建立和释放一个或多个连接，重新配置多方呼叫，支持用户到用户信令、信道复用等。

10.3.4 视频会议系统的分类

视频会议可以在政府行政会议、公司远程会议、公用会议出租或个人临时会议中使用，根据视频会议系统终端设备的档次及应用场合等因素，可把视频会议系统分为专业会议室型、标准会议室型、桌面宽带可视电话型和基于计算机平台的软终端型四大类。

1. 专业会议室型视频会议系统

由于会议室与会者较多，因此对视听效果要求较高。一套典型的基于会议室的视频会议系统一般应包括：一台高性能的编解码器，两台大屏幕监视器，高质量摄像机，高分辨率的专用图形摄像机，复杂的音响设备、控制设备及其他可选设备。系统的最高传输速率可达 4Mb/s，可以提供高质量的音频和视频。视频会议室的装修、色彩、照明及声学环境应符合会议电视用会议室标准要求。系统设备配置及安装位置相对固定，移动不方便。该系统价格比较昂贵，一般适用于政府机构、大型企业的专用会议室。

2. 标准会议室型视频会议系统

对于中小型企业来说，标准会议室型视频会议系统能提供良好的图像质量，系统安装简单，操作方便，价格合理，适合 ISDN 和 IP 网络传输，最高传输速率可达到 2Mb/s。该系统一般应包括：一台高性能的编解码器，一个可旋转的摄像机，一台或两台显示器，一个文件摄像机和几个麦克风等。如果某个客户仅将视频会议当做应急的必要措施，那么本系统将是最有效的方案。

3. 桌面宽带可视电话型视频会议系统

桌面宽带可视电话型视频会议系统并没有专用的会议室，主要用于远程办公。一个桌面终端通常只为一个人服务，终端多采用高性能的可视电话机，包括：一个彩色液晶显示屏，内置摄像机，视频编解码器，电话手柄，拨号键盘和各种功能控制按键。由于自身处理能力的限制，该系统图像质量较低。

4．基于计算机平台的软终端型视频会议系统

软终端没有专用的硬件设备，为计算机上的应用程序。软终端通过计算机提供的通信接口与简单的音视频输入输出设备连接；图像显示使用计算机的显示；编解码器使用计算机的CPU 及内存资源。软终端具有基本的会议功能，可以为广大个人用户和企业办公室提供操作简单、接入便利的视频会议服务。

10.3.5 视频会议系统的主要功能

视频会议系统的主要功能是通过终端向用户呈现所需的视频图像、声音以及各种数据，为此需要视频会议终端，特别是音视频编解码器具有各种特定会议功能并支持多种通信协议及会议控制方式，因此视频会议系统的功能有时也称为视频会议终端的功能。

1．应用层协议支持功能

系统支持 H.323 协议，提供在 H.225.0 建议中描述的服务，对 H.245 控制信道、数据信道和呼叫信令信道必须提供可靠的（如 TCP、SPX）端到端服务；对音频信道、视频信道和 RAS 信道必须提供非可靠的（如 UDP、IPX）端到端服务。服务可以是双工或单工、单播或多播，取决于应用、终端能力和网络配置。

2．参加会议能力

系统应该具备预约会议的能力，能够进行点对点呼叫和多点音视频会议呼叫，能够实现自动或人工控制应答呼叫的功能，能够选择音频会议或视频会议。

3．语音编解码功能

终端必须支持 G.711 编码格式，可以根据需要选择支持 G.722、G.723.1、G.728、G.729 等标准编码格式或其他非标准专用编码格式。终端之间每次通信使用的音频编解码算法必须在能力交换期间由 H.245 控制消息确定。终端应能对本身所具有的音频编解码能力进行非对称的操作。例如，以 G.711 编码发送而以 G.728 解码接收。

（1）声音编码动态转换。终端可以根据会议需要在 MC 的控制下进行声音编码动态转换，即在较高速率编码与较低速率编码方式之间进行切换。当网络拥塞时，可将高速率编码方式转换为低速率编码方式，以便从媒体流的源端进行流量控制以缓解拥塞状况；当网络资源宽松时，可以将低速率编码方式转为高速率编码方式，以提高语音质量。

（2）音频混合。终端可以接收多个音频信道。终端需要进行音频混合来向用户提供一个混合的音号。终端必须使用 H.245 并发能力来指示它能够同时对多少个音频流进行解码。终端的并发能力不应限制会议中的多播音频流数目。

（3）最大音视频传输偏离。终端应发送 H.225.0 Maximum Skew Indication 消息来指示传输到网络传输层的音频和视频信号之间的最大偏离，以便终端能适当设置其接收缓存的大小。对于每一对相关的音频和视频逻辑信道，必须发送 H.225.0 Maximum Skew Indication，音频会议或混合会议则不需要。如果要求唇音同步，必须通过时间戳来实现。

（4）低比特率操作。在比特率小于 56 Kb/s 链路或网段的会议中，G.711 编码不能使用，

终端应当具有 G.723.1 语音编解码能力。在每次呼叫开始时，端点通过 H.245 能力交换指示其接收音频的能力。在端到端连接包含单个或多个低比特率网段时，没有低速率音频能力的端点可能不能工作。

4. 回声抵消

IP 网上传输时延较大，产生的回声对通话质量影响较大，为此终端设备应该具有回声补偿功能。目前，典型的回声补偿器设计可参考 Polycom Acoustic Plus 716 建议。

5. 图像压缩解码功能

终端必须支持 H.261 QCIF，可以根据需要支持 H.261 CIF、H.263 QCIF、H.263 CIF 等编码格式，也可以采用国内技术成熟、互通性好的压缩编码格式。

（1）图像编码动态转换。终端可以根据会议需要在主控（Main Control，MC）的控制下进行编码速率的动态转换，即终端能够根据 MC 的要求，在较高速率编码与较低速率编码方式之间进行切换。当网络拥塞时，可将高速率编码方式转换为低速率编码方式，以便从媒体流的源端进行流量控制以缓解拥塞；当网络资源宽松时，可以将低速率编码方式转为高速率编码方式，以提高图像质量。

（2）图像分辨率和帧频。在不同的速率下，终端帧频应满足以下要求：

①速率小于 384 Kb/s（CIF & QCIF）：PAL 为 12.5 F/s，NTSC 为 15 F/s；

②速率大于等于 384 Kb/s（CIF & QCIF）：PAL 为 25 F/s，NTSC 为 30 F/s；

③速率小于 512 Kb/s（4CIF）：PAL 为 12.5 F/s，NTSC 为 15F/s；

④速率大于等于 512 Kb/s（4CIF），PAL 为 25 F/s，NTSC 为 30 F/s。

6. 多视频流显示功能

终端可以接收多于一个的视频信道。终端需要具备视频混合或切换的能力，以便向用户显示视频信号，包括将多个终端的视频显示给用户。终端应使用 H.245 并发能力来指示它能够同时解码多少个视频流。一个终端的并发能力不应当限制一个会议中多播的视频流数目（该选项由 MC 选择）。

7. 数据通信功能

数据通信功能用于支持诸如静态图像、二进制文件等的传输以及实现电子白板等。H.323 协议规定支持数据通信功能是可选的，数据通信采用 T.120 系列协议，其中的 T.126 对应多点电子白板，T.127 对应多点文件传输，T.128 对应多点应用共享。

8. QoS 功能

视频会议系统支持 RTP/RTCP 流控传输。RTP 是 H.323 标准中规定的在传输时延较低的 UDP 上实现实时传输的协议，其目的是提供时间信息和实现流的同步；提供数据传输和服务质量的端到端监控，用于管理传输质量和提供 QoS 信息，增强 RTP 的功能。当应用程序开始一个 RTP 会话时将使用两个端口：一个给 RTP，一个给 RTCP。RTP 本身不能为按顺序传输数据包提供可靠的传输机制、流量控制和拥塞控制，只能通过 RTCP 来提供。

9. 主席控制功能

（1）主席终端。如果终端具备主席功能，则在会议中可通过申请成为主席。主席终端应具备以下会议控制功能。

①选看会场：主席终端可以在会议进程中浏览任意一个会场。

②广播会场：获得主席控制权的会场终端可以将某一会场的图像广播到其他会场。

③查询终端列表：主席终端可以看到会议中所有会场名称列表。

④点名发言：主席终端可以点名某个会场发言。

⑤申请发言：分会场可以申请发言，经主席终端批准后，会场将自动切换为发言会场。

⑥释放主席令牌：主席终端可以释放主席控制权。

⑦结束会议：主席终端可以结束会议，此时各会场终端自动退出会议。

主席终端除支持基本的会议控制功能以外，还可以支持的扩展会议控制功能：

①添加和删除会场：在会议的进行过程中，获得主席控制权的会场终端可以通过呼叫一个终端添加分会场，也可以删除一个分会场。

②声音控制：主席终端具有闭音和取消闭音、静音和取消静音等控制功能，主席终端可以设置语音激励会场，即发言声音最大的会场图像被广播到其他会场。

③延长会议：主席终端可以申请延长会议。

④摄像机远程遥控：主席具有对分会场摄像机进行远程控制的功能。

（2）非主席终端。

非主席终端具有以下功能。

①申请主席：非主席终端可以申请主席令牌，在会场中没有主席时获得主席控制权。

②查询终端列表：非主席终端可以看到会议中所有会场名称列表。

③申请发言：非主席终端可以申请发言，获得主席批准后，会场将自动切换为发言会场。

④退出会议：会议中视频终端可以中途退出会议。

⑤数据会议：终端实现数据会议功能，包括电子白板、文件传输、应用共享和文本交谈数据会议功能。

10. 网络协议支持功能

系统应该支持 TCP/IP 协议族，至少应能支持 TCP/UDP 协议。为了保证信息在 IP 网上传输，终端应该支持 RTP 协议，建议支持 RTCP 协议，DTMF 信号可以承载于 H.245 信令或 RTP 包中（符合 IETF RFC2833 的规定）；为方便系统版本更新，可以支持 TFTP 协议或 FTP 协议；为动态获取 IP 地址，可以支持 DHCP 协议；为提供与时钟相关的附加功能，可以支持 NTP 协议；为提供远程网管能力，可以支持 SNMP 协议。

11. 维护管理功能

（1）控制和连通性保证。终端设备应该及时地向接入网守报告由于重新启动、故障、设备恢复或维护管理而造成终端自身状态的改变，终端应自动将状态变化报告给接入网守。终端应能接收接入网守的命令，按照命令要求回送资源状态信息，使接入网守保存的资源状态与终端保持一致。终端应能与接入网守在失去联系的情况下（例如，通信链路故障/拥塞、终端代理故障等），针对不同情况进行处理，尽量减少通信的损失。在接入网守发生故障的情况下，终端中处于运行状态的媒体流应能够继续维持至本次呼叫结束。

（2）故障处理。终端设备比接入网守先行中断或被释放，则终端设备应能向接入网守报告原因并请求拆除该连接。

（3）环回。终端应能通过环回测试进行资源维护和故障定位。环回包括本地视频环回和本地音频环回，本地音频环回还可以分为硬件环回和软件环回。根据需要，环回还可以包括远端视频环回、远端音频环回等功能。

（4）本地维护和系统升级。终端设备应提供菜单或命令行方式的本地维护接口（可以是按键键盘或 EIA232 接口），用于实现端口、号码、编码方式等配置和维护功能。设备应支持其配置文件的导入和导出。建议设备支持 TFTP 方式的系统在线升级和自动升级。终端可以支持 PC 控制台的维护方式。

（5）远程维护管理。终端可以支持 Telnet 或 Web 方式远程管理。终端实现管理信息库（MIB）为可选项，包括 H.323 Terminal、H.245 Call Signaling、H.245、RTP、RAS、Ethernet 和接口组，详细内容可参见 YD/T 1164-2001 IP 电话系统的 MIB 技术要求。

10.3.6 视频会议性能要求

视频会议性能指标可以概括为功能性指标和音视频质量指标两大类。功能性指标如 MCU 控制操作界面的方便性、各种控制功能能否实现及实现的稳定性、摄像机的远程控制、多画面合成显示、语音混合、终端参数的设置、会议控制、软件升级等，这些指标一般可以根据会议系统的要求逐个测试。音视频质量指标是视频会议系统性能最直接的反映，音视频质量主要受系统时延、抖动、编码标准、动态切换时间等因素影响，因此对这些参数的测量也可以间接说明音视频的质量。当然，音视频质量也可以采用一些现有的主观评价方法，比如平均意见得分法（MOS）。

1．时延的影响

系统时延包括网络传输时延和设备时延。当网络 QoS 满足端到端时延小于 200 ms，丢包率小于 1%，网络抖动小于 50 ms 的条件时，终端所提供的视频服务质量不应该受到影响。当网络 QoS 质量出现瞬间变化，但端到端时延不超过 400 ms，丢包率不超过 10%，网络抖动不大于 100 ms 的时候，终端所提供的视频服务质量不应受到永久性影响。

设备时延由编解码时延和为防止时延抖动而设定的缓冲区引起的时延两部分组成。视频编码时延相对于音频来说较大，因此在视频会议终端中应对音频进行一定的时延，以保证“唇音同步”。不同的视频编码标准，不同的硬件实现平台，其时延也不一样，如基于 DSP 的 H.264 标准编码器的时延就比一般编码器的时延大很多，因而其实现也复杂得多。

H.323 视频会议终端设备可以在终端代理的命令下从一种编码方式切换到另一种，或在同一种编码方式的不同速率间进行切换，其动态切换时间应不大于 60 ms。

2．语音质量的主观和客观评价

语音质量的评价分为主观评价和客观评价，实际应用中主要以主观评价方法为主。

整个视频会议系统的语音质量不仅与终端设备有关，也与 IP 承载网络以及会议室声学环境有关。在网络条件好的情况下（网络无丢包和时延损伤），MOS 评分应达到 4.0 分以上；在网络条件一般的情况下（网络有 1%丢包，时延在 100 ms 的基础上有 20 ms 抖动），MOS 评分应达到 3.5 分以上；在网络条件较差的情况下（网络有 5%丢包，时延在 400 ms 的基础上有

60 ms 抖动)，MOS 评分应达到 3.0 分以上。对于语音质量的客观评价，与 G.711、G.722、G.723、G.729 建议书中对音频客观指标的要求相同。

3. 图像质量的评价

图像质量的评价也分为主观评价和客观评价两种。

图像主观评价的测试环境和方法可参考 ITU-R BT.500 建议书或 GY/T 134-1998 中 5.1 的规定执行，评价方法采用双刺激连续质量标度方法（Double Stimulus Continuous Quality Scale，DSCQS）。关于图像质量的客观评价，主要通过测试一些影响视频图像质量的失真参数进行。主观评价和客观评价的结果应一致。

10.4 视频点播（VOD）系统

在传统的广播电视中，用户是被动地接收电视台所播出的节目。随着数字图像通信技术的发展，特别是视频编码和宽带通信网络技术的进步，人们按照自己的意愿选择电视节目的期望成为可能，实现这种可能的就是 VOD 系统。

VOD 是一种可以按用户的需要点播节目的交互式视频系统，可以为用户提供各种交互式信息服务。VOD 是多媒体技术、计算机技术、网络通信技术、电视技术和数字压缩技术等多学科、多领域融合交叉结合的产物。它摆脱了传统电视受时空限制的束缚，解决了一个想看什么节目就看什么节目，想何时看就何时看的问题。利用 VOD 技术，通过多媒体网络将视频流按照个人的意愿送到任一点播终端，它与传统信息发布的最大不同是：一是主动性，二是选择性。

10.4.1 VOD 发展历程

第一代 VOD 系统主要采用的网络传输协议为 UDP 协议。应用范围主要是局域网，因为协议本身的一些因素，响应速度比较慢，而且还需对服务器进行特别设置。

第二代 VOD 系统采用的网络传输协议为 TCP 协议。此协议占用资源较大，但是能够保证视频高质量的传输，适合局域网，也可在城域网、广域网中应用。但应用此传输协议的产品往往点播时响应速度很慢，需要昂贵的专业视频服务器，并且需对路由器、网关、防火墙做相应的特殊设置，才可实现远程 VOD 点播。

第三代 VOD 系统采用的网络传输协议为 RTP。RTP 只有与 RTCP 配合使用才能提高传输效率，它支持格式较少。目前大多数的国内和国外的 VOD 产品都使用此种技术，但必须对路由器、网关进行特殊设置后，才能在国际互联网上实现远程 VOD 点播，需要专用的视频服务器，价格昂贵，需预读一段才能播放，点播响应速度较慢。

第四代 VOD 系统采用的网络传输协议为 HTTP 国际标准协议，应用范围广，不但可以在局域网上使用，而且能很好地应用在城域网与广域网上。基于该协议的特点，视频流在传输过程中不需要对路由器、网关进行设置，点播响应速度较快，只要网页能访问到，就可以点播节目。

10.4.2　VOD 系统的组成

交互式视频点播系统一般由 VOD 服务端系统、传输网络、用户端系统三个部分组成。VOD 系统如图 10.5 所示。

服务端系统主要由视频服务器、档案管理服务器、内部通讯子系统和网络接口组成。档案管理服务器主要承担用户信息管理、计费、影视材料的整理和安全保密等任务。内部通讯子系统主要完成服务器间信息的传递以及后台影视材料和数据的交换。网络接口主要实现与外部网络的数据交换和提供用户访问接口。视频服务器主要由存储设备、高速缓存和控制管理单元组成，其目标是实现对媒体数据的压缩和存储，以及按请求进行媒体信息的检索和传输。传统的数据服务器与视频服务器相比有许多显著的不同，需要增加许多专用的软硬件功能设备，以支持该业务的特殊需求。例如，媒体数据检索、信息流的实时传输以及信息的加密和解密等。对于交互式的 VOD 系统来说，服务端系统还需要实现对用户请求的实时处理、访问许可控制、VCR（Video Cassette Recorder）功能（如快进、暂停等）的模拟。

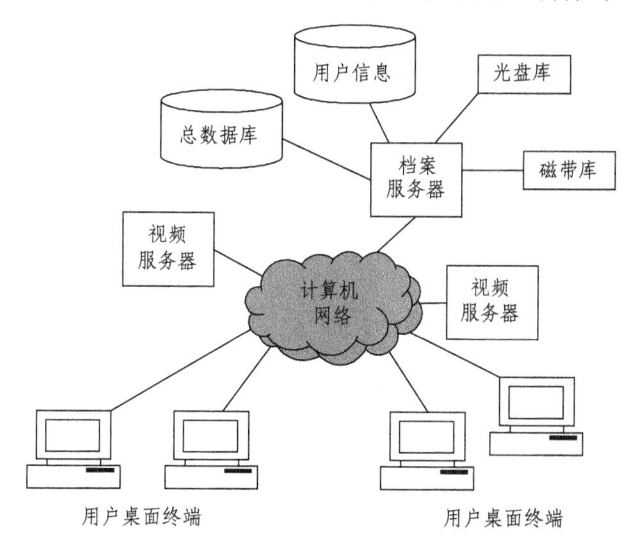

图 10.5　VOD 系统的组成

传输网络包括主干网络和本地网络两部分。它负责视频信息流的实时传输，是影响连续媒体网络服务系统性能的关键部分。媒体服务系统的网络部分投资巨大，在设计时不仅要考虑当前媒体的应用对高带宽的需求，而且还要考虑将来发展的需要和向后的兼容性，当前，可用于建立这种服务系统的网络物理介质主要是有线电视的同轴电缆、光纤和双绞线，而采用的网络技术主要是快速以太网、FDDI 和 ATM 技术。

用户使用相应的终端设备与某种服务或服务提供者进行联系和互相操作。在 VOD 系统中，需要电视机和机顶盒；而在一些特殊系统中，可能还需要一台配有大容量硬盘的计算机以存储来自视频服务器的影视文件。在用户端系统中，除了涉及相应的硬件设备外，还需要配备相关的软件。此外，在进行连续媒体播放时，媒体流的缓冲管理、声频与视频数据的同步、网络中断与演播中断的协调等问题都需要进行充分地考虑。

10.4.3　VOD 系统的关键技术

1. 视频服务器的节目组织

视频服务器需要一个分布式暂存器管理算法，以确定哪些视频节目应存储于视频服务器中，该算法也决定是否将一个受欢迎的节目复制到其他视频服务器中。

2. 视频服务器的选择

VOD 系统必须确定将用户选中的节目加载到哪个视频服务器上。同时，还要选择一个节目源，即根据一个档案服务器或播放视频节目的视频服务器的负荷、节目源的负荷以及影响系统运行特性的决策规则等进行选择。

3. I/O 队列的管理

系统管理第三类存储设备的 I/O 排队问题。因为用户可能要求在未来某个预定时间播放某个视频节目。例如，一个教师可能要求在某个时间播放预先录制好的某次讲演等。

4. 其他管理业务

系统提供的其他管理业务包括版权保护、版权付费、节目加载及建立索引，以及系统性能参数的动态管理等。

10.4.4　基于有线电视的视频点播

有线电视视频点播，是指利用有线电视网络，采用多媒体技术，将声音、图像、图形、文字、数据等集成为一体，向特定用户播放其指定的视听节目的业务活动。包括按次付费轮播、按需实时点播等服务形式。视频点播分为互动点播和预约点播两种。

视频点播的工作过程为：用户在客户端启动播放请求，这个请求通过网络发出，到达并由服务器的网卡接收，传输给服务器。经过请求验证后，服务器把存储于子系统中可访问的节目名准备好，使用户可以浏览到所喜爱的节目单。用户选择节目后，服务器从存储子系统中取出节目内容，并传输到客户端播放。通常，一个“回放连接”定义为一个“流”，系统采用先进的“带有控制的流”技术，支持上百个高质量的多媒体“流”传输到网络客户机。客户端可以在任何时间播放服务器视频存储器中的任何多媒体资料。客户端接收到一小部分数据时，便可以观看所选择的多媒体资料。这种技术改进了“下载”或简单的“流”技术的缺陷，能够动态地调整系统工作状态，以适应变化的网络流量，保证恒定的播放质量。

10.4.5　基于互联网的 VOD 系统

基于互联网的 VOD 系统中，在提供 VOD 服务的点中设立服务中心和 VOD 服务器。访问 VOD 的客户利用 HTTP 协议与 VOD 访问站点的 Web 服务器建立连接，并向 Web 服务器发送正常的 HTML 请求，以获得本次服务。当 Web 服务器响应请求时，本地的 VOD 服务器建立连接，通知 VOD 服务器发送视频信息给请求的客户，客户收到视频信息，激发浏览器播放视频。客户和 VOD 服务器的交互均通过 Web 服务器进行。

10.5 远程图像通信系统

远程图像通信系统集成了计算机技术、通信技术、图像解压缩技术、图像识别技术、图像采集技术、数据采集等诸多学科的技术，广泛地应用于石油生产、医疗、储运、公路交费系统、森林防火、水源监视、城市安防等领域中。

远程图像通信应用的价值往往体现在“远程”上。因为近距离图像传输只需要一根电缆线，但远距离图像传输就必须借助图像压缩编码技术和现有的通信网技术，跨越空间距离和时间距离的障碍，将远处的图像送到本地。本节主要介绍远程教育、远程医疗、远程监控等远程图像通信系统。

10.5.1 远程教育系统

远程教育（Distance Education，DE）是指建立在通信网络上的图像通信应用系统，即异地的老师、学生可通过网上教学系统进行交流。广义上讲，远程教育是一种师生分离的、非面对面的教学方式。狭义上讲，远程教育是指通过电子通信的方式实现异地教学的双方活动，这种通信是双方的，而教学活动可以是实时的，也可以是非实时的。

1．远程教育系统的组成

远程教育系统，从服务方式上来讲，可分为实时交互式远程教学和异步多媒体教学两部分。

实时交互式远程教学的核心是会议电视系统。这部分主要由多媒体授课教室、多媒体听课室、多点控制器及传输网络等组成。异步多媒体教学服务是指采用互联网及其技术组建的多媒体教学服务平台。多媒体课件是异步远程教学的核心内容。随着互联网的普及，基于互联网的异步多媒体教学成为最重要、最灵活、最有效而且最节省的教学方式，是任何一个远程教学系统重要的组成部分。

远程教育系统从系统功能层次上可分为管理控制层、系统核心层、教学用户接入层等三个部分。

管理控制层主要完成网络设备的管理、远程教育用户的管理以及业务的管理三方面的功能。它负责整个远程教育业务的管理和网络资源的调度，使得用户可以灵活地使用远程教育业务。系统核心层完成远程教育中图像、语音、数据的交换，提供教学会场多点控制、电子白板讨论、应用软件共享、媒体流的直播与点播等功能，使教师教学和学生上课、自习、测试完全实现电子化。用户接入层是指利用多种视音频终端产品组建用户学习环境。

2．远程教育系统的功能

（1）音视频功能。音视频的质量直接反映了远程教育系统的效果，远程教育系统必须能将本地和远端的音视频信号进行交互式传输。具体地讲，就是远程教育系统要能将本地画面、本地各种视频源的视频信号、录像资料等送至其他远程教室。音频应能支持自适应全双工回声抑制，利用全向麦克风，采用自动增益控制，保证发言人在距麦克风不同距离时音量相同，并能随时调节音量。特别是能够根据图像实际接收效果调节唇音同步，符合 ITU-T 要求，保证图像和语音的相对时延小于 40 ms。

（2）数据功能。在数据方面，要求能够实现电子白板应用、图文资料传输、应用软件共享等功能。这是现代远程教育系统区别于传统电大远程教育模式的重要部分。对数据功能的要求是：视频终端设备可通过局域网或互联网来相互传输数据；局域网或互联网上的数据或正在运行的 PC 屏幕能发送至所有的会场；具备快照功能，可随时拍摄本地或远端教室以及图文；利用白板功能，可以相互传输写画内容；可外接图文摄像机，存储、传输图文资料；本端和远端能以点对点方式相互共享应用软件。

（3）控制功能。控制功能是远程教育系统的核心。控制功能的强弱、灵活等直接影响到远程教学的结果，它包括系统管理者的控制功能和用户的控制功能。

实时视频信息的交互是通过会议电视的方式进行的，其控制主要是通过 MCU 来实现的。要求 MCU 能实现多级级联，一台 MCU 能同时召开多个不同的教学会议。用户有主席控制、语音控制及直接控制三种切换方式，可随时切换本地、远端会场图像和 PC 平台，各教室间的切换速度非常快，而且系统能够检测网络的运行状态，如网络速率、通信协议等。具体过程是：教师在授课教室通过控制电子白板、音视频设备将授课的内容及教学情景实时地传输到远端听课室，学生在远端听课室通过多种控制设备，现场回答老师提出的问题或教师提出的置疑。教师在讲课时通过控制设备看到各授课教室的全貌，还可看到提问、回答问题的同学。

（4）信息服务。远程教学系统的信息服务部分主要包括：路由器 Hub，基带 Modern/DTU/其他接入设备，Web 服务器，多媒体信息服务平台。多媒体信息服务平台是校方采用互联网技术组成的与公众信息网互联的多媒体信息服务平台（教学网），为远端的学生提供图像和语音信息服务。学校将教学信息以多媒体的方式存放在该平台信息服务器中，学生可通过计算机拨服务平台的号码进入教学网，进行信息浏览、查询，还可以用电子邮件的方式交作业、提出问题和讨论问题。

10.5.2　远程医疗系统

远程医疗就是利用现代通信技术、电子技术和计算机技术来实现医学信息的远程采集、传输、处理、存储和查询。它通过通信和信息处理等技术进行异地间信息的储存、处理以及传输声音、图像、数据、文件、图片和活动彩色图像等医疗活动。它还可以实现远程手术，即操作者在相距遥远的地方通过精密电子机械对患者实施手术。现代电子技术、计算机技术和通信技术的迅猛发展为远程医疗的实现提供了基础。欧美、日本等国家借助先进的光纤、卫星等通信网络，比较早地建立起能传输高质量动态图像的远程医疗系统，而我国开展远程医疗的研究与应用比较晚。

1．远程医疗系统的构成

典型的远程医疗系统主要由三部分组成：医疗站点（中心）、信息中心和通信网络。

（1）医疗站点（中心）。在医疗中心（如地区中心站）配备有现代化的医疗设备和医疗经验丰富的专家、医疗人员。在医疗站点（如远程医疗站点）配备一般的医疗设备和医务人员，为周围的医疗对象服务。

（2）医疗信息中心。医学中心数据库和远程医疗信息系统等是远程医疗的基础。它包括有足够的医疗信息，且常常以数字化格式存储，如 CT、X 光片、检验报告、处方、化验报告等，可供各站点共享使用。

（3）通信系统。这是远程医疗系统必不可少的组成部分之一，可以是专用通信网也可以是公用通信网。如在医疗单位内部或附近采用局域网，若干个城市内的医院采用广域网连接起来，还可采用互联网和其他商用通信网等。

2．基于 ISDN 的远程医疗系统

（1）组成。ISDN 主要由终端设备、ISDN 数字网络和多点控制单元（MCU）三部分组成。

① 终端设备包括视、音频编解码器、ISDN 通信卡、摄像机、麦克风、扬声器、图像显示设备等。它主要是提供语音、图像和数据。

② ISDN 数字网络提供终端设备间的通信线路，为了提高传输图像的质量，可绑定多条通信线路，增加传输速率。

③ MCU 是一个数字处理部件，通常在网络节点处用于组织多点通信。在连接三个以上的终端时，需要使用 MCU，它将接收的数据流进行切换、选择，并连续地发往其他各点。

（2）基于 ISDN 网的远程医疗系统的建立。

①会诊室的建立。在医院的方便位置选择一个 20 平方米左右的房间，配置较亮的照明灯光和远程医疗终端设备：摄像机、编解码器、计算机/电视机、麦克风、扬声器等。必要时，将远程医疗终端的计算机接入医院的计算机网络系统。

②ISDN 网。向当地电信局申请一条 ISDN 电话线就可以了。

③投入运行。安装调试完毕后，就可以投入运行了。首先，拨打医院的终端电话号码，对方接应时，双方即建立声音、图像、数据的连接，可在各自的终端上“面对面”地沟通进行诊断。当需要多个医院的专家会诊时，可在不挂断第一个医院电话的同时，向第二个医院拨号，实现与两家医院的联通。会诊时，终端自动将发言者的图像切换给参加者，也可将多个画面缩小同时显示在终端上。

10.5.3　远程监控系统

远程监控系统以计算机为中心，以数字图像处理技术为基础，利用图像数据压缩的国际标准，综合利用图像传感器、计算机网络、自动控制和人工智能等技术进行监控的系统。在 20 世纪 90 年代初及以前，主要是以模拟设备为主的模拟远程监控系统。20 世纪 90 年代中后期特别是最近几年，随着网络带宽、计算机处理能力和存储容量的提高，以及图像信息处理技术的发展，进入了全数字化网络图像监控系统，如网络视频监控系统，其中有基于 MPEG-1、MPEG-2、MPEG-4、H.264 等的网络视频服务器。

1．远程监控系统的基本组成

如图 10.6 所示，远程监控系统主要由远端的图像采集、图像传输、图像切换、图像再现和系统监控等部分组成。

2．多媒体图像远程监控系统

多媒体图像远程监控系统是在计算机多媒体技术基础之上，使用先进的面向对象技术，为用户提供更多、更完善的服务，实现网络监控系统的功能设置和控制。多媒体图像远程监控系统可将来自各子系统，如专业报警系统、环境监测系统、通道控制及其他工程的控制信号系统集中管理起来。多媒体图像远程监控系统可在局域网或广域网上运行，以实现多用户、多个监控中心间灵活的互联控制。

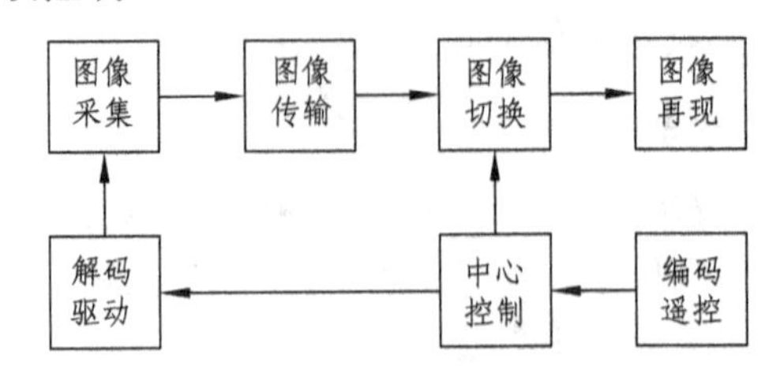

图 10.6　远程监控系统组成框图

（1）多媒体图像远程监控系统的特点。

①多媒体图像远程监控系统采用数字体制，便于存储和传输。

②支持网络视频会议，在网络上的超级用户可以召集多媒体图像远程监控系统的部分或全部工作站终端参加现场电视会议。

③通过局域网或广域网，相距遥远的监控中心和分中心的用户可协同进行监控和管理，拥有授权的用户在多媒体图像远程监控系统的任何一个工作站上都可进行集中式的监控和管理。

④多媒体图像远程监控系统的用户只要在人机界面上点击设备图标就可完成相应设备的所有控制功能，操作简单、方便、快捷。

⑤能对恢复图像进行放大、增强、滤波与编辑。

（2）对多媒体图像远程监控系统的要求。

远程视频监控系统的普遍要求是实时性高，传输延迟小，可控制、切换多处视频源。许多监控系统要求具备自动报警功能，具备智能化图像信息处理功能。远程监控系统对现场信息的存储也有着不同的要求。有的只要求即时观看，不需要存储。但在多数情况下要求有一定的存储容量，以便事后查看。监控中心所监控的信息必须设置成一定的级别权限，低级权限的人只能观看，高级权限的用户不仅可观看而且还可处理监控信息，发送监控命令等。

练习与思考题

1. 简述多媒体业务的种类及其特点。
2. 简述 IP 电话的原理及工作过程。
3. 简述多媒体会议系统的组成、分类和功能并分析多媒体会议系统的关键技术。
4. 简述 VOD 系统的组成并分析 VOD 系统的关键技术。
5. 简述远程医疗系统与会议电视系统的区别和联系。
6. 远程图像通信系统的应用有哪些？
7. 举例说明多媒体远程监控系统的系统结构。
8. 查阅资料，分析多媒体通信技术的发展趋势。

参 考 文 献

[1] 蔡安妮，孙景鳌. 多媒体通信技术基础[M]. 北京：电子工业出版社，2000.

[2] 王汝言. 多媒体通信技术[M]. 西安：西安电子科技大学出版社，2004.

[3] 蔡皖东. 多媒体通信技术[M]. 西安：西安电子科技大学出版社，2000.

[4] 吴乐南. 数字压缩（2 版）[M]. 北京：电子工业出版社，2006.

[5] 姚庆栋等. 图像编码基础（3 版）[M]. 北京：清华大学出版社，2006.

[6] 林福宗等. 多媒体技术基础（2 版）[M]. 北京：清华大学出版社，2002.

[7] 胡晓峰等. 多媒体技术教程[M]. 北京：人民邮电出版社，2002.

[8] 阮秋琦. 数字图像处理[M]. 北京：电子工业出版社，2001.

[9] 吴炜. 多媒体通信技术[M]. 西安：西安电子科技大学出版社，2008.

[10] 王喆. B-ISDN 与 ATM 基础理论及应用[M]. 北京：中国铁道出版社，2005.

[11] 吴功宜. 计算机网络[M]. 北京：清华大学出版社，2003.

[12] 吴玲达. 多媒体技术[M]. 北京：电子工业出版社，2004.

[13] 何小海. 图像通信[M]. 西安：西安电子科技大学出版社，2005.

[14] 朱志祥等. IP 网络多媒体通信技术及应用[M]. 西安：西安电子科技大学出版社，2007.

[15] 李小平等. 多媒体通信技术[M]. 北京：北京航空航天大学出版社，2004.

[16] [美]F. Halsall 著蔡安妮. 孙景鳌等译. 多媒体通信[M]. 北京：人民邮电出版社，2004.

[17] 何忠龙，陈萱华，曹迎槐. 多媒体通信技术[M]. 北京：中国林业出版社，2006.

[18] 欧建平，娄生强. 网络与多媒体通信技术[M]. 北京：人民邮电出版社，2002.

[19] 李小平等. 多媒体网络通信[M]. 北京：北京理工大学出版社，2001.

[20] 沈金龙. 计算机通信与网络[M]. 北京：北京邮电大学出版社，2006.

[21] 朱秀昌等. 数字图像处理与图像通信[M]. 北京：北京邮电大学出版社，2008.

[22] K.R.Rao 等著，冯刚译. 多媒体通信系统：技术、标准与网络[M]. 北京：电子工业出版社，2004.

[23] 毕厚杰. 多媒体信息的传输与处理[M]. 北京：人民邮电出版社，1999.

[24] 舒华英等. IP 电话技术及其应用（2 版）[M]. 北京：人民邮电出版社，2001.

[25] 黄孝建. 多媒体技术[M]. 北京：北京邮电大学出版社，2000.

[26] 周炯槃. 信息理论基础[M]. 北京：人民邮电出版社，1983.